유도 초음파를 활용한 배관검사

유도 초음파를 활용한 배관검사

박 경 조 저

전남대학교출판부

머리말

저자는 지난 20여 년 동안 동역학, 진동 그리고 파동역학의 다양한 현상 및 적용성에 매료되어 연구를 게을리 하지 않았다고 생각한다. 이 분야에 대한 연구는 동역학과 진동이 시작이었지만 피아노나 기타, 바이올린 등에 감겨있는 팽팽한 줄을 뜯거나 문지르면 파동이 어떻게 전파되는지, 그리고 현의 장력을 증가시키면 소리의 음조나 주파수가 어떻게 변하는지에 관심을 갖게 되면서 파동역학으로도 연구범위를 확대하게 되었다. 그리고 장력이 증가하면 음조가 고주파가 되고 이로부터 파동전파 특성이 바뀌게 되어 양 지지단 사이에서 정재파가 발생된다는 사실을 알게 되었다. 비슷한 파동전파 현상이 금속이나 플라스틱, 세라믹 또는 복합재로 구성된 구조물에서도 발생한다. 그러나 현의 파동과는 달리 구조물 내에서의 파동전파 속도는 훨씬 크며 입자의 운동도 우리 눈에는 보이지 않는다.

파동전파를 이용하여 구조물을 진단하고 안전성을 향상시킬 수 있다. 즉, 파동현상을 이용하여 재료의 특성을 비파괴적으로 평가할 수 있고 중요 구조물의 결함 위치와 크기를 파악할 수 있다. 이를 위해 현장에서 사용하기 편리한 신호변환기 및 신호제어기 그리고 시험절차 등에 대한 연구가 끊임없이 진행되고 있다.

초음파 비파괴검사에 대한 초기연구(1970년에서 1985년까지)는 주로 신호처리와 패턴인식에 집중되었다. 결함의 종류를 식별할 수 있는 토모그래프(tomograph)를 이용한 새로운 초음파 형상인식 시스템이 개발되었고 이 장치는 기존의 C스캔을 보조하거나 대체하게 되었다. 1970년대 후반 초음파 연구는 의료분야에도 확장, 적용되어 위상배열 초음파 진단기 등이 널리 사용되게 되었다.

1985년 무렵 좀 더 빠르고 민감도가 높은 초음파시험에 대한 요구가 증대되어 새로운 검사방법에 대한 필요성이 대두되면서 점착된 부분을 검사할 수 있는 경사입사 장치가 개발되었다. 또한 표면이나 봉, 파이프, 평판을 따라 파가 진행하는 유도파(guided wave)가 경사입사와 마찬가지로 2차원 입자속도를 갖는 파동을 생성할 수 있을 뿐만 아니라 한 점 한 점 센서를 옮겨가며 측정하는 전통적인 초음파탐상보다 훨씬 더 효율적이라는 사실을 알게 되었다.

유도파에 대한 연구는 현재도 활발히 진행되고 있다. 유도파는 발전소의 고온튜브나 화학공장의 배관검사에 이용되고 있고 연장길이가 긴 석유나 가스 파이프라인의 안전성을 평가하는 데도 사용된다. 유도파 검사의 장점은 길이가 긴 배관 내에 존재하는 결함을 한 번의 실험에 의해 찾을 수 있다는 점이다. 또한 배관이 절연재로 둘러싸여 있어도 이를 제거할 필요가 없고, 배관 내에 수송유체가 존재하는 즉, 공장 가동 중에도 검사를 수행할 수 있다는 장점을 갖고 있다.

유도파검사는 기본적으로 고체 내에서의 초음파 전파현상과 관련이 깊다. 최근의 기술 발전은 기존의 파동전파 이론을 재해석하여 실제 현장에 적용할 수 있도록 수정하거나 새로운 방법들을 개발하는 방향으로 진행되고 있다. 또 컴퓨터관련 기술들이 발전함에 따라 모든 파동역학 문제를 수치적 방법을 이용하여 해결하려는 노력들도 꾸준히 시도되고 있다. 그 중에서도 유한요소법이나 경계요소법의 발전에 힘입어 지난 30년 동안 초음파 비파괴검사 분야의 기술은 엄청난 진보를 이룩하였다. 입체파(bulk wave)나 유도파의 파동전파는 수학적으로 복잡한 경계치문제에 의해 기술되는데 컴퓨터의 파워나 효율이 증가함에 따라 이 문제에 대해 효과적으로 접근할 수 있는 기초가 마련되었다고 할 수 있다.

그러나 수많은 컴퓨터 프로그램이 개발되어 있다고 하더라도 수치적 결과를 해석하고 실제 엔지니어링 환경에 적용하기 위해서는 파동역학에 대한 폭넓은 이해가 반드시 필요하다고 할 수 있다. 즉 파동역학이나 재료 특성규명에서 나타나는 새로운 경계치문제를 다루기 위해 과학자들이나 엔지니어들은 새로운 물리적 모델을 개발하거나, 신기술을 현장에 적용하는 방법에 대해 끊임없이 연구해야 할 것이다.

본 교재는 유도파를 이용하여 실제 산업현장의 배관 및 압력용기의 비파괴검사를 수행하려는 현장 엔지니어들, 그리고 유도파검사에 대한 기초 이론 및 응용 지식을 습득하려는 학부, 대학원생들에게 유용할 것으로 생각된다. 교재의 내용이 해석적이고 이론적인 측면에 치우친 경향도 없지 않지만, 다양한 해석 예제와 교재 뒷부분에 기술된 실험 방법들을 참고하면 실제 석유화학 공장의 구조물 비파괴검사에 효과적으로 사용될 수 있을 것이다.

끝으로 자료수집 및 정리에 많은 도움을 주신 정 강, 김영완 교수님과 출판을 허락해 주신 전남대학교출판부 관계자 여러분, 그리고 원고 정리에 도움을 준 손대영, 김종우 군에게 깊은 감사를 드린다.

2011년 10월

박 경 조

목차

제1장 서론 _13

제2장 파동전파 모델 _18

제4장 파이프의 파동해석 _99

제5장 유한요소법과 파동전파모델의 결합 _117

제6장 유한요소법에 의한 반사계수 _147

제7장 Disperse 프로그램 _172

부록 A 유용한 관계식의 정리 _272

부록 B 재료 특성 _281

참고문헌 _283

제1장 서론

1.1 배경

석유나 가스, 화학공장에서 널리 사용되는 파이프나 압력용기는 안전을 확보하고 사고 발생 시 환경에 미치는 영향을 최소화하기 위해 정기적인 안전검사를 수행하고 있다. 이러한 파이프는 그 연장길이가 전 세계적으로 수 천만 ㎞에 달하고 사용되는 압력용기의 수도 수 천 개에 달한다. 그리고 정기적인 안전검사에는 육안검사 뿐만 아니라 현재 다양한 분야에서 활용되고 있는 비파괴검사 기법도 널리 쓰이고 있다. 그 중 활용 빈도가 높은 두께 측정기(thickness gauge)를 이용한 초음파검사는 한 점씩 탐촉자(probe)를 옮겨가며 시험을 수행해야 하기 때문에 검사 속도가 느리고, 따라서 전체 시스템을 모두 검사하는데 소요되는 비용도 매우 커지게 된다. 초음파검사 이외에도 방사선 투과검사(radiography testing), 와류탐상(eddy current testing)이나 자속(magnet flux) 등을 이용한 방법들이 평판이나 파이프의 비파괴검사에 일반적으로 사용되고 있다.

이러한 방법들은 파이프의 내부가 아닌 외부에서 결함(defect)을 검출할 수 있는 장점이 있지만 전 파이프라인을 모두 검사하는데 소요되는 시간이 긴 단점이 있다. 따라서 검사 초기 단계에서 검사에 소요되는 시간이 짧고 심각한 부식에 의한 결함을 효과적으로 그리고 정확하게 찾아낼 수 있는 방법을 도입하는 것이 필요하다. 검사시간이 짧은 방법을 이용하여 결함발생 영역을 대략적으로 확인하고 다음 단계로 일반적인 비파괴검사 기법을 사용하여 결함의 크기 및 위치를 탐지하는 것이 보다 효과적으로 파이프의 안전검사를 수행할 수 있는 방법이라 할 수 있다. 즉 빠른 검사기법을 적용하면 신뢰할 만한 부식결함의 위치 및 크기 탐지가 가능할 뿐만 아니라 전체 검사에 소요되는 비용도 절감할 수 있는 일석이조의 효과를 기대할 수 있다.

파이프 검사 시 전통적인 입체 초음파(bulk ultrasonic wave)를 이용하여 빠른 검사를 수행하는 방법으로 피그(pig)를 사용하는 방법이 있다. 이 방법은 초음파 탐촉자를 탑재한 피그를 파이프 내부로 이송시켜, 파이프 축방향을 따라 이동하면서 초음파 신호를 수

집하는 방법이다. 그러나 이 방법은 장치구입 및 설치, 유지에 소요되는 비용이 비싸고, 피그를 내부로 이송시키고 다시 밖으로 빼낼 수 있는 진입 공간이 필요하다는 단점이 있다. 따라서 직경이 크고 길이가 긴 파이프에만 적용할 수 있는, 제한조건이 많은 방법이라 할 수 있다.

파이프 검사를 빠르게 수행할 수 있는 또 다른 방법으로 유도파(guided wave) 검사방법이 새롭게 대두되고 있다. 이 방법은 영국의 Imperial College의 NDT실험실에서 개발된 검사방법으로 길이가 긴 파이프(통상적으로 탐지 가능한 파이프 길이는 15~50m)에 존재하는 부식결함을 빠르게 검출할 수 있다. 피그를 사용하는 방법에 비해 탐사거리는 짧지만 파이프 내부로 이송시킬 필요가 없고 상대적으로 검사비용이 싼 장점이 있다. 파이프가 절연재로 둘러싸여 있을 경우 신호변환기(signal transducer)를 설치할 매우 작은 부분(통상적으로 20cm 이내)만 절연재를 제거하면 되므로 유도파 검사가 끝난 뒤 절연재 보수에 소요되는 시간 및 비용도 최소화 할 수 있다. 파이프에 유도파를 가진하기 위해서는 축방향의 한 위치에 파이프 원주방향으로 여러 개의 신호변환기를 배열하여 유도파 신호를 입사한다. 생성된 유도파는 전체 파이프 벽면에 응력을 가하게 되고 이 응력파(stress wave)가 파이프 길이 방향으로 전파된다. 응력파가 파이프의 구조를 변화시키는 불연속(예를 들면 용접부, 분기점, 부식 패치 등)을 만나게 되면 부분적으로 반사한다. 이 방법을 이용하면 부식에 의해 전체 단면의 5~10%가 손실된 부식결함까지 검출할 수 있다. 원래 이 방법은 직경이 5~60cm인 파이프를 대상으로 개발되었지만 이보다 직경이 크거나 작은 파이프도 사용되는 신호변환기의 개수를 조절하여 충분히 검사할 수 있다.

유도파는 평판의 결함검출에도 사용될 수 있다. 두꺼운 평판(5~25mm)의 일부분에 부식에 의한 결함이 존재할 경우 유도파검사 장치를 이용하여 작은 크기의 결함도 쉽게 검출할 수 있다. 이러한 장치를 이용하여 석유화학 공장에 있는 강판 구조물(예를 들면 저장탱크나 압력용기 등)의 바닥과 벽면을 검사할 수 있다.

유도파가 구조물의 불연속 부분과 만날 때 나타나는 현상은 매우 복잡한 양상을 띠기 때문에 실생활에서 발생할 수 있는 모든 경우에 대해 아직 충분한 설명이 이루어지고 있지 않다. 구조물에서 나타나는 불연속은 크게 구조적 불연속과 재료특성 변화에 의한 불연속으로 분류할 수 있다. 구조적 불연속에는 두 부분을 연결하는 용접부, 주 구조물에 연결된 곡선 파이프, 파이프의 끝단 그리고 부식에 의한 결함 등이 포함된다. 재료특성 변화에 의한 불연속의 예로는 재질이 다른 두 재료가 용접으로 연결된 경우와 부분적으로 주변매질에 매립되어 있는 구조물 등을 들 수 있다. 효과적인 시험계획을 수립하기 위해서는 구조물의 불연속에 의한 영향을 충분히 이해할 필요가 있다고 할 수 있다.

유도파검사는 기본적으로 고체 내에서의 초음파 전파현상과 관련이 깊다. 최근의 기술 발전은 기존의 파동전파 이론을 재해석하여 실제 현장에 적용할 수 있도록 수정하거나 새로운 방법들을 개발하는 방향으로 진행되고 있다. 또 컴퓨터관련 기술들이 발전함에 따라 모든 파동역학 문제를 수치적 방법을 이용하여 해결하려는 노력들도 꾸준히 시도되고 있다. 그 중에서도 유한요소법(finite element method)이나 경계요소법(boundary element method)의 발전에 힘입어 지난 30년 동안 초음파 비파괴검사 분야의 기술은 엄청난 진보를 이룩하였다. 입체파(bulk wave)나 유도파의 파동전파는 수학적으로 복잡한 경계치문제에 의해 기술되는데 컴퓨터의 파워나 효율이 증가함에 따라 이 문제에 대해 효과적으로 접근할 수 있는 기초가 마련되었다고 할 수 있다.

그러나 수많은 컴퓨터 프로그램이 개발되어 있다고 하더라도 수치적 결과를 해석하고 실제 엔지니어링 환경에 적용하기 위해서는 파동역학에 대한 폭넓은 이해가 반드시 필요하다고 할 수 있다. 즉 파동역학이나 재료 특성규명에서 나타나는 새로운 경계치문제를 다루기 위해 과학자들이나 엔지니어들은 새로운 물리적 모델을 개발하거나, 신기술을 현장에 적용하는 방법에 대해 끊임없이 연구해야 할 것이다.

본 교재에서는 평판과 파이프에서 나타나는 파동전파 현상에 대한 기본적 이론 및 응용 예제를 소개하고, 유한요소법을 이용하여 결함에 의한 반사계수를 구하는 방법도 다루고자 한다. 그리고 이와 같은 방법을 실제 석유화학 파이프에 적용하여, 다양한 크기와 형상을 갖는 결함을 유도파를 이용하여 검출하는 방법에 대해 자세히 설명하고자 한다.

1.2 내용 구성

본 교재에서는 응력파의 형태로 전달되는 유도파를 이용하여 석유화학 공장에서 널리 사용되고 있는 파이프의 부식에 의한 결함을 탐지할 수 있는 방법에 대해 살펴보고자 한다.

이를 위해 먼저 제 2장에서는 평판, 파이프 시스템의 파동전파에 대한 일반적인 모델을 수립하는 방법에 대해 기술하고자 한다. 이를 위해 먼저 전반부에서는 일반적인 입체, 등방성 매질의 파동방정식을 유도하는 방법에 대해 설명하고 이를 평판과 파이프에 적용하는 기법에 대해서 자세히 기술한다. 또한 정방성, 이방성 매질 및 다중 층 재료의 파동방정식을 유도하는 방법에 대해서도 설명한다. 후반부에서는 이러한 파동전파 방정식을 결합하여 전체 시스템을 묘사하는 방법에 대해 기술하고 분산선도를 효과적으로 추적하는 기법에 대해 자세하게 설명하고자 한다.

제 3장에서는 몇 가지 간단한 평판 구조물에 대한 분산선도(disperse curve)를 추적하고 그 결과를 해석하는 방법에 대해 기술하고자 한다. 이러한 예제를 통해 광범위한 구조물을 모델링 할 수 있음을 보이고 간단한 시스템에서 획득 가능한 분산선도의 종류를 예시하고자 한다. 예제는 간단하면서 널리 사용되는 경우부터 좀 더 복잡한 경우로 점차 진행하고자 한다.

제 4장에서는 제 2장에서 전개하였던 파동전파 모델을 이용하여 파이프 구조물의 파동을 해석하고 이에 대한 몇 가지 예제를 다루고자 한다. 이러한 예제들을 통해 파이프 구조물의 일반적인 파동전파에 대한 보다 상세한 이론을 보충설명하고 특히 누설시스템의 해석방법에 대해 자세히 설명하고자 한다. 또한 수립된 모델을 검증하기 위한 예제들도 제 4장에 포함되어 있다.

제 5장에서는 유한요소법과 파동전파 모델을 결합하여 모드를 추출하는 방법에 대해 기술한다. 이를 위해 먼저 유한요소법의 장점을 살펴보고 누설 시스템의 파동전파를 모델링 할 수 있는 방법들에 대해 검토한다. 다음으로 유한요소 모델에서 다중 모드(multi-mode) 변위장(displacement field)으로부터 전파되는 유도파의 크기를 추출할 수 있는 두 가지 방법을 고찰한다. 마지막으로 두 방법을 이용하여 유한요소 모델에서 생성된 모드의 순수성을 해석한다. 그리고 해석 결과로부터 두 방법을 사용하여 유한요소 모델에서 단일 순수 유도파 모드를 생성할 수 있음을 입증한다.

제 6장에서는 유도 초음파가 결함에서 어떻게 반사되는지와 어느 정도의 에너지가 모드끼리 전달되는지를 결정하기 위해 유한요소 모델과 모드 파동전파 해를 결합하는 방법에 대해 살펴본다. 먼저 지금까지 사용되었던 방법들을 검토하고 기존의 방법을 확장하여 매립된 시스템(embedded system)의 기본 모드에 대한 반사계수를 구하는 방법에 대해 설명한다. 자유 시스템과 누설 시스템의 반사 거동의 차이점도 고찰한다. 그리고 기존의 방법을 확장하여 고차 파이프 모드의 반사계수를 구하는 방법에 대해서도 설명한다.

제 7장에서는 다양한 종류의 파이프 시스템에 대한 분산선도를 생성하기 위해 제작된 "Disperse"라는 프로그램의 사용 방법에 대해 설명한다. 이 프로그램을 사용하기 위해 평판과 파이프의 구조물을 어떤 방식으로 정의하고, 다중 층을 갖는 경우 층의 정의 방법

등에 대해 기술한다. 그리고 간단한 시스템에 적용할 수 있는 분산선도의 자동 추적방법에 대해 설명하고, 자동으로 추적이 어려운 복잡한 구조물의 분산선도를 수동으로 추적하는 방법에 대해서도 자세하게 기술한다.

제 8장에서는 평판과 파이프의 초음파 파동전파에 대한 몇 가지 기본적인 실험방법들에 대해 간략하게 소개하고자 한다. 수 백 가지의 실험방법이 존재하지만 기본적인 장비와 초음파변환기 그리고 실험과정에 대한 학생들의 이해를 돕기 위해 가장 중요한 세 가지 실험방법에 대해서만 기술한다. 즉 평판과 봉, 파이프의 유도파검사를 위해 필요한 장비 및 시험절차 등에 대해 실제 적용사례를 중심으로 자세하게 설명한다.

제 9장에서는 파이프 내에 존재하는 유체의 영향을 받지 않으며, 관심 주파수영역 내에 다른 축대칭 모드가 존재하지 않는 장점을 갖는 비틀림 모드가 파이프 내에서 전파될 때 결함의 깊이 및 원주방향, 축방향 길이가 변할 때의 반사계수를 결정하는 방법에 대해 기술한다. 즉 유한요소법 및 실험결과를 이용하여 다양한 직경을 갖는 파이프에 다양한 결함이 있을 때 비틀림 모드의 반사특성을 살펴보고자 한다.

교재의 끝부분에는 두 개의 부록을 첨가한다. 부록 A에는 본문의 수식전개 시 사용된 탄성론(elastic theory)의 기본적인 수식을 소개한다. 파동전파에 대한 주제를 연구하기 위해서는 탄성론에 대한 기본적인 지식이 필요한데 이 중 가장 중요하고 기본적인 개념들을 정리하여 제시하고자 한다. 부록 B에는 여러 가지 등방성, 유체, 이방성 재료의 기본적인 재료특성을 표로 정리하여 제시하고자 한다. 기본적인 재료특성에는 밀도 및 점도 외에도 종방향(longitudinal direction), 전단방향(shear direction) 속도 및 감쇠(attenuation) 등이 포함된다.

제2장 파동전파 모델

본 장에서는 평판이나 파이프와 같은 원통형 시스템의 파동전파에 대한 일반적인 모델을 수립하는 방법에 대해 기술하고자 한다. 등방성 재료가 사용될 경우 탄성, 점탄성 등방성 매질, 단일 또는 다중 층을 갖는 구조물, 자유 또는 누설 시스템에 대한 모델을 수립할 수 있다. 고려대상 시스템이 탄성, 비누설(non-leaky) 시스템일 경우 다층 이방성 시스템에 대한 분산선도도 계산할 수 있다.

시스템의 형상과 재료특성에 따라, 경계조건을 만족하기 위해 존재하는 공진 점과 각 층에 존재하는 입체파의 전파특성을 규명할 수 있다. 즉 공진 점이 결정되면 유도파의 형태로 존재하는 초음파와 각각의 초음파가 갖는 특성을 규명할 수 있다. 유도파 문제에 대한 해는 분산선도라는 연속성을 갖는 곡선의 형태로 구해질 수 있는데 이러한 분산선도는 주파수, 파동수(wave number), 감쇠(attenuation) 공간에서 반복계산을 통해 얻어진다. 해를 찾고 파동의 특성을 결정하면 그 결과를 이용하여 효과적인 비파괴검사 방법을 설계할 수 있다.

파동전파 모델을 수립하기 위해 먼저 탄성, 점탄성(viscoelastic) 등방성 매질 내에 존재하는 입체파의 성질을 규명한다. 입체파의 성질이 알려지면 임의의 층의 응력과 변위를 모든 입체파의 크기로 표현할 수 있다. 각 층의 경계에서의 응력과 변위는 전체 시스템을 하나의 전역행렬(global matrix)로 표시하기 위해 경계조건과 결합되는데, 전역행렬은

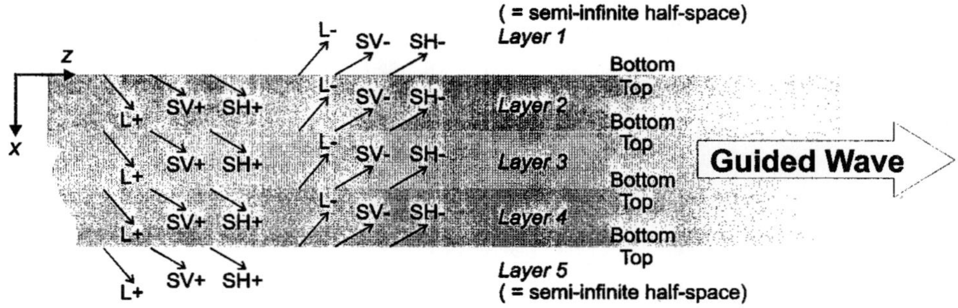

그림 2.1 다섯 개의 층을 갖는 평판 시스템의 구조 및 부분파

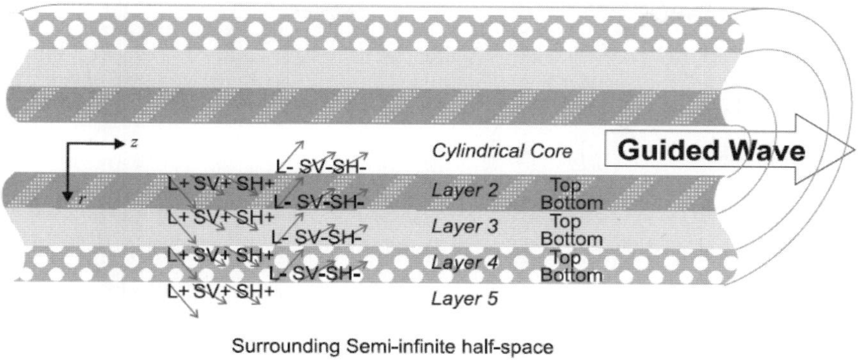

그림 2.2 다섯 개의 층을 갖는 원통형 시스템의 구조 및 부분파

입체파 크기와 물리적인 제한조건 사이의 관계를 규명하는 행렬이다. 그림 2.1에는 다섯 개의 층으로 구성된 평판 시스템의 구조를, 그림 2.2에는 다섯 개의 층으로 구성된 원통형 시스템의 구조를 나타내었다. 그림에서 L+−, SV+−, SH+−로 표시된 부분파(또는 입체파)는 각 계면에서의 경계조건을 만족하면서 하나로 결합된다. 어떤 주파수와 파동수(wave number), 감쇠의 조합에서 이 부분파(partial wave)들은 무한대로 긴 원통의 축을 따라 진행하는 유도파를 형성한다. 유도파가 존재할 수 있는 조합은 전역행렬의 해를 구하여 계산할 수 있다. 시스템이 결정되면 전역행렬의 식은 주파수(시간에 따라 변하는 성분), 실파동수(공간에 따라 변하는 성분) 그리고 감쇠(공간 감소율)의 함수로 표현된다. 유효한 근을 구할 때까지 이 세 파라미터들을 반복적으로 변화시키면서 해를 찾는다. 초기 근을 찾으면 동일 곡선 상에 놓여있는 근들이나 분산선도를 추적할 수 있게 된다. 이 과정을 반복하면 다른 분산선도도 연속해서 찾을 수 있다. 모든 분산선도의 추적이 끝나면 유도파에 대한 정보를 추출할 수 있고 시스템의 초음파 전파특성을 결정할 수 있다.

본 장의 전반부에서는 여러 가지 종류의 층에 대한 파동전파 방정식을 전개하는 방법에 대해 설명하고 후반부에서는 이러한 파동전파 방정식을 결합하여 전체 시스템을 묘사하는 방법에 대해 설명한다.

2.1 입체, 등방성 매질의 파동방정식

층을 갖는 매질의 거동을 묘사하는 방정식을 유도하기 전에 무한 매질에서의 파동전파 현상을 이해하는 것이 중요하다고 할 수 있다. 즉 재료의 입체파 거동을 이해하는 것이 필수적이라 할 수 있다. 이에 대한 정보는 많은 문헌[51, 5, 35, 10, 11, 34]에 기술되어 있지만 본 절에서는 일반적인 형태의 관계식을 요약하여 정리하고 원통형 구조물에 대한 설명은 다음 절에서 다루기로 한다.

재료의 미소요소(infinitesimal element)에 적용되는 Newton의 제 2법칙과 탄성체의 임의의 체적 내에서 성립하는 질량보존법칙을 이용하여 Euler 운동방정식을 유도할 수 있다. Euler 운동방정식은 위치 $\boldsymbol{r}$과 시간 t의 함수인 입자 변위장 $\boldsymbol{u}(\boldsymbol{r},t)$과 응력 다이애드(dyad) $\vec{\sigma}$(2차원 벡터장) 사이의 관계식으로 다음과 같이 기술된다.

$$\rho(\partial^2\boldsymbol{u}/\partial t^2) = \nabla \cdot \vec{\sigma} \tag{2.1}$$

여기서 ρ는 층의 밀도로 일정하다고 가정한다. 또 재료는 선형 탄성이고 체적력(body force) 즉 중력은 무시한다. 그러면 일반적인 Hook의 법칙을 이용하여 응력 다이애드 $\vec{\sigma}$와 재료 탄성상수의 관계를 표현할 수 있다. 탄성론을 이용하여 균일(homogeneous) 등방성 재료의 탄성 강성텐서(stiffness tensor)를 구성하는 21개의 요소를 Lamé상수라 불리는 두 개의 재료상수 λ, μ로 감소시킬 수 있다(참고문헌 [5] 참조). 그러면 Hook의 법칙은 다음과 같이 간단히 표현된다.

$$\vec{\sigma} = \lambda \boldsymbol{I}\nabla \cdot \boldsymbol{u} + \mu(\nabla\boldsymbol{u} + \boldsymbol{u}\nabla) \tag{2.2}$$

여기서 $\boldsymbol{I}$ 는 단위행렬이다.

앞의 두 식 (2.1), (2.2)를 결합하면 등방성 탄성 매질에 대한 Navier 변위방정식을 유도할 수 있다.

$$(\lambda+\mu)\nabla\nabla \cdot \boldsymbol{u} + \mu\nabla^2\boldsymbol{u} = \rho(\partial^2\boldsymbol{u}/\partial t^2) \tag{2.3}$$

이 식은 다음과 같이 다시 쓸 수 있다.

$$\overbrace{(\lambda+2\mu)\nabla(\nabla \cdot \boldsymbol{u})}^{\text{dilatational}} + \overbrace{\mu\nabla\times(\nabla\times\boldsymbol{u})}^{\text{rotational}} = \rho(\partial^2\boldsymbol{u}/\partial t^2) \tag{2.4}$$

여기서 $\boldsymbol{u}$는 변위벡터, ρ는 밀도, λ와 μ는 Lamé상수이고 ∇^2은 3차원 Laplace 연산자이다. 식 (2.4)에서 $(\lambda+2\mu)\nabla(\nabla \cdot \boldsymbol{u})$는 해의 팽창(dilatational) 부분이고 $\mu\nabla\times(\nabla\times\boldsymbol{u})$

는 회전(rotational) 부분이다.

재료의 감쇠를 시스템에 도입하는 방법에는 몇 가지가 있다. 일반적인 NDE의 경우 진행파장 당 변위 크기의 일정 손실을 표시하는 감쇠 모델에 의해 재료의 거동을 적절하게 표현할 수 있다[83, 82, 12, 31, 76, 77, 78, 66, 44, 95, 13, 30, 48, 43]. 재료의 감쇠를 도입하면 Lamé 상수 λ와 μ는 다음과 같은 연산자로 대치된다.

$$\lambda \rightarrow \lambda + \frac{\lambda'}{\omega}\frac{\partial}{\partial t}, \quad \mu \rightarrow \mu + \frac{\mu'}{\omega}\frac{\partial}{\partial t} \tag{2.5}$$

여기서 상수 λ'과 μ'은 점탄성재료의 상수이고 ω는 주파수이다. 점탄성상수가 0이면 점탄성모델은 탄성모델이 된다. 따라서 변위방정식 (2.3)은 다음과 같이 쓸 수 있다.

$$(\lambda+\mu)\nabla(\nabla \cdot \boldsymbol{u}) + \mu\nabla^2\boldsymbol{u} + \left(\frac{\lambda'+\mu'}{\omega}\right)\nabla\left(\nabla \cdot \frac{\partial \boldsymbol{u}}{\partial t}\right) + \left(\frac{\mu'}{\omega}\right)\nabla^2\frac{\partial \boldsymbol{u}}{\partial t} = \rho\frac{\partial^2 \boldsymbol{u}}{\partial t^2} \tag{2.6}$$

Helmholtz 분해법을 이용하면(참고문헌 [51]의 52–53쪽 참조) 유한하고 균일하며 연속적이고 무한대에서 그 값이 소멸하는 식 (2.3)의 3차원 변위벡터 $\boldsymbol{u}$를 압축 스칼라퍼텐셜 ϕ와 등가체적 벡터퍼텐셜 $\boldsymbol{H}$의 합으로 표현할 수 있다.

$$\boldsymbol{u} = \nabla\phi + \nabla \times \boldsymbol{H} \tag{2.7}$$

여기서

$$\nabla \cdot \boldsymbol{H} = F(\boldsymbol{r}, t)$$

이고 F는 좌표벡터 $\boldsymbol{r}$과 시간 t의 함수이다. Gazis[25]는 함수 F는 필드변환(field transformation)의 측정불변(gauge invariance) 법칙에 의해 임의로 선택할 수 있음을 보였다(참고문헌 [51]의 207–211쪽 참조). 즉 필드와 퍼텐셜 사이의 관계는 유일하지 않다. χ가 적절한 경계조건을 만족하면 스칼라퍼텐셜 ϕ는 $\phi' + (1/c)(\partial\chi/\partial t)$로, 벡터퍼텐셜 $\boldsymbol{H}$는 $\boldsymbol{H}' - \nabla\chi$로 치환될 수 있다. 새로운 퍼텐셜은 동일한 필드를 나타낸다. 이와 같은 방법으로 전체 필드를 표현하기 위해 함수들을 조합할 수 있다. 여기서 $F(\boldsymbol{r}, t)$를 0으로 설정하면 등가체적 벡터퍼텐셜은 제로발산(zero-divergence) 벡터가 되어 필드가 솔레노이드(solenoid)화 된다. 즉 영역 내에 에너지의 근원이나 싱크(sink)가 존재하지 않게 된다. 발산조건을 규정하면 Helmholtz 분해법에 의해 도입된 두 개의 퍼텐셜에 의해 나타나는 네 개의 성분으로 $\boldsymbol{u}$의 세 성분을 유일하게 결정할 수 있는 필수조건을 구할 수 있다.

변위벡터 $\boldsymbol{u}$에 대한 표현을 Navier 운동방정식 (2.3)에 대입하면 다음의 결과를 얻을 수 있다.

$$\nabla\left[(\lambda+2\mu)\nabla^2\phi-\rho(\partial^2\phi/\partial t^2)+\nabla\times(\mu\nabla^2\boldsymbol{H}-\rho(\partial^2\boldsymbol{H}/\partial t^2)\right)=0 \tag{2.8}$$

이때 다음과 같은 항등식을 이용하였다.

$$\nabla\cdot\nabla\phi=\nabla^2\phi,\quad \nabla^2(\nabla\phi)=\nabla(\nabla^2\phi),\quad \nabla\cdot\nabla\times\boldsymbol{H}=0$$

식 (2.8)의 조건을 만족하기 위해서는 두 괄호 안의 항이 0이 되어야하고 이로부터 다음과 같은 표준방정식을 유도할 수 있다.

$$\begin{aligned} c_1^2\nabla^2\phi &= \partial^2\phi/\partial t^2 \\ c_2^2\nabla^2\boldsymbol{H} &= \partial^2\boldsymbol{H}/\partial t^2 \end{aligned} \tag{2.9}$$

여기서

$$c_1=\left(\frac{\lambda+2\mu-i(\lambda'+2\mu')}{\rho}\right)^{1/2},c_2=\left(\frac{\mu-i\mu'}{\rho}\right)^{1/2} \tag{2.10}$$

이다. 만약 매질이 탄성이면

$$c_1=\left(\frac{\lambda+2\mu}{\rho}\right)^{1/2},\ c_2=\left(\frac{\mu}{\rho}\right)^{1/2} \tag{2.11}$$

이 된다. 즉 재료가 탄성이면 상수 c_1, c_2는 실수 값을 갖게 되고 각각 종방향, 전단방향 입체파 속도와 같아지는 것을 알 수 있다. 재료가 감쇠를 가지면 상수 c_1, c_2는 복소수가 되지만 감쇠가 적을 경우 실수부는 입체파 속도를 근사적으로 나타낸다는 사실을 명심할 필요가 있다.

2.1.1 감쇠 파동방정식의 특성

파동이 감쇠를 갖는 것은 다음과 같은 두 종류의 물리적 현상에 기인한다고 할 수 있다. 즉 (1) 구조물의 재료가 감쇠를 갖는 경우(복소수 Lamé상수에 의해 정의됨). 이 경우 파동에너지는 파동이 진행되면서 구조물에 의해 흡수된다. (2) 구조물이 유체에 잠겨있거나 고체에 매립되어 있는 경우. 이 경우 파동에너지는 주변 반공간으로 방사(또는 누설)된다. 두 경우 모두 유도파의 감쇠는 속도나 파동수처럼 구조물의 중요한 특성이 된다. 두 종류의 감쇠 모두 파동 진행거리에 따라 지수적으로 감소하는 식으로 표현할 수 있다. 이때 파동수는 복소수로 표시되는데 실수부 $\mathbf{k}_{real}$은 파동의 전파를, 허수부 $\mathbf{k}_{imag}$는 파동의 감쇠를 나타낸다. 일반적인 형태의 파동방정식은 변위 $\boldsymbol{u}$를 사용하여 다음과 같이 쓸 수 있다.

$$\boldsymbol{u} = Ae^{i(\boldsymbol{k} \cdot \boldsymbol{x} - \omega t)} \tag{2.12}$$

실수부와 허수부를 분리하면 다음과 같이 다시 쓸 수 있다.

$$\boldsymbol{u} = Ae^{i(\mathbf{k}_{\text{real}} \cdot \boldsymbol{x} - \omega t)} e^{-\mathbf{k}_{\text{imag}} \cdot \boldsymbol{x}} \tag{2.13}$$

여기서 완전 허수로 표현된 첫 번째 지수함수는 벡터 $\mathbf{k}_{real}$의 진행방향을 따르는 파동의 전파를 나타내고, 실수로 표현된 두 번째 지수함수는 벡터 $\mathbf{k}_{imag}$의 진행방향을 따르는 파동의 지수적 감소를 나타낸다. 일반적으로 $\mathbf{k}_{real}$과 $\mathbf{k}_{imag}$는 벡터이며 임의의 방향을 갖고 있다.

이 모델에서 파장 당 감쇠는 상수이다. 즉 단위거리 당 감쇠는 주파수에 따라 선형적으로 증가한다. 재료의 입체 초음파 특성을 측정하는 경우처럼 파동수의 실수부와 허수부가 평행하면 재료상수는 다음과 같이 파동속도와 감쇠로 표현될 수 있다.

$$c_1 \text{ 또는 } c_2 = \frac{\omega}{|\mathbf{k}_{\mathrm{r}}| + i|\mathbf{k}_{\mathrm{i}}|} = \frac{c_{ph}}{1 + |\mathbf{k}_{\mathrm{i}}|/|\mathbf{k}_{\mathrm{r}}|} = \frac{c_{ph}}{1 + i\kappa/(2\pi)} \tag{2.14}$$

여기서 c_{ph}는 파동의 위상속도(항상 실수)이고 κ는 neper/wavelength의 단위를 갖는 감쇠로 단위크기의 파장이 단위 파장을 진행한 후 크기가 $e^{-\kappa}$로 감소한다는 것을 의미한다.

따라서 Lamé상수가 알려지면 입체파 위상속도, 감쇠는 다음 식으로 표현된다.

$$c_{ph,1} = c_{1,re} - \kappa_1 \frac{c_{1,im}}{2\pi}, \quad c_{ph,2} = c_{2,re} - \kappa_2 \frac{c_{2,im}}{2\pi}$$
$$\kappa_1 = -2\pi \frac{c_{1,im}}{c_{1,re}}, \quad \kappa_2 = -2\pi \frac{c_{2,im}}{c_{2,re}} \tag{2.15}$$

또 입체파 위상속도와 감쇠가 알려지면 Lamé상수는 다음과 같이 표현된다.

$$\mu = \frac{\rho(c_{ph,2})^2(4\pi^2)(4\pi^2-\kappa_2^2)}{(\kappa_2^2+4\pi^2)^2}, \qquad \mu' = \frac{\rho(c_{ph,2})^2(4\pi^2)(4\kappa_2\pi)}{(\kappa_2^2+4\pi^2)^2}$$

$$\lambda = \frac{\rho(c_{ph,1})^2(4\pi^2)(4\pi^2-\kappa_1^2)}{(\kappa_1^2+4\pi^2)^2} - 2\mu, \quad \lambda' = \frac{\rho(c_{ph,1})^2(4\pi^2)(4\kappa_1\pi)}{(\kappa_1^2+4\pi^2)^2} - 2\mu' \tag{2.16}$$

파동수가 아닌 주파수를 복소수라고 가정하여 파동방정식에 감쇠를 포함시킬 수도 있다. 두 방법 모두 유효한 방법이지만 그 결과는 다르다. 그 이유는 서로 다른 물리적 문제를 표현하기 때문이다. 이에 대한 예제로는 참고문헌 [71, 9]를 참조하기 바란다. 그러나 상당한 거리를 전파하는 유도파에 초점을 맞출 경우 파동수를 복소수로 가정하는 것이 좀 더 타당한 방법이라고 할 수 있다. 감쇠모델에 대한 자세한 내용은 참고문헌 [74, 65, 64, 26, 18, 19, 1, 39]를 참조하기 바란다.

2.1.2 유체재료

일반적으로 유체를 모델링 하는 방법은 적절한 파라미터를 이용하여 고체재료에서 사용하였던 재료모델로 유체를 표현하는 방법을 채택하고 있다. 이론적 배경에 대한 자세한 내용은 참고문헌 [52, 66]을 참조하기 바란다.

유체의 입체파 감쇠가 0이면 전단파(shear wave)를 지지하지 못한다. 따라서 파동방정식에 대한 해는 하나만 존재하게 되고 이때 입체 압축파의 속도는 다음 식으로 표현된다.

$$c_1 = (\lambda_f/\rho)^{1/2} \tag{2.17}$$

여기서 λ_f는 유체의 입체 강성이다. 위 식을 직접 압축파(compressional wave)에 대한 고체 표현식에 대입할 수 있다. 전단파(shear wave)를 지지하지 못하는 현상은 개념적으로 간단하다. 즉 이 항을 무시하면 된다. 그러나 유체와 관련된 열과 행을 행렬방정식에서 삭제할 때는 주의가 요구된다.

입자분산에 의한 손실처럼 점성손실 없이 유체가 파동을 감쇠시키는 경우 종파에 대한 표현식은 고체재료에서 도입하였던 방법과 동일한 방식으로 변경될 수 있다. 즉 허수 강성상수를 첨가하기만 하면 된다. 따라서 재료를 밀도, 입체 압축파 속도, 입체 압축파 감쇠를 이용하여 정의할 수 있다.

점성에 의해 유체가 파동을 감쇠시키는 경우에는 입체 전단파를 포함시키고 입체 압축파에 대한 표현식을 수정할 필요가 있다. 전단파를 포함시키는 이유는 자명하다. 즉 고체 층과 점성유체를 전단방향으로 연성시킬 필요가 있기 때문이다. 모든 경우에 전단파의 감쇠는 매우 크기 때문에 전단파는 멀리까지 전파되지 못한다. 즉 고체로부터 에너지를 빼앗아 짧은 거리를 전파하는 동안 그 에너지를 소멸해 버린다. 압축파는 감쇠 특성을 갖는데 그 이유는 종파운동은 체적변화뿐만 아니라 재료의 왜곡(전단변형)과도 관련이 있기 때문이다.

본 교재에서는 점성유체를 모델링할 때 Newton점성을 갖는 압축성 Stokes유체만을 그 대상으로 한다(참고문헌 [47] 참조). 이러한 유체를 선형 점성유체라 한다. 변형이 발생하는 유체의 응력상태에 대한 Stokes식은 다음과 같이 기술된다.

$$\sigma = -p + F(D) \tag{2.18}$$

여기서 σ는 응력텐서, p는 평형압력(유체가 정지 상태에 있을 때의 압력), F는 임의의 함수, D는 변형의 텐서변화율(변형률의 시간미분)이다. 유체가 비점성이면 응력상태는 평형압력과 같아지게 되어 위 식은 단순히 $\sigma = -p$가 된다. 점성($F(D)$)에 의한 응력의 변화를 점성응력이라 부른다.

함수 F가 선형이면 이때의 유체를 Newtonian유체라 부른다. 그러면 식 (2.18)은 Newton유체의 Navier-Poisson법칙에 따라 다음과 같이 표현된다.

$$\sigma_{ij} = -p\delta_{ij} + \lambda' D_{kk}\delta_{ij} + 2\mu' D_{ij} \tag{2.19}$$

여기서 λ'과 μ'은 점성상수이다. 유체가 입체압력을 받는 경우($\sigma_{xx}=\sigma_{yy}=\sigma_{zz}$), 위 식으로부터 다음과 같은 유체의 입체점성 κ에 대한 관계식을 얻을 수 있다.

$$\kappa = \lambda' + 2\mu'/3 \tag{2.20}$$

모든 점성손실이 전단변형에 의해 발생하는, 즉 κ가 0인 유체를 Stokes유체라 한다. 따라서 유체의 점성을 단일 상수 μ'에 의해 정의할 수 있다. 이 경우 움직이는 유체의 평형압력은 정적 평형압력 p와 같아지게 된다.

따라서 κ=0일 경우 입체점성을 갖지 않는 Newton유체의 Navier-Poisson법칙은 다음과 같이 기술된다.

$$\sigma_{ij} = -p\delta_{ij} - \frac{2}{3}\mu' D_{kk}\delta_{ij} + 2\mu' D_{ij} \tag{2.21}$$

유체를 연속체 고체모델과 동등한 식으로 표현하기 위해서는 응력-변형률 관계식을 유도할 필요가 있다. 이를 위해 먼저 압력에 의한 기여도를 고려해보자. Stokes유체의 경우 정적 상태만을 고려해도 충분하기 때문에 다음과 같은 간단한 관계식을 얻을 수 있다.

$$\sigma_{xx} = \sigma_{yy} = \sigma_{zz} = -p = \lambda_f(\epsilon_{xx} + \epsilon_{yy} + \epsilon_{zz}) \tag{2.22}$$

이제 점성에 의한 기여도를 고려하기 위해 변형과 변형률 사이의 관계식이 필요하다. 여기서 고려하는 유체운동은 항상 시간에 따른 조화운동으로 표현되기 때문에 임의의 변형률 $i\omega$에 변형을 곱한 값으로 표시할 수 있다. 따라서 응력-변형률 관계식은 다음과 같이 구할 수 있다.

$$\begin{Bmatrix} \sigma_{xx} \\ \sigma_{yy} \\ \sigma_{zz} \\ \sigma_{xy} \\ \sigma_{yz} \\ \sigma_{xz} \end{Bmatrix} = \begin{bmatrix} (\lambda_f - 4/3\mu' i\omega) & (\lambda_f + 2/3\mu' i\omega) & (\lambda_f + 2/3\mu' i\omega) & & & \\ (\lambda_f + 2/3\mu' i\omega) & (\lambda_f - 4/3\mu' i\omega) & (\lambda_f + 2/3\mu' i\omega) & & & \\ (\lambda_f + 2/3\mu' i\omega) & (\lambda_f + 2/3\mu' i\omega) & (\lambda_f - 4/3\mu' i\omega) & & & \\ & & & -\mu' i\omega & & \\ & & & & -\mu' i\omega & \\ & & & & & -\mu' i\omega \end{bmatrix} \begin{Bmatrix} \epsilon_{xx} \\ \epsilon_{yy} \\ \epsilon_{zz} \\ \epsilon_{xy} \\ \epsilon_{yz} \\ \epsilon_{xz} \end{Bmatrix} \tag{2.23}$$

위 식은 등방성 고체의 재료 강성을 표현하기 위해 일반적으로 사용하는 C_{ij}로 나타낼 수 있다.

$$\begin{Bmatrix} \sigma_{xx} \\ \sigma_{yy} \\ \sigma_{zz} \\ \sigma_{xy} \\ \sigma_{yz} \\ \sigma_{xz} \end{Bmatrix} = \begin{bmatrix} C_{11} & C_{12} & C_{12} & & & \\ C_{12} & C_{11} & C_{12} & & & \\ C_{12} & C_{12} & C_{11} & & & \\ & & & C_{44} & & \\ & & & & C_{44} & \\ & & & & & C_{44} \end{bmatrix} \begin{Bmatrix} \epsilon_{xx} \\ \epsilon_{yy} \\ \epsilon_{zz} \\ \epsilon_{xy} \\ \epsilon_{yz} \\ \epsilon_{xz} \end{Bmatrix} \tag{2.24}$$

일반적으로 $C_{11} = C_{12} + 2C_{44}$로 표현되므로 위 식에서 독립상수는 단지 2개만 존재한다는 것을 알 수 있다. 따라서

$$\begin{aligned} C_{44} &= -\mu' i\omega \\ C_{11} &= \lambda_f - 3/4\mu' i\omega = \lambda_f + 4/3\,C_{44} \end{aligned} \tag{2.25}$$

가 된다. 상수 C_{44}는 전단파를 정의하는 상수이므로 고체가 점성유체와 접촉할 때의 점성손실을 모델링 한다고 할 수 있다. 그러나 상수 C_{44}는 압축파를 표현하는 상수 C_{11}에도 나타나는 것을 볼 수 있다. 따라서 점성유체의 입체 압축파에도 점성손실이 존재한다는 것을 알 수 있다. 점성상수 μ'을 유체의 동적 점성이라 부르며 η로 표시하기도 한다. 차원은 응력에 시간을 곱한 값(M/(LT))으로 표현된다. 점성에 종종 사용되는 파라미터로 운동학 점도 ν가 있는데 차원은 L^2/T이고 다음과 같이 정의된다.

$$\nu = \frac{\eta}{\rho} = \frac{\mu'}{\rho} \tag{2.26}$$

따라서 상수 C_{44}는 다음과 같이 쓸 수 있다.

$$C_{44} = -i\omega\eta = -i\omega\rho\nu \tag{2.27}$$

■ 등가 "고체" 전단파 특성

점성유체에서 소용돌이 모드(vorticity mode)를 만들어내는 것은 전단파 속도와 감쇠이다. 여기에서 유도한 결과는 참고문헌 [66]의 결과와 동일하다. 감쇠벡터가 전파벡터와 평행한 상태로 입체파가 무한매질 내에서 진행된다고 가정하자. 이와 같은 가정을 이용하면 방정식을 유도하기가 편리한데 그 이유는 파동수, 속도, 감쇠를 스칼라로 취급할 수 있기 때문이다. 따라서 식 (2.10)과 (2.14)로부터

$$\frac{\omega}{k} = \left(\frac{C_{44}}{\rho}\right)^{1/2} = (-i\omega\nu)^{1/2} \tag{2.28}$$

임을 알 수 있고 위 식을 다시 정리하면 다음과 같다.

$$k^2 = \frac{-i\omega}{\nu} \tag{2.29}$$

복소 파동수를 $k = k_r + ik_i$로 표현하자. 여기서 k_r은 실수벡터(전파), k_i는 허수벡터(감쇠)이고 두 벡터는 평행하다고 가정한다. 복소 파동수 k를 제곱하면

$$k^2 = k_r^2 + 2ik_rk_i - k_i^2 \tag{2.30}$$

가 되고 식 (2.29)와 (2.30)을 같다고 놓으면

$$k_r^2 = k_i^2$$

$$k_r k_i = \frac{-\omega}{2\nu} \tag{2.31}$$

임을 알 수 있다. 식 (2.31)에서 양(+)의 근을 취하면

$$k_r = k_i = \left(\frac{\omega}{2\nu}\right)^{1/2} \tag{2.32}$$

가 된다. 따라서 입체 전단파속도와 감쇠는 다음과 같이 쓸 수 있다.

$$C_s = \frac{\omega}{k_r} = (2\omega\nu)^{1/2}$$

$$\kappa_s = k_i \frac{2\pi}{k_r} = 2\pi \tag{2.33}$$

■ 등가 "고체" 종파 특성

유체의 점성에 의해 입체 종파는 감쇠특성을 갖는데 그 이유는 종파가 체적변화뿐만 아니라 재료의 왜곡에 의한 영향도 포함하기 때문이다. 여기에서 유도하는 결과는 참고문헌 [52]와 동일하다. 종파에 대한 접근방법은 전단파와 동일하다. 다만 상수 C_{44} 대신 상수 C_{11}이 사용되고 이에 따른 적절한 유체상수가 도입되는 점이 다를 뿐이다.

$$\frac{\omega}{k} = \left(\frac{C_{11}}{\rho}\right)^{1/2} = \left(\frac{\lambda_f}{\rho} + \frac{4/3\, C_{44}}{\rho}\right)^{1/2} \tag{2.34}$$

위 식을 다시 정리하고 k대신 $k_r + ik_i$를 대입하면

$$\omega^2 = (k_r^2 + 2ik_r k_i - k_i^2)\left(\frac{\lambda_f}{\rho} - \frac{4i\omega\nu}{3}\right) \tag{2.35}$$

가 된다. 위 식의 실수부는

$$\omega^2 = (k_r^2 - k_i^2)\frac{\lambda_f}{\rho} + \frac{8}{3}k_r k_i \omega\nu \tag{2.36}$$

이다. 입체 종파의 감쇠 $\kappa_l = 2\pi k_i / k_r$ (식 (2.14))를 대입하면 입체 종파의 속도는 다음과 같이 표현된다.

$$C_l = \frac{\omega}{k_r} = \left[\left(1 - \frac{\kappa_l^2}{(2\pi)^2}\right)\frac{\lambda_f}{\rho} + \frac{4}{3}\kappa_l \omega \nu\right]^{1/2} \tag{2.37}$$

엄밀하게 말하면 위 식을 이용할 때 점성에 의한 입체파 속도의 변화를 고려할 필요가 있다. 그러나 그 양은 무시할 수 있을 만큼 적기 때문에 근사식을 구할 때 고려하지 않아도 된다. 예를 들어 물의 파동속도와 밀도를 갖고 동적 점성이 1Ns/㎡인 유체의 경우 1㎒에서 입체파 속도의 변화량은 약 0.002%이다. 이러한 점성을 갖는 유체로는 글리세린(glycerine)을 들 수 있다. 이 주파수에서 오차 1%이면 동적 점성은 100Ns/㎡ 이 될 것이다. 따라서 종파 속도의 근사식은

$$C_l \approx \left(\frac{\lambda_f}{\rho}\right)^{1/2} \tag{2.38}$$

이 된다. 식 (2.35)의 허수부를 0으로 놓고(실수 주파수) 계산하여 정리하면

$$\left(\frac{4\omega\nu\rho}{3\lambda_f}\right)\left[1 - \left(\frac{\kappa_l}{2\pi}\right)^2\right] = \frac{\kappa_l}{\pi} \tag{2.39}$$

가 된다. 이 식은 $\kappa_l/(2\pi)$에 대한 2차 방정식이 된다. 양(+)의 근을 계산하면

$$\kappa_l = \frac{3\pi\lambda_f}{2\omega\nu\rho}\left\{\sqrt{1 + \left(\frac{4\omega\nu\rho}{3\lambda_f}\right)^2} - 1\right\} \tag{2.40}$$

이다. 식 (2.40)에서 인자 $(4\omega\nu\rho/3\lambda_f)$가 적으면 수식을 보다 간단하게 표현할 수 있다. 이 인자를 A라 하면 입체 종파의 감쇠에 대한 근사식은 다음과 같이 쓸 수 있다.

$$\kappa_l \approx \frac{2\pi}{A}\left[\left(1 + \frac{A^2}{2}\right) - 1\right] \approx \pi A \approx \left(\frac{4\pi\omega\nu}{3C_l^2}\right) \tag{2.41}$$

이와 같은 근사식으로 표현해도 계산된 결과의 오차는 적다. 즉 동적 감쇠가 1Ns/㎡에서 100Ns/㎡로 바뀌어도 오차는 0.01%에서 3.3% 정도로 증가할 뿐이다.

2.2 등방성 평판의 파동전파

편평한 등방성, 탄성, 고체 층의 변위와 응력장(stress field)에 대한 방정식은 층 내에 존

재하는 4개의 입체파를 중첩(superposition)하여 표현할 수 있다. 따라서 방정식을 유도하기 위해서는 먼저 무한 매질 내에서의 파동운동에 대한 해가 되는 입체파에 대한 방정식을 유도하고, 다음으로 두 층 사이의 계면에서의 경계조건을 도입하여, 층 사이의 결합법칙과 입체파의 중첩조건을 규정해야 한다. 각 층에서의 해석을 수행할 때 2차원 운동 즉, 평면 내에서 발생하는 평면 변형률과 운동에 대해서만 해석을 수행한다. 이러한 평면운동과 비연성(uncoupled)되어 있는 SH(Shear Horizontal) 모드는 따로 다루기로 한다.

2.2.1 역사적 배경

다중 층 또는 적층으로 구성된 매질에서의 파동전파에 대한 최초의 연구는 Rayleigh에 의해 수행되었는데[73], 그는 1885년에 반무한, 탄성 반공간의 자유 표면에서 진행하는 파동에 대한 수식을 유도하였다. 유도된 수식은 3차 방정식으로 표현되는데 이 방정식의 근에 의해 표면에서 전파되는 파동의 속도를 결정할 수 있다. 단일 계면 문제를 일반화시킨 결과는 1924년 Stoneley에 의해 전개되었는데 그는 두 개의 서로 다른 탄성 고체 사이의 계면을 따라 진행하는 파동에 대해 기술하였다. 그 후의 연구에 의해 계면을 구성하는 고체들로 파동이 누설되지 않고 전파될 수 있는 조건[80]과 누설모드의 존재 가능성[67] 등이 확인되었다. 1917년 Lamb[38]은 유한 두께의 편평한 층의 개념을 도입하기 위해 또 다른 계면을 첨가하였다. 그는 공기 중에 놓여있는 평판에 대한 두 개의 파동방정식을 유도하였는데, 하나는 대칭모드, 다른 하나는 비대칭모드에 대한 방정식이다. 각 방정식의 근들은 잘 알려진 Lamb파 분산선도를 구성한다. Love는 층의 표면에서 전단운동과 관련된 횡파 모드(transverse mode)가 유한 두께의 층 내에 존재할 수 있음을 보였다[42]. 이러한 파동들과 다른 특수한 층의 구조에 대한 검토는 참고문헌 [22, 92, 23, 10, 11]을 참조하기 바란다.

2.2.2 무한, 탄성 고체의 평면파

무한 탄성 고체의 운동을 기술하는 방정식은 여러 교재에서 다루고 있다([10], [11], [34]). 가장 일반적인 방법은 밀도 ρ를 갖는 무한, 등방성, 탄성 고체의 미소 입방요소(infinitesimal cubic element)로부터 유도를 시작하는 방법이다. 이를 위해 직교좌표계를 도입하고 좌표계 $\boldsymbol{x}(x_1, x_2, x_3)$방향의 변위 $\boldsymbol{u}(u_1, u_2, u_3)$를 정의한다. Newton의 제 2법칙을 적용하면 동적 평형에 대한 식은 다음과 같이 쓸 수 있다.

$$\rho\frac{\partial^2 u_1}{\partial t^2}=\frac{\partial\sigma_{11}}{\partial x_1}+\frac{\partial\sigma_{12}}{\partial x_2}+\frac{\partial\sigma_{13}}{\partial x_3}$$
$$\rho\frac{\partial^2 u_2}{\partial t^2}=\frac{\partial\sigma_{21}}{\partial x_1}+\frac{\partial\sigma_{22}}{\partial x_2}+\frac{\partial\sigma_{23}}{\partial x_3} \tag{2.42}$$
$$\rho\frac{\partial^2 u_3}{\partial t^2}=\frac{\partial\sigma_{31}}{\partial x_1}+\frac{\partial\sigma_{32}}{\partial x_2}+\frac{\partial\sigma_{33}}{\partial x_3}$$

여기서 σ_{11}, σ_{12}, …는 입방체 표면에서 작용하는 응력성분이고 t는 시간을 나타낸다.

식 (2.42)는 매질의 운동을 표현하는 가장 기본적인 응력방정식이다. 위 식에 응력-변형률, 변형률-변위 관계식을 도입하면 변위에 관련된 항들로 방정식을 재구성할 수 있다. 응력과 변형률, 변형률과 변위 사이의 관계식은 다음과 같이 주어진다.

$$\sigma_{11}=\lambda\Delta+2\mu\epsilon_{11}\qquad \sigma_{22}=\lambda\Delta+2\mu\epsilon_{22}\qquad \sigma_{33}=\lambda\Delta+2\mu\epsilon_{33}$$
$$\sigma_{12}=\mu\epsilon_{12}\qquad \sigma_{23}=\mu\epsilon_{23}\qquad \sigma_{13}=\mu\epsilon_{13}$$
$$\epsilon_{11}=\frac{\partial u_1}{\partial x_1}\qquad \epsilon_{22}=\frac{\partial u_2}{\partial x_2}\qquad \epsilon_{33}=\frac{\partial u_3}{\partial x_3}$$
$$\epsilon_{12}=\frac{\partial u_1}{\partial x_2}+\frac{\partial u_2}{\partial x_1}\qquad \epsilon_{23}=\frac{\partial u_2}{\partial x_3}+\frac{\partial u_3}{\partial x_2}\qquad \epsilon_{13}=\frac{\partial u_1}{\partial x_3}+\frac{\partial u_3}{\partial x_1} \tag{2.43}$$

여기서 λ와 μ는 Lamé의 탄성 강성상수이고 $\Delta=\epsilon_{11}+\epsilon_{22}+\epsilon_{33}$는 미소요소의 체적변화(팽창)를 나타낸다.

식 (2.43)을 (2.42)에 대입하면 변위에 대한 방정식을 얻게 되고

$$\rho\frac{\partial^2 u_1}{\partial t^2}=(\lambda+\mu)\frac{\partial}{\partial x_1}\left(\frac{\partial\sigma_{11}}{\partial x_1}+\frac{\partial\sigma_{12}}{\partial x_2}+\frac{\partial\sigma_{13}}{\partial x_3}\right)+\mu\nabla^2\partial u_1$$
$$\rho\frac{\partial^2 u_2}{\partial t^2}=(\lambda+\mu)\frac{\partial}{\partial x_2}\left(\frac{\partial\sigma_{11}}{\partial x_1}+\frac{\partial\sigma_{12}}{\partial x_2}+\frac{\partial\sigma_{13}}{\partial x_3}\right)+\mu\nabla^2\partial u_2 \tag{2.44}$$
$$\rho\frac{\partial^2 u_3}{\partial t^2}=(\lambda+\mu)\frac{\partial}{\partial x_3}\left(\frac{\partial\sigma_{11}}{\partial x_1}+\frac{\partial\sigma_{12}}{\partial x_2}+\frac{\partial\sigma_{13}}{\partial x_3}\right)+\mu\nabla^2\partial u_3$$

이를 벡터형태로 표현하면 다음과 같이 쓸 수 있다.

$$\rho\frac{\partial^2 \boldsymbol{u}}{\partial t^2}=(\lambda+\mu)\nabla(\nabla\cdot\boldsymbol{u})+\mu\nabla^2\boldsymbol{u} \tag{2.45}$$

여기서 ∇는 벡터연산자, ∇^2은 스칼라 연산자로 각각 다음과 같이 정의된다.

$$\nabla = \left(\hat{x}_1 \frac{\partial}{\partial x_1}, \hat{x}_2 \frac{\partial}{\partial x_2}, \hat{x}_3 \frac{\partial}{\partial x_3}\right) \quad \nabla^2 = \left(\frac{\partial^2}{\partial x_1^2}, \frac{\partial^2}{\partial x_2^2}, \frac{\partial^2}{\partial x_3^2}\right)$$

위 식은 직접 적분할 수 없는 식이다. 즉 해의 형태를 가정하고 미분과 대입을 통해 해의 적합성을 검토해야 한다. 여기서는 파면(wave front)이 파동 진행방향과 수직한 무한 평면이라 가정한다. 또한 파동 진행방향의 임의의 위치, 임의의 시간에서 모든 변위는 파면을 구성하는 평면 내에서 균일(homogeneous)하다고 가정한다. 이로부터 균일 평면파를 정의할 수 있다. 위의 가정들에 의해 두 개의 해 즉 종파와 전단파(입체파)에 대한 해가 존재하게 된다. 종파의 입자운동은 파동의 진행방향으로만 발생하고 파동은 체적의 변화(팽창)에 의해서만 생성된다. 전단파의 입자운동은 파동 진행방향에 수직하고 파동은 체적의 변화가 없는 매질의 회전에 의해서만 생성된다. 이에 대한 해를 벡터형태로 나타낼 수 있는 편리한 방법은 Helmholtz방법[47]을 도입하는 것이다. Helmholtz방법에서는 종파(1)를 스칼라함수 ϕ로 나타내고 전단파(2)는 벡터함수 $\boldsymbol{H}$로 나타내는데, 이때 $\boldsymbol{H}$의 방향은 파동의 전파방향, 입자의 운동방향 모두에 대해 수직하다.

$$\phi = A_L e^{i(\mathbf{k} \cdot \boldsymbol{x} - \omega t)}$$

$$\boldsymbol{H} = A_S e^{i(\mathbf{k} \cdot \boldsymbol{x} - \omega t)} \tag{2.46}$$

여기서 A_L과 A_S는 각각 종파, 전단파의 크기이고, $\mathbf{k}$는 파동수벡터, ω는 주파수이다. 파동수벡터의 방향은 파동의 진행방향과 동일하고 파동의 파장과 속도를 나타낸다.

$$\text{Wavelength} = \frac{2\pi}{|\mathbf{k}|} \quad \text{Speed} = c = \frac{\omega}{|\mathbf{k}|} \tag{2.47}$$

식 (2.46)을 일반화하기 위해 복소수개념을 도입하여 파동의 크기를 $A_L e^{i\psi}$, $A_S e^{i\psi}$로 표현할 수 있다. 여기서 ψ는 x=0, t=0 에서의 파동의 위상이다.

변위장에 대한 식은 연산자를 도입하여 다음과 같이 기술할 수 있다.

$$\boldsymbol{u} = \boldsymbol{u}_L \nabla \phi + \boldsymbol{u}_S \nabla \times \boldsymbol{H} \tag{2.48}$$

여기서 $\times$는 벡터적(vector cross product)을 나타내고, $\nabla \phi$는 팽창(종방향) 운동, $\nabla \times \boldsymbol{H}$는 균일체적(전단) 운동에 해당된다. 식 (2.48)을 식 (2.45)에 대입하면 파동속도 c_1, c_2를

재료특성으로 표현할 수 있다.

$$c_1 = \left(\frac{\lambda + 2\mu}{\rho}\right)^{1/2} = \left[\frac{E(1-\nu)}{\rho(1+\nu)(1-2\nu)}\right]^{1/2} \tag{2.49}$$

$$c_2 = \left(\frac{\mu}{\rho}\right)^{1/2} = \left[\frac{E}{2\rho(1+\nu)}\right]^{1/2} \tag{2.50}$$

여기서 E는 영계수, ν는 포와송비이다.

2.2.3 2차원 공간의 평면파

다중 층을 갖는 평판 모델에서 파장은 평판과 파동장의 폭보다 매우 작기 때문에 대부분 평면응력해석이 타당하다고 가정한다. 따라서 좌표계는 파동의 진행방향과 평판에 수직한 방향에 의해 규정되는 평면으로 축소될 수 있다. 본 절에서는 해석의 편의를 위해 평판에 평행한 x_1과 평판에 수직한 x_3에 의해 평면을 정의한다. 그림 2.1에 평판의 좌표계를 X, Y, Z로 나타내었다. 이로부터 x_1, x_2, x_3는 각각 X, Y, Z에 대응됨을 알 수 있다. 그림에 나타낸 층의 계면과 평판의 경계면은 지금 단계에서는 고려하지 않는다. 평면 변형률에서는 x_2방향으로의 물리적 양의 변화는 존재할 수 없다($\partial/\partial x_2 = 0$). 또 해석을 간단히 하기 위해 모든 입자운동이 평면 내에서만 발생하는($u_2 = 0$) 파동에 대한 모델만을 수립하고자 한다. 즉 Love모드는 제외하고자 한다. Love모드에 대한 모델은 유도된 모델을 약간만 수정하여 유도할 수 있다. 또 Love 형태의 모드는 Lamb 형태의 모드와 완전히 비연성되어 있으므로 따로 다루기로 한다. Love 형태의 모델에 대한 방정식을 추가하면 행렬의 차수가 4에서 6으로 증가한다(따라서 일반적인 해의 경우 6개의 부분파가 존재한다).

식 (2.48)로부터 종파와 전단파에 대한 변위를 다음과 같이 표현할 수 있다.

$$u_L = \nabla \phi = \begin{bmatrix} k_1 \\ 0 \\ k_3 \end{bmatrix} A_L e^{(\mathbf{k} \cdot \boldsymbol{x} - \omega t)} \tag{2.51}$$

$$u_S = \nabla \times \boldsymbol{H} = \begin{bmatrix} \partial/\partial x_1 \\ \partial/\partial x_2 \\ \partial/\partial x_3 \end{bmatrix} \times \begin{bmatrix} 0 \\ H_3 \\ 0 \end{bmatrix} = \begin{bmatrix} k_3 \\ 0 \\ k_1 \end{bmatrix} A_S e^{(\mathbf{k} \cdot \boldsymbol{x} - \omega \mathrm{t})} \tag{2.52}$$

여기서 벡터퍼텐셜 $\boldsymbol{H}$의 방향은 x_1, x_3방향이므로 모든 입자운동은 평면 $x_1 x_3$ 내에서 발생하게 된다.

2.2.4 평판 층의 평면파 중첩

종파와 전단 입체파를 중첩하고 각 층 사이의 계면에서 경계조건을 설정하면 적층평판의 파동운동에 대한 모델을 전개할 수 있다. 각 계면에는 8개의 파동이 존재한다고 가정한다. 즉 계면의 상부로부터 들어와서 계면 하부에서 나가는 종파(팽창파)와 전단파(균일 체적파)로 구성되는 4개의 파동(L+, S+)과, 계면의 하부로부터 들어와서 계면 상부에서 나가는 파동으로 구성되는 4개의 파동(L−, S−)이 존재한다. 따라서 각 층에는 4개의 파동이 존재한다(그림 2.1 참조). Snell의 법칙으로부터 파동이 상호작용하기 위해서는 각 계면에서 x_3방향으로 동일한 주파수와 공간 특성을 갖는 것이 요구된다. 따라서 모든 변위, 응력방정식은 동일한 주파수 ω와 동일한 파동수 k_3(=ξ)를 갖게 된다. 여기서 파동수 k_3를 특별히 평판파동수(plate wavenumber)라 하는데 이는 입체파의 파동수를 계면에 투영한 파동수이다. 따라서 모든 층의 모든 위치에서의 방정식은 다음과 같은 인자 F를 포함하게 되는데 이 인자는 시스템 내에서 불변이다.

$$F = e^{\xi x_3 - \omega t} \tag{2.53}$$

위 식에 의해 입사각(angle of incidence), 층 내에서의 균일 입체파의 투과(transmission)와 반사(reflection)는 입체파 속도에 따라 제한조건을 갖게 된다.

$$\frac{\xi}{\omega} = \frac{1}{c_{ph}} = \frac{\sin(\theta_L)}{c_1} = \frac{\sin(\theta_S)}{c_2} \tag{2.54}$$

여기서 θ_L과 θ_S는 종방향, 전단방향 입체파가 전파될 때 층의 수직방향(x_1방향)과 이루는 각도를 나타낸다. 불변 속도 c_{ph}는 입체파 속도를 x_3방향으로 투영한 속도로, 전파되는 파동의 위상속도에 해당된다. 각 층에서 입체파의 k_1성분은 평판파동수(ξ=k_3)와 재료의 입체파 속도 c_1, c_2의 함수로 표현할 수 있다.

$$\begin{aligned} k_{1L\pm} &= \pm\left(\frac{\omega^2}{c_1^2} - \xi^2\right)^{1/2} \\ k_{1S\pm} &= \pm\left(\frac{\omega^2}{c_2^2} - \xi^2\right)^{1/2} \end{aligned} \tag{2.55}$$

위 식에서 +와 −는 각각 양(+)의 방향(아래방향), 음(−)의 방향(윗방향)으로 진행하는 파동을 나타낸다. 만약 ω^2/c_1^2이 ξ^2보다 크면 k_1은 실수가 되고 파동은 균일 파동이 되어 x_3방향과 0이 아닌 각도를 갖고 진행하게 된다. 만약 ω^2/c_1^2이 ξ^2보다 작으면 k_1은 허수가 되고 파동은 x_3방향으로 불균일 또는 소멸(evanescent) 파동이 되어 x_1방향의 크기가 점차 감소하게 된다.

따라서 어떤 층의 임의의 위치에서의 변위와 응력은 입체파의 크기로부터 구할 수 있다. 즉 입체 종파의 경우 관계식은

$$\begin{aligned}
u_1 &= \pm\zeta_1 A_{L\pm} F e^{\pm i\zeta_1 x} \\
u_3 &= \xi A_{L\pm} F e^{\pm i\zeta_1 x} \\
\sigma_{11} &= i\rho(\omega^2 - 2c_2^2\xi^2) A_{L\pm} F e^{\pm i\zeta_1 x} \\
\sigma_{22} &= i\rho\omega^2(1 - 2c_2^2/c_1^2) A_{L\pm} F e^{\pm i\zeta_1 x} \\
\sigma_{33} &= i\rho(\omega^2 - 2c_2^2\zeta_1^2) A_{L\pm} F e^{\pm i\zeta_1 x} \\
\sigma_{13} &= 2i\rho c_2^2 \xi\zeta_1 A_{L\pm} F e^{\pm i\zeta_1 x} \\
\sigma_{12} &= \sigma_{23} = 0
\end{aligned}$$

이고 여기서 $\zeta_1 = (\omega^2/c_1^2 - \xi^2)^{1/2}$이다. 입체 전단파의 경우

$$\begin{aligned}
u_1 &= -\xi A_{S\pm} F e^{\pm i\zeta_2 x} \\
u_3 &= \pm\zeta_2 A_{S\pm} F e^{\pm i\zeta_2 x} \\
\sigma_{11} &= \mp 2i\rho c_2^2 \xi\zeta_2 A_{S\pm} F e^{\pm i\zeta_2 x} \\
\sigma_{22} &= 0 \\
\sigma_{33} &= -\sigma_{11} \\
\sigma_{13} &= i\rho(\omega_2^2 - 2c_2^2\xi) A_{S\pm} F e^{\pm i\zeta_2 x} \\
\sigma_{12} &= \sigma_{23} = 0
\end{aligned} \tag{2.56}$$

이고 여기서 $\zeta_2 = (\omega^2/c_2^2 - \xi^2)^{1/2}$이다.

따라서 어떤 층의 임의의 위치에서의 변위와 응력은 그 층에 존재하는 4개의 파동성분을 합하여 구할 수 있다. 다중 층의 경우 관심 있는 물리량은 계면에서 반드시 연속이어야 한다. 즉 두 변위성분 u_1, u_3와 수직응력 σ_{11}, 전단응력 σ_{13}는 반드시 연속성을 가져

야 한다. 해석의 편의를 위해 다음과 같은 대체변수

$$g_{\zeta_1} = e^{i\zeta_1 x_1} \quad g_{\zeta_2} = e^{i\zeta_2 x_1} \tag{2.57}$$

를 도입하고 인자 F를 제거하면 임의의 층에서의 변위와 응력을 다음과 같은 행렬 형태로 표현할 수 있다.

$$\begin{Bmatrix} u_1 \\ u_3 \\ \sigma_{11} \\ \sigma_{13} \end{Bmatrix} = \begin{bmatrix} \zeta_1 g_{\zeta_1} & -\zeta_1/g_{\zeta_1} & -\xi g_{\zeta_2} & -\xi/g_{\zeta_2} \\ \xi g_{\zeta_1} & \xi/g_{\zeta_1} & \zeta_2 g_{\zeta_2} & -\zeta_2/g_{\zeta_2} \\ i\rho(\omega^2 - 2c_2^2\xi^2)g_{\zeta_1} & i\rho(\omega^2 - 2c_2^2\xi^2)/g_{\zeta_1} & -2i\rho\xi c_2^2\zeta_2 g_{\zeta_2} & 2i\rho\xi c_2^2\zeta_2/g_{\zeta_2} \\ 2i\rho\xi c_2^2\zeta_1 g_{\zeta_1} & -2i\rho\xi c_2^2\zeta_1/g_{\zeta_1} & i\rho(\omega^2 - 2c_2^2\xi^2)g_{\zeta_2} & i\rho(\omega^2 - 2c_2^2\xi^2)/g_{\zeta_2} \end{bmatrix} \begin{Bmatrix} A_{L+} \\ A_{L-} \\ A_{S+} \\ A_{S-} \end{Bmatrix} \tag{2.58}$$

식 (2.58)은 임의의 층에서의 파동의 크기와 변위, 응력 사이의 관계를 규명하는 식이다. 행렬의 계수는 평판의 x_1방향(두께 방향) 위치와 층을 구성하는 재료의 성질(ρ, c_1, c_2), 주파수(ω) 그리고 불변의 평판파동수($\xi=k_3$)에 따라 달라진다. 여기서 x_1좌표의 원점은 임의의 위치에 지정할 수 있고 각 층마다 달리 설정할 수 있는데 그 이유는 각 층 사이의 위상차는 복소수 파동진폭의 위상에 의해 보상될 수 있기 때문이다. 식 (2.58)의 행렬을 기호 [D]로 표시하기로 한다.

2.3 등방성 원통형 구조물의 파동전파

2.3.1 역사적 배경

원통형 구조물에 대한 수치적 연구는 19세기 후반에 처음으로 이루어졌다. 초기의 연구자로는 Pochhammer[70]과 Chree[17]가 있는데 이들은 자유 봉의 유도파 전파에 대한 수학적 모델을 제시하였고 지금도 중실봉의 모드를 묘사하는 방정식에 그들의 이름이 거론되고 있다.

그러나 원통형 구조물의 파동전파에 대한 연구는 최근에 이루어진 것이 대부분이다. 20세기 중반 중실봉에 대한 많은 우수한 연구들이 수행되었는데[20, 32, 49, 57, 58, 59, 90] 대부분 봉을 지연선(delay line)의 음향유도관으로 이용하기 위한 연구에 집중되었다. 초기의 연구에서는 원통형 구조물을 쉘(shell)로 근사화하거나 연구의 범위를 축대칭 모드로 한정하는 경우가 많았다. 그러나 나중의 연구에서는 완전한 3차원 문제를 모두 다룰 수 있는 방법이 개발되게 되었다. 속이 빈 실린더의 분산선도는 1959년에 Gazis[24, 25]에 의해 비로소 명확하게 다루어지게 되었고, 그 후 일반적인 경우에 대한 수식을 유도할 때 대부분 그의 연구에 기초하여 연구를 진행하였다.

누설 원통형 시스템의 모델을 수립하는 것은 비누설 시스템보다 훨씬 어렵다. 그 이유는 복소수 Bessel함수를 계산해야하기 때문인데 최근까지 이는 거의 불가능한 작업이었다. 따라서 초기의 연구는 시스템에 존재할 수 있는 비누설 모드에 집중되었다[90]. 그러나 최근 진정한 누설모드를 모델링 할 수 있게 되었고[36, 37, 75, 86, 91] 유체에 잠겨있는 횡방향으로 등방성인 봉의 파동전파 현상도 해석할 수 있게 되었다[53, 6, 7, 50].

누설 원통형 시스템의 파동전파에 대한 이전의 모든 연구에서는 해를 구하기 위해 특정한 탄성문제를 풀었다. 본 장에서 적용하는 수식도 Gazis의 연구결과를 일반적인 경우로 확장한 결과에 기초하고 있다. 여기에는 다중 층, 탄성 또는 점탄성 재료, 축대칭 또는 비축대칭 파동전파 그리고 주변 고체매질로의 누설 가능성 등이 포함되어 있다.

2.3.2 가정과 제한조건

파동전파 모델을 수립할 때 모델이 다룰 수 있는 시스템의 범위를 한정하기 위한 몇 가지 가정이 필요하다. 본 절에서는 이러한 가정들에 대해 기술하고자 한다.

먼저 원통형 시스템은 축대칭이고 축방향으로 무한대의 길이를 갖는다고 가정한다. 재료의 특성은 반경방향으로만 변할 수 있고 각 층의 경계에서 동시에 발생해야 한다. 각 층 사이의 경계는 완벽하다고 가정한다. 이와 같은 가정들로부터 결함과 같은 국부적인 현상은 모델링 할 수 없음을 알 수 있다. 시스템의 형상은 반드시 축대칭이어야 하지만 비축대칭 파동전파도 허용될 수 있음을 인지할 필요가 있다.

사용되는 재료는 등방성이라고 가정한다. 이 가정을 이용하여 원통 축이 등방성 축과 평행한, 횡방향으로 등방성인 재료와 같은 특수 경우에 대한 모델도 수립할 수 있다. 자세한 내용은 참고문헌 [53, 6, 7]을 참조하기 바란다. 앞의 2.1절에서 기술한 바와 같이 탄성, 점탄성 등방성 재료의 모델도 수립할 수 있다.

파동은 연속성을 가지며 주파수는 실수이고 에너지는 유한하다고 가정한다. 파동이 연속적이고 주파수가 실수라는 가정으로부터 순간적인 효과는 모델에 포함시킬 수 없음을 알 수 있다. 시스템의 에너지가 유한하다는 가정으로부터 외부의 에너지원에 의한 에너지는 시스템에 부가될 수 없음을 알 수 있다. 그러나 점탄성 효과와 무한히 큰 주변매질로 누설되는 파동에 의해 에너지 손실은 발생할 수 있다. 원통형 구조물의 한 쪽 끝에서 파동이 연속적으로 생성되고 구조물을 따라 파동이 전파된다. 이때 축방향으로 전파되는 유도파에 대해서만 해를 찾는다.

2.3.3 경계조건

고려하는 시스템은 균일, 등방성 재료로 구성된 무한히 긴 동심(concentric) 실린더이다. 따라서 각 층 사이의 경계는 일정한 반경을 갖고 $\hat{z}$방향으로 무한히 긴 표면으로 정의된다. 본 절에서는 세 종류의 계면(interface), 즉 고체-고체, 고체-공기, 고체-유체 계면에 대해 고려하기로 한다.

연속되는 각 층 사이에는 완벽한 경계가 존재한다고 가정한다. 이 가정으로부터 계면에서 변위와 응력은 연속이라는 사실을 알 수 있다. 즉 세 방향의 변위 $\hat{r}$, $\hat{\theta}$, $\hat{z}$는 연속이어야 하며 그렇지 않을 경우 경계에서 불연속이 발생하게 된다. 또한 수직응력 σ_{rr}과 계면을 따라 형성되는 두 개의 접선응력 σ_{rz}, $\sigma_{r\theta}$는 계면을 통해 전달되며 연속이어야 한다. σ_{zz}와 같은 평면내(in-plane) 응력은 계면에서 연속일 필요는 없는데 그 이유는 이러한 응력은 매질 사이에 연성되지 않기 때문이다. 이상과 같은 경계조건을 요약하면 다음과 같다.

$$
\begin{aligned}
u_r|_{r=a^+} &= u_r|_{r=a^-} \\
u_\theta|_{r=a^+} &= u_\theta|_{r=a^-} \\
u_z|_{r=a^+} &= u_z|_{r=a^-} \\
\sigma_{rr}|_{r=a^+} &= \sigma_{rr}|_{r=a^-} \\
\sigma_{r\theta}|_{r=a^+} &= \sigma_{r\theta}|_{r=a^-} \\
\sigma_{rz}|_{r=a^+} &= \sigma_{rz}|_{r=a^-}
\end{aligned}
\tag{2.59}
$$

여기서 r은 임의의 반경을, a는 층의 반경을 나타내고, 위첨자 +는 내부 매질에서 계면에 접근하는 경우를(r에 대해), $-$는 외부 매질에서 접근하는 경우를 나타낸다. 불완전 경계의 거동을 모델링하기 위해 다른 종류의 고체-고체 계면을 정의할 수 있다. 현재의 모델에는 이와 같은 계면이 포함되어있지 않지만, 감소된 강성을 갖는 얇은 계면 층을 첨가하여 불완전 경계의 거동을 해석하는 경우도 종종 있다.

층이 공기와 접하게 되면 경계조건이 바뀌게 된다. 이 경우 변위는 더 이상 층의 표면에만 한정되지 않기 때문에 자유 변위조건을 갖게 된다. 또 계면의 다른 쪽에 응력장을 지지할 수 있는 매질이 존재하지 않기 때문에 계면에서 연속조건을 만족해야 하는 수직,

접선응력은 0이 되어야 한다. 이 조건들을 요약하면 다음과 같다.

$$\sigma_{rr}|_{r=a} = 0$$
$$\sigma_{r\theta}|_{r=a} = 0$$
$$\sigma_{rz}|_{r=a} = 0 \tag{2.60}$$

마지막으로 모델을 수립하는데 가장 중요하다고 할 수 있는 유체와 고체 층 사이의 경계조건을 고려해 보자. 이 모델에서 유체는 전단방향을 지지하지 못한다. 따라서 고체-고체 경계조건에서 계면을 통해 전달되었던 접선응력이 고체-유체 경계에서는 0이 되어야 한다는 것을 알 수 있다. 또 두 매질 사이에서 자유로이 미끄러질 수 있기 때문에 계면의 접선방향 변위에 대한 제한조건도 더 이상 성립하지 못한다. 그러나 경계에 수직한 변위와 응력은 계면에서 연속이어야 한다. 이 조건들을 요약하면 다음과 같다.

$$u_r|_{r=a_{solid}} = u_r|_{r=a_{liquid}}$$
$$\sigma_{rr}|_{r=a_{solid}} = \sigma_{rr}|_{r=a_{liquid}}$$
$$\sigma_{r\theta}|_{r=a_{solid}} = 0$$
$$\sigma_{rz}|_{r=a_{solid}} = 0 \tag{2.61}$$

2.3.4 유한 층의 파동

파동이 무한히 큰 매질 내에서 전파되는 현상은 식 (2.9)로 표현할 수 있다. 본 절에서는 이 식을 이용하여 특정한 좌표계에 대한 해를 구하고 경계조건이 주어졌을 때 파동이 전파되는 양상을 조사하고자 한다. 본 절의 전반부에서는 원통형 좌표계에서 존재할 수 있는 식 (2.9)의 해를 구한다. 그리고 구한 해를 이용하여 파동전파에 의해 형성되는 변위장과 응력장을 결정한다. 마지막으로 변위장과 응력장을 경계조건과 결합하여 완전한 시스템을 묘사할 수 있는 층 행렬을 생성한다.

◉ 원통형 구조의 해

Helmholtz방정식인 식 (2.7)은 분리가 가능하기 때문에 해는 공간차원을 갖는 각각의 함수의 곱으로 나타낼 수 있다. 파동이 조화운동을 한다고 가정하면 식 (2.9)의 해는 다음과 같이 표현할 수 있다.

$$\phi,\ \boldsymbol{H} = \Xi_1(r)\Xi_2(\theta)\Xi_3(z)e^{i(\boldsymbol{k}\cdot\boldsymbol{r}-\omega t)} \tag{2.62}$$

여기서 k는 복소 파동수 벡터이고 $\boldsymbol{r}$은 위치벡터, ω는 주파수이다. 파동은 $\boldsymbol{r}$방향으로는 전파되지 않고 변위장은 $\hat{z}$, $\hat{\theta}$방향으로는 변하지 않는다고 가정한다. 단 벡터파동수의 실수부와 허수부로 표현되는 감쇠는 $\hat{z}$, $\hat{\theta}$방향으로 변할 수 있다. 그러면 식 (2.62)를 다음과 같이 다시 쓸 수 있다.

$$\phi,\ \boldsymbol{H} = \Xi_2(r)e^{i(k_\theta\theta+\xi z-\omega t)} \tag{2.63}$$

여기서 k_θ는 각파동수(angular wavenumber) 성분이고 ξ는 $\hat{z}$방향의 복소수 벡터 파동수 성분이다. 각파동수 성분은 반드시 정수 n이어야 한다. 그렇지 않을 경우 θ와 $\theta+2\pi$에서의 해가 다르게 되어 해가 유일하지 않게 되기 때문이다. 위상각은 임의로 각 함수에 첨가할 수 있는데 그 이유는 첨가된 위상은 함수 자신의 계수에 의해 보상될 수 있기 때문이다. 위상각을 Gazis가 사용한 경우와 일치되도록 선택하면 $\hat{z}$방향으로 진행하는 원통형 구조물의 파동에 대한 Helmholtz 퍼텐셜의 성분들을 다음과 같이 표현할 수 있다.

$$\begin{aligned}
\phi &= f(r)e^{i(n\theta+\xi z-\omega t)}\\
H_r &= -g_r(r)e^{i(n\theta+\xi z-\omega t)}\\
H_\theta &= -ig_\theta(r)e^{i(n\theta+\xi z-\omega t)}\\
H_z &= -ig_3(r)e^{i(n\theta+\xi z-\omega t)}
\end{aligned} \tag{2.64}$$

해의 또 다른 표현방법으로 θ에 대한 sine, cosine함수로 위 식을 나타낼 수 있다. 이러한 함수를 이용하여 식을 전개하면 Gazis의 수식을 좀 더 밀접하게 따르게 되고, n=0일 때의 비틀림, 종방향 모드에 대한 파동의 거동을 좀 더 명확하게 나타낼 수 있게 된다. 위상각과 sine 또는 cosine함수의 선택은 변위에 대한 표현에 의해 제한되게 되고 식 (2.64)는 다음과 같이 다시 쓸 수 있다.

$$\begin{aligned}
\phi &= f(r)\cos(n\theta)e^{i(\xi z-\omega t)}\\
H_r &= -ig_r(r)\sin(n\theta)e^{i(\xi z-\omega t)}\\
H_\theta &= -ig_\theta(r)\cos(n\theta)e^{i(\xi z-\omega t)}\\
H_z &= g_3(r)\sin(n\theta)e^{i(\xi z-\omega t)}
\end{aligned} \tag{2.65}$$

식 (2.64)에서 ϕ에 대한 식을 식 (2.9)에 대입하면

$$\frac{d^2 f}{dr^2}+\frac{1}{r}\frac{df}{dr}-\left[\frac{n^2}{r^2}-\left(\frac{\omega^2}{c_1^2}-\xi^2\right)\right]f=0 \tag{2.66}$$

가 된다. 이 미분방정식의 급수 해는 Bessel함수가 되고 미분연산자는 다음과 같이 정의된다.

$$B_{n,r}=\left[\frac{\partial^2}{\partial r^2}+\frac{1}{r}\frac{\partial}{\partial r}-\left(\frac{n^2}{r^2}-1\right)\right] \tag{2.67}$$

따라서

$$B_{n,\xi_1 r}[f]=0 \tag{2.68}$$

은 $\zeta_1^2=\omega^2/c_1^2-\xi^2$일 때 퍼텐셜함수 ϕ에 대한 유효한 해가 된다. 식 (2.68)에서 ζ_1은 벡터파동수의 반경방향 성분으로 파동이 방사될 때의 거동을 표현하는데 사용된다.

식 (2.64)의 벡터퍼텐셜 $\boldsymbol{H}$를 식 (7.9)에 대입하면 세 개의 서로 연성된 스칼라방정식을 얻게 된다.

$$\begin{aligned}c_2^2\nabla^2\boldsymbol{H}&=\nabla(\nabla\cdot\boldsymbol{H})-\nabla\times(\nabla\times\boldsymbol{H})=\partial^2\boldsymbol{H}/\partial t^2\\&=\hat{r}\left(\nabla^2 H_r-\frac{H_r}{r^2}-\frac{2}{r^2}\frac{\partial H_\theta}{\partial\theta}\right)+\hat{\theta}\left(\nabla^2 H_\theta-\frac{H_\theta}{r^2}+\frac{2}{r^2}\frac{\partial H_r}{\partial\theta}\right)+\hat{z}(\nabla^2 H_z)\end{aligned} \tag{2.69}$$

식 (2.69)를 분리하면 다음과 같은 방정식을 얻게 된다.

$$\frac{d^2 g_3}{dr^2}+\frac{1}{r}\frac{dg_3}{dr}-\left[\frac{n^2}{r^2}-\left(\frac{\omega^2}{c_2^2}-\xi^2\right)\right]g_3=0 \tag{2.70}$$

$$\frac{d^2 g_r}{dr^2}+\frac{1}{r}\frac{dg_r}{dr}+\frac{1}{r^2}(-n^2 g_r+2ng_\theta-g_r)-\xi^2 g_r+\frac{\omega^2}{c_2^2}g_\theta=0 \tag{2.71}$$

$$\frac{d^2 g_\theta}{dr^2}+\frac{1}{r}\frac{dg_\theta}{dr}+\frac{1}{r^2}(-n^2 g_\theta+2ng_r-g_\theta)-\xi^2 g_\theta+\frac{\omega^2}{c_2^2}g_r=0 \tag{2.72}$$

식 (2.70)은 비연성되어 있으므로 다음과 같은 형태의 해를 갖는다.

$$B_{n,\xi_2 r}[g_3] = 0 \tag{2.73}$$

여기서 $\zeta_2^2 = \omega^2/c_2^2 - \xi^2$이다.

식 (2.71)와 (2.72)를 더하고 빼면 다음과 같은 파동 퍼텐셜함수에 대한 해를 얻을 수 있다.

$$B_{n+1,\xi_2 r}[g_r - g_\theta] = 0$$
$$B_{n+1,\xi_2 r}[g_r + g_\theta] = 0 \tag{2.74}$$

측정불변의 법칙으로부터 퍼텐셜 중 하나를 0으로 설정할 수 있다. 다시 말해 균일체적 퍼텐셜에 해당되는 변위장에 대한 식은 다른 두 균일체적 퍼텐셜의 조합에 의해 구할 수 있다. 즉 $g_2 = 0$으로 설정하면

$$g_r = - g_\theta = g_1 \tag{2.75}$$

이 되고 Bessel 미분 연산자를 만족하는 세 개의 독립적인 퍼텐셜함수 $f(r)$, $g_1(r)$, $g_3(r)$만 남게 된다.

■ Bessel함수의 선택

세 개의 독립적인 퍼텐셜함수 $f(r)$, $g_1(r)$, $g_3(r)$은 각각 Bessel 미분 연산자를 만족한다. 그러나 이러한 미분 연산자를 만족하기 위해 사용할 수 있는 Bessel함수의 조합은 몇 가지가 있을 수 있다. 연산자를 완벽하게 만족하기 위해서는 한 쌍의 독립적인 Bessel 함수가 요구되는데 두 개의 함수는 각각 안쪽과 바깥쪽으로 전파되는 파동에 해당된다. Bessel 미분 연산자를 만족하는 함수의 '표준' 쌍은 제 1종($\boldsymbol{J}_n$), 제 2종($\boldsymbol{Y}_n$) Bessel함수이다. 이 함수들은 정재파 쌍을 나타낸다. 소멸하는 파동을 나타내는 수정 Bessel함수 $\boldsymbol{I}_n$과 $\boldsymbol{K}_n$도 사용될 수 있다. 또 다른 함수의 조합으로 제 1종, 2종 Hankel함수($\boldsymbol{H}_n^{(1)}$과 $\boldsymbol{H}_n^{(2)}$)도 사용될 수 있는데 이 함수들은 원점을 향하거나 원점에서 멀어지는 파동을 나타낸다.

여기에서 고려하는 파동전파 모델은 유도파에 대한 것으로, 축방향으로 전파되면서 두께(반경)방향 공진을 갖는 파동이 그 대상이다. 따라서 정재파 또는 소멸파는 내부 층의 해를 가장 잘 나타낸다고 할 수 있다. 비수정 Bessel함수나 수정 Bessel함수를 선택하는 기준은 Bessel함수의 독립변수에 따라 달라진다. 비감쇠 시스템의 경우 Bessel함수의 독립변수 $\zeta_1 r$과 $\zeta_2 r$는 순 실수 또는 순 허수가 될 것이다. 복소수 독립변수를 갖는 Bessel

함수를 사용할 경우 Bessel함수 J_n과 Y_n을 사용할 수 있다. 그러나 독립변수가 실수일 경우 J_n과 Y_n을 사용하는 것이 보다 안정적이지만 독립변수가 허수일 경우 수정 Bessel 함수 I_n과 K_n을 사용하는 것이 보다 안정적이다. 비수정 Bessel함수(J_n과 Y_n) 모두 허수축을 따라 지수적으로 증가하기 때문에 안쪽, 바깥쪽으로 전파하는 파동의 영향을 명확하게 분리할 수 없고 따라서 독립변수가 커지게 되면 해가 불안정해지는 결과를 유발한다. 이러한 문제는 평판의 주파수-두께의 곱(fd)이 큰 경우에 해당되며[43], 반경이 큰 파이프에서 매우 중요한 문제가 될 수 있다. 그러나 수정 Bessel함수는 독립변수가 증가함에 따라 $I_n(z)=(-1)^n J_n(iz)$는 증가하고 $K_n(z)=(1/2)\pi(i)^{n+1}H_n^{(1)}(iz)$는 감소하게 되어 두 함수를 분리할 수 있다. 따라서 보다 안정적인 해를 얻을 수 있다.

수정 Bessel함수는 약간 다른 방정식의 해를 구하고 비수정 Bessel함수와는 다른 재발생 관계(reoccurance relation)를 가지므로 $\zeta_1 r$과 $\zeta_2 r$를 정의할 때 약간의 수정이 필요하다. 또한 함수의 미분 값을 구할 때 사용되는 재발생 관계의 차이를 고려하기 위해 두 개의 파라미터 γ_1과 γ_2를 정의할 필요가 있다. 첫 번째 파라미터 γ_1은 ζ_1이 관련된 재발생 관계와 관련이 있고 γ_2는 ζ_2와 관련이 있다. 언제, 어떤 값을 대입해야하는지에 대한 기준은 표 2.1에 나타낸 바와 같다. 표 2.1에는 함수 Z_n과 W_n이 도입되어 있는데 이 함수들은 수식유도 시 안쪽(Z_n)과 바깥쪽(W_n)을 향하는 Bessel함수들을 나타내기 위해 사용된다. 함수 Z_n에는 J_n, I_n, $H_n^{(1)}$을 대입할 수 있고 W_n에는 Y_n, K_n, $H_n^{(2)}$를 대입할 수 있다.

표 2.1 원통형 층 행렬에 사용되는 Bessel함수의 종류와 선택기준

$V_{ph} > c_1$ 일 때	$c_1 > V_{ph} > c_2$ 일 때	$c_1 \gg c_2 > V_{ph}$ 일 때
$\zeta_1 = \sqrt{\zeta_1^2}$	$\zeta_1 = \sqrt{-\zeta_1^2}$	$\zeta_1 = \sqrt{-\zeta_1^2}$
$\zeta_2 = \sqrt{\zeta_2^2}$	$\zeta_2 = \sqrt{\zeta_2^2}$	$\zeta_2 = \sqrt{-\zeta_2^2}$
$\gamma_1 = 1$	$\gamma_1 = -1$	$\gamma_1 = -1$
$\gamma_2 = 1$	$\gamma_2 = 1$	$\gamma_2 = -1$
$Z_n(\zeta_1 r) = J_n(\zeta_1 r)$	$Z_n(\zeta_1 r) = I_n(\zeta_1 r)$	$Z_n(\zeta_1 r) = I_n(\zeta_1 r)$
$W_n(\zeta_1 r) = Y_n(\zeta_1 r)$	$W_n(\zeta_1 r) = K_n(\zeta_1 r)$	$W_n(\zeta_1 r) = K_n(\zeta_1 r)$
$Z_n(\zeta_2 r) = J_n(\zeta_2 r)$	$Z_n(\zeta_2 r) = J_n(\zeta_1 r)$	$Z_n(\zeta_2 r) = I_n(\zeta_2 r)$
$W_n(\zeta_2 r) = Y_n(\zeta_2 r)$	$W_n(\zeta_2 r) = Y_n(\zeta_2 r)$	$W_n(\zeta_2 r) = K_n(\zeta_2 r)$

■ 주변매질로의 누설

무한히 큰 매질에 매립되어 있는 파이프처럼 주변매질로 에너지가 누설되는 시스템의 경우, 무한히 큰 주변매질을 나타내는 층에서 바깥쪽으로 전파하는 파동을 나타내기 위해서는 적절한 Hankel함수를 사용해야 한다. 유한한 크기의 층에서 바깥쪽으로 전파되는 파동을 나타내는 $\boldsymbol{Y}$, $\boldsymbol{K}$ Bessel함수는 정재파, 소멸파를 표시한다. 이 함수들에 의한 해는 무한히 두꺼운 층에서의 파동을 정확하게 묘사할 수 없다. 파동의 진행방향을 $e^{i(\xi z - \omega t)}$로 선택할 경우 무한히 두꺼운 주변매질에서 바깥쪽으로 전파하는 파동을 묘사하기 위해 제 1종 Hankel함수 $\boldsymbol{H}_n^{(1)}$을 선택한다. 이 함수는 무한대에서 소멸하는 파동을 나타낸다. 안쪽으로 전파하는 파동을 나타내는 제 2종 Hankel함수 $\boldsymbol{H}_n^{(2)}$는 독립변수가 무한대에 접근함에 따라 증가하는 함수이다. 이 함수를 해에 포함시킬 경우 에너지가 유한하다는 가정에 위배될 수 있는데 그 이유는 시스템의 전체 무한거리를 따라 일정한 에너지가 유입될 수 있기 때문이다. 그 대신 세 개의 안쪽으로 전파되는 부분파의 크기(L−, SV−, SH−)는 0으로 설정한다. Hankel함수는 비수정 제 1종, 제 2종 Bessel함수($\boldsymbol{J}$와 $\boldsymbol{Y}$)와 동일한 재발생 관계를 갖는다. 따라서 γ_1과 γ_2는 항상 1이어야 하고 $\zeta_1 = \sqrt{\zeta_1^2}$, $\zeta_2 = \sqrt{\zeta_2^2}$의 관계를 만족한다.

시스템의 원통형 중심부는 반무한 반공간으로 모델링 할 수 있다. 내부 층은 6개의 부분파(세 개는 안쪽, 세 개는 바깥쪽으로 향하는 파동)를 포함하지만 중심부는 세 개의 부분파(모두 안쪽을 향하는 파동)만을 포함한다. 중심부의 경우 바깥쪽으로 진행하는 파동은 파이프의 다른 쪽에서 안쪽으로 진행하는 파동에 의해 나타내진다. 이 파동들은 대개 $\boldsymbol{J}$ 또는 $\boldsymbol{I}$ Bessel함수로 표현되는데 이 함수들은 중심부의 두께를 통과하는 정재파를 나타낸다. 그러나 중심부의 한 쪽에서 다른 쪽으로 전파되는 안쪽방향 파동의 전달을 제거하는 것이 유리할 때가 있다. 제 4.2.1절에서 설명할 내부가 유체로 차있는 대구경 파이프를 예로 들어보자. 안쪽으로 진행하는 파동이 유체 중심부를 통과하여 전달되지 않는다면 감쇠 값은 파이프에서 진행하는 파동속(wave packet)의 최대 크기 감소와 보다 밀

표 2.2 Bessel함수의 독립변수 위상에 대한 선택기준

Bessel함수	균일 파동의 위상(ϕ)	비균일 파동의 위상(ϕ)
J_n, Y_n, H_n	$e^{-i\pi/2} < \phi < e^{i\pi/2}$	$e^{-i0} < \phi < e^{i\pi}$
I_n K_n	$e^{-i0} < \phi < e^{i\pi}$	$e^{-i\pi/2} < \phi < e^{i\pi/2}$

접한 관계를 갖게 될 것이다. 시스템 내에 싱크(sink)가 존재하지 않으면 유체 모드가 가진되어 파이프 모드의 감쇠는 감소될 것이다. 그 이유는 유체로부터 에너지가 다시 파이프로 재전달되기 때문이다. 그러나 이러한 에너지 재전달은 약간의 시간이 지체된 후 발생하게 되어 전달된 파동속이 분산성을 갖게 하고 최대 크기도 모드의 총에너지보다 더 빨리 감소하게 만들 것이다. 유체 층을 통해 입체파가 전달되는 것이 바람직하지 않은 다른 예로는 유체가 점성인 경우 그리고 부분적으로 유체가 차있는 경우를 들 수 있다.

유체 층을 통해 부분파가 전달되는 것을 막기 위해, $\boldsymbol{J}$ 또는 $\boldsymbol{I}$ Bessel함수를 사용하는 통상적인 파동 해를 제 2종 Hankel함수 $\boldsymbol{H}_n^{(2)}$를 포함하는 해로 대체할 수 있다. 제 2종 Hankel함수는 중심에 싱크가 있어 유입되는 입체파의 에너지를 흡수한다. 제 2종 Hankel함수를 사용할 때 파라미터 γ_1과 γ_2는 1로 설정해야 하고 ζ_1과 ζ_2는 제 1종 Hankel함수와 동일한 방식으로 정의되어야 한다.

■ ζ_1과 ζ_2의 위상선택

Bessel함수에 대한 독립변수의 위상 $\zeta_1 r$과 $\zeta_2 r$는 해의 거동에 심각한 영향을 미치므로 주의 깊게 선택해야 한다. ζ_1과 ζ_2는 자신들의 제곱에 의해 정의되므로 위상이 180° 차이가 나는 두 개의 다른 값을 가질 수 있다. 근의 선택은 사용되는 Bessel함수의 종류에 따라 달라지고 부분파가 균일하냐 아니냐에 따라 달라진다. 균일 파동은 유도파의 파동 진행방향과 층 사이의 계면에 수직한 방향 모두를 따라 전파될 수 있다. 반면에 비균일 파동은 유도파의 진행방향을 따라서는 전파될 수 있지만 계면에 수직한 방향으로는 지수적으로 감소하는 특성을 나타낸다. 감쇠가 없을 경우 어떤 파가 균일이고 어떤 파가 비균일인지는 쉽게 판별할 수 있다. 즉 Bessel함수에 대한 독립변수가 실수이면 파동은 균일이고 독립변수가 허수이면 부분파는 비균일이다. 이러한 조건들을 적용하면 ζ_1을 다음과 같이 정의할 수 있다.

$$\zeta_1 = \sqrt{\left(\frac{\omega}{v_1}\right)^2 - \left(\frac{\omega}{v_{ph}}\right)^2} \tag{2.76}$$

여기서 축방향 파동수 대신 즉, ξ대신 ω/v_{ph}를 사용하였다. 유도파의 위상속도 v_{ph}가 입체파 속도 v_1보다 크면 ζ_1^2은 양(+)이고 ζ_1은 실수가 된다. 반대로 위상속도가 입체파 속도보다 적으면 ζ_1^2은 음(−)이 되어 ζ_1은 허수가 된다. 감쇠가 있을 경우 Bessel함수의 독립변수는 복소수가 될 것이다. 이 경우 ω^2/c_{bulk}의 실수부가 ξ^2의 실수부보다 클 경우 균일 파동이 존재한다고 할 수 있다. 이 조건은 파동의 위상속도가 적절한 입체파 속도(ζ_1에 대해서는 c_1, ζ_2에 대해서는 c_2)보다 클 경우 대부분 성립하는 조건이다. 그렇지 않을 경우 부분파는 비균일 파동이 될 것이다. ζ_1과 ζ_2는 층 사이의 계면에 수직한 방향으로의 파동수를 나타내므로, 거동이 균일, 비균일 파동의 특성과 일치하도록 그들의 위상을 선택할 필요가 있다. 균일 파동의 전파와 비균일 파동의 감소는 계면에서 떨어진 곳에서 발생해야 한다. 이상의 결과를 종합하여 위상선택에 대한 기준을 정리한 결과를 표 2.2에 나타내었다.

변위장

이제 매질의 임의의 위치에서의 변위를 계산하기 위해 해에 대해 지금까지 살펴보았던 정보들을 적용해보기로 하자. 식 (2.7)로부터 변위 $\boldsymbol{u}=\nabla\phi+\nabla\times\boldsymbol{H}$임을 알 수 있고 부록 A.8로부터 원통좌표계의 벡터 연산자는 다음과 같이 주어진다.

$$\begin{aligned} u_r &= \frac{\partial\phi}{\partial r}+\frac{1}{r}\frac{\partial \boldsymbol{H}_z}{\partial\theta}-\frac{\partial \boldsymbol{H}_\theta}{\partial z} \\ u_\theta &= \frac{1}{r}\frac{\partial\phi}{\partial\theta}+\frac{\partial \boldsymbol{H}_r}{\partial z}-\frac{\partial \boldsymbol{H}_z}{\partial r} \\ u_z &= \frac{\partial\phi}{\partial z}+\frac{1}{r}\frac{\partial}{\partial r}(r\boldsymbol{H}_\theta)-\frac{1}{r}\frac{\partial \boldsymbol{H}_r}{\partial\theta} \end{aligned} \tag{2.77}$$

식 (2.64)의 퍼텐셜함수를 식 (2.77)에 대입하면 다음 식을 얻게 된다.

$$\begin{aligned} u_r &= \left(f'+\xi g_1+\frac{n}{r}g_3\right)e^{i(n\theta+\xi z-\omega t)} \\ u_\theta &= i\left(\frac{n}{r}f-\xi g_1+g_3{}'\right)e^{i(n\theta+\xi z-\omega t)} \\ u_z &= i\left(\xi f+\frac{(n+1)}{r}g_1+g_1{}'+0\right)e^{i(n\theta+\xi z-\omega t)} \end{aligned} \tag{2.78}$$

여기서 (′)은 반경에 대한 미분을 나타낸다. 변위에 대한 표현은 sine, cosine함수를 이용하여 다음과 같이 나타낼 수도 있다.

$$u_r = \left(f' + \xi g_1 + \frac{n}{r} g_3\right)\cos(n\theta) e^{i(\xi z - \omega t)}$$

$$u_\theta = -\left(\frac{n}{r} f - \xi g_1 + g_3{}'\right)\sin(n\theta) e^{i(\xi z - \omega t)}$$

$$u_z = i\left(\xi f + \frac{(n+1)}{r} g_1 + g_1{}'\right)\cos(n\theta) e^{i(\xi z - \omega t)} \tag{2.79}$$

식 (2.79)로부터 종방향 모드(n=0)는 $\hat{\theta}$ 방향의 변위를 갖지 않으며 원주방향으로 일정한 변위형상을 갖는다는 것을 명확하게 알 수 있다.

◉ 응력장

변위에 대한 표현식과 변위, 응력 사이의 관계를 알았으므로 응력에 대한 표현식을 구할 수 있다. Hook의 법칙으로부터 $\tau_{ii} = \lambda \Delta \delta_{ij} + 2\mu\epsilon_{ij}$이고 원통좌표계에 대한 변형률은 다음과 같이 주어진다.

$$\epsilon_{rr} = \frac{\partial u_r}{\partial r} \qquad \epsilon_{\theta\theta} = \frac{1}{r}\frac{\partial u_\theta}{\partial \theta} + \frac{u_r}{r} \qquad \epsilon_{zz} = \frac{\partial u_z}{\partial z}$$

$$\epsilon_{rz} = \frac{1}{2}\left(\frac{\partial u_r}{\partial z} + \frac{\partial u_z}{\partial r}\right)$$

$$\epsilon_{r\theta} = \frac{1}{2}\left[r\frac{\partial}{\partial r}\left(\frac{u_\theta}{r}\right) + \frac{1}{r}\frac{\partial u_r}{\partial \theta}\right]$$

$$\epsilon_{\theta z} = \frac{1}{2}\left(\frac{\partial u_\theta}{\partial z} + \frac{1}{r}\frac{\partial u_z}{\partial \theta}\right) \tag{2.80}$$

또한

$$\sigma_{rr} = \lambda\Delta + 2\mu\epsilon_{rr}$$

$$\sigma_{rz} = 2\mu\epsilon_{rz}$$

$$\sigma_{r\theta} = 2\mu\epsilon_{r\theta} \tag{2.81}$$

인데 여기서 Δ는 팽창 연산자로 다음과 같이 정의된다.

$$\Delta = \nabla^2\phi = -(\omega^2/c_1^2) f e^{i(n\theta + \xi z - \omega t)} = -(\zeta_1^2 + \xi^2) f e^{i(n\theta + \xi z - \omega t)}$$

이러한 표현들을 식 (2.78)의 변위에 적용하면 경계조건에서 규정된 응력은 다음과 같이 구할 수 있다.

$$\begin{aligned}
\sigma_{rr} &= \mu\left[-\frac{\lambda}{\mu}(\zeta_1^2+\xi^2)f + 2f'' + 2\xi g_1{}' - 2\frac{n}{r^2}g_3 + \frac{2n}{r}g_3{}'\right] \\
\sigma_{r\theta} &= i\mu\left[-\frac{2n}{r^2}f + \frac{2n}{r}f' + \frac{(n+1)\xi}{r}g_1 - \xi g_1{}' + 2g_3{}'' + \zeta_2^2 g_3\right] \\
\sigma_{rz} &= i\mu\left[2\xi f' + \left(\frac{n}{r}\frac{n+1}{r} + \xi^2 - \zeta_2^2\right)g_1 + \frac{n}{r}g_1{}' + \frac{n}{r}\xi g_3\right]
\end{aligned} \tag{2.82}$$

위 식에서 $\sigma_{r\theta}$와 σ_{rz}를 계산할 때 Bessel방정식의 관계식

$$\begin{aligned}
-\frac{1}{r}g_3{}' &= g_3{}'' + \left(\zeta_2^2 - \frac{n^2}{r^2}\right) \\
g_1{}'' &= -\frac{1}{r}g_1{}' + \left(\frac{(n+1)^2}{r^2} - \zeta_2^2\right)
\end{aligned} \tag{2.83}$$

을 이용하였는데 그 이유는 Gazis[25]의 식과 일치하도록 만들기 위해서다. 응력 σ_{rz}의 g_1항은 Gazis의 식과 일치하지 않는다는 점에 유의하기 바란다. Gazis는 $\xi^2 - \zeta_2^2$에 n/r을 잘못 곱했지만 이러한 잘못은 다른 결과로 파급되지는 않았다는 사실을 명심할 필요가 있다.

재료 층행렬

식 (2.78)과 (2.82)의 변위장과 응력장에 대한 식은 퍼텐셜함수의 항으로 표현되었다. 이러한 퍼텐셜함수에 대한 해는 2.3.4절에 제시되어 있는데 실제 응력장을 계산하기 전에 반드시 식 (2.78)과 (2.82)에 대입해야 한다. 이러한 해를 대입하면 6개의 방정식을 얻을 수 있고 각 방정식은 부분파 크기에 대한 6개의 미지수(세 개는 들어오는 파, 세 개는 나가는 파)로 구성되어 있다. 6개의 부분파의 크기는 해에 사용되는 Bessel함수의 계수에 해당된다. 이러한 부분파들이 나타나는 양상은 그림 2.2에 제시된 바와 같다. 그림에는 각 내부 층에 존재하는 6개의 입체파가 표시되어 있다. 그림 2.2에서 부분파의 크기는 L, SH, SV로 나타내었는데 각각 종파($f(r)$의 해와 동일), 수평전단파(g_3), 수직전단파(g_1)를 표시한다.

변위에 대한 세 개의 방정식(식 (2.78))과 응력에 대한 세 개의 방정식(식 (2.82))를 이용하여 6개의 부분파 크기에 대한 6×6 행렬을 구성할 수 있다. 이 행렬을 재료 층행렬(layer matrix)이라 하고 다음과 같이 표현한다.

$$\begin{Bmatrix} u_r \\ u_\theta \\ u_z \\ \sigma_{rr} \\ \sigma_{r\theta} \\ \sigma_{rz} \end{Bmatrix} = [D] \begin{Bmatrix} L_+ \\ L_- \\ SV_+ \\ SV_- \\ SH_+ \\ SH_- \end{Bmatrix} \tag{2.84}$$

여기서 [D]가 재료 층 행렬이다. 이 행렬은 2.3.3절에 기술한 경계조건을 구하기 위해 필요한 모든 변위와 응력을 나타내고 다음 절에서 설명할 전체 시스템의 방정식을 모으는데 사용된다. 층 행렬의 열의 순서는 바깥쪽으로 전파되는 파동 f, 안쪽으로 전파되는 파동 f, 바깥쪽으로 전파되는 파동 g_1, 안쪽으로 전파되는 파동 g_1, 바깥쪽으로 전파되는 파동 g_3, 안쪽으로 전파되는 파동 g_3 순으로 배열된다. 행의 순서는 평면내 변위 u_z, 수직변위 u_r, 전단변위 u_θ, 수직응력 σ_{rr}, 전단응력(파동 진행방향으로) σ_{rz}, 파동 진행방향에 수직한 전단응력 $\sigma_{r\theta}$ 순으로 배열된다. 이를 그림으로 나타낸 결과가 식 (2.85)에 제시되어 있는데 식에서 하첨자 +는 바깥쪽으로 전파되는 파동을, 하첨자 −는 안쪽으로 전파되는 파동을 나타낸다. 그리고 부분파의 크기는 L, SH, SV로 나타내었다.

$$\begin{array}{ccccccc} & L_+ & L_- & SV_+ & SV_- & SH_+ & SH_- \\ u_z & D(1,1) & D(1,2) & & \cdots & & D(1,6) \\ u_r & D(2,1) & & & & & \\ u_\theta & & & & & & \\ \sigma_{rr} & \vdots & & & & \ddots & \\ \sigma_{rz} & & & & & & \\ \sigma_{r\theta} & D(6,1) & & & \cdots & & D(6,6) \end{array} \tag{2.85}$$

등방성 원통형 재료 층의 경우 재료 층행렬의 요소들은 다음과 같이 주어진다.

u_z

$$D(1,2) = i(\xi r^2 Z_n(\zeta_1 r))$$

$$D(1,4) = i(\beta r^2 Z_n(\zeta_2 r))$$

$$D(1,6) = 0$$

$$D(1,1) = i(\xi r^2 W_n(\zeta_1 r))$$

$$D(1,3) = i(\gamma_2 \beta r^2 W_n(\zeta_2 r))$$

$$D(1,5) = 0$$

σ_{rr}

$$D(4,2) = ((\xi^2 - \beta^2) r^2 + 2n(n-1)) Z_n(\zeta_1 r) + 2\gamma_1 \alpha r Z_{n+1}(\zeta_1 r)$$

$$D(4,4) = 2\xi\beta r^2 Z_n(\zeta_2 r) - 2\xi r(n+1) Z_{n+1}(\zeta_2 r)$$

$$D(4,6) = 2n(n-1) Z_n(\zeta_2 r) - 2\gamma_2 n\beta r Z_{n+1}(\zeta_2 r)$$

$$D(4,1) = ((\xi^2 - \beta^2) r^2 + 2n(n-1)) W_n(\zeta_1 r) + 2\alpha r W_{n+1}(\zeta_1 r)$$

$$D(4,3) = 2\gamma_2 \xi\beta r^2 W_n(\zeta_2 r) - 2(n+1)\xi r W_{n+1}(\zeta_2 r)$$

$$D(4,5) = 2n(n-1) W_n(\zeta_2 r) - 2n\beta r W_{n+1}(\zeta_2 r)$$

$$
\begin{array}{ll}
u_r & \sigma_{rz} \\
D(2,2)=nrZ_n(\zeta_1 r)-\gamma_1\alpha r^2 Z_{n+1}(\zeta_1 r) & D(5,2)=i(2n\xi r Z_n(\zeta_1 r)-2\gamma_1\xi\alpha r^2 Z_{n+1}(\zeta_1 r)) \\
D(2,4)=\xi r^2 Z_{n+1}(\zeta_2 r) & D(5,4)=i(n\beta r Z_n(\zeta_2 r)+(\xi^2-\beta^2)r^2 Z_{n+1}(\zeta_2 r)) \\
D(2,6)=nrZ_n(\zeta_2 r) & D(5,6)=i(n\xi r Z_n(\zeta_2 r)) \\
D(2,1)=nrW_n(\zeta_1 r)-\alpha r^2 W_{n+1}(\zeta_1 r) & D(5,1)=i(2n\xi r W_n(\zeta_1 r)-2\xi\alpha r^2 W_{n+1}(\zeta_1 r)) \\
D(2,3)=\xi r^2 W_{n+1}(\zeta_2 r) & D(5,3)=i(\gamma_2 n\beta r W_n(\zeta_2 r)+(\xi^2-\beta^2)r^2 W_{n+1}(\zeta_2 r)) \\
D(2,5)=nrW_n(\zeta_2 r) & D(5,5)=i(n\xi r W_n(\zeta_2 r))
\end{array}
$$

$$
\begin{array}{ll}
u_\theta & \sigma_{r\theta} \\
D(3,2)=i(nrZ_n(\zeta_1 r)) & D(6,2)=i(2n(n-1)Z_n(\zeta_1 r))-2\gamma_1 n\alpha r Z_{n+1}(\zeta_1 r)) \\
D(3,4)=i(-\xi r^2 Z_{n+1}(\zeta_2 r)) & D(6,4)=i(-\xi\beta r^2 Z_n(\zeta_2 r)+2\xi r(n+1)Z_{n+1}(\zeta_2 r)) \\
D(3,6)=i(nrZ_n(\zeta_2 r)-\beta\gamma_2 r^2 Z_{n+1}(\zeta_2 r)) & D(6,6)=i((2n(n-1)-\beta^2 r^2)Z_n(\zeta_2 r))+2\gamma_2\beta r Z_{n+1}(\zeta_2 r)) \\
D(3,1)=i(nrW_n(\zeta_1 r)) & D(6,1)=i(2n(n-1)W_n(\zeta_1 r))-2n\alpha r W_{n+1}(\zeta_1 r)) \\
D(3,3)=i(-\xi r^2 W_{n+1}(\zeta_2 r)) & D(6,4)=i(-\xi\gamma_2\beta r^2 W_n(\zeta_2 r)+2\xi r(n+1)W_{n+1}(\zeta_2 r)) \\
D(3,6)=i(nrW_n(\zeta_2 r)-\beta r^2 W_{n+1}(\zeta_2 r)) & D(6,6)=i((2n(n-1)-\beta^2 r^2)W_n(\zeta_2 r))+2\beta r W_{n+1}(\zeta_2 r))
\end{array}
\tag{2.86}
$$

여기서 $Z_n()$, $W_n()$은 들어오는 파동에 대한 Bessel함수와 나가는 파동에 대한 Bessel 함수를 나타내고 n은 원주방향 차수, r은 반경, ξ는 축방향 파동수, μ는 Lamé상수를 나타낸다. 또 $\zeta_1^2=\omega^2/v_1^2-\xi^2$이고 $\zeta_2^2=\omega^2/v_2^2-\xi^2$인데 여기서 v_1과 v_2는 종방향, 전단방향 입체파 속도이고, γ_1과 γ_2는 표 2.1에 나타낸 바와 같이 서로 다른 Bessel함수의 재발생 관계의 차이를 고려하기 위해 도입된 파라미터이다. 위 행렬에서 변위에는 r^2을 곱하고 응력에는 r^2/μ를 곱했는데 이는 결과를 간단히 하고 반경으로 나누는 작업을 피하기 위해서이다. 단일 층의 경우 전역행렬(3.5절 참조)을 구성할 때 척도인자(scaling factor)를 고려할 필요가 없다. 그러나 다중 층의 경우 Lamé상수 μ를 응력에 대한 표현식에 반드시 포함시켜야 한다. 또한 위상인자 $-i$도 대개 포함되는데 이는 여러 가지 성분들의 상대위상을 표현하기 위한 것이다. 척도인자를 제외하면 위 식에 나타난 응력에 대한 표현은 Gazis의 경우와 매우 잘 일치한다. 그러나 안쪽으로 전파하는 σ_{rz}의 종방향 성분(Gazis의 결과에서 c_{31})에 대한 Gazis의 표현식 중 처음 부분에 있는 ζ_{11}은 실제로는 a이다.

위 식에서 Z_n은 안쪽으로 진행하는 파동을 나타내고 Bessel함수 $\boldsymbol{J}_n$, $\boldsymbol{I}_n$, 또는 $\boldsymbol{H}_n^{(2)}$ 중 하나로 표현할 수 있다. 선택기준은 해의 형태와 독립변수의 위상에 따라 달라진다. W_n은 바깥쪽으로 진행하는 파동을 나타내고 $\boldsymbol{Y}_n$, $\boldsymbol{K}_n$, $\boldsymbol{H}_n^{(1)}$ 중 하나로 표현할 수 있다. $\boldsymbol{I}_n$, $\boldsymbol{K}_n$에 대한 재발생 관계는 $\boldsymbol{J}_n$, $\boldsymbol{Y}_n$, $\boldsymbol{H}_n^{(1)}$, $\boldsymbol{H}_n^{(2)}$와는 다르므로 파라미터 γ_1과 γ_2를 방정식에 도입하였다. 이 파라미터들은 Bessel함수 $\boldsymbol{I}_n$, $\boldsymbol{K}_n$이 사용될 때는 -1이고 다른 함수들이 사용될 때는 1이다. γ_1은 종방향 성분과 관련이 있고 γ_2는 전단방향 성분과 관련이 있다.

유체

점성손실이 포함되어 있는지에 따라 유체를 다루는 방법이 달라진다. 2.1.2절에서 설명한 바와 같이 유체가 점성을 가지면 고체처럼 다루고 종방향 속도와 입체파 속도를 이용하여 모델링 한다.

평판의 경우 유체가 점성을 갖지 않으면 유체를 매우 낮은 전단속도를 갖는 고체로 나타내어 정확한 결과를 얻을 수 있다[43]. 그러나 원통형 구조물의 경우 이와 같은 방법을 적용할 수 없는데 그 이유는 전단속도가 낮게 되면 Bessel함수의 독립변수가 너무 커지게 되어 이를 계산할 때 수치적 불안정성이 유발되기 때문이다. 그러나 이상적인 유체의 경우 전단 성분을 제거하여 재료행렬을 간단하게 만들 수 있다. 이상적인 비점성 유체를 모델링 할 때 스칼라퍼텐셜 ϕ만을 사용하는데 그 이유는 응력장이 단일 차원 스칼라장이 되기 때문이다. 또 재료의 전단 운동에 가장 강하게 영향을 미치는 재료성분 μ를 0으로 설정할 수 있다. 따라서 변위와 응력은 다음과 같은 관계를 갖는다.

$$
\begin{aligned}
u_r &= f' e^{i(n\theta + \xi z - \omega t)} \\
u_\theta &= i\frac{n}{r} f e^{i(n\theta + \xi z - \omega t)} \\
u_z &= i\xi f e^{i(n\theta + \xi z - \omega t)} \\
\sigma_{rr} &= -\lambda(\zeta_1^2 - \xi^2) f e^{i(n\theta + \xi z - \omega t)} \\
\sigma_{r\theta} &= 0 \\
\sigma_{rz} &= 0
\end{aligned}
\tag{2.87}
$$

비점성 유체는 전단력을 지지하지 않으므로 고체-유체 계면에 대한 경계조건은 고체-고체 계면의 경계조건과는 다르다. 식 (2.61)에 제시되어 있듯이 수직(원통 축에 수직) 변위와 수직, 압축응력만이 유체와 고체 사이의 경계에서 연속성을 갖는다. 이상의 조건들과 식 (2.87)을 이용하여 원통형 구조물의 비점성 유체 층에 대한 재료행렬을 구성할 수 있다. 재료행렬 요소 중 아래 식 (2.88)에 나타낸 요소 이외에는 모두 0을 갖는다.

$$\begin{array}{ll} u_r & \sigma_{rr} \\ D(2,1) = nr\,W_n(\zeta_1 r) - \zeta_1 r^2\,W_{n+1}(\zeta_1 r) & D(4,1) = -\rho\omega^2 r^2\,W_n(\zeta_1 r) \\ D(2,2) = nrZ_n(\zeta_1 r) - \zeta_1 r^2 Z_{n+1}(\zeta_1 r) & D(4,2) = -\rho\omega^2 r^2 Z_n(\zeta_1 r) \end{array} \tag{2.88}$$

여기서 변위와 응력에는 모두 $1/r^2$이 곱해져 있다.

2.4 정방형 매질의 파동전파

본 절에서는 파동의 전파가 주축을 따라 진행되는 정방형 매질에 대한 파동전파 방정식을 유도하고자 한다. 이 경우 Lamb 형태의 모드는 SH 형태의 모드와 비연성되어 있다. 따라서 파동이 모두 연성되어 있는 일반적인 이방성 매질에 대한 해보다 훨씬 간단한 형태로 해를 구할 수 있다.

수식을 유도하기 위해 강성상수에 대한 다음과 같은 하첨자를 사용하기로 하자[5, 65쪽].

$$\begin{array}{ll} 1 & xx \\ 2 & yy \\ 3 & zz \\ 4 & yz,\ zy \\ 5 & xz,\ zx \\ 6 & xy,\ yx \end{array} \tag{2.89}$$

이러한 표기방법은 Jones(40쪽)가 사용한 표기방법과 일치하지만 Borese(250쪽)의 방법과는 일치하지 않는다.

2.4.1 이방성 매질의 입체파

이방성 재료에서 파동이 전파되는 파동수를 결정하기 위해서는 다음과 같은 직교좌표계에 대한 Christoffel방정식[5, 211쪽]이 필요하다.

$$k^2\begin{bmatrix}\Gamma_{11}\,\Gamma_{12}\,\Gamma_{12}\\ \Gamma_{21}\,\Gamma_{22}\,\Gamma_{22}\\ \Gamma_{31}\,\Gamma_{32}\,\Gamma_{32}\end{bmatrix}=\begin{Bmatrix}v_x\\ v_y\\ v_x\end{Bmatrix}=\rho\omega^2\begin{Bmatrix}v_x\\ v_y\\ v_x\end{Bmatrix} \tag{2.90}$$

여기서

$$\Gamma=\begin{bmatrix}l_x & 0 & 0 & 0 & l_z & l_y\\ 0 & l_y & 0 & l_z & 0 & l_x\\ 0 & 0 & l_z & l_y & l_x & 0\end{bmatrix}[C_{ij}]\begin{bmatrix}l_x & 0 & 0\\ 0 & l_y & 0\\ 0 & 0 & l_z\\ 0 & l_z & l_y\\ l_z & 0 & l_x\\ l_y & l_x & 0\end{bmatrix} \tag{2.91}$$

이고 l_x, l_y, l_z는 방향여현(directional cosine)이고 v_x, v_y, v_z는 입자속도, ρ는 밀도, ω는 주파수, k는 파동수, C_{ij}는 강성상수이다.

평면 X-Z 내에서 임의의 방향으로 정렬된 정방형 재료(여기서는 삼사정계(triclinic system)로 표현)의 경우 위 식은 다음과 같이 간단하게 기술될 수 있다[참고문헌 5, 393쪽].

$$\begin{bmatrix}C_{11}\xi^2+C_{66}k_x^2+2C_{16}\xi k_x-\rho\omega^2 & C_{16}\xi^2+C_{26}k_x^2+(C_{12}+C_{66})\xi k_x & C_{15}\xi^2+C_{46}k_x^2+(C_{14}+C_{56})\xi k_x\\ \Gamma_{12} & C_{66}\xi^2+C_{22}k_x^2+2C_{26}\xi k_x-\rho\omega^2 & C_{56}\xi^2+C_{24}k_x^2+(C_{25}+C_{46})\xi k_x\\ \Gamma_{13} & \Gamma_{23} & C_{55}\xi^2+C_{44}k_x^2+2C_{45}\xi k_x-\rho\omega^2\end{bmatrix}=0 \tag{2.92}$$

그리고 축이 관성좌표계 X-Y-Z축과 일치할 경우 아래와 같이 더 간단하게 표현할 수 있다.

$$\begin{bmatrix}C_{11}\xi^2+C_{66}k_x^2-\rho\omega^2 & (C_{12}+C_{66})\xi k_x & 0\\ (C_{12}+C_{66})\xi k_x & C_{66}\xi^2+C_{22}k_x^2-\rho\omega^2 & 0\\ 0 & 0 & C_{55}\xi^2+C_{44}k_x^2-\rho\omega^2\end{bmatrix}=0 \tag{2.93}$$

여기서 k_x와 $\xi(=k_z)$는 x, z방향의 파동수 성분이다. 층을 관통하는 공진과 진행파동의 파동수를 대응시키기 위해서는 임의의 ξ에 대한 k_x를 알 필요가 있다. 등방성 매질의 경우 부분파의 파동수는 층의 각도에 상관없이 ω/v_{bulk}임을 알고 있으므로 해에 대한 적절한 성분을 구하기 위해 이를 분해할 수 있다. 그러나 이방성 매질의 경우 부분파의 파동수는 각도에 따라 달라지므로 위 행렬의 해를 구해야만 파동수를 결정할 수 있다. 이 행렬은 두 개의 비연성 방정식으로 분해된다. 상부의 부분행렬을 이용하여 다음과 같은 두 개의 해를 구할 수 있다.

$$\zeta_1^2 = \frac{-B - \sqrt{B^2 - 4AC}}{2A}$$
$$\zeta_2^2 = \frac{-B + \sqrt{B^2 - 4AC}}{2A} \tag{2.94}$$

여기서

$$A = C_{66}C_{22}$$
$$B = -(C_{66} + C_{22})\rho\omega^2 - (C_{12}^2 + 2C_{12}C_{66} - C_{11}C_{22})\xi^2$$
$$C = (C_{11}\xi^2 - \rho\omega^2)(C_{66}\xi^2 - \rho\omega^2) \tag{2.95}$$

이고 ζ_1은 준-종방향 파동, ζ_2는 준-전단방향 파동에 해당된다. 세 번째 해는 입자운동이 XZ평면에 수직한 순수 전단파를 나타낸다. 이 파동은 등방성 평판의 SH 모드와 동일하고 다음과 같이 표현된다.

$$\zeta_3^2 = k_x^2 = (1/C_{44})(\rho\omega^2 - C_{55}\xi^2) \tag{2.96}$$

2.4.2 Lamb 형태 모드

여기서 잠시 ζ_3에 대한 해는 무시하고 Lamb 형태의 모드해석에 초점을 맞춰 보자. 매질 내에서 입자변위는 주어진 문제의 고유벡터(eigenvector)와 동일하다. 따라서 정방형 매질에 대한 Christoffel방정식(식 (2.93))에 대입하면 다음의 관계식을 얻을 수 있다.

$$u_x = -\left(\frac{C_{11}\xi^2 + C_{66}k_x^2 - \rho\omega^2}{(C_{12} + C_{66})\xi k_x}\right)u_z \tag{2.97}$$

고유벡터는 임의의 변수로 정규화(normalization)시킬 수 있다. 여기서 ζ_1은 ξ로, ζ_2는 ζ_2로 정규화 시키면 이방성 매질의 변위를 직교 등방성 매질과 대응시킬 수 있고 여러 가지 다른 형태의 재료를 포함시킬 수 있다. 또한 상방향으로 진행하는 파동의 경우 $\hat{x}$축을 반대로 설정하면 x에 대한 미분은 반대방향의 부호를 갖게 된다. 따라서 변위는 다음과 같이 쓸 수 있다.

준-종파(ζ_1) 준-전단파(ζ_2)

$$u_1 = \pm e(1,x)A_{1\pm}Fe^{\pm i\zeta_1 x} \qquad u_1 = e(2,x)A_{2\pm}Fe^{\pm i\zeta_2 x}$$
$$u_3 = e(1,z)A_{1\pm}Fe^{\pm i\zeta_1 x} \qquad u_3 = \pm e(2,z)A_{2\pm}Fe^{\pm i\zeta_2 x} \tag{2.98}$$

여기서 $F = e^{i(\xi x - \omega t)}$이고 $e(a,b)$는 방향 b를 갖는 크기 a의 고유벡터의 성분을 나타낸다. 그리고 ±기호는 아랫방향과 윗방향으로 진행하는 파동을 구별하기 위해 사용되었다.

등방성 매질의 경우 식 (2.98)은 다음과 같이 더욱 간단하게 쓸 수 있다.

준-종파(ζ_1)	준-전단파(ζ_2)
$u_1 = \pm \zeta_1 A_{1\pm} F e^{\pm i\zeta_1 x}$	$u_1 = -\xi A_{2\pm} F e^{\pm i\zeta_2 x}$
$u_3 = \xi A_{1\pm} F e^{\pm i\zeta_1 x}$	$u_3 = \pm \zeta_2 A_{2\pm} F e^{\pm i\zeta_2 x}$

(2.99)

식 (2.99)는 앞에서 유도한 등방성 매질의 변위에 대한 식 (2.56)과 형태가 일치하는 것을 확인할 수 있다.

직교좌표계의 경우 변형률벡터 $\boldsymbol{S}$는 다음과 같이 주어진다[5, 29쪽].

$$\boldsymbol{S} = \begin{bmatrix} \partial/\partial x & 0 & 0 \\ 0 & \partial/\partial y & 0 \\ 0 & 0 & \partial/\partial z \\ 0 & \partial/\partial z & \partial/\partial y \\ \partial/\partial z & 0 & \partial/\partial x \\ \partial/\partial y & \partial/\partial x & 0 \end{bmatrix} \begin{Bmatrix} u_x \\ u_y \\ u_z \end{Bmatrix} = \begin{Bmatrix} \partial u_x/\partial x \\ \partial u_y/\partial y \\ \partial u_z/\partial z \\ \partial u_z/\partial y + \partial u_y/\partial z \\ \partial u_x/\partial z + \partial u_z/\partial x \\ \partial u_x/\partial y + \partial u_y/\partial x \end{Bmatrix} \tag{2.100}$$

그리고 응력벡터 $\boldsymbol{T}$는 $\boldsymbol{S}$와 다음의 관계를 갖는다.

$$\boldsymbol{T} = \begin{Bmatrix} \sigma_{xx} \\ \sigma_{yy} \\ \sigma_{zz} \\ \sigma_{yz} \\ \sigma_{zx} \\ \sigma_{xy} \end{Bmatrix} = \begin{bmatrix} C_{11} & C_{12} & C_{13} & 0 & 0 & 0 \\ C_{21} & C_{22} & C_{23} & 0 & 0 & 0 \\ C_{31} & C_{32} & C_{33} & 0 & 0 & 0 \\ 0 & 0 & 0 & C_{44} & 0 & 0 \\ 0 & 0 & 0 & 0 & C_{55} & 0 \\ 0 & 0 & 0 & 0 & 0 & C_{66} \end{bmatrix} [\boldsymbol{S}] \tag{2.101}$$

따라서 한 축에 대해 정렬되어 있는 정방형 재료의 경우(예를 들면 $\partial/\partial y = 0,\ u_y = 0$) 수직, 접선응력은 다음과 같이 구할 수 있다.

$$\sigma_{xx} = C_{11}\frac{\partial u_x}{\partial x} + C_{13}\frac{\partial u_z}{\partial z} \tag{2.102}$$

$$\sigma_{xz} = C_{55}\left(\frac{\partial u_x}{\partial z} + \frac{\partial u_z}{\partial x}\right) \tag{2.103}$$

변위에 대한 식 (2.98)을 식 (2.102), (2.103)에 대립하면 다음과 같은 응력에 대한 최종

결과를 구할 수 있다.

준-종파

$$\sigma_{11} = i[C_{11}\xi e(1,z) + C_{12}\zeta_1 e(1,x)]A_{1\pm}Fe^{\pm i\zeta_1 x}$$
$$\sigma_{13} = \pm iC_{66}[\zeta_1 e(1,z) + \xi e(1,x)]A_{1\pm}Fe^{\pm i\zeta_1 x} \tag{2.104}$$

준-전단파

$$\sigma_{11} = \pm i[C_{11}\xi e(2,z) + C_{12}\zeta_2 e(2,x)]A_{2\pm}Fe^{\pm i\zeta_2 x}$$
$$\sigma_{13} = iC_{66}[\zeta_2 e(2,z) + \xi e(2,x)]A_{2\pm}Fe^{\pm i\zeta_2 x} \tag{2.105}$$

2.4.3 수평전단 모드

수평전단 형태 모드의 경우 근 ζ_3가 다른 입체파와 비연성되어 있으므로 해의 유도가 훨씬 간단해진다. 식 (2.93)의 Christoffel방정식에서 볼 수 있듯이 모든 변위는 $\hat{z}$방향으로 발생한다. 등방성 매질과의 비교를 위해 고유벡터 $(\xi-\zeta_3)$로 정규화 한다.

이 값을 세 번째 계면응력에 대한 식에 대입하면 다음의 결과를 얻을 수 있다.

$$\begin{aligned}\sigma_{23} &= C_{44}\left(\frac{\partial u_y}{\partial x}\right) \\ &= \mp iC_{44}\zeta_3(\xi \pm \zeta_3)A_{3\pm}Fe^{\pm i\zeta_3 x}\end{aligned} \tag{2.106}$$

여기서 ±기호는 각각 아랫방향, 윗방향으로 진행하는 파동을 나타낸다.

2.4.4 층 행렬

직교 등방성 매질의 경우와 마찬가지로 층 행렬(layer matrix)을 구성하기 위해 식 (2.99), (2.104), (2.105)를 결합하면 다음과 같은 요소를 갖는 층 행렬 $\boldsymbol{D}$를 구할 수 있다. 식 (2.107)에 나타나지 않은 요소들의 값은 모두 0이다.

$$\begin{aligned}
u_1 \qquad & D(1,1) = e(1,x)e^{i\zeta_1 x} \\
& D(1,2) = -e(1,x)e^{i\zeta_1(d-x)} \\
& D(1,3) = e(2,x)e^{i\zeta_2 x} \\
& D(1,4) = e(2,x)e^{i\zeta_2(d-x)} \\
u_2 \qquad & D(2,5) = -(\xi+\zeta_3)e^{i\zeta_3 x}
\end{aligned}$$

$$
\begin{aligned}
& & D(2,6) &= -(\xi-\zeta_3)e^{i\zeta_3(d-x)} \\
& u_3 & D(3,1) &= e(1,z)e^{i\zeta_1 x} \\
& & D(3,2) &= e(1,z)e^{i\zeta_1(d-x)} \\
& & D(3,3) &= e(2,z)e^{i\zeta_2 x} \\
& & D(3,4) &= -e(2,z)e^{i\zeta_2(d-x)} \\
& \sigma_{11} & D(4,1) &= i[C_{13}e(1,z)\xi + C_{11}e(1,x)\zeta_1]e^{i\zeta_1 x} \\
& & D(4,2) &= i[C_{13}e(1,z)\xi + C_{11}e(1,x)\zeta_1]e^{i\zeta_1(d-x)} \\
& & D(4,3) &= i[C_{13}e(2,z)\xi + C_{11}e(2,x)\zeta_2]e^{i\zeta_2 x} \\
& & D(4,4) &= -i[C_{13}e(2,z)\xi + C_{11}e(2,x)\zeta_2]e^{i\zeta_2(d-x)} \\
& \sigma_{13} & D(5,1) &= iC_{55}[\zeta_1 e(1,z) + \xi e(1,x)]e^{i\zeta_1 x} \\
& & D(5,2) &= -iC_{55}[\zeta_1 e(1,z) + \xi e(1,x)]e^{i\zeta_1(d-x)} \\
& & D(5,3) &= iC_{55}[\zeta_2 e(2,z) + \xi e(2,x)]e^{i\zeta_2 x} \\
& & D(5,4) &= iC_{55}[\zeta_2 e(2,z) + \xi e(2,x)]e^{i\zeta_2(d-x)} \\
& \sigma_{23} & D(6,5) &= -iC_{44}(\xi+\zeta_3)e^{i\zeta_3 x} \\
& & D(6,6) &= +iC_{44}(\xi-\zeta_3)e^{i\zeta_3(d-x)}
\end{aligned}
\tag{2.107}
$$

여기서 $e(a,b)$는 b방향의 크기 a를 갖는 고유벡터이고 ζ_1, ζ_2, ζ_3는 두께관통 파동수의 성분들이고 d는 총 두께를 나타낸다. 이 재료 층 행렬을 등방성 재료와 결합하기 전에 변위는 주파수의 역수에 의해, 응력은 주파수 제곱의 역수에 의해 정규화 시킬 필요가 있다.

2.5 전역행렬

각 재료 층과 각 계면의 경계조건을 기술하는 방법을 알았으므로 전체 시스템을 묘사하기 위해 각 층들을 결합할 수 있다. 이를 위해 본 절에서는 전역행렬 방법을 사용하는데 이 방법은 1964년에 Knopoff에 의해 처음 제안되었고[33] 그 뒤 Randall[72]과 Schmidt[77] 등에 의해 다중 층 시스템에 적용되기 시작하였다. 일반적으로 사용되는 Thomson- Haskel 전달행렬(transfer matrix) 기법[89, 29]과 비교해 볼 때 이 방법은 주파수-두께의 곱이 커져도 해가 안정해지는 장점을 갖고 있다. 또한 전역행렬 방법은 실수, 복소수 파동수, 공기,

유체 또는 고체 반공간, 모드 또는 응답 해에 대해 동일한 기저행렬(base matrix)을 사용할 수 있다. 단점으로는 시스템을 구성하는 층의 수가 많아지면 전역행렬이 커지게 되고 해의 수렴속도가 상대적으로 느려지는 점을 들 수 있다. 그러나 현재 사용되고 있는 다른 기법들도 안정된 해를 얻기 위해서는 계산속도가 대부분 느려지는 문제점을 안고 있다. 컴퓨터 기술이 발전됨에 따라 이와 같은 계산속도의 문제점은 많이 해소되리라 기대된다. 여러 가지 행렬 기법에 대한 비교는 참고문헌 [43]을 참조하기 바란다.

전역행렬 방법에서는 하나의 행렬이 전체 시스템을 대표한다. 일반적인 형태의 전역행렬은 $6(n-1)$개의 방정식으로 구성되는데 여기서 n은 층의 수(반무한, 반공간 포함)이다. 방정식은 각 계면에서의 경계조건을 만족한다. 축소된 형태의 행렬은 축소된 수만큼의 방정식만을 사용한다. 예를 들어 Lamb파의 경우 각 층 당 네 개의 방정식만 필요하므로 총 $4(n-1)$개의 방정식으로 구성되고, Love파의 경우 각 층 당 두 개의 방정식만 필요하므로 총 $2(n-1)$개의 방정식으로 구성된다. 전역행렬의 열은 각 층의 부분파의 크기에 상응하는데 6개는 각 내부 층에 해당되고 3개는 외부(반무한) 층에 해당된다. 이와 같이 재료 층 행렬을 구성하면 응력과 변위의 연속조건을 만족할 수 있고 층의 상부, 하부에서의 부분파도 일관성을 갖게 된다. 그림 2.3에 그림 2.1과 2.2에서 고려한 다섯 개의 층을 갖는 시스템에 대한 전역행렬 구성방법을 제시하였다. 전역행렬에 부분파의 크기를 곱하면 모든 경계조건 방정식을 만족하게 된다. 시스템에 에너지가 부가되지 않는 한 이 방정식은 항상 0이 된다. 따라서 시스템에 대한 특성방정식(characteristic equation)을 다음과 같이 쓸 수 있다.

$$[G]\{A\}=0 \tag{2.108}$$

여기서 $[G]$는 전역행렬이고 $\{A\}$는 부분파 크기로 구성되는 벡터이다. 위 방정식을 만족하기 위해서는 전역행렬의 행렬식(determinant)이 0이 되어야 한다. 주파수, 파동수, 감쇠의 조합에 따라 이 조건을 만족하는지가 결정되고 이 값들은 다음 절에서 설명할 반복 계산과정에 의해 찾을 수 있다. 따라서 행렬식을 계산하기 위한 알고리즘이 정확해야 하며 그렇지 않을 경우 탐색 알고리즘이 0으로 수렴하지 않는다는 사실을 명심해야 한다. 이를 위해 본 절에서는 부분 피벗(partial pivot)을 갖는 Gauss소거법을 사용한다. 자세한 내용은 참고문헌 [45]를 참조하기 바란다.

조건에 따라 전역행렬이 유효한 파동전파 해를 갖지 못하고 특이행렬(singular matrix)이 되는 경우도 종종 발생한다. 이러한 조건의 가장 대표적인 예는 위상속도(ω/ξ)가 입

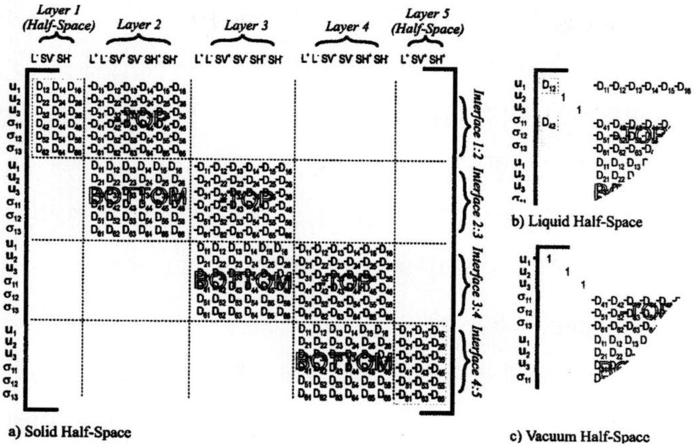

그림 2.3 전역행렬의 구조 (a) 고체 (b) 유체 반공간 (c) 공기 반공간

체파 속도 중 하나와 같아질 때이다. 이 경우 위쪽, 아래쪽으로 진행하는 파동의 영향을 구별할 수 없게 되어 두 열이 선형 종속이 되고 따라서 전역행렬이 특이행렬이 된다.

하나 또는 두 개의 반공간이 비점성 유체이거나 공기일 경우 행렬을 수정하여 불필요한 경계조건과 부분파를 쉽게 소거할 수 있다. 이에 대한 과정은 그림 2.3 (b), (c)에 자세히 설명되어 있다(그림에서는 상부 반공간(원통의 경우 중심부)에 대해 적용). 상부 반공간(또는 원통 중심부)이 공기로 구성되어 있으면 대각선 요소 (1,1), (2,2), (3,3)만 1로 설정하고 나머지 요소들은 모두 0으로 만들어 처음 세 열과 행을 소거할 수 있다. 이러한 작업에 의해 시스템 내부에서의 변위에 대한 제한조건을 제거하고 중심부에 존재하는 입체파에 대한 기준을 소거할 수 있다. 중심부가 비점성 유체이면 두 개의 접선방향 변위에 대한 제한조건을 제거할 수 있다. 또 전단 입체파도 소거된다. 이러한 작업에 의해 종방향 입체파의 크기가 수직변위와, 중심부 계면과 첫 번째 층에서의 수직응력과 관련이 있는 요소들만을 행렬에 남길 수 있다. 하부(또는 바깥) 반공간이 공기나 유체일 경우 유사한 수정작업을 거쳐 행렬의 오른쪽 하단의 요소들을 소거할 수 있다.

2.6 스프링 계면

층 사이의 접촉조건이 완전하지 않은 적층 구조물을 모델링 할 수 있는 방법이 때때로 필요하다. 예를 들어 두 개의 층이 분리되거나 중첩되지 않지만 서로 자유롭게 미끄러질 수 있는 모델이 요구될 때가 있다. 이 경우 수직방향의 변위는 연속조건을 만족하지만 접선방향의 변위는 자유로운 상태에 놓이게 된다. 또 어떤 계면강성을 갖는 불완전한 계면을 나타낼 필요가 있을 때도 있다. 즉 접촉하고 있는 두 평판의 부분 접촉조건을 나타낼 수 있는 모델이 필요하고 이를 위해 스프링 계면이 필요하다. 스프링 계면이 사용되는 경우에 대한 예제는 참고문헌 [3, 68, 69, 62]를 참조하기 바란다.

계면에서의 각 자유도에 대해 다음의 세 가지 조건으로 접촉조건을 설정할 수 있다. (1) Rigid(강체). 이 조건에서는 계면이 완벽한 결합조건을 만족하게 되어 모든 변위의 연속조건을 만족한다. (2) Free(자유). 이 조건에서 표면은 자유로운 상태에 놓이게 되어 선택된 자유도는 완전히 단절되게 되고 그 자유도에 해당되는 응력은 0이 된다. (3) Spring (스프링). 이 조건은 강체 조건과 자유 조건 사이의 중간 조건임을 명확하게 알 수 있다. 즉 무한대의 강성을 갖는 스프링은 강체 조건에 해당되고, 강성이 0인 스프링은 자유 조건에 해당된다. 스프링 계면은 층 사이의 모든 계면에 대해 독립적으로 정의될 수 있고 또 상부, 하부 반공간에 대해서도 정의될 수 있다.

스프링 계면조건을 도입할 때 전체 프로그램의 구조, 특히 전역행렬의 조합에 미치는 영향이 최소가 되도록 할 필요가 있다. 따라서 일반적으로 스프링 계면을 하나의 "재료층"으로 규정한다. 이 층은 강성을 지배하는 재료상수를 가지며 두께는 0이다. 그리고 이 층은 시스템의 다른 층에 전혀 영향을 미치지 않으면서 전역행렬의 적당한 위치에 삽입될 수 있다.

2.6.1 두 층 사이의 임의의 위치에서의 스프링 계면

다중 층의 임의의 위치에 놓여있는 스프링 계면을 고려해보자. 다섯 개의 층으로 구성된 구조물의 전역행렬은 다음과 같이 주어진다.

$$\begin{bmatrix} [D_{1b}^{-}] & [-D_{2t}] & & & \\ & [D_{2b}] & [-D_{3t}] & & \\ & & [D_{3b}] & [-D_{4t}] & \\ & & & [D_{4b}] & [-D_{5t}^{+}] \end{bmatrix} \begin{Bmatrix} A_1^{-} \\ A_2 \\ A_3 \\ A_4 \\ A_5^{+} \end{Bmatrix} = \{0\} \tag{2.109}$$

여기서 행렬의 요소 $[D]$는 층의 부분행렬을 나타내고 $\{A\}$는 부분파의 크기를 나타낸다. 전역행렬 내에서의 위치와 구성계수는 그림 2.3과의 직접 비교를 통해 알 수 있거나 참고문헌 [43]의 538쪽의 방정식으로부터 구할 수 있다. 행렬의 비어있는 곳은 해당요소가 0임을 의미한다.

예를 들어 세 번째 층이 스프링 층이라 가정하자. 그러면 행렬 $[D_{3t}]$와 $[D_{3b}]$에는 스프링의 거동을 나타내는 요소가 반드시 포함되어야 한다. 첫 번째 행렬 $[D_{3t}]$는 스프링 층의 상부와 그 위에 놓여있는 실제 재료 층 사이의 경계조건에 관련된 행렬이다. 두 번째 행렬 $[D_{3b}]$는 스프링 층의 하부와 그 아래에 놓여있는 실제 재료 층 사이의 경계조건에 관련된 행렬이다. 여기서 해석의 편의를 위해 스프링 층의 상부를 (t)로, 하부를 (b)로 나타내었지만 이 층은 실제로 두께를 갖지는 않는다. 통상적으로 행렬의 행은 자유도에 관련되어 있고 $\{u_1, u_2, u_3, \sigma_{11}, \sigma_{12}, \sigma_{13}\}$의 순서로 배열된다. 여기서 방향 1은 계면에 수직이고 아랫방향이 양(+)인 방향이고, 방향 3은 평판이나 파이프의 파동 진행방향과 일치하며, 방향 2는 방향 1, 3과 직교하는 방향이다(그림 2.1, 2.2 참조). 따라서 u_2와 σ_{12}는 2차원 평판의 일반적인 Lamb 형태 모드를 계산할 때는 사용되지 않는 자유도이다. 파동의 크기벡터 $\{A_3\}$는 스프링 계면의 부분파 크기를 계산하기 위해 도입된 벡터로 그 의미는 나중에 자세히 설명하기로 한다.

각각의 방향에 따른 스프링상수를 고려해 보자. (1) k_{11}은 계면에 수직한 방향으로의 두 층 사이의 강성을 의미하고 (2) k_{12}는 평면 12 내에 놓여있는 두 층 사이의 전단강성을 (3) k_{13}은 평면 13 내에 놓여있는 두 층 사이의 전단강성을 의미한다. 스프링은 서로 비연성되어 있고 각각의 k값은 독립적으로 정의할 수 있다. 스프링 층에서의 변위와 응력은 스프링상수와 다음의 관계를 갖는다.

$$
\begin{aligned}
u_{1(t)} - u_{1(b)} &= \frac{-\sigma_{11}}{k_{11}} \\
u_{2(t)} - u_{2(b)} &= \frac{-\sigma_{12}}{k_{12}} \\
u_{3(t)} - u_{3(b)} &= \frac{-\sigma_{13}}{k_{13}}
\end{aligned}
\tag{2.110}
$$

식 (2.110)의 세 방정식은 변위가 스프링 층의 상부 또는 하부에서 발생하는지를 나타내기 위해 하첨자 (t), (b)가 필요하다. 즉 접촉하고 있는 두 재료 사이에서 스프링이 변위의 미분을 허용할 수 있도록 설정할 필요가 있다. 반면에 스프링 층에서의 응력은 일정(또는 평형상태를 유지)하기 때문에 이와 같은 하첨자가 필요 없다. 예를 들어 층 상부에서의 응력 σ_{11}은 층 하부의 응력 σ_{11}과 반드시 같은 값을 가져야 한다. 위 방정식의 부호를 결정할 때는 주의가 필요한데 특히 전단응력의 부호는 조심스럽게 설정할 필요가 있다. 여기에서 채택하고 있는 좌표계의 경우 방정식에 나타나는 응력의 부호는 모두

음(-)의 부호를 갖는다(윗방향을 양(+)으로 설정하면 세 방정식의 부호는 모두 양(+)이 된다). 스프링상수 k는 계면의 단위면적 당 (/㎟) 강성(N/mm)을 나타내므로 전체 단위는 (N/㎣)이 된다.

이제 두 행렬 $[D_{3t}]$와 $[D_{3b}]$의 계수를 고려해보자. 먼저 스프링 층의 하부의 경우 계면에 대한 행렬이 단위행렬이 된다고 하자.

$$\begin{Bmatrix} u_1 \\ u_2 \\ u_3 \\ \sigma_{11} \\ \sigma_{12} \\ \sigma_{13} \end{Bmatrix}_{layer3,(b)} = \begin{bmatrix} 1 & & & & & \\ & 1 & & & & \\ & & 1 & & & \\ & & & 1 & & \\ & & & & 1 & \\ & & & & & 1 \end{bmatrix} \begin{Bmatrix} A_{L+} \\ A_{L-} \\ A_{SV+} \\ A_{SV-} \\ A_{SH+} \\ A_{SH-} \end{Bmatrix}_{layer3} \tag{2.111}$$

따라서 행렬 $[D_{3b}]$는 다음과 같이 정의된다.

$$[D_{3b}] = \begin{bmatrix} 1 & & & & & \\ & 1 & & & & \\ & & 1 & & & \\ & & & 1 & & \\ & & & & 1 & \\ & & & & & 1 \end{bmatrix} \tag{2.112}$$

층 상부에 대한 행렬식은 다음과 같이 구할 수 있다.

$$\begin{Bmatrix} u_1 \\ u_2 \\ u_3 \\ \sigma_{11} \\ \sigma_{12} \\ \sigma_{13} \end{Bmatrix}_{layer3,(t)} = [D_{3t}]\{A_3\} = [D_{3t}] \begin{Bmatrix} u_1 \\ u_2 \\ u_3 \\ \sigma_{11} \\ \sigma_{12} \\ \sigma_{13} \end{Bmatrix}_{layer3,(b)} \tag{2.113}$$

행렬 $[D_{3t}]$는 스프링 층에 따른 변위의 전이(transfer)를 나타내고 식 (2.110)을 이용하여 다음과 같이 쉽게 구할 수 있다.

$$[D_{3t}] = \begin{bmatrix} 1 & & & -1/k_{11} & & \\ & 1 & & & -1/k_{12} & \\ & & 1 & & & -1/k_{13} \\ & & & 1 & & \\ & & & & 1 & \\ & & & & & 1 \end{bmatrix} \tag{2.114}$$

2.6.2 강성이 0인 스프링

강성이 0인 스프링은 자유도가 분리된 상태를 의미한다. 이러한 스프링은 식 (2.114)와 (2.112)에 주어진 행렬 $[D_{3t}]$와 $[D_{3b}]$의 요소들을 적절히 수정하여 정의할 수 있다. 각각의 자유도는 독립적으로 취급할 수 있으므로, 자유 미끄럼조건을 갖지만 수직 방향으로는 일정한 강성을 갖는 혼합 경계조건도 어렵지 않게 모델링 할 수 있다. 선택된 자유도를 수정하는 방법은 해당 응력에 관련된 두 행렬의 대각선 요소를 모두 0으로 설정하면 된다. 해당 응력은 k_{11}강성인 경우 σ_{11}, k_{12}강성은 σ_{12}, k_{13}강성은 σ_{13}로 모두 자명하게 결정할 수 있다.

이러한 수정에 의해 해당 자유도에 관련된 "파동의 크기"의 의미도 영향을 받게 된다. 각 방향에는 두 개의 파동크기 즉, 변위와 응력이 존재한다. 이 값들은 대부분 앞에서 설명한 바와 같이 스프링 층 하부의 변위와 응력에 해당된다. 이제 변위와 관련된 파동크기는 층 하부의 크기로 남아있지만 응력과 관련된 파동크기는 층 상부의 변위 값으로 변하게 된다. 따라서 두 개의 파동크기는 스프링 층 상, 하부의 변위가 되고 두 변위는 서로 분리되어 다른 값을 갖는다. 동시에 두 개의 응력은 경계조건을 만족하기 위해 0이 되어야 한다.

2.6.3 강성이 무한대인 스프링

어떤 자유도가 무한대의 강성을 갖는다는 것은 완벽한 결합조건을 의미한다. 이는 계면 스프링이 사용되지 않을 때 두 층 사이에서 일반적으로 정의되는 결합조건과 동일하다. 따라서 이 조건은 전체 자유도 중 하나 또는 두 개의 자유도가 무한강성 조건을 만족할 때 사용된다. 모든 자유도의 강성이 무한대이면 스프링 계면 층을 사용하는 의미가 없어진다. 즉 스프링 계면을 사용하는 의미가 없어진다고 할 수 있다.

무한대 강성을 모델링하기 위해서는 $[D_{3t}]$행렬만을 수정하면 된다. 즉 행렬에서 관련 변위에 해당되는 비대각선 요소(k요소를 포함하는 요소)를 제거(0으로 대체)하면 된다.

2.6.4 모델의 상, 하부 경계에서의 스프링 계면

스프링 층이 모델의 상부 반공간에 해당되면 스프링 특성을 포함하는 행렬은 $[D_{1b}^{-}]$가 된다. 이 행렬은 6개의 행과 3개의 열로 구성된다. 이제 스프링상수는 모델 상부 즉, 스프링 층 전체와 주변매질의 절대 변위와 응력을 결정하게 된다. 이때 첫 번째 재료 층과 연결되는 스프링 하부에 대한 식은 다음과 같이 쓸 수 있다.

$$\begin{aligned} u_{1(b)} &= \frac{\sigma_{11}}{k_{11}} \\ u_{2(b)} &= \frac{\sigma_{12}}{k_{12}} \\ u_{3(b)} &= \frac{\sigma_{13}}{k_{13}} \end{aligned} \tag{2.115}$$

그리고 행렬 $[D_{1b}^{-}]$는 다음과 같이 주어진다.

$$[D_{1b}^{-}] = \begin{bmatrix} 1/k_{11} & & \\ & 1/k_{12} & \\ & & 1/k_{13} \\ 1 & & \\ & 1 & \\ & & 1 \end{bmatrix} \tag{2.116}$$

마찬가지 방법으로 스프링 층이 모델의 하부 반공간에 해당되는 경우에 대한 식도 유도할 수 있는데 이때는 전역행렬의 하부 우측의 부분행렬(여기서는 $[D_{5t}^{+}]$)이 수정되게 된다. 가장 아래쪽의 재료행렬과 연결되는 상부 스프링 층에 대한 식은 다음과 같이 주어지고

$$\begin{aligned} u_{1(b)} &= \frac{-\sigma_{11}}{k_{11}} \\ u_{2(b)} &= \frac{-\sigma_{12}}{k_{12}} \\ u_{3(b)} &= \frac{-\sigma_{13}}{k_{13}} \end{aligned} \tag{2.117}$$

행렬 $[D_{5t}^{+}]$는 다음과 같이 구해진다.

$$[D_{5t}^{+}] = \begin{bmatrix} -1/k_{11} & & \\ & -1/k_{12} & \\ & & -1/k_{13} \\ 1 & & \\ & 1 & \\ & & 1 \end{bmatrix} \tag{2.118}$$

행렬 $[D_{1b}^{-}]$과 $[D_{5t}^{+}]$의 아래쪽 절반을 구성하는 부분행렬의 대각선 요소가 1인 것으로

부터 파동크기는 응력 σ_{11}, σ_{12}, σ_{13}이 됨을 알 수 있다. 강성이 0이거나 무한대인 스프링을 모델링하기 위해 상부, 하부의 행렬을 수정한 결과는 앞에서 설명한 일반적인 스프링 계면의 결과와 정확하게 일치하는 것을 확인할 수 있다.

2.7 누설Lamb파의 이론적 해

전역행렬을 사용하면 동일한 구성을 이용하여 다양한 종류의 구조물을 해석할 수 있는 장점이 있지만 계산속도가 빠르지 않은 단점을 갖게 된다. 일반적으로 사용되는 간단한 구조물의 경우 특성방정식을 이론적 형태로 구하는 것이 유리할 때가 많다. 이러한 방법을 이용하여 공기 중에 놓여있거나 비압축성 유체에 잠겨있는 단일 층, 탄성, 등방성인 평판에 대한 특성방정식을 유도할 수 있다. 유도된 특성방정식은 Lamb파와 누설Lamb파에 해당된다.

Lamb파와 누설Lamb파에 대한 유도과정은 동일하다. 다만 평판이 공기 중에 놓여있을 때는 주변 유체로 누설되는 파동에 의한 손실이 존재하지 않는다는 점이 다를 뿐이다. 유도과정도 편평한 등방성 평판의 층 행렬에 대한 유도과정과 동일한 과정을 따르게 된다. 다만 경계조건과 주변매질에 대한 수식이 특성방정식에 직접 삽입된다는 점이 다를 뿐이다.

특성방정식을 유도하기 위해서는 고체 층과 주변 유체 사이의 계면에서 특정한 경계조건이 요구된다. 즉, 수직변위 u_1은 연속이어야 하고, 압력의 평형을 유지하기 위해 수직응력 σ_{11}도 연속이어야 한다. 또한 유체는 전단력과 연성될 수 없으므로 전단응력 σ_{13}는 계면에서 0이 되어야 한다. 나머지 변위와 응력에 대한 제한조건은 설정되지 않는다.

누설Lamb파에 대한 이론적 해의 유도는 등방성 층과 동일한 방식으로 시작한다. 유도파의 전파는 x_3방향으로 진행되고 x_1방향은 층에 수직한 방향이며 x_2평면에서 계는 평면변형률 상태를 유지한다고 가정한다. 비연성되어 있는 수평전단파는 무시하고 $X-Z$(1-3)평면의 운동만을 고려한다. 변위는 두 개의 퍼텐셜 즉, 스칼라퍼텐셜과 벡터퍼텐셜로 표현될 수 있고($\boldsymbol{u} = \nabla\phi + \nabla \times \boldsymbol{H}$), 여기서 스칼라퍼텐셜 ϕ는 다음의 형태를 갖는다.

$$\phi = [A_{L1}\cos(k_1 x_1) + A_{L2}\sin(k_1 x_1)]e^{i(k_3 x_3 - \omega t)} \tag{2.119}$$

그리고 벡터퍼텐셜 $\boldsymbol{H}$도 유사하게 정의할 수 있다.

$$\boldsymbol{H}= [A_{S1}\cos(k_1x_1)+A_{S2}\sin(k_1x_1)]e^{i(k_3x_3-\omega t)} \tag{2.120}$$

여기서 나중에 해가 대칭, 비대칭으로 분리될 수 있도록 두께관통 퍼텐셜을 sine과 cosine 항의 합으로 표현하였다. 등방성 평판처럼 두께관통 퍼텐셜을 지수함수로 표현하면 대칭, 비대칭이 서로 연성되어 나중에 분리할 수 없게 된다.

파동수의 크기는 스칼라퍼텐셜의 경우 ω/v_1, 벡터퍼텐셜의 경우 ω/v_2라고 알려져 있으므로, 두 파동수 성분을 서로 관련지어 규정할 수 있다. 즉, 파동 진행방향의 파동수 성분 k_3를 ξ라 하면 파동 진행방향에 수직한 파동수 성분의 제곱은 다음과 같이 정의할 수 있다.

$$\zeta_1^2=\frac{\omega^2}{v_1^2}-\xi^2$$
$$\zeta_2^2=\frac{\omega^2}{v_2^2}-\xi^2 \tag{2.121}$$

여기서 ζ_1은 스칼라퍼텐셜 ϕ에 대한 수직 파동수 성분이고 ζ_2는 벡터퍼텐셜 $\boldsymbol{H}$에 대한 수직 파동수 성분이다.

변위를 두 개의 서로 다른 퍼텐셜을 이용하여 정의하면 압축파($\boldsymbol{u}_L$)와 회전파($\boldsymbol{u}_S$)에 대한 변위 표현식을 구할 수 있다.

$$\boldsymbol{u_L}=\nabla\phi=\begin{Bmatrix}\partial\phi/\partial x_1\\ \partial\phi/\partial x_2\\ \partial\phi/\partial x_3\end{Bmatrix}$$
$$=A_{L1}\begin{Bmatrix}-\zeta_1\sin(\zeta_1x_2)\\ 0\\ i\xi\cos(\zeta_1x_2)\end{Bmatrix}e^{i(\xi x_3-\omega t)}+A_{L2}\begin{Bmatrix}\zeta_1\cos(\zeta_1x_2)\\ 0\\ i\xi\sin(\zeta_1x_2)\end{Bmatrix}e^{i(\xi x_3-\omega t)} \tag{2.122}$$

$$\boldsymbol{u_S}=\nabla\times\boldsymbol{H}=\begin{Bmatrix}\partial/\partial x_1\\ \partial/\partial x_2\\ \partial/\partial x_3\end{Bmatrix}\times\begin{Bmatrix}0\\ H_3\\ 0\end{Bmatrix}$$

$$= A_{S1}\begin{Bmatrix} -i\xi\cos(\zeta_2 x_2) \\ 0 \\ -\zeta_2\sin(\zeta_2 x_2) \end{Bmatrix} e^{i(\xi x_3 - \omega t)} + A_{S2}\begin{Bmatrix} -i\xi\sin(\zeta_2 x_2) \\ 0 \\ \zeta_2\cos(\zeta_2 x_2) \end{Bmatrix} e^{i(\xi x_3 - \omega t)} \tag{2.123}$$

여기서 모든 입자운동이 평면 x_1x_3내에서 발생할 수 있도록 벡터퍼텐셜은 x_2방향을 갖는다.

식 (2.43)에서 정의한 바와 같이 수직 압축응력과 접선 전단응력을 다음과 같이 표현할 수 있다.

$$\begin{aligned} \sigma_{11} &= \lambda\Delta + 2\mu\epsilon_{11} \\ \sigma_{13} &= \mu\epsilon_{13} \end{aligned} \tag{2.124}$$

여기서

$$\begin{aligned} &\epsilon_{11} = \frac{\partial u_1}{\partial x_1} \qquad \epsilon_{22} = \frac{\partial u_2}{\partial x_2} \qquad \epsilon_{33} = \frac{\partial u_3}{\partial x_3} \\ &\epsilon_{13} = \frac{\partial u_1}{\partial x_3} + \frac{\partial u_3}{\partial x_1} \qquad \Delta = \epsilon_{11} + \epsilon_{22} + \epsilon_{33} \end{aligned} \tag{2.125}$$

이고 λ와 μ는 Lamé상수이고 Δ는 요소의 체적변화(팽창)를 나타낸다. 변위에 대한 식을 이 방정식들에 대입하면 수직, 전단응력에 대한 표현식을 구할 수 있다.

$$\begin{array}{ll} \text{압축} & \text{회전} \\ \sigma_{11+} = -\mu(\zeta_2^2 - \xi^2)\cos(\zeta_1 x_1) & \sigma_{11+} = 2\mu\xi\zeta_2\sin(\zeta_2 x_1) \\ \sigma_{11-} = -\mu(\zeta_2^2 - \xi^2)\sin(\zeta_1 x_1) & \sigma_{11-} = 2\mu\xi\zeta_2\cos(\zeta_2 x_1) \\ \sigma_{13+} = -2i\mu\zeta_1\xi\sin(\zeta_1 x_1) & \sigma_{13+} = -\mu(\zeta_2^2 - \xi^2)\cos(\zeta_2 x_1) \\ \sigma_{13-} = 2i\mu\zeta_1\xi\cos(\zeta_1 x_1) & \sigma_{13-} = -\mu(\zeta_2^2 - \xi^2)\sin(\zeta_2 x_1) \end{array} \tag{2.126}$$

여기서 수식을 간결하게 표현하기 위해 모든 식에서 $e^{i(\xi x_2 - \omega t)}$항을 생략하였다. 수직응력 σ_{11}을 계산할 때는 $\lambda(\zeta_1^2 + \xi^2) + 2\mu\zeta_1^2$ 대신 $\mu(\zeta_2^2 - \xi^2)$를 대입하였다.

주변의 비압축성 유체는 전단응력을 지지할 수 없으므로 단일 스칼라퍼텐셜을 이용하여 모델링할 수 있다. 상부, 하부 반공간에 대한 두 개의 퍼텐셜은 다음과 같이 주어진다.

$$\Phi_{L1} = [A_{liq1} e^{-i(\gamma x_1)}] e^{i(\xi z - \omega t)} \quad \text{for} \quad x_1 \leq -d/2$$

$$\Phi_{L2} = [A_{liq2} e^{i(\gamma x_1)}] e^{i(\xi z - \omega t)} \quad \text{for} \quad x_1 \geq d/2 \tag{2.127}$$

여기서 $\gamma = \sqrt{\omega^2/c_L^2 - \xi^2}$ 이고 c_L은 주변 유체의 입체파 속도이다.

상부 표면($-d/2$)과 하부 표면($d/2$)에서의 수직변위, 수직 압축응력과 접선 전단응력을 구하고, 고체 평판에 대한 값들과 유체 하중에 의한 값들을 서로 일치시키면 특성방정식을 구성하는 행렬 $\boldsymbol{A}$를 구할 수 있다.

$$[\boldsymbol{A}]\begin{Bmatrix} A_{L+} \\ A_{L-} \\ A_{S+} \\ A_{S-} \\ A_{liq1} \\ A_{liq2} \end{Bmatrix} = \begin{Bmatrix} u_1|_{x_1 = d/2} \\ u_1|_{x_1 = -d/2} \\ \sigma_{11}|_{x_1 = d/2} \\ \sigma_{11}|_{x_1 = -d/2} \\ \sigma_{13}|_{x_1 = d/2} \\ \sigma_{13}|_{x_1 = -d/2} \end{Bmatrix} \tag{2.130}$$

여기서 $\boldsymbol{A}$의 요소는 다음과 같이 주어진다.

$$\begin{matrix} -\zeta_1 \sin(\zeta_1 d/2) & \zeta_1 \cos(\zeta_1 d/2) & -i\xi\cos(\zeta_2 d/2) & -i\xi\sin(\zeta_2 d/2) & 0 & -i\gamma e^{i\gamma d/2} \\ -A_{11} & A_{12} & A_{13} & -A_{14} & i\gamma e^{i\gamma d/2} & 0 \\ -\mu(\zeta_2^2 - \xi^2)\cos(\zeta_1 d/2) & -\mu(\zeta_2^2 - \xi^2)\sin(\zeta_1 d/2) & 2i\mu\xi\zeta_2 \sin(\zeta_2 d/2) & -2i\mu\xi\zeta_2\cos(\zeta_2 d/2) & 0 & \omega^2 \rho_L e^{i\gamma d/2} \\ A_{31} & -A_{32} & -A_{33} & A_{34} & \omega^2 \rho_L e^{i\gamma d/2} & 0 \\ -2i\mu\xi\zeta_1 \sin(\zeta_1 d/2) & 2i\mu\xi\zeta_1\cos(\zeta_1 d/2) & -\mu(\zeta_2^2 - \xi^2)\cos(\zeta_2 d/2) & -\mu(\zeta_2^2 - \xi^2)\sin(\zeta_2 d/2) & 0 & 0 \\ -A_{51} & A_{52} & A_{53} & -A_{54} & 0 & 0 \end{matrix} \tag{2.131}$$

식 (2.130)은 행렬 $\boldsymbol{A}$의 행렬식(determinant)이 0이 될 때 만족되는 식이다. 행렬식을 구하기 전에 계산의 편의를 위해 행렬 $\boldsymbol{A}$를 두 개의 부분행렬로 분리할 수 있다. 여러 행과 열들을 더하거나 빼고 유체 반공간의 부분파 크기를 공통인자 $e^{i\gamma d/2}$로 나누면 다음과 같은 부분행렬들을 얻을 수 있다.

$$\begin{vmatrix} \zeta_1 \sin(\zeta_1 d/2) & i\xi \sin(\zeta_2 d/2) & i\gamma \\ \mu(\zeta_2^2-\xi^2)\cos(\zeta_1 d/2) & 2i\mu\xi\zeta_2 \cos(\zeta_2 d/2) & -\omega^2 \rho_L \\ 2i\mu\xi\zeta_1 \sin(\zeta_1 d/2) & \mu(\zeta_2^2-\xi^2)\sin(\zeta_2 d/2) & 0 \end{vmatrix} = 0 \tag{2.132}$$

$$\begin{vmatrix} \zeta_1 \cos(\zeta_1 d/2) & i\xi \cos(\zeta_2 d/2) & -i\gamma \\ \mu(\zeta_2^2-\xi^2)\sin(\zeta_1 d/2) & 2i\mu\xi\zeta_2 \sin(\zeta_2 d/2) & -\omega^2 \rho_L \\ 2i\mu\xi\zeta_1 \cos(\zeta_1 d/2) & \mu(\zeta_2^2-\xi^2)\cos(\zeta_2 d/2) & 0 \end{vmatrix} = 0 \tag{2.133}$$

식 (2.132)와 (2.133)을 풀면 특성방정식의 대칭모드, 비대칭모드에 대한 해를 구할 수 있다. 대칭모드에 대한 해는

$$(\zeta_2^2-\xi^2)^2\cos(\zeta_1 d/2)\sin(\zeta_2 d/2)+4\xi^2\zeta_1\zeta_2\sin(\zeta_1 d/2)\cos(\zeta_2 d/2)-i\frac{\rho_L\zeta_1 k_S^4}{\rho_S k_{liq}}\sin(\zeta_1 d/2)\sin(\zeta_2 d/2) \tag{2.134}$$

이고 비대칭모드에 대한 해는 다음과 같다.

$$(\zeta_2^2-\xi^2)^2\sin(\zeta_1 d/2)\cos(\zeta_2 d/2)+4\xi^2\zeta_1\zeta_2\cos(\zeta_1 d/2)\sin(\zeta_2 d/2)+i\frac{\rho_L\zeta_1 \omega^4}{\rho_S \gamma c_2^4}\cos(\zeta_1 d/2)\cos(\zeta_2 d/2) \tag{2.135}$$

이상의 표현식을 이용하여 유체나 공기로 둘러싸인 단일 층 평판의 분산선도를 계산할 때 일반적으로 사용되는 전역행렬을 대체할 수 있다. 대칭, 비대칭모드는 서로 비연성되어 있으므로 일반적인 방법에 비해 해가 더 안정되고 계산시간도 단축되는 효과가 발생한다. 이 방법에 의해 특성방정식에 대한 해석적 해를 구할 수 있지만 주파수-파동수-감쇠의 조합으로 구성되는 분산선도를 구하기 위해서는, 전역행렬에서 특성방정식의 해를 구하기 위해 사용된 반복계산 루틴을 다시 사용해야 한다.

2.8 근의 탐색

분산선도를 구성하는 점을 찾기 위해서는 특성방정식(식 (2.108))의 근을 찾아야 한다. 그리고 그 근은 대부분의 경우 전역행렬의 행렬식(복소수)이 0이 되는 점에 해당된다. 전역행렬의 계수는 시스템의 형상, 재료특성, 주파수, 실파동수 그리고 감쇠에 따라 달라진다. 시스템이 주어져 있을 경우 마지막 세 특성 즉 주파수, 실파동수, 감쇠를 변화시켜 가며 유효한 해를 찾는다. 주파수는 모드의 시간변화 조화성분의 특성을 나타내고, 실파동수는 공간변화 조화성분을 그리고 감쇠는 공간 또는 시간상에서 파동의 감소를 표시한

다. 근을 찾기 위한 첫 번째 단계에서는 두 개의 변수를 고정하고 나머지 한 개를 변화시켜가며 스위핑(sweeping)을 실시한다. 그 다음으로 행렬식의 절대값이 최소가 되는 점을 찾고 이 점을 좀 더 정밀한 스위핑을 위한 출발점으로 설정한다. 행렬식의 절대값을 사용하는 이유는 그 값이 최소가 되는 점에서 국부 최소점을 찾을 수 있기 때문이다. 함수의 제로는 모든 탐색변수(주파수, 실파동수, 감쇠)가 적절한 값을 가질 때만 발생한다. 변수 중 두 개만 정확한 값을 가지면 제로는 행렬식의 국부 최솟값이 된다. 특성방정식의 최솟값을 찾았으면 좀 더 정밀한 탐색을 시작하여 유효한 근에 수렴하는지를 조사한다.

모든 재료가 탄성이고 반공간이 모두 공기이면 에너지가 시스템으로부터 방출될 가능성이 없기 때문에 감쇠가 존재하지 않는다. 이 경우 정밀한 탐색과정은 상대적으로 쉽게 이루어질 수 있다. 즉 전파되는 모드의 감쇠는 항상 0이기 때문에 단일 일차원 최소점 탐색루틴만으로도 충분히 근을 찾을 수 있다. 그러나 감쇠가 존재하면 탐색과정은 좀 더 복잡해지고 2차원 탐색루틴이 필요하게 된다. 감쇠는 유도파 모드가 재료감쇠나 누설에 의해 감소되는 비율을 나타내는 시스템의 중요한 특성 중의 하나이다. 이 값은 미지의 값으로 탐색과정을 통해 찾아야 하는 변수들 중 하나이다.

그림 2.4에는 시스템에 감쇠가 존재할 때 특성방정식의 근을 찾는 과정이 나타나 있다. 그림에서 곡선표면은 물에 잠겨있는 1mm 두께 평판의 실파동수를 4rad/mm로 고정하였을 때 전역행렬 행렬식의 절대값의 대수(log)에 해당된다. 근을 찾기 위해 감쇠를 0으로 가정하고 거친(coarse) 주파수 스위핑을 실시한다(그림에서 표면 전면부의 굵은 실선으로 표시). 근이 될 수 있는 두 개의 최소점을 찾고 이 점들을 보다 정밀한 탐색을 위한 출발점으로 사용한다. 왼쪽의 최소점은 오른쪽의 최소점보다 잘 정의되지 못한 것을 알 수 있는

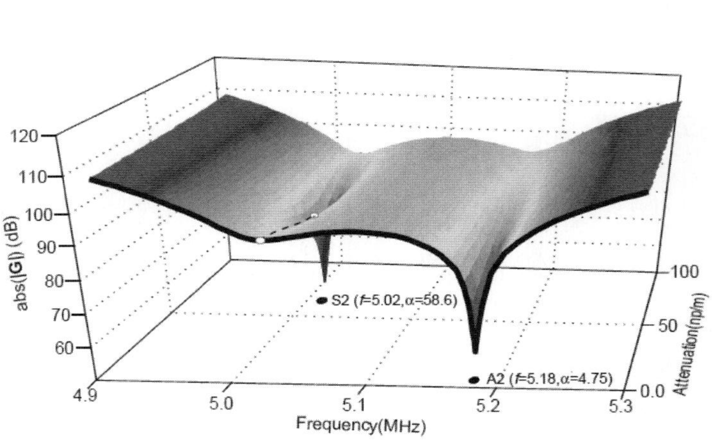

그림 2.4 근 탐색과정의 예시

데 그 이유는 스위핑에 의한 감쇠 값이 근의 실제 감쇠 값과 매우 다른 양상을 보이기 때문이다.

다음으로 거친 스위핑에 의해 구한 최소점에서 시작하여 정밀한 탐색을 실시하는데 이때 근(그림에서 안이 색칠된 점)에 수렴하기 위하여 2차원 반복 이분할 루틴(안이 빈 점을 갖는 점선)을 사용한다. 이 루틴은 좀 더 엄밀한 최소점(안이 빈 점)을 찾을 때까지 주파수의 스텝 크기를 작게 하면서(점선) 탐색을 수행한다. 최소점을 포함하는 구간을 각각 둘로 나누어 각 점에서 함숫값을 계산하고 중간의 세 점들 중 가장 최소가 되는 한 점을 새로운 출발점으로 선택한다. 요구되는 허용오차를 만족할 때까지 이 작업을 반복한다. 다음에 감쇠에 대해서도 동일한 작업을 수행하여 유효한 근을 최종적으로 찾을 수 있다. 이 루틴에 대한 자세한 내용은 참고문헌 [45]를 참조하기 바란다.

2.9 분산선도의 추적

분산방정식의 근들을 찾고 그 근들을 선으로 연결하여 분산선도를 구성할 수 있지만, 분산선도를 추적할 수 있는 좀 더 효과적이고 강건한 방법이 필요하다. 이러한 추적루틴으로는 분산선도 상의 점들이 존재할 수 있는 위치를 외삽법(extrapolation)으로 예측하는 방법이 유용하다고 할 수 있다. 즉 일단 모드 상의 한 점을 찾으면 나머지 점들을 보다 빨리 추적할 수 있는 루틴이 필요하다고 할 수 있다.

그림 2.5에 보인 바와 같이 추적루틴은 거친 스위핑으로부터 찾은 근(그림에는 초기 근으로 표시)에서 추적을 시작한다. 다음에 세 개의 독립변수들 중 하나(그림에서는 파동수)의

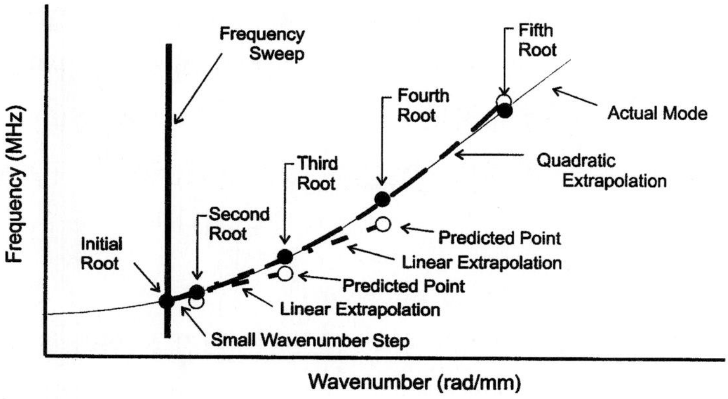

그림 2.5 모드 추적을 위한 외삽법

스텝 크기를 매우 작게 설정하여 두 번째 근에 수렴한다. 이 두 점(초기 근과 두 번째 근)에 선형 외삽법을 적용하여 세 번째 근에 수렴한다. 그리고 세 번째 근에 외삽법을 적용하여 네 번째 근을 찾는다. 네 번째 근을 찾으면 이전의 세 점(초기 근을 제외한 세 점)에 2차 외삽법을 적용하여 다음 근을 예측한다. 일곱 번째 근까지 찾은 이후에는 모든 다른 근에 2차 외삽법을 적용한다. 그 이유는 두 모드가 서로 가까이 지나갈 때 다른 곡선으로 '점핑' 하는 현상을 방지하기 위해서이다[43]. 그림 2.5에 제시한 경우는 파동수를 변화시켜 가면서 주파수와 감쇠를 외삽법으로 찾는 경우를 나타낸다. 다른 변수를 변화시킬 변수로 선택하는 것도 가능하다. 예를 들어 주파수를 변화시켜 가면서 파동수와 감쇠를 반복계산으로 찾을 수도 있다. 또한 주파수와 파동수가 조합된 변수(frequencywave-number combo)를 기본 반복변수로 사용할 수도 있다. 이 방법에서는 스텝이 주파수-실 파동수 분산선도의 접선방향으로 진행하도록 주파수와 파동수의 조합을 변화시킨다.

한 모드를 완벽하게 추적하였으면 다른 출발점을 이용하여 다음 모드를 추적하고 전체 분산선도가 완성될 때까지 이 과정을 반복한다.

2.10 모드형상

분산방정식의 해를 조사하는 하나의 방법으로 모드 상의 각 점에서 모드형상(mode shape)을 살펴보는 방법이 있다. 모드형상은 변위, 응력 또는 에너지가 시스템의 두께를 따라 어떻게 변하는지 나타내준다. 파동 진행방향으로의 변화는 항상 정현파 형상을 가지므로 관심대상이 아니다.

모드형상을 계산하기 위해 하나의 입체파의 크기를 임의로 가정한다. 이러한 가정을 이용하여 특성방정식(식 (2.108))의 수정된 형태의 해를 구하여 다른 입체파의 크기를 구할 수 있다. 모든 입체파의 크기가 알려지면 층의 임의의 점에서의 응력과 변위는 그 층에 대한 파동크기 벡터에 층 행렬(식 (2.86))을 곱하여 계산할 수 있다.

응력과 변위 외에 다른 물리량들도 계산할 수 있는데 계산결과는 구조물의 두께에 따라 표시된다. 계산할 수 있는 물리량들의 예는 다음과 같다[5].

- 변형률에너지 밀도(Strain energy density)

이 밀도는 다음과 같은 응력-변형률 곱의 합으로 주어진다. 아래 식에서는 물리량의 복소수 값이 사용되었음을 주목해야 한다[5]. 실수 값이 사용되면 아래 식에 2를 곱해야 한다.

(a) 평판 시스템

$$\text{SED}=\frac{1}{4}\left[\sigma_{xx}\left(\frac{\partial u_x}{\partial x}\right)+\sigma_{yy}\left(\frac{\partial u_y}{\partial y}\right)+\sigma_{zz}\left(\frac{\partial u_z}{\partial z}\right)\right]$$
$$+\frac{1}{8}\left[\sigma_{xy}\left(\frac{\partial u_x}{\partial y}+\frac{\partial u_y}{\partial x}\right)+\sigma_{yz}\left(\frac{\partial u_y}{\partial z}+\frac{\partial u_z}{\partial y}\right)+\sigma_{xz}\left(\frac{\partial u_x}{\partial z}+\frac{\partial u_z}{\partial x}\right)\right] \tag{2.136}$$

(b) 원통형 시스템

$$\text{SED}=\frac{1}{4}\left[\sigma_{rr}\frac{\partial/\partial u_r}{\partial/\partial r}+\sigma_{\theta\theta}\left(\frac{1}{r}\frac{\partial u_\theta}{\partial\theta}+\frac{u_r}{r}\right)+\sigma_{zz}\left(\frac{\partial u_z}{\partial z}\right)\right]$$
$$+\frac{1}{8}\left[\sigma_{rz}\left(\frac{\partial u_r}{\partial z}+\frac{\partial u_z}{\partial r}\right)+\sigma_{r\theta}\left(r\frac{\partial}{\partial r}\left(\frac{u_\theta}{r}\right)+\frac{1}{r}\frac{\partial u_r}{\partial\theta}\right)+\sigma_{\theta z}\left(\frac{\partial/\partial u_\theta}{\partial/\partial z}+\frac{1}{r}\frac{\partial/\partial u_z}{\partial/\partial\theta}\right)\right] \tag{2.137}$$

■ 운동에너지 밀도(Kinetic energy density)

이 밀도는 질량에 속도의 제곱을 곱한 값들의 합의 1/4로 주어진다.

$$\text{KED}=\frac{\rho}{4}\left[\left(\frac{\partial u_1}{\partial t}\right)^2+\left(\frac{\partial u_2}{\partial t}\right)^2+\left(\frac{\partial u_3}{\partial t}\right)^2\right] \tag{2.138}$$

여기서 1, 2, 3은 원통좌표계의 r, θ, z에 해당된다.

■ 총에너지 밀도(Total energy density)

이 밀도(NRG)는 변형률에너지 밀도와 운동에너지 밀도를 합한 값으로 정의된다.

■ 파워흐름 밀도(Power flow density)

이 물리량은 속도벡터와 응력벡터를 곱한 결과로부터 구할 수 있는데 그 자신이 다시 벡터(Poynting vector)가 된다.

$$\text{PWR}=-\frac{1}{2}\begin{Bmatrix}\sigma_{11}\left(\frac{\partial u_1}{\partial t}\right)^*+\sigma_{12}\left(\frac{\partial u_2}{\partial t}\right)^*+\sigma_{13}\left(\frac{\partial u_3}{\partial t}\right)^*\\ \sigma_{12}\left(\frac{\partial u_1}{\partial t}\right)^*+\sigma_{22}\left(\frac{\partial u_2}{\partial t}\right)^*+\sigma_{23}\left(\frac{\partial u_3}{\partial t}\right)^*\\ \sigma_{13}\left(\frac{\partial u_1}{\partial t}\right)^*+\sigma_{23}\left(\frac{\partial u_2}{\partial t}\right)^*+\sigma_{33}\left(\frac{\partial u_3}{\partial t}\right)^*\end{Bmatrix} \tag{2.139}$$

여기서 *는 공액복소수를 나타낸다. PWR을 표시하기 위해 Lines 옵션을 선택하면 이 벡터의 축방향(z) 또는 단면에 수직한 방향(r)으로의 변화를 두께에 따라 나타내준다. Power 옵션을 선택하면 벡터 자체를 나타내주기 때문에 파워흐름의 방향이 그림에 표시된다. 파워흐름 밀도는 에너지가 시스템에서 흘러가는 양상을 보여주기 위한 매우 유용한 도구이다.

모드형상과 관련된 마지막 주제는 모드의 파워흐름이다. 이 물리량은 구조물의 특정 위치가 아닌 전체 구조물에 관련된 양으로 원통구조물의 파동 진행방향을 따라 파워흐름 밀도를 적분하여 구할 수 있다. 모드의 파워흐름은 에너지가 구조물을 따라 전달되는 비율을 나타내주는 물리량으로 단위는 Joule/sec이다. 한 모드의 파워흐름은 다음과 같은 적분 식으로 주어진다.

$$\mathrm{Pm} = -\frac{1}{2}\int_S \left[\sigma_{13}\left(\frac{\partial u_1}{\partial t}\right)^* + \sigma_{23}\left(\frac{\partial u_2}{\partial t}\right)^* + \sigma_{33}\left(\frac{\partial u_3}{\partial t}\right)^*\right] dS \tag{2.140}$$

여기서 적분은 원통의 단면 S에 대해 수행된다.

계산된 모드형상의 크기는 임의의 크기를 가지므로 모드형상을 그림으로 나타낼 때 어떤 축척이 필요하다. 이 축척으로 파워 정규화 축척을 사용할 수 있다. 이때 표시되는 모드형상은 단위 파워흐름에 해당하는 크기를 갖고 있다. 예를 들어 변위성분의 모드형상을 그림으로 나타낼 때 곡선 상의 임의의 점의 변위 값은 모드가 단위 파워흐름을 가질 때 나타날 수 있는 값에 해당된다. 이를 위해 구조물의 모든 유한 층에 대해 적분을 수행한다. 파워흐름에 의한 정규화는 탄성 재료나 손실이 있는 재료 모두에 대해 적용할 수 있다. 그러나 구조물이 매립되어 있거나 유체에 잠겨있을 경우 파워 정규화는 엄밀한 의미에서 올바른 방법이라고 할 수 없는데 그 이유는 반공간에서의 파워흐름의 성분이 무시되어 있기 때문이다. 파이프 구조물에 대한 계산을 수행할 때 원주방향 1 라디안 당 1 파워흐름이 존재한다고 가정한다. 따라서 전체 파이프에 대한 파워흐름은 2π가 된다.

■ 에너지속도(Energy velocity)

에너지속도는 PWR과 NRG를 전체 사이클과 전체 단면에 대해 적분한 결과로부터 계산할 수 있다.

$$\mathrm{Ve}=\frac{\int_S\int_T (PWR_Z)dTdS}{\int_S\int_T (NRG)dTdS} \tag{2.141}$$

여기서 S는 원통의 단면을 나타내고 T는 파동의 시간주기를 나타낸다. PWR_Z는 파워 흐름 밀도의 파동 진행방향 성분(Poynting 벡터)이고 NRG는 총에너지 밀도이다. 에너지 속도는 파동속이 진행하는 속도이다. 모드가 감쇠를 갖고 있지 않으면 이 속도는 군속도와 동일하다. 모드가 누설이나 재료감쇠에 의해 에너지를 잃게 되면 군속도의 값은 정확해지지 않는 반면 에너지속도는 정확한 값을 계속 유지하고 있다[8]. 손실이 적으면 군속도의 값도 상당히 정확하다. 군속도를 계산하는데 소요되는 시간이 짧기 때문에 손실이 적은 경우에는 군속도를 이용하는 것이 유리한다. 그러나 손실이 커지게 되면 군속도대신 에너지속도를 사용할 것을 권장한다. 모드형상 표시방법에 대한 예제는 3, 4장을 참조하기 바란다.

제3장 평판 구조물의 파동해석

본 장에서는 몇 가지 간단한 평판 구조물에 대한 분산선도를 추적하고 그 결과를 해석하는 방법에 대해 기술하고자 한다. 이러한 예제를 통해 광범위한 구조물을 모델링 할 수 있음을 보이고 간단한 시스템에서 획득 가능한 분산선도의 종류를 예시하고자 한다. 예제는 간단하면서 널리 사용되는 경우부터 좀 더 복잡한 경우로 점차 진행하고자 한다.

3.1 Lamb파

본 절에서 Lamb파는 공기로 둘러싸인 단일 등방성 탄성 층에서 전파되는 유도파로 정의한다. 이러한 조건은 Horace Lamb이 1917년에 처음 연구하였던 시스템과 일치한다[38].

이는 가장 일반적인 경우에 해당되는 조건으로 해를 구하기 위해 일반적인 전역행렬 방법이 아닌 2.7절에서 전개하였던 특성방정식의 해석적 해를 이용하는 방법을 채택하고자 한다. 즉, 해석적 함수에 의해 대칭, 비대칭 해를 독립적으로 계산하므로 해가 안정되는 효과를 기대할 수 있다. 또한 단일 구조물해석에 적합한 루틴을 사용하면 전역행렬 방법보다 계산속도가 빨라지는 장점도 있다.

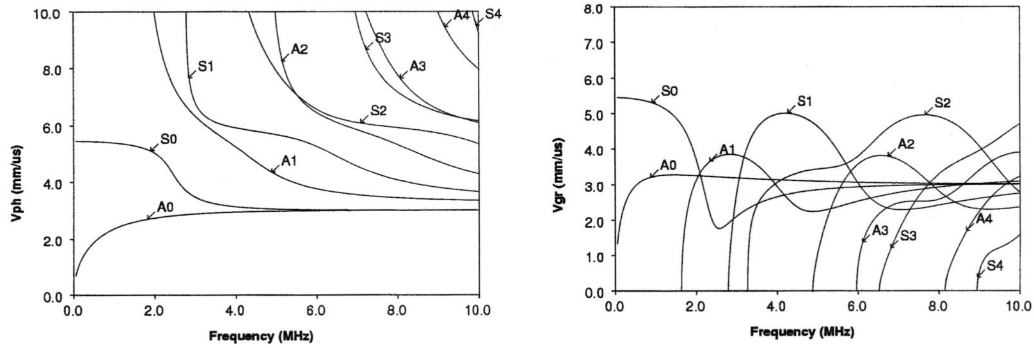

(a) 위상속도 (b) 군속도

그림 3.1 전형적인 Lamb파의 분산선도(공기 중에 놓여있는 두께 1mm 강판)

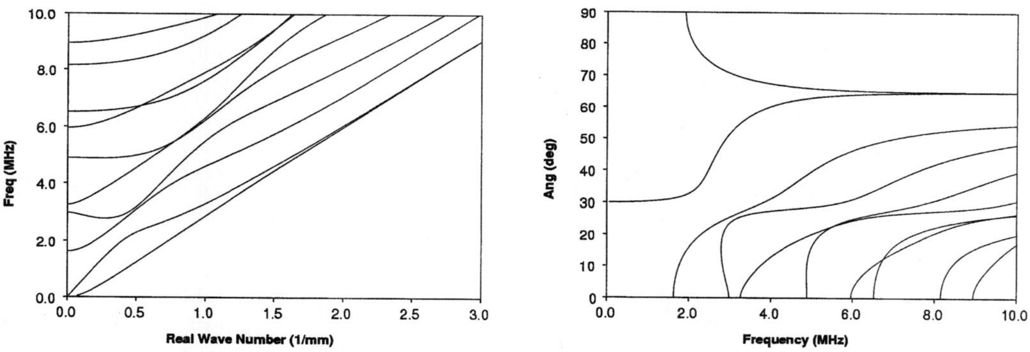

(a) 파동수 (b) 입사각

그림 3.2 전형적인 Lamb파의 분산선도(공기 중에 놓여있는 두께 1mm 강판)

Lamb파에 대한 분산선도를 구하는 과정은 간단하다. 시스템이 탄성이고 주변매질로 에너지가 누설되지 않으므로 감쇠가 존재하지 않는다. 따라서 유효한 근을 찾기 위해서는 파동수와 주파수만을 정의하면 되고, 이에 의해 3차원 상에서 근을 찾는 경우보다 계산 루틴이 더욱 효과적으로 수행되는 장점이 있다. 또한 해의 안정성이 향상되는 효과도 기대할 수 있다.

두께 1mm의 강철 평판에 대한 주파수-위상속도 분산선도를 그림 3.1에 나타내었다. 파동수, 군속도, 입사각에 대한 분산선도는 그림 3.1, 3.2에 제시되어 있다. 그림 3.1에 나타난 곡선에서 대칭모드는 S로, 비대칭모드는 A로 표시하였다.

여러 주파수에서 나타나는 모드형상을 중첩하여 나타낸 위상속도 선도가 그림 3.3에 제시되어 있는데 이로부터 Lamb파 분산선도의 몇 가지 특징을 살펴볼 수 있다. 두 개의 기본 모드인 A0와 S0는 주파수 0에서부터 전파한다. 주파수 0에서 기본 대칭모드 S0의 위상속도와 군속도는 Young속도($\sqrt{E/(\rho(1-\nu^2))}$)와 동일하다. 이 경우 모드는 순수 확장모드가 되어 입자의 운동은 파동 진행방향과 평행하고 에너지는 평판의 전 두께에 걸쳐 고르게 분포한다. 주파수가 증가하면 S0모드는 좀 더 복잡한 형태를 갖게 된다. 즉, 파동의 진행방향과 평행한 평면내 변위 외에 평판에 수직한(파동 진행방향에 수직한) 수직변위가 많이 나타나게 된다. 주파수가 계속해서 증가하면 S0모드는 평판의 상, 하부 표면에서 발생하는 한 쌍의 Rayleigh파의 거동과 더욱 더 유사해진다. Rayleigh모드의 에너지와 변위는 평판의 외부 표면, 특히 표면에서 한 파장 내의 두께 부분에 집중된다. Rayleigh파는 3.3절에서 좀 더 자세히 다루기로 한다.

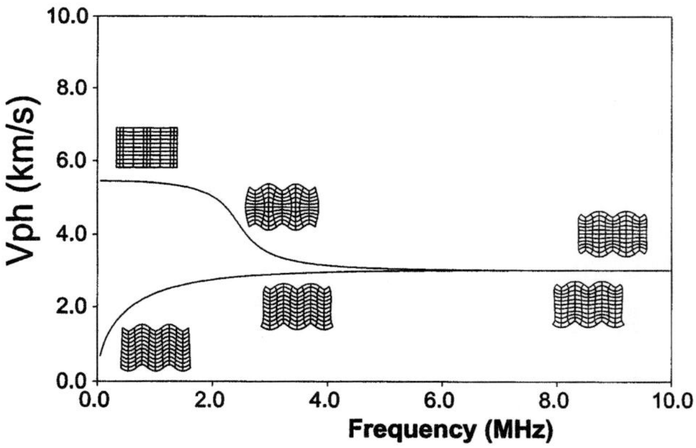

그림 3.3 위상속도 선도 상에 나타낸 두 개의 기본 Lamb파 모드형상

이제 비대칭모드 A0의 운동특성을 살펴보기로 하자. 이 모드는 주파수 0에서 시작하고 이때의 위상속도는 0이며 순수한 휨모드의 특성을 나타낸다. 그러나 주파수가 증가하면 위상속도와 군속도는 빠르게 증가한다. 저주파수에서 군속도가 급격하게 변하기 때문에 이 주파수영역에서 심한 분산성을 갖게 되고, 이로부터 서로 다른 주파수성분들이 서로 다른 속도로 진행하게 되면 파동속(wave packet)은 넓게 퍼지려는 특성을 갖게 된다는 것을 알 수 있다. 대칭모드 S0와 마찬가지로 A0모드의 위상속도는 주파수가 증가함에 따라 Rayleigh속도에 수렴한다는 것을 알 수 있다.

고차수의 모드는 주파수 0에서는 전파되지 않는다. 각 모드들은 두 개의 부류, 대칭(S로 표시), 비대칭(A로 표시)으로 나눌 수 있는데 그 기준은 모드의 평면내 변위특성에 의해 정해진다. 기호 S나 A 뒤에 따라오는 숫자는 모드의 차수를 나타내는 것으로 차단주파수(cut-off frequency)가 높을수록 고차의 모드가 된다. 여기서 차단주파수는 위상속도가 무한대가 되는 저주파수 한계를 나타내는 물리량으로 평판의 두께관통(through- thickness) 공진주파수와 관련이 있다. 모드의 차수가 높을수록 더 많은 최소, 최대점이 모드의 변위형상(모드형상)에 나타나게 된다. 사실 해석적 해를 조사해보면 차단주파수를 입체파 속도로 표현할 수 있는 관계식을 얻을 수 있다. 대칭모드의 차단주파수는 다음과 같이 주어진다.

$$f_{cut} = mv_2, \qquad m = 1, 2, 3 \cdots$$

$$\text{또는 } \frac{2n-1}{2}v_1, \qquad n = 1, 2, 3 \cdots \tag{3.1}$$

비대칭모드의 차단주파수는 다음과 같다.

$$f_{cut} = mv_1, \qquad m = 1, 2, 3 \cdots$$
$$\text{또는 } \frac{2n-1}{2} v_2, \qquad n = 1, 2, 3 \cdots \tag{3.2}$$

여기서 차단주파수 f_{cut}의 단위는 ㎒-mm, 입체파 속도 v_1, v_2의 단위는 mm/㎲이고 m, n은 정수이다.

수평전단파(SH) 모드는 그림 3.1의 분산선도에 포함되지 않았다. 수평전단파 모드는 Lamb파 모드와 비연성되어 있고 모든 변위가 파동의 진행방향과 두께 방향에 수직한 방향으로 발생한다. 공기 중에 놓여있는 단일 층, 등방성 매질의 SH모드에 대한 분산선도는 참고문헌 [5]에 보인 바와 같이 명확하게 구할 수 있다. SH모드의 분산선도에 대한 예가 그림 3.4에 나타나 있다.

기본 SH모드는 재료의 입체 전단파 속도와 동일한 위상으로 일정하게 전파된다. 고차의 SH모드는 약간의 분산성을 갖는다. 고차 모드들 사이의 주파수 간격은 일정한데 그 간격은 입체 전단파 속도의 절반에 해당된다. 주파수가 증가하면 고차 SH모드들의 위상속도는 그 층의 입체 전단파 속도로 수렴하게 된다.

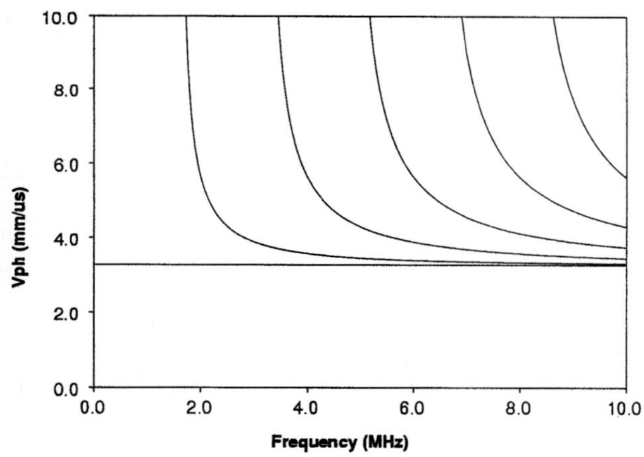

그림 3.4 SH모드의 위상속도 분산선도(공기 중에 놓여있는 두께 1mm 강판)

3.2 누설Lamb파

본 절에서 누설Lamb파는 주변 유체에 잠겨있는 단일 탄성 등방성 층에 존재하는 유도파를 의미한다. 이에 대한 예로는 물에 잠겨있는 강철 평판에서 나타나는 누설파를 들 수 있다. 앞의 2.7절에서 설명하였듯이 누설 Lamb파의 경우 일반 Lamb파와 동일한 해석함수를 사용한다. 다만 평판의 표면에 부과되는 유체하중을 고려하기 위해 특성방정식에 부가적인 항이 나타나는 점이 다를 뿐이다. 파동이 등방성 층을 따라 전파되면 주변 유체 층에 입체파가 생성된다. 이 입체파는 시스템으로부터 에너지를 빼앗기 때문에 감쇠가 발생하게 된다. 따라서 유효한 파동전파 해를 구하기 위해서는 주파수와 실파동수 외에 감쇠도 반드시 고려해야 하기 때문에 분산선도의 근을 탐색하기 위한 변수는 세 개가 된다. 이로부터 두 개의 변수를 사용하는 일반 Lamb파의 경우보다 계산시간이 많이 소요될 것이라는 것을 예측할 수 있다.

물에 잠겨있는 강철 평판의 위상속도 선도가 그림 3.5(a)에 제시되어 있다. 일반적으로 이 선도들은 그림 3.1에 나타낸 공기 중에 놓여있는 강철 평판(일반 Lamb파)의 위상속도와 매우 유사하다. 강철과 같이 음향 임피던스(acoustic impedance)가 큰 재료의 경우 유체에 의한 하중(훨씬 작은 음향 임피던스를 가짐)은 모드의 위상속도에 미치는 영향이 매우 적다. 그러나 물에 잠겨있는 그라파이트(graphite)로 보강된 에폭시 평판은 유체하중에 의한 영향을 크게 받는데 그 이유는 두 재료의 임피던스가 비슷한 값을 갖기 때문이다.

유체하중이 강철 평판에 미치는 영향은 작지만 하나의 차이점은 쉽게 구별할 수 있다. 즉, 유체하중이 존재하는 경우 Lamb파에서는 나타나지 않았던 저주파수의 두 번째 비대칭모드가 나타나게 된다. 이 모드를 Sholte모드라 하는데 강철과 물 사이의 계면을 따라 진행하는 파동이다. 이 모드의 위상속도는 항상 유체의 입체파 속도보다 작고 감쇠를 갖지 않는다. 주파수가 증가하면 위상속도는 유체의 입체파 속도에 근접한다. 위상속도가 유체의 속도에 매우 가까워지면 자동추적 루틴에 의해 계산이 중간에 종료될 수도 있다. 이 모드와 A0모드의 격자 모드형상을 비교해보면 누설모드의 물리적 특성을 쉽게 파악할 수 있다.

공기와 물속에 놓여있는 강철 평판의 위상속도 선도는 매우 유사하지만 물로 누설되는 에너지에 의해 발생하는 감쇠를 살펴보면 두 경우의 차이점을 쉽게 구별할 수 있다. 감쇠(dB/m)는 그림 3.5(b)에 제시되어 있다. 두 기본 모드의 감쇠특성을 살펴보면 누설파의 거동에 대한 다양한 정보를 얻을 수 있다. 기본 대칭모드인 S0는 주파수 0에서 순수

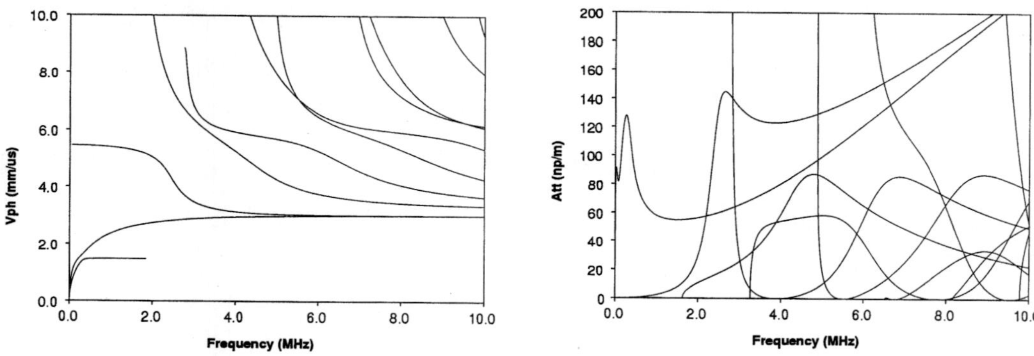

(a) 위상속도 (b) 감쇠

그림 3.5 전형적인 Lamb파의 분산선도(물 속에 잠겨있는 두께 1mm 강판)

한 확장모드 거동을 나타낸다. 이때 모든 변위는 강철과 물의 계면을 따라 발생하고 이러한 접선운동은 두 재료 사이에서 서로 연성되지 않으므로, 평판의 파동은 유체하중의 영향을 받지 않게 되어 감쇠가 거의 0인 상태로 남게 된다. 그러나 주파수가 증가하여 모드에 횡방향 운동이 나타나게 되면 감쇠는 급격하게 증가한다. 고주파수에서 기본 모드의 감쇠는 누설Rayleigh파의 감쇠 값에 점근적으로 접근한다. 누설Rayleigh파의 감쇠를 단위진행거리 당 감쇠로 표현하면 주파수에 선형으로 비례하고, 단위파장 당 감쇠로 표현하면 일정한 상수 값을 갖는다. 기본 비대칭모드인 A0의 거동은 다른 양상을 보인다. 이 모드는 전 주파수에 걸쳐 어느 정도의 휨운동을 나타내기 때문에 항상 횡방향 운동이 존재하게 되어 대부분의 주파수영역에서 주변 유체로 항상 에너지를 전달한다는 것을 알 수 있다. 그러나 저주파수에서 나타나는 양상은 다르다는 사실을 명심할 필요가 있다. 모드 A0의 위상속도가 주변 유체의 입체파 속도보다 낮아지면 감쇠는 0으로 감소한다. 이러한 현상은 두 재료의 계면에서 파동수가 일치하기 때문에 발생한다. 이 현상에 대한 좀 더 자세한 설명은 4.2.2절에 제시되어 있는 유체에 잠겨있는 강철봉의 유도파 누설에서 다루기로 한다.

3.3 표면파와 계면파

Rayleigh파는 반무한 반공간의 표면에 존재하는 유도파이다. 이러한 형태의 유도파는 19세기말 Rayleigh경에 의해 처음으로 다루어졌고[73], 현대의 비파괴검사에 널리 사용되고 있다. 전파되는 파동의 에너지는 재료의 표면에서 한 파장 내의 두께에 집중되어 있고 표면에서 멀어질수록 변위와 에너지는 지수적으로 감소한다. 또한 파동은 반공간으로 진행하는 파동성분을 갖고 있지 않기 때문에 파동이 전파되면서 에너지를 잃지도 않는다. 파동이 표면에서만 전파되고 에너지손실이 적은 이와 같은 특성을 이용하여 표면의 결함검출에 효과적으로 이용하고 있다. 파동이 전파될 수 있는 깊이는 파동이 생성되는 주파수를 조절하여 제어할 수 있다.

3.3.1 Rayleigh파

먼저 공기로 구성된 반무한 반공간에 시스템이 놓여있는 경우를 고려해보자. 이 경우 Rayleigh파는 주파수와 상관없이 항상 똑같은 속도로 진행한다. 이러한 특성은 위상속도와 군속도 모두에 해당되고 다음과 같은 3차 방정식의 근으로부터 찾을 수 있다.

$$T^3 - 8T^2 + (24 - 16R)T - 16(1 - R) = 0 \tag{3.3}$$

여기서 $T = (c_r/c_2)^2$, $R = (c_2/c_1)^2$이고 c_1은 입체 종파속도, c_2는 입체 전단파속도, c_r은 Rayleigh파 속도이다. Rayleigh파의 속도는 다음과 같은 근사식으로 표현할 수 있다.

$$c_r \approx c_2\left(\frac{0.87 + 1.12\nu}{1 + \nu}\right) \tag{3.4}$$

여기서 ν는 포와송비이다.

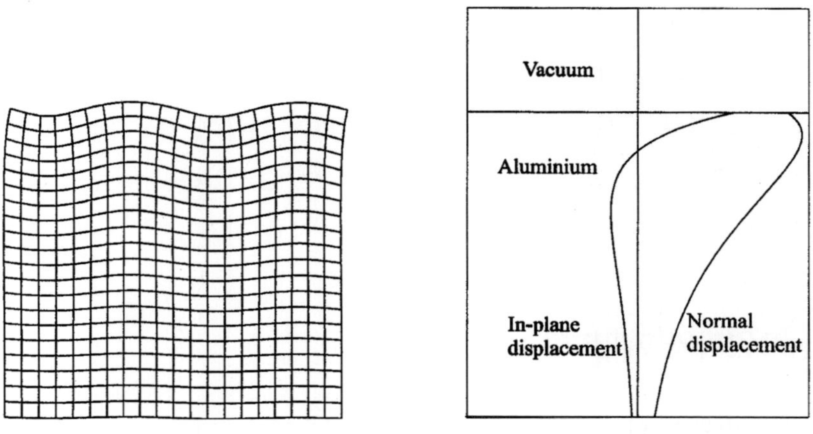

(a) 변형격자 표시 (b) 변위 표시

그림 3.6 알루미늄 반공간에서 진행하는 Rayleigh파의 모드형상

알루미늄 반공간에 존재하는 Rayleigh파의 모드형상을 그림 3.6에 나타내었다. 그림에서 Rayleigh파의 속도는 2.9244㎞/s이다.

3.3.2 누설Rayleigh파

누설Rayleigh파는 반무한 반공간이 공기가 아닌 유체에 의해 하중을 받는다는 것만 다를 뿐 일반적인 Rayleigh파와 매우 유사한 거동을 보인다. 유체하중에 의해 Rayleigh파의 속도는 약간 증가한다. 또한 입체 종파의 에너지가 유체로 방사(또는 누설)되기 때문에 감쇠가 발생한다. 감쇠(단위거리 당)는 주파수에 따라 선형적으로 증가한다.

첫 번째 층의 공기 반공간을 유체 재료로 대체하는 것만 다를 뿐 시스템을 정의하고 분산선도를 추적하는 방법은 일반 Rayleigh파와 동일하다. 모드형상에 대한 제한조건도 동일하다. 이 시스템의 모드형상을 살펴보면 고체 내에 존재하는 Rayleigh파의 거동과 유체 내에 존재하는 입체파의 거동이 매우 다르다는 것을 알 수 있다. 고체 내의 Rayleigh파는 계면에서 멀어지면서 소멸되지만 유체 내의 입체파는 계면에서 멀어지면서 입체파 형태로 전파된다. 물에 의해 하중을 받는 알루미늄 반공간에서 전파되는 누설Rayleigh파의 모드형상을 그림 3.7에 나타내었다. 그림에서 누설Rayleigh파의 속도는 2.937㎞/s이고 감쇠는 주파수에 선형으로 비례한다.

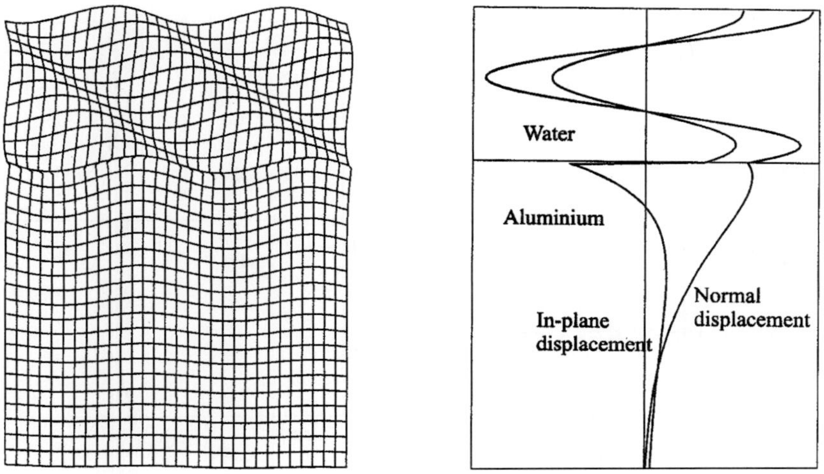

(a) 변형격자 표시 (b) 변위 표시

그림 3.7 알루미늄 반공간에서 진행하는 누설Rayleigh파의 모드형상

3.3.3 Stoneley파

Stoneley파는 두 개의 고체, 반무한 반공간의 계면에서 존재하는 파동이다. 이 파동은 특정 재료들끼리 결합할 때만 존재하는데[88], 그 좋은 예가 알루미늄-강철이다. Stoneley파에 대한 시스템은 Rayleigh시스템과 동일한 방법으로 정의할 수 있다. 다만 Rayleigh시스템의 경우 첫 번째 층이 공기나 유체로 구성되는 반면 Stoneley시스템에서는 상부 반무한 반공간을 구성하는 재료로 첫 번째 층을 설정해야 한다. 진짜 Stoneley파의 감쇠는 0이고 주파수와 상관없이 일정한 속도로 전파되어야 하며 그 속도는 전단파와 Rayleigh파 속도의 중간 값을 갖는다.

그림 3.8에 알루미늄과 강철로 구성된 반무한 반공간의 계면에서 나타나는 Stoneley파의 평면내 변위와 수직변위를 나타내었다. 이때 알루미늄의 밀도는 2700kg/㎥이고 v_1=6348㎧, v_2=3185㎧이며, 강철의 밀도는 7932kg/㎥이고 v_1=5960㎧, v_2=3172㎧이다. 알루미늄의 전단속도보다 큰 전단속도를 갖는 강철을 사용하면 Stoneley파는 존재하지 않게 된다. 이 시스템에 대한 Stoneley파의 위상속도와 군속도는 일정하고 그 값은 3.1299㎞/s이며 감쇠는 없다. 그림 3.8에 나타난 변위특성으로부터 파동은 두 금속 사이의 계면에 잡혀있고(trapped) 계면을 따라 진행하며 계면에서 멀어질수록 변위와 응력이 급격하게 감소한다는 것을 알 수 있다.

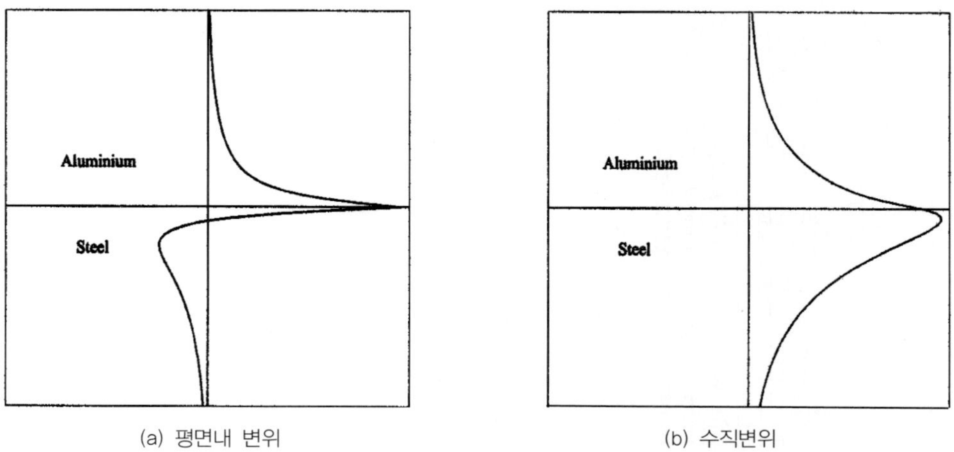

그림 3.8 알루미늄과 강철의 계면에서 진행하는 Stoneley파의 변위

3.3.4 반공간 위의 박막 층

구조 상 Rayleigh파와 유사한 경우로 반무한 반공간 위에 놓여있는 얇은 고체 층을 들 수 있다. 이에 대한 예로는 반무한 알루미늄 기판 위에 놓여있는 얇은 에폭시 층이 있다. 주파수가 낮아질수록 Rayleigh파는 재료 깊숙이 침투할 수 있으므로 이와 같은 다중 층 시스템에 존재하는 유도파의 거동은 주파수에 따라 달라진다. 저주파수(파장이 에폭시 층의 두께에 비해 클 경우)에서 파동은 알루미늄 기판 깊숙이 침투하게 되어 알루미늄이 전체 응답을 지배하게 된다. 그러나 주파수가 증가하면 박막 에폭시 층의 영향은 그에 따라 점점 더 강해진다. 주파수가 커짐에 따라 유도파의 위상속도는 에폭시 층의 Rayleigh 속도에 점근적으로 근접하게 된다. 또한 이 시스템의 적층 특성에 따라 하나 이상의 모드가 존재할 수 있다.

이 시스템에 대한 분산선도는 그림 3.9에 나타나 있다. 그림 3.10에는 기본 모드만을 나타내었는데 이 모드는 저주파수에서는 알루미늄 반공간 위에 존재하는 Rayleigh파처럼

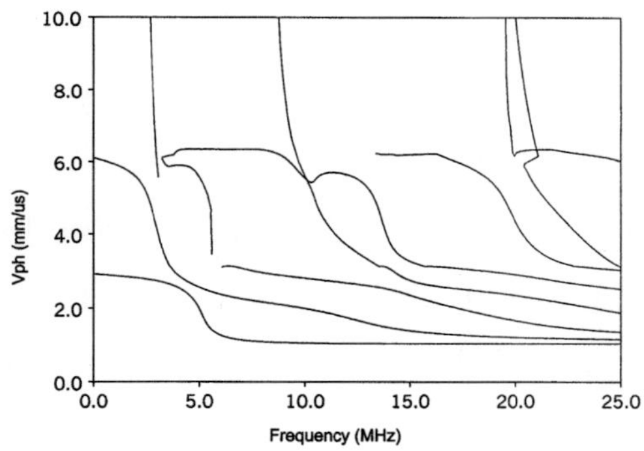

그림 3.9 알루미늄 반공간에 놓여있는 두께 0.1mm 에폭시 층의 위상속도

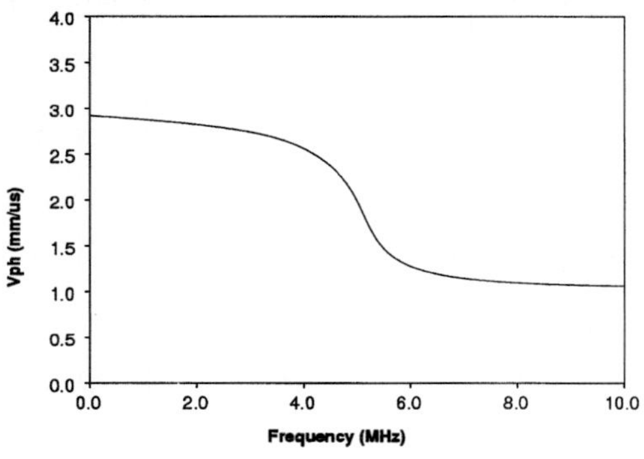

그림 3.10 알루미늄 반공간에 놓여있는 두께 0.1mm 에폭시 층의 기본 모드에 대한 위상속도

거동하고 점차 그 특성이 변하여 고주파수에서는 에폭시 반공간 위에 존재하는 Rayleigh 파처럼 거동한다. 각각의 경우에 대한 모드형상은 그림 3.11에 제시되어 있다.

3.4 점탄성 층

본 절에서는 단일 층으로 구성된 점탄성 등방성 재료에서 나타나는 유도파의 전파에 대해 다루고자 한다. 점탄성 층을 정의하는 기법은 탄성 층을 정의하는 기법과 동일하다. 그러나 재료를 정의할 때 전단감쇠와 종방향 감쇠를 모두 규정해야 하는 점이 다르다. 감쇠의 단위는 neper/wavelength로 정의되는데 이는 감쇠 α가 neper로 표시될 때 한 파장을 진행한 후의 파동의 크기는 $e^{-\alpha}$로 감소된다는 것을 의미한다. 이러한 감쇠 값을 구하는 하나의 방법으로 서로 다른 두께를 갖는 재료에서 발생하는 입체파의 연속적인 반사를 살펴보는 방법이 있다. 서로 다른 두께를 갖는 두 재료블록의 경계조건이 동일하다고 가정하면, 연속적인 반사의 진폭이 감소되는 크기의 차이가 감쇠와 관련이 있다고 생각할 수 있다.

상대적으로 간단한 이러한 방법은 종방향 감쇠를 예측하는 데는 효과적이지만 전단감쇠를 정확하게 예측하지 못하는 단점을 갖고 있다. 전단감쇠는 종방향 감쇠보다 훨씬 크기 때문에 연속적인 반사가 발생하지 않는다. 따라서 첫 번째 반사만으로 전단감쇠를 예측해야 한다. 전단감쇠 값을 구하기 위한 좀 더 복잡한 방법으로는 전단파를 생성시키기 위해 임계각(critical angle)을 이용한다거나, 여러 가지 반사 진폭을 미리 예측하는 방법 등이 사용되고 있다.

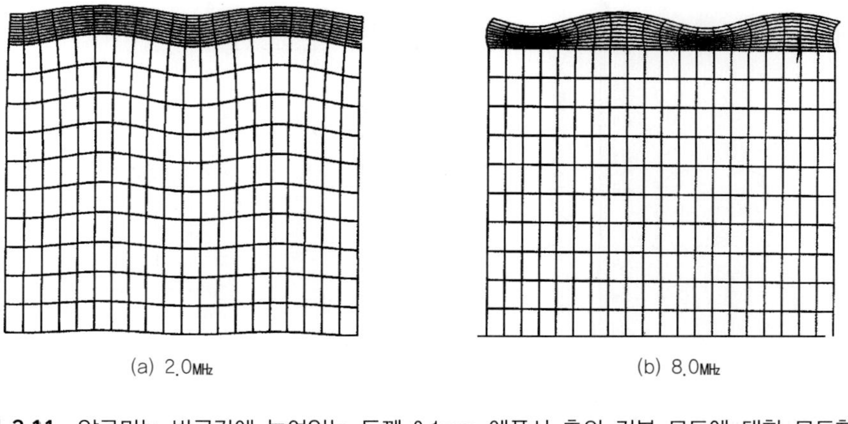

(a) 2.0MHz (b) 8.0MHz

그림 3.11 알루미늄 반공간에 놓여있는 두께 0.1mm 에폭시 층의 기본 모드에 대한 모드형상

점탄성 층의 분산선도를 추적하는 과정은 탄성 층의 경우와 매우 유사하다. 특히 금속과 같이 감쇠가 적은 재료의 경우 더욱 그러하다. 다만 점탄성 층에 대한 분산선도는 각 점에서 감쇠 값을 갖는다는 점만이 다를 뿐이다. 더불어 S1모드는 두 개의 독립 모드로 분리되는데 한 모드는 위상속도와 군속도가 동일한 방향을 갖는 S1모드를, 다른 모드는 두 속도가 서로 다른 방향을 갖는 S1모드를 나타낸다. 반면에 탄성 층의 경우 이 두 모드는 동일한 모드로 합쳐지게 된다.

감쇠가 더욱 커지게 되면(예를 들면 0.1 neper/wavelength 이상이 되면), 재료를 탄성으로 취급할 것인지, 점탄성으로 취급할 것인지에 따라 분산선도의 형상은 급격히 달라진다. 예를 들어 상대적으로 높은 손실을 갖는 플라스틱 재료인 고성능 폴리에틸렌(high performance polyethylene, HPPE)의 분산선도는 급격히 달라지는데 이는 그림 3.12에서 확인할 수 있다. 종방향 입체파와 전단방향 입체파에 대한 감쇠 값이 크게 차이가 남에 따라 새로운 모드의 거동이 발생하게 된다. 즉, 저감쇠 모드라는 모드들이 나타나게 되는데 이 모드들은 종방향 파동성분에 의해 지배되고, 주파수가 증가함에 따라 입체전단파 속도가 아닌 입체종파 속도에 접근하는 양상을 보인다. 이 모드들에 대한 자세한 검토는 참고문헌 [14]를 참조하기 바라고 실험결과는 참고문헌 [8]을 참조하기 바란다.

감쇠가 더욱 커지면 차단주파수에서의 모드의 거동이 달라진다. 탄성 층의 경우 모든 고차 모드는 차단주파수에서 실파동수가 0인 점에서 시작한다. 즉, 차단주파수 이하에서는 주어진 모드에 대해 전파되는 근은 존재하지 않고 다만 몇 개의 비전파 근(실파동수는 0이지만 허수 파동수가 0이 아닌 근[5])만이 존재한다. 그러나 시스템에 감쇠가 첨가

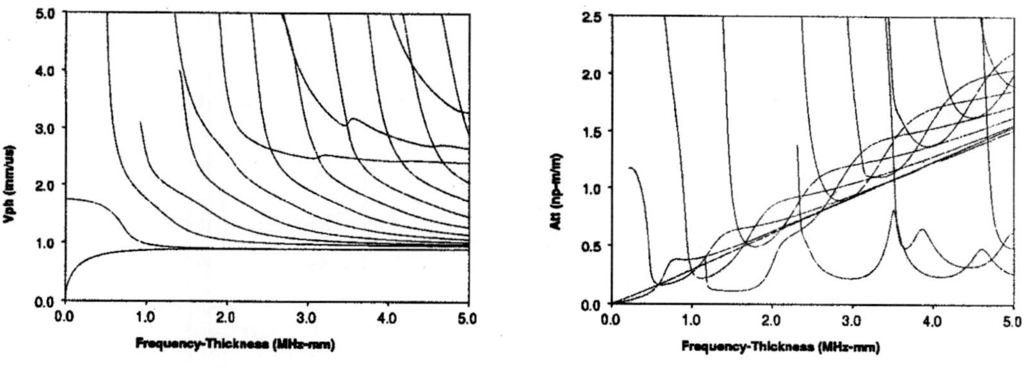

(a) 위상속도 (b) 감쇠

그림 3.12 고성능 폴리에틸렌 층의 분산선도

되면 기존의 비전파 근이 실파동수 성분을 갖게 된다(그 크기는 허수 파동수에 비해 작다).

3.5 다중 층 구조

지금까지 본 장에서 다룬 예제는 층이 하나인 시스템에 대한 것이었다. 본 절에서는 층이 여러 개인 시스템에 대해 다루고자 한다.

점착조인트(adhesive joint)는 비파괴검사에서 자주 다루어지는 다중 층 구조의 전형적인 예이다. 본 절에서는 이 중에서 비교적 간단한 구조를 갖는 알루미늄-에폭시-알루미늄 조인트가 네 개의 조건 즉, 공기 중에 놓여있는 경우, 물 속에 놓여있는 경우, 에폭시 접착력이 약해진 경우, 에폭시 접착력이 매우 약해진 경우에 대해 해석하고자 한다. 그리고 다음 절에서 이와 관련된 문제와 두 개의 알루미늄 반무한 반공간 사이에 매립된 에폭시 층에서 존재하는 유도파에 대해 다루고자 한다.

공기 중에 놓여있는 점착조인트에 대한 분산선도가 그림 3.13에 제시되어 있다. 그림의 결과는 알루미늄 단일 층에 대한 결과와 유사하다. 가장 주요한 차이점은 모드가 쌍으로 응집한다는 점이다. 에폭시 층이 더 두꺼워지고 접착력이 약해지면 응집현상은 더욱 두드러지게 나타난다. 모드가 서로 근접하는 특성 때문에 약하게 결합된 구조물에 대한 분산선도를 추적하기가 강하게 결합된 경우보다 더 어렵다. 유체하중을 받는 점착조인트에 대한 분산선도는 그림 3.14에 나타나 있는데 유체하중을 받는 단일 층 평판과 결과가 유사한 것을 확인할 수 있다.

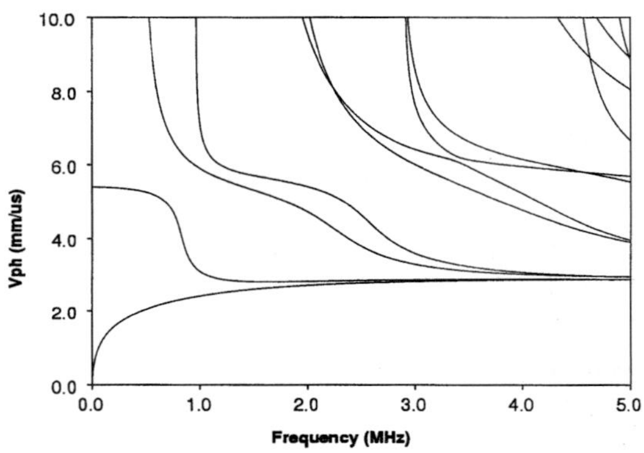

그림 3.13 알루미늄-에폭시-알루미늄 점착조인트의 위상속도
(에폭시 두께: 0.1mm, 강성: 4GPa, 평판 두께: 1mm)

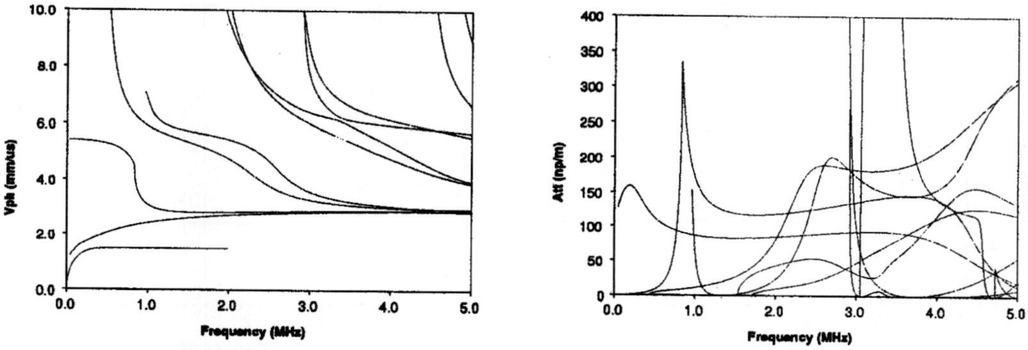

(a) 위상속도　　　　(b) 감쇠

그림 3.14 유체하중을 받는 알루미늄-에폭시-알루미늄 점착조인트의 분산선도
(에폭시 두께: 0.1mm, 평판 두께: 1mm)

많은 비파괴검사의 관심은 점착조인트 접착 층의 강도에 집중되어 있다. 따라서 에폭시의 특성을 변경시켰을 때 전체 시스템에 미치는 영향을 조사해 볼 필요가 있다. 이에 대한 예를 그림 3.15 (a), (b)에 제시하였는데 그림에서 (a)는 에폭시강성을 25% 감소시켰을 때의 분산선도이고 (b)는 밀도를 50% 감소시키고 에폭시강성도 75% 감소시켰을 때의 결과이다.

3.6 매립된 층

본 절에서 매립된 층이라 하면 어떤 재료의 층이 무한한 크기의 다른 재료 속에 매립되어 있는 경우를 의미한다. 이에 대한 예로는 상대적으로 두꺼운 고체 속에 얇은 두께를 갖는 층이 매립된 경우를 들 수 있는데 앞 절에서 살펴보았던 알루미늄-에폭시-알루미늄도 매립된 층으로 구성된 시스템이라 할 수 있다. 이 모델을 이용하여 에폭시 층 내에서만 전파되는 파동의 전파 가능성을 살펴볼 수 있다. 보다 자세한 내용은 참고문헌 [46]을 참조하기 바란다.

알루미늄-에폭시-알루미늄 시스템에서 발생하는 파동의 형태는 크게 세 부류로 나눌 수 있다. 즉, 에폭시 층에 완전히 갇혀있는 파동, 주변 알루미늄으로 전단파를 누설하는 파동 그리고 주변매질로 전단파와 종파를 누설하는 파동으로 나눌 수 있다. 감쇠가 0인 비누설 모드를 추적하기는 상대적으로 쉽다. 또 전단파만을 누설하는 파동도 비교적 추적이 쉽다. 그러나 전단파와 종파를 모두 누설하는 파동은 감쇠가 크기 때문에 일반적

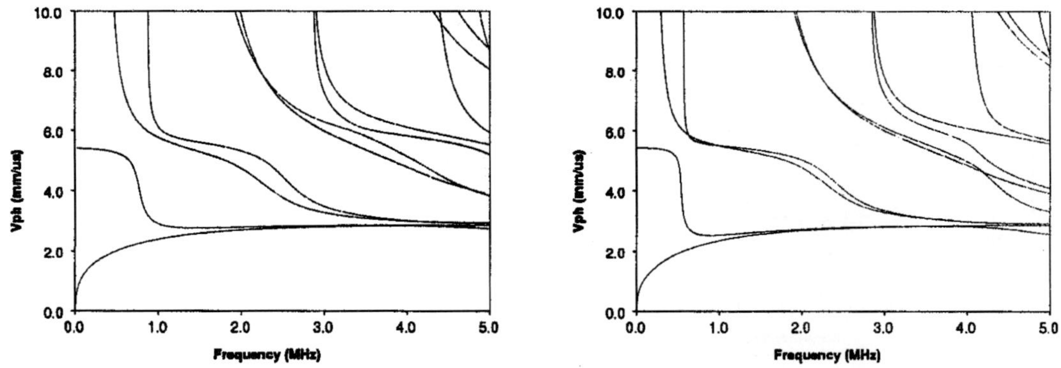

(a) 에폭시 강성=3GPa (b) 에폭시 강성=1GPa

그림 3.15 에폭시 강성이 감소된 알루미늄-에폭시-알루미늄 점착조인트의 위상속도
(에폭시 두께: 0.1mm, 평판 두께: 1mm)

으로 모드추적이 상당히 어렵다.

주변매질로 전단파만을 누설하는 모드는 주변매질의 입체 전단파 속도와 입체 종파 속도 사이에서 찾을 수 있다. 이 모드의 감쇠는 급격하게 변하기 때문에 근의 추적이 어렵다. 이 모드에 해당되는 많은 수의 근들을 찾는 한 가지 방법으로 주변매질(알루미늄)의 입체 전단파 속도와 입체 종파 속도 사이의 중간 값을 갖는 위상속도와 감쇠 0에서 주파수 스위핑을 수행하는 방법이 있다. 일단 근들을 추적하였으면 더 높은 감쇠 값에서 두 번째 주파수 스위핑을 실행하여 더 많은 근들을 찾을 수 있는지 살펴본다. 서로 다른 형태의 누설 사이에서 모드가 천이(transition)되기 때문에 모드들이 주변 알루미늄의 입체 전단파, 종파 속도에 도달하게 되면 많은 영역에서 곡선이 멈추게 된다. 또한 추적루틴이 다른 모드로 건너뛰어 가려는 양상을 보일 수도 있다.

주변매질로 전단파와 종파를 모두 누설하는 모드를 추적하는 것은 매우 어렵다. 감쇠가 크고 추적루틴이 다른 모드로 건너뛰어 가려고 하기 때문이다. 이러한 종류의 모드에 대한 분산선도를 추적하기 위해서는 시작점을 찾기 위한 또 다른 주파수 스위핑을 수행할 필요가 있는데 이때 스위핑은 입체 종파 속도보다 높은 위상속도에서 수행해야 한다. 감쇠가 음(−)이 되는 근들도 존재하는데 이러한 근들은 음(−)의 군속도를 갖는 모드영역에 해당된다. 본 예제에서 이 영역은 고차 모드의 차단주파수 한계로부터 주파수 0까지에 걸쳐 분포되어 있다.

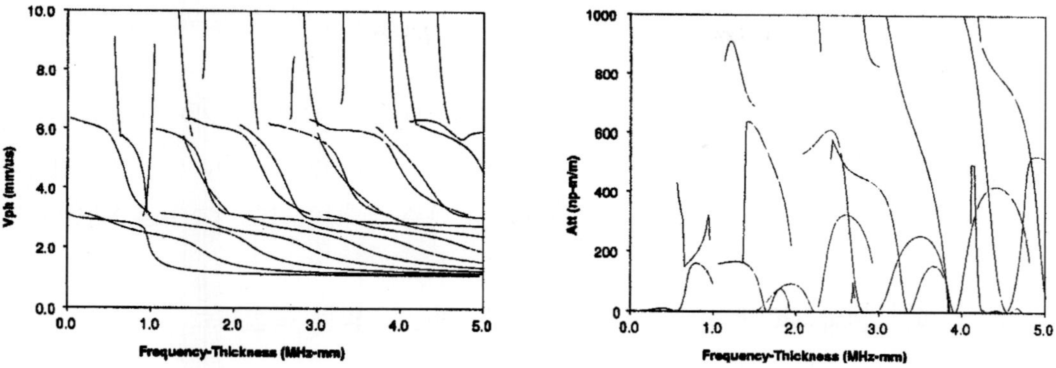

(a) 위상속도 (b) 감쇠

그림 3.16 알루미늄 반공간에 매립된 에폭시 층의 분산선도

3.7 이방성 층

이전까지는 등방성 재료에 대해서만 다루었다. 이제 이방성 재료에 대해 고려해 보기로 하자. 이방성 층에 대한 해를 구하는 과정은 등방성 층의 해를 구하는 과정보다 계산시간이 많이 소요되지만 다양한 종류의 시스템 및 다중 층에 대한 분산선도를 추적할 수 있는 가능성은 충분하다. 다중 층 구조물은 전역행렬을 이용하여 표시하기 때문에 층을 하나 더 첨가할 때마다 계산시간이 상당히 증가하게 된다. 따라서 반복 층(repeated layer)이나 대칭(symmetric) 개념을 이용하는 것이 계산시간을 단축시키는데 효과적이라 할 수 있다.

이방성 구조물에서 나타나는 파동전파 문제는 크게 두 가지로 분류할 수 있다. 재료가 정방성을 갖고 파동이 주축을 따라 전파되면 해를 구하는 과정은 등방성 재료의 경우와 개념적으로 동일하다고 할 수 있다. 즉 Lamb파 형태의 모드는 층에 존재하는 두 개의 입체 종파와 두 개의 입체 전단파를 중첩하여 묘사할 수 있다. 그러나 파동이 주축이 아닌 축을 따라 전파되면 부분파들이 연성되기 때문에 해를 구하기 위해서는 층에 존재하는 여섯 개의 부분파 즉, 두 개의 준-종파(quasi-longitudinal wave)와 네 개의 준-전단파(quasi-shear wave)가 필요하다. 부분파들을 찾기 위해서는 고유치문제(eigenvalue problem)를 풀어야하기 때문에 계산과정이 복잡해지고 계산시간도 많이 소요된다. 재료의 층이 정의되면 전파각(angle of propagation)을 미리 결정할 수 있다. 즉, 파동의 전파방향에 대한 층의 정렬방향을 미리 규정할 수 있다. 그러나 여기서 명심해야할 점은 파동의 전파방향은 파동 위상의 방향이라는 점이다. 일반적으로 파동속(에너지)은 위상과 동일한 방향으로 진행하지는 않는다.

본 절에서는 이방성 평판에 대한 세 가지 예제를 다루고자 한다. 세 가지 예제는 (1) 파동 전파방향이 섬유 배열방향과 일치하는 일방향 복합재료 (2) 파동이 섬유 배열방향과 45° 각도를 이루며 진행되는 일방향 복합재료 (3) 다중 층 복합재료 평판으로 구성된다.

3.7.1 파동 전파방향이 섬유 배열방향과 일치하는 일방향 복합재료

이 재료는 일반적인 이방성 시스템 중 간단한 섬유배열을 갖는 재료로 횡방향 등방성(transversely isotropic) 재료로도 불린다. 즉 섬유 배열방향과 평행한 축에 대해 회전 대칭성을 보이는 재료이다. 이는 재료를 다섯 개의 독립적인 상수만을 이용하여 완벽하게 정의할 수 있다는 것을 의미한다. 본 예제에서 재료는 감쇠를 갖지 않으며 균일하다고 가정한다. 이러한 가정은 저주파 초음파영역(수 MHz)에서 타당성을 갖는다.

여기에서 고려하는 예제는 T300/914로 표시되는 그라파이트-에폭시 복합재료로 구성된 단일 층 일방향 라미네이트(laminate)이다[87]. 먼저 섬유축을 따라 진행하는 모드에 대한 분산선도를 추적하고자 한다. 라미네이트는 914에폭시 기반(matrix)에 묻혀있는 32장의 T300 탄소섬유 플라이(ply)로 구성되어 있다. 따라서 단일 층 구조물로 생각할 수 있다. 이 재료에 대한 특성은 다양한 방법을 사용하여 측정할 수 있는데 여기서는 Simon[87]의 논문에 제시되어 있는 값들을 사용하기로 한다. Simon의 논문에서 제시하는 T300/914의 특성은 다음과 같다.

$$\begin{aligned} &C_{11} = 143.8\,\text{GPa} \qquad C_{12} = C_{13} = 6.2\,\text{GPa} \qquad C_{22} = C_{33} = 13.3\,\text{GPa} \\ &C_{23} = 6.5\,\text{GPa} \qquad C_{44} = 3.6\,\text{GPa} \qquad C_{55} = C_{66} = 5.7\,\text{GPa} \\ &\rho = 1560\,\text{kg/m}^3 \end{aligned} \tag{3.5}$$

이때 기준좌표계는 다음과 같이 설정되어 있다. 즉 섬유축은 1방향과 평행하고 3방향은 라미네이트 중심평면에 수직하다. 대상 구조물에 대한 위상속도와 군속도를 그림 3.17에 나타내었다.

이방성 층 문제 중 가장 간단한 구조를 갖는 본 예제에서 분산선도 추적 시 발생하는 문제점은 거의 없다. 이는 재료감쇠가 없는 이상적인 경우를 고려하였기 때문이다. 섬유가 차지하는 체적비(volume fraction)가 큰 이와 같은 재료의 경우 섬유 배열방향으로 진행하는 모드의 위상속도는 섬유축을 따라 전파되는 입체파의 속도에 의해 좌우되고 광

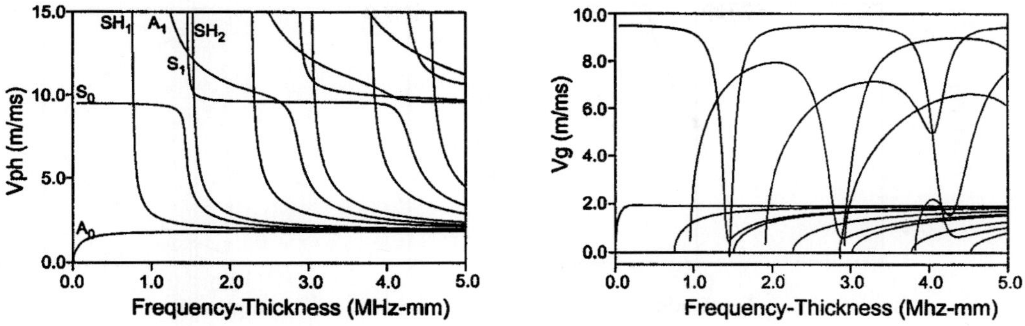

(a) 위상속도

(b) 군속도

그림 3.17 일방향 라미네이트에서 섬유 배열방향으로 전파하는 모드의 분산선도

범위한 주파수영역에서 분산성이 거의 존재하지 않는다. 평면내 변위가 전체 모드형상을 지배하는 저주파수영역에서 모드는 섬유의 종방향 입체파 속도를 따르는 경향을 보이고, 주파수가 증가하여 평면외 변위가 지배적으로 나타나게 되면 위상속도가 급격히 감소하여 Rayleigh파 속도에 수렴하는 것을 볼 수 있다. 그림 3.17에는 수직방향으로 분극된(vertically polarized) 모드와 수평방향으로 분극된 모드를 모두 추적한 결과를 나타내었다. 주축을 따라 파동이 전파되는 경우 수직방향으로 분극된 부분파와 수평방향으로 분극된 부분파는 서로 연성되지 않으므로 y방향으로의 변위는 발생하지 않게 된다. 이 경우 두 모드 사이의 모드변환은 발생할 수 없으며 따라서 수직 분극파가 수평 분극파(SH파)를 생성시킬 수는 없다. 모드가 주축을 따라 진행되지 않을 경우 이러한 제한조건은 더 이상 적용할 수 없다. 자세한 내용은 참고문헌 [5, 55]를 참조하기 바란다.

앞 절에서 살펴보았던 다중 층 복합재료와 달리, 일방향 라미네이트에서 섬유 배열방향으로 전파하는 모드의 형상은 매우 유연하며 등방성 재료의 모드와 유사하다. 그림 3.18에 주파수 1㎒에서 나타나는 S0모드의 변위와 응력에 대한 모드형상을 나타내었다. 그림에서 수직방향 변위 y와 xy방향의 전단응력은 모두 0이다.

3.7.2 파동이 섬유배열방향과 45° 를 이루며 진행되는 일방향 복합재료

파동 진행방향이 변경되면 모드는 더 이상 섬유축에 평행한 방향으로 전파되지 않는데 그 영향을 살펴보기 위해 라미네이트의 중심평면에 평행한 방향으로 파동이 전파되지만 섬유축에 대해서는 45°를 이루며 모드가 형성되는 경우를 고려해 보자. 비주축을 따라 진행하는 파동을 추적하는 과정은 매우 복잡하며 따라서 계산시간도 많이 소요된다.

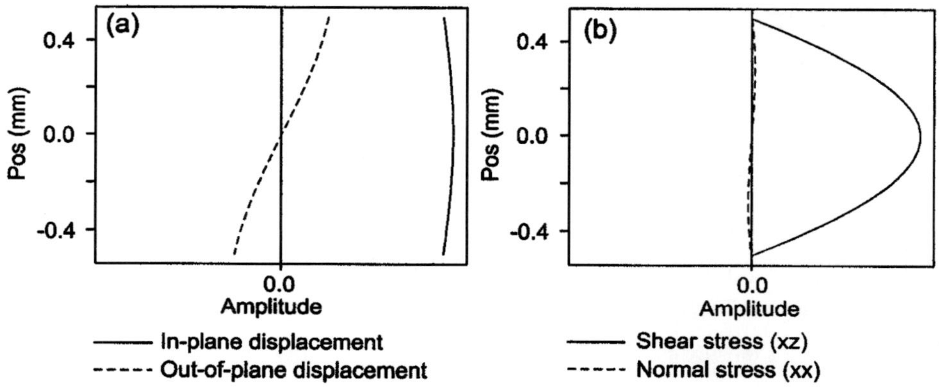

(a) 변위 (b) 응력

그림 3.18 일방향 복합재료에서 섬유축에 평행한 모드(1MHz)

그리고 위상속도 선도에서 비슷한 형태의 모드들이 서로 가까이 접근하게 되면 한 모드에서 다른 모드로 건너뛰려는 현상이 발생할 수도 있다.

본 예제에 대한 위상속도와 군속도 분산선도를 그림 3.19에 제시하였다. 파동이 섬유축을 따라 진행되는 경우에 대한 결과(그림 3.17)와 비교하면 매우 다른 양상을 보인다는 것을 알 수 있다. 섬유축에 대한 전파각이 증가할수록 평면내 변위가 우세하게 나타나는 모드의 위상속도는 감소하고 따라서 이 모드의 비분산 주파수영역이 보다 낮은 위상속도에서 나타나는 것을 확인할 수 있다. 일반적으로 모드의 위상속도 변화폭은 작다고 할 수 있다. 군속도는 통상적으로 사용하는 $\omega-k$ 미분표현식을 이용하여 간단하게 계산하였다. 실제로 이방성 재료의 파동속 에너지전파는 매우 복잡한 양상을 보이고 위상속도 방향과 평행하지도 않다.

비주축을 따라 파동이 전파된다는 것은 수직방향, 수평방향으로 분극화된 전단파가 서로 연성된다는 것을 의미하고 결과적으로 분산선도에는 항상 SH모드가 포함되게 된다. 그림 3.19에서 대칭 SH모드는 S'n으로, 비대칭 SH모드는 A'n으로 표시하였다. 그러나 방향 변위벡터는 주파수에 따라 변하기 때문에 특정한 한 곡선을 수직 분극모드, 수평 분극모드에 해당하는 곡선이라고 말할 수는 없다. 예를 들어 수직방향으로 분극된 S1모드는 약 2MHz-mm에서 수평방향으로 분극된 모드로 변한다는 것을 그림에서 확인할 수 있다. 그럼에도 불구하고 모드형상은 섬유축 방향으로 파동이 전파되는 경우와 유사하다. 그림 3.20에 S0모드에 대한 변위, 응력 모드형상을 나타내었는데 파동 전파방향이 변함에 따라 수직변위(y)와 전단응력(xy)도 주요하게 나타나는 것을 알 수 있다.

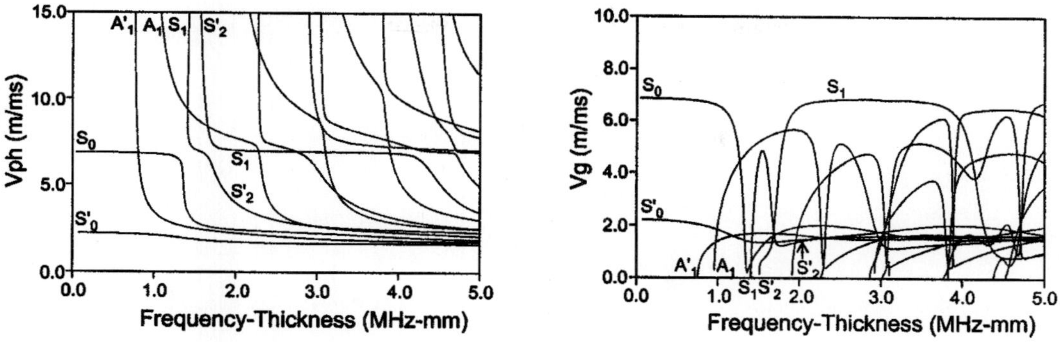

(a) 위상속도 (b) 군속도

그림 3.19 일방향 라미네이트에서 섬유 배열방향과 45° 를 이루며 전파하는 모드의 분산선도

3.7.3 일방향 라미네이트로 구성된 다중 층 복합재료

구조물에서 자주 사용되는 다중 라미네이트 복합재료를 모델링 하는 방법과 그러한 재료에서 나타나는 유도파의 특성을 살펴보기 위해 총 8장의 일방향 플라이로 구성된 준-등방성 복합재를 고려해 보자. 이 재료의 명칭은 graphite-epoxy T800/924로 Percival과 Birt[63]에 의해 주로 연구가 이루어졌는데 단일 층의 탄성 파라미터는 다음과 같다.

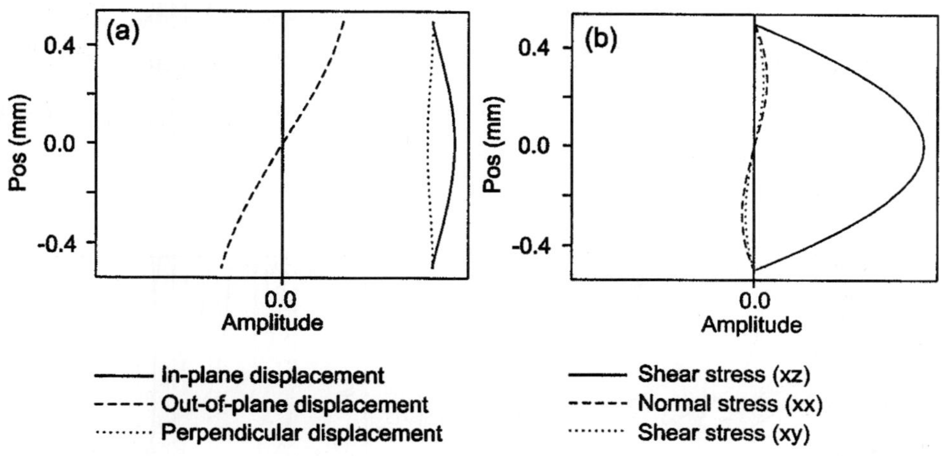

(a) 변위 (b) 응력

그림 3.20 일방향 복합재료에서 섬유축과 45° 를 이루며 전파되는 S0 모드(1MHz)

$$E_{11} = 161\text{GPa} \qquad E_{33} = 9.25\text{GPa} \qquad G_{13} = 13.3\text{GPa}$$

$$\nu_{13} = 0.34 \qquad \nu_{23} = 0.41 \qquad \rho = 1.5\text{g/cm}^3 \tag{3.6}$$

표 3.1 총 8장의 플라이로 구성된 복합재료의 배열방향

+45°
−45°
0°
90°
90°
0°
−45°
+45°

앞의 두 경우와 마찬가지로 단일 플라이의 재료는 3방향이 라미네이트 평면에 수직하고 1방향은 섬유축과 평행하다. 라미네이트가 구성될 때 사용된 8장 플라이의 배열방향은 표 3.1에 보인 바와 같다. 이 재료를 종종 [+,−,0,90]4S 또는 [+45,−45,0,90]S로도 표시하는데 여기서 S는 중심평면에 대해 라미네이트 방향이 대칭이라는 것을 의미한다.

복잡한 계산과정을 통해 구한 위상속도 분산선도를 그림 3.21(a)에 나타내었고, 같은 재료이지만 파동 진행방향이 섬유 배열방향과 45°를 이루는 경우(모든 층의 Psi를 45° 증가시킨 경우)에 대한 분산선도는 그림 3.21(b)에 제시하였다.

그림 3.21의 분산선도와 일방향 복합재료에 대한 분산선도인 그림 3.17을 비교해보면 대칭 SH모드인 S'0모드가 저주파수영역에서 분산성이 더 강하게 나타나는 것을 알 수 있다. 층의 섬유 배열방향이 45°를 이루고 있으므로 SH파는 항상 연성되어 있고 약 1.1㎒ 이상에서는 그 곡선이 SH모드인지 Lamb모드인지 구분하기 어렵다. 이는 변위벡터의 방향이 주파수에 따라 변하기 때문이다.

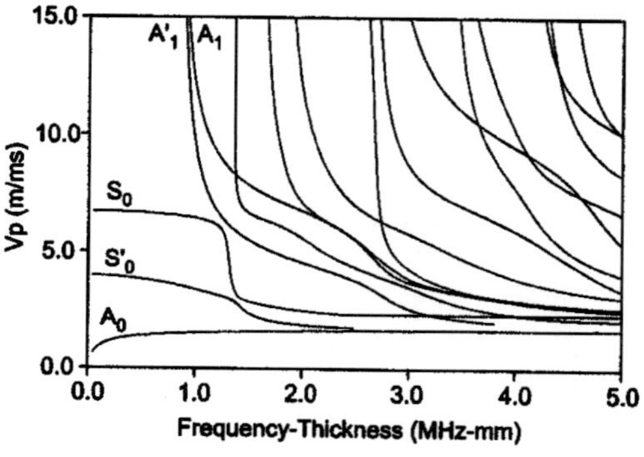

(a) Psi = 0°

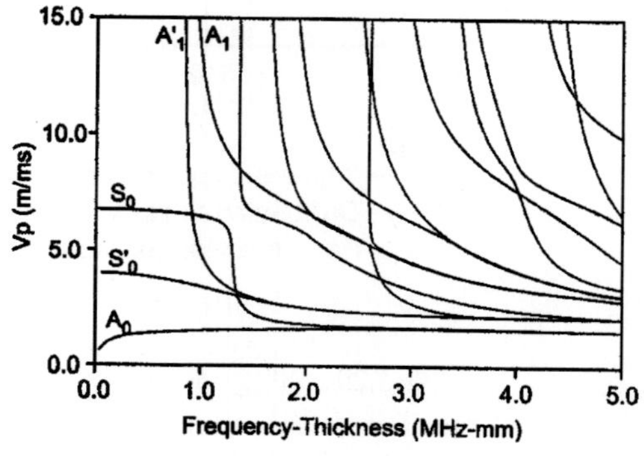

(b) Psi = 45°

그림 3.21 총 8장의 플라이로 구성된 준-등방성 라미네이트 복합재의 위상속도

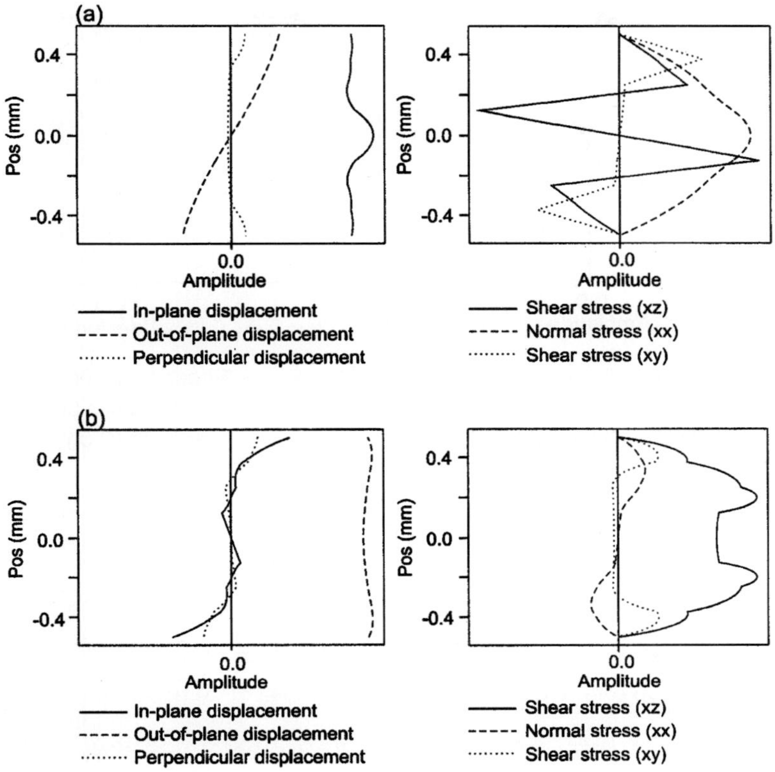

그림 3.22 총 8장의 플라이로 구성된 준-등방성 복합재료 평판의 변위와 응력
(a) S0모드 (b) A0모드

그림 3.22에 S0, A0모드의 변위, 응력 모드형상을 나타내었다. 평면내 변위에서 불연속이 약간 나타나지만(특히 A0모드), 평면외 변위는 훨씬 더 부드럽고 단일 층 등방성 평판과 비슷한 양상을 보이는 것을 알 수 있다. 사실 다중 층 평판의 층의 수와 방위각이 증가하면 입자의 분포는 등방성 평판과 비슷해진다.

일반적으로 박판 복합재료의 모드형상은 등방성 재료의 등가 모드형상과는 매우 다른데 그 이유는 각 층의 경계에서 입자변위와 응력의 갑작스런 변화가 발생하기 때문이다. 그림 3.23에는 8플라이 0/90(cross-ply) 복합재료의 S0모드 전단응력 분포를 나타내었는데 이로부터 흥미로운 사실을 몇 가지 살펴볼 수 있다[28]. 그림에서 보듯이 어떤 층에서의 전단응력은 층의 중심에서 최대가 되고 양쪽 경계에서 0의 값을 갖는 형태를 나타낸다. 복합재료의 NDE에서 자주 검사하는 내부 층 분리(delamination) 검사에는 이 모드를 사용할 수 없는데 그 이유는 전단응력이 0일 때 층 사이의 분리가 발생하기 때문이다.

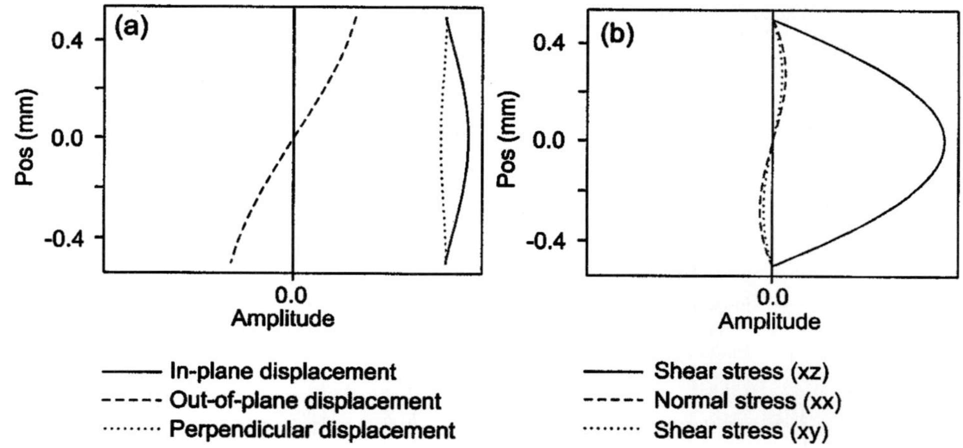

그림 3.23 복합재료 8플라이 0/90에서 섬유축에 평행하게 진행하는 S0모드(1MHz)의 (a) 변위와 (b) 응력

준-등방성 재료를 포함한 모든 대칭 박판 복합재료에서 대칭모드는 중심평면에서 전단 응력이 0이다. 층의 경계에서 전단응력이 불연속이 되는 이유는 갑작스런 강성의 변화 때문이다. 좀 더 일반적으로 이야기하면 박판 복합재료의 응력분포는 대개 특정 영역이 높은 응력을 집중적으로 받는 형태로 나타나는데, 이러한 현상은 층의 수와 배열각의 변화가 증가하면 점점 사라지게 되어 결국 복합재료 평판은 등방성 재료 평판의 거동에 점점 더 근접하게 된다.

제4장 파이프의 파동해석

본 장에서는 제 2장에서 전개하였던 파동전파 모델을 이용하여 파이프 구조물의 파동을 해석하고 이에 대한 몇 가지 예제를 다루고자 한다. 이러한 예제들을 통해 파이프 구조물의 일반적인 파동전파에 대한 보다 상세한 이론을 보충설명하고 특히 누설시스템의 해석방법에 대해 자세히 설명하고자 한다. 또한 수립된 모델을 검증하기 위한 예제들도 본 장에 포함되어 있다.

보다 복잡한 예제를 다루기 전에 먼저 Gazis가 1959년에 다루었던 간단한 예제(단일 층, 탄성 등방성 원통)를 살펴보고자 한다. 이 예제를 통해 분산선도의 몇 가지 법칙들을 자세히 조사해 볼 수 있다. 이 예제에 대한 설명은 4.1절에 자세히 제시되어 있는데 4.1절의 전반부에서는 파동전파에 대한 해를 표시하기 위해 사용되는 분산선도의 여러 가지 표현방법과 곡선에 명칭을 부여하는 방법에 대해 기술한다. 후반부에서는 원통형 시스템의 몇 가지 모드들의 특성에 대해 논의한다. 마지막 부분에서는 계산시간을 단축하기 위해 속이 빈 원통을 평판으로 모델링할 수 있는 조건들에 대해 살펴본다.

제 4.2절 이후에 제시되어 있는 예제들은 유체나 고체와 같은 주변매질로 시스템이 둘러싸여 있는 경우나 층을 구성하는 재료가 점탄성 특성을 갖는 경우가 포함되어 해의 형태가 복잡해지는 양상을 보인다. 이에 대한 첫 번째 예제로 누설파의 특성을 살펴보기 위해 내부에 물이 차있고 외부도 물로 둘러싸인 파이프를 고려한다. 주변유체로 파동이 누설되기 위한 조건뿐만 아니라 유체가 차있는 중심부를 다루는 방법에 대해서도 살펴본다. 다음 예제로 유체로 둘러싸인 파이프의 해석결과를 확장하여 고체매질 속에 매립되어 있는 원통의 파동전파를 해석한다. 마지막 예제로 훨씬 더 복잡한 시스템인 다중층, 점탄성 원통이 고체 속에 매립되어 있는 경우에 대해 해석을 수행한다. 마지막 예제에 대한 분산선도를 추적하는 것은 매우 어려운 작업이지만 낮은 감쇠를 갖는 대부분의 모드를 성공적으로 규명할 수 있음을 알게 될 것이다. 모델에 사용되는 모든 재료의 재료상수는 본 장의 마지막에 있는 표 4.1에 자세히 정리하였다.

4.1 공기 중에 놓여있는 원통

본 절에서는 원통 파동전파에 대한 일반적인 법칙들을 논의하기 위해 공기 중에 놓여있는 원통의 두 가지 예제를 살펴본다. 본 절의 전반부에서는 분산선도를 표시하기 위해 사용되는 몇 가지 다른 표현방법과 각 모드의 명칭을 부여하는 방법을 설명하기 위해 직경 2mm인 강철봉의 분산선도를 조사한다. 후반부에서는 이 강철봉과 속이 빈 원통을 이용하여 몇 가지 자주 사용되는 모드의 거동을 살펴보고자 한다. 또 속이 빈 원통 즉, 파이프를 이용하여 원통 구조물의 모델을 보다 간단한 평판모델로 대체할 수 있는 조건들에 대해서도 조사하고자 한다.

4.1.1 분산선도의 표시

분산선도는 주파수-실파동수-감쇠 공간에서 추적이 수행된다. 그러나 분산선도를 표시할 수 있는 방법들은 다양하다. 여기에는 위상속도, 군속도, 입사각 등이 포함된다. 그림 4.1에는 감쇠를 갖지 않는 시스템에 자주 사용되는 네 가지 표시방법이 제시되어 있다. 그 외에 자주 사용하는 표시방법 중의 하나인 감쇠 표시방법에 대해서는 4.2절에서 자세히 설명하기로 한다.

4.1.2 모드의 명칭

원통형 시스템의 여러 모드들을 일관되게 구별하기 위해 Silk와 Bainton[85]이 사용하였던 명칭부여 방법을 수정하여 사용한다. 모드는 모드의 형식과 원주방향 차수 그리고 일련번호로 구별한다. 각 모드에는 아래의 세 가지 명칭 중 하나가 부여된다.

- 종방향 모드(L)
  이 명칭은 축대칭 종방향 모드를 나타내기 위해 사용된다. 기본 종방향 모드는 주파수 0에서 순수한 확장모드(extensional mode)이다.
- 비틀림 모드(T)
  이 명칭은 변위가 $\hat{\theta}$ 방향으로 발생하는 비틀림 모드를 나타내기 위해 사용한다. 이 모드는 평판의 수평전단(Shear horizontal)모드에 해당된다.
- 휨 모드(F)
  이 명칭은 축방향으로 비대칭인 휨 모드를 표시하기 위해 사용한다. 기본 휨 모드는 주파수 0에서 순수한 굽힘(bending) 모드이다.

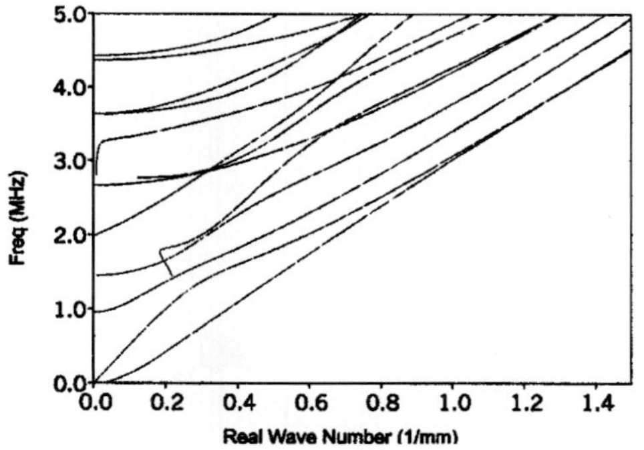

(a) 실파동수

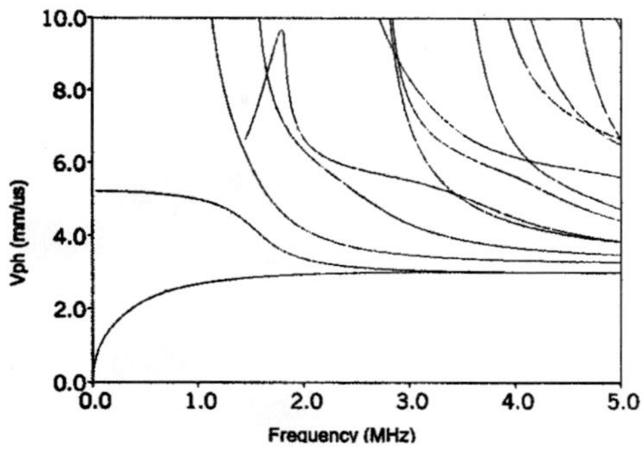

(b) 위상속도

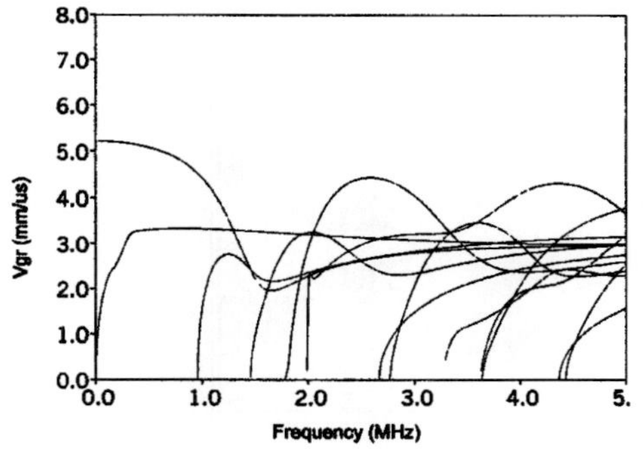

(c) 군속도

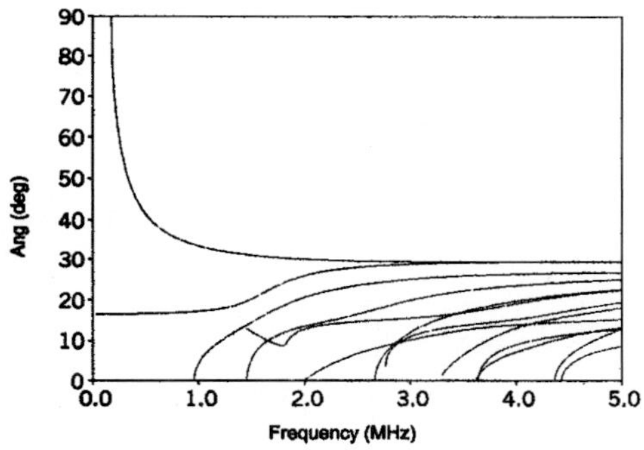

(d) 입사각

그림 4.1 물 속에 놓여있는 직경 2mm 강철봉의 분산선도

모드의 명칭과 더불어 두 개의 지수를 사용하여 모드를 구별한다. 첫 번째 지수는 모드의 원주방향 차수를 나타내는 것으로 원통의 원주에 따른 정수 파장을 표시한다. 예를 들어 0차 모드의 변위는 각도와 상관없이 일정하지만 1차 모드의 변위는 원주를 따라 한 주기의 정현파 형태로 변화한다. 따라서 원통의 한 위치에서의 변위는 그 위치와 원주방향으로 180° 떨어진 위치에서의 변위와 180°의 위상차를 갖게 된다. 이로부터 모든 종방향 모드의 원주방향 차수는 0이고 모든 휨 모드의 원주방향 차수는 1 이상이 된다는 것을 알 수 있다.

두 번째 지수는 일련번호이다. 기본 모드(주파수 0에서 존재할 수 있는 모드)의 지수는 1이고 그 보다 차수가 높은 모드들에는 순차적으로 일련번호가 부여된다. 이 지수는 대개 원통 벽에서 발생하는 진동모드의 차수와 일치한다. 이상의 방법을 이용하여 원주방향 차수가 1인 세 번째 휨 모드에 명칭을 부여하면 F(1,3)가 되는 것을 알 수 있다. 봉과 원통시스템에 일반적으로 사용되는 명칭에 대한 예는 그림 4.2와 4.3에 제시되어 있다.

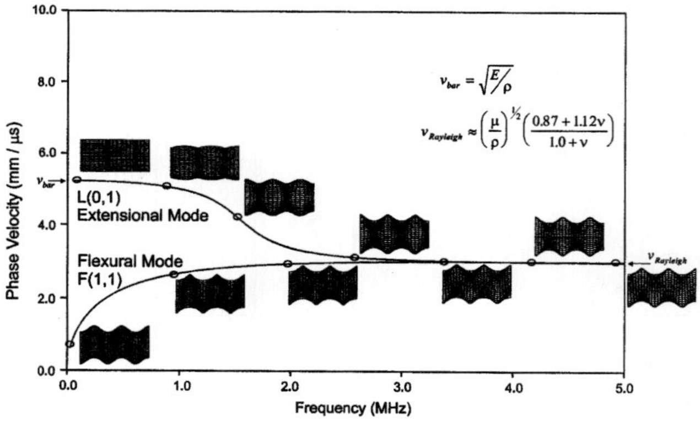

(a) 기본 모드

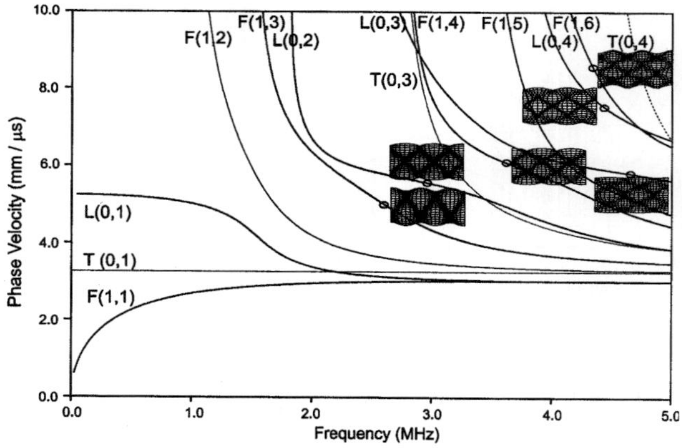

(b) 고차 모드

그림 4.2 공기 중에 놓여있는 직경 2mm 강철봉의 위상속도 분산선도

4.1.3 중실봉 모드의 특성

분산선도에는 유도파의 속도, 파동수, 감쇠에 대한 다양한 정보가 표시되어 있다. 그러나 이 정보들만으로는 모드의 거동을 완벽하게 기술할 수 없다. 다양한 유도파 모드의 특성과 모드에 부여된 명칭을 보다 잘 이해하기 위해 그림 4.2에 직경 2mm 강철 중실봉의 여러 가지 모드들을 나타내었다. 그림 4.2(a)에는 주파수가 변함에 따라 나타나는 기본 종파와 휨 모드의 거동을 나타내었고 (b)에는 다른 고차 모드들의 모드형상을 표시하였다.

첫 번째 종파 모드인 L(0,1)모드는 주파수 0에서 순수한 확장모드의 거동을 나타낸다. 입자의 운동은 완벽하게 축방향으로만 발생하고 봉의 모든 단면에서 균일한 값을 갖는

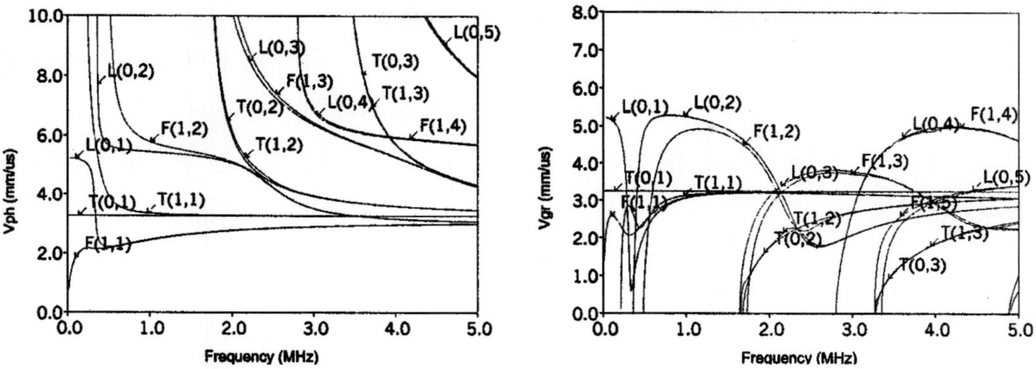

(a) 위상속도　　　　　(b) 군속도

그림 4.3 속이 빈 두께 1mm, 내경 2mm 파이프의 분산선도

다. 주파수 0에서 위상속도는 봉의 속도인 $\sqrt{E/\rho}$ 와 동일한데 여기서 E는 영계수, ρ는 밀도이다. 봉의 속도는 재료역학의 평면응력해석으로부터 쉽게 유도할 수 있다. 본 예제에서 사용하는 강철봉의 속도는 5229㎧로 그림에 나타낸 바와 같이 분산선도의 결과와 소수점 여섯째 자리까지 일치하는 것을 확인할 수 있다. 주파수가 증가하면 입자의 운동은 보다 복잡해진다. 즉 반경방향 운동성분이 커지게 되어 변위는 더 이상 봉의 단면을 따라 일정하지 않게 된다. 주파수가 매우 커지게 되면 모드는 봉 표면에서의 Rayleigh파처럼 움직이기 시작한다. 이때 모드는 봉 표면에서 수 파장 내의 깊이까지만 영향을 미치고 그 아래에서는 반무한 반공간처럼 운동을 하게 된다.

기본 휨 모드인 F(1,1)모드는 주파수 0에서 순수 굽힘 모드의 형상을 나타낸다. 그러나 주파수가 증가하면 모드형상은 보다 복잡해진다. 주파수가 충분히 커지게 되면 굽힘 모드도 봉의 표면에서 Rayleigh파처럼 운동을 하기 시작한다. 그러나 L(0,1)모드에서 나타나는 Rayleigh파는 봉의 원주방향으로 동일한 위상을 갖지만 F(1,1)모드에서 나타나는 Rayleigh파는 봉의 상부의 거동이 하부의 거동과 180° 위상차를 갖게 되고 봉의 양쪽 측면에서는 거동이 나타나지 않는 양상을 보인다.

비틀림 모드의 모드형상은 여기에 나타내지 않았다. 비틀림 모드의 변위는 주로 $\hat{\theta}$방향으로 발생한다. 기본 비틀림 모드에서는 전체 봉이 균일하게 비틀려지고 파동은 강철의 입체 전단속도와 동일한 속도로 일정하게 전파된다.

그림 4.2(b)에는 고차 종파 모드와 휨 모드를 나타내었다. 그림으로부터 두 번째 지수가 증가하면 봉의 직경을 따라 더 많은 형상의 최소, 최대가 나타나는 것을 알 수 있다.

형상의 최소는 봉의 고차 반경방향 공진 또는 노드직경(nodal diameter)에 해당된다. 짝수의 원주방향 차수를 갖는 봉의 모드는 평판의 대칭모드와 유사한데 이때 봉 상부의 변위와 하부의 변위는 동일한 위상을 갖는다. 반면에 홀수의 원주방향 차수를 갖는 봉의 모드는 평판의 비대칭모드와 유사하고 이때 봉 상부와 하부의 변위는 동일한 180°의 위상차를 갖는다.

4.1.4 파이프의 모드특성

그림 4.3에 나타낸 바와 같이 파이프 모드는 봉의 모드와 다른 거동을 나타낸다. 그림에는 공기 중에 놓여있는 내경 2mm, 두께 1mm의 강철파이프에 대한 위상속도와 군속도가 나타나있다. 이 예제는 Gazis가 1959년에 사용하였던 시스템과 동일한 구조를 갖는다. 그림 4.3의 모든 모드에는 4.1.2절에서 기술하였던 방법에 따라 명칭이 부여되었다.

파이프의 기본 종방향 모드 L(0,1)는 주파수 0에서 봉의 속도와 동일한 $\sqrt{E/\rho}$ 의 위상속도를 갖고 시작된다. 그러나 주파수가 증가하면 위상속도는 급격히 감소하고 평판의 A0모드와 유사한 거동을 나타낸다. 이는 앞에서 다루었던 봉의 L(0,1)모드가 평판의 대칭모드인 S0모드와 비슷한 양상을 보이는 것과 대조를 이룬다. 두 번째 종방향 모드인 L(0,2)모드는 0이 아닌 주파수에서 시작되고 이때 무한대의 위상속도를 갖는다. 이 모드도 주파수에 따라 급격히 감소하여 위상속도가 Young속도($\sqrt{E/\rho(1-\nu^2)}$)가 되고 평판의 S0모드처럼 거동한다. 평판의 A0, S0모드와 마찬가지로 L(0,1), L(0,2)모드도 고주파수가 되면 결국 Rayleigh속도로 접근한다.

기본 휨 모드인 F(1,1)모드는 주파수 0에서 시작하고 이때의 위상속도, 파동수도 0이다. 매우 낮은 주파수에서 F(1,1)모드는 동일 반경을 갖는 중실봉의 F(1,1)모드와 마찬가지로 전체 파이프의 굽힘 모드를 나타낸다. 파이프의 F(1,1)모드는 주파수가 증가함에 따라 위상속도도 증가하게 되어 파이프의 L(0,1)모드나 평판의 A0모드의 궤적을 따라가게 된다. 파이프의 F(1,1)모드와 L(0,1)모드는 평판의 A0모드처럼 거동하지만 두 모드 사이에는 중요한 차이점이 존재한다. 즉 F(1,1)모드의 경우 파이프의 상부, 하부의 변위가 180° 위상차를 갖지만 L(0,1)모드는 동일 위상을 갖는다. 종방향 모드처럼 평판의 S0모드와 유사한 거동을 보이는 F(1,2)모드도 존재한다. 이 모드는 파이프의 상부, 하부에서의 변위가 180° 위상차를 갖기 때문에 L(0,2)모드와는 다른 특성을 갖는다.

파이프의 경우 원주방향 차수는 저주파수에서 기본 모드에 많은 영향을 미치지만 높은 차수의 모드에 미치는 영향은 적다. 그림 4.3에서 볼 수 있듯이 서로 다른 원주방향 차수를 갖는 고차 모드는 거의 서로 겹친다. 나중에 확인하겠지만 이러한 효과는 내경이 증가하게 되면 더욱 심각하게 나타난다. 서로 다른 원주방향 차수를 갖는 파이프 모드의 수는 무한개가 존재한다. 파이프 시스템이 점점 더 평판과 비슷해질수록(내경이 커질수록) 무한개의 파이프 모드가 모두 서로 겹치게 된다. 이러한 경향은 4.1.5절에서 자세히 다루기로 한다.

원주방향 차수가 0인 기본 비틀림 모드는 재료의 입체 전단파 속도와 동일한 위상속도로 일정하게 전파된다. 그러나 고차의 비틀림 모드는 분산성을 보인다. 고차의 비틀림 모드들이 시작하는(위상속도가 0인) 주파수의 위치는 일정한 간격을 갖는데 이 간격은 전단속도의 반 배수(half multiple)에 해당한다. 비틀림 모드의 거동은 종파, 휨파에 비해 간단하며 0차 비틀림 모드는 평판의 수평전단파 모드와 유사하게 이론적 수식으로 전개할 수 있다.

4.1.5 반경변화의 영향

단일 층 파이프 모드의 일반적인 거동을 이해하였으면 몇 가지 파라미터들의 변화가 미치는 영향을 살펴볼 필요가 있다. 그 중의 하나로 벽 두께에 대한 내경 비의 변화가 미치는 영향을 고려해 보자. 내경이 무한히 커지게 되면 원통은 동일 두께의 평판처럼 운동한다. 원통시스템 운동의 특성이 지배적으로 나타나는 범위에서 평판처럼 거동하는 범위로 운동의 특성이 바뀌는 중간에 천이영역(transition region)이 존재한다. 천이영역 해석으로부터 파동의 거동을 좀 더 자세히 살펴볼 수 있고, 원통을 해석이 간단한 평판으로 모델링 할 수 있는 조건에 대해서도 규명할 수 있다.

파이프의 벽 두께에 대한 내경의 비가 커지게 되면 파이프는 좀 더 평판처럼 거동하기 시작한다. 그림 4.4에는 내경이 벽의 두께와 같을 때부터 두께의 20배에 달할 때까지 구한 0차, 1차 모드의 분산선도를 순차적으로 나타내었다. 대상구조물은 공기 중에 놓여있는 1mm 두께의 강 파이프이다. 비교를 위해 동일한 1mm 두께를 갖는 평판의 분산선도도 그림 (f)에 나타내었다. 평판은 무한대의 내경을 갖는 파이프로 생각할 수 있다. 파이프 곡률의 영향이 가장 두드러지게 나타나는 영역은 주주파수 영역 즉 파장이 긴 영역임을 알 수 있다. 주파수가 커지고 파장이 감소하면 파이프의 곡률(또는 반경)이 증가하여도, 나타나는 모드의 형태는 크게 달라지지 않는다는 것을 알 수 있다. 반경이 커지면 저주파수 영역에서의 거동도 평판과 비슷해지게 되고 반경이 두께의 10배가 되면 파이프와 평판의 분산선도 상의 차이점은 거의 없고 다만 0.5㎒-mm 주파수-두께 이하에서 약

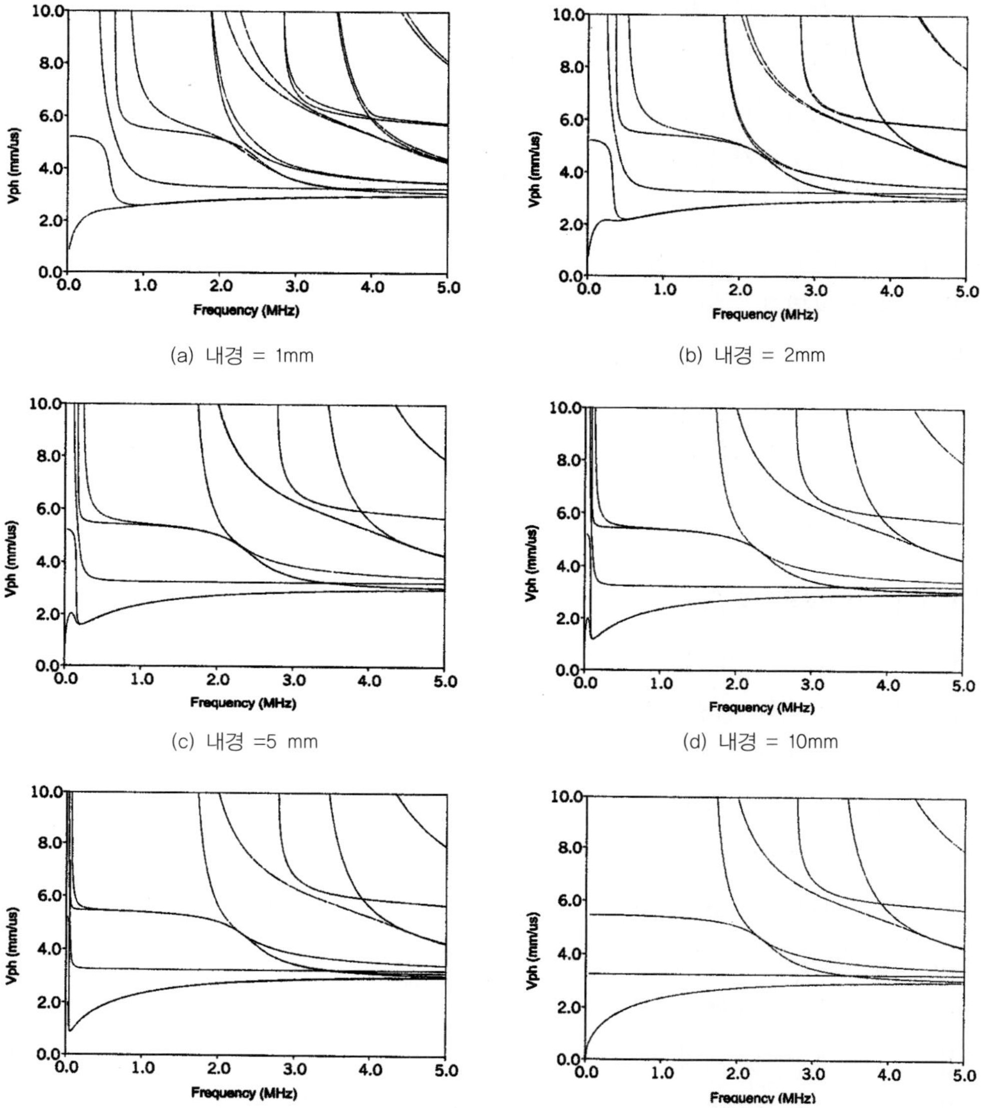

(a) 내경 = 1mm

(b) 내경 = 2mm

(c) 내경 =5 mm

(d) 내경 = 10mm

(e) 내경 = 20mm

(f) 평판(내경 = ∞)

그림 4.4 두께 1mm 강철파이프의 반경변화에 의한 영향

간의 차이를 보일 뿐이다. 즉 그 주파수-두께 이상에서는 파이프의 분산선도는 평판과 거의 일치하고 원주방향 차수에 상관없이 동일하다는 것을 알 수 있다.

이 예제로부터 파이프의 반경이 크고 고주파수 영역에서의 파동전파에 관심이 있을 경우, 계산속도와 해의 안정성을 위해 파이프의 분산선도 대신 평판의 분산선도를 사용하여도 크게 틀리지 않다는 것을 결론지을 수 있다. 분산선도의 추적에 대한 다양한 경험으로부터 파이프를 평판으로 대체할 수 있는 최소주파수는 다음과 같음을 알 수 있었다.

$$f_{\min} = \frac{v_{long}}{r_{inner}} \tag{4.1}$$

여기서 $f_{\min}$은 최소주파수(㎒), r_{inner}는 내경(mm), v_{long}은 입체 종방향 속도(mm/㎲)이다. 따라서 주파수-두께 0.25㎒-mm 이상인 파이프 모드를 해석할 경우 두께에 대한 반경의 비가 20이상이면 파이프를 평판으로 대체할 수 있음을 알 수 있다.

4.2 유체에 잠겨있는 파이프

앞에서 다룬 예제는 공기 중에 놓여있는 탄성 원통에 대한 것으로 상대적으로 쉬운 예제라 할 수 있다. 원통이 다른 물질에 묻혀 있으면 분산선도의 계산은 훨씬 더 복잡해진다. 탄성 시스템이 공기 중에 놓여있으면 에너지가 손실될 가능성이 없기 때문에 감쇠는 항상 0이다. 그러나 원통이 다른 물질로 둘러싸여 있으면 에너지가 구조물로부터 주변유체나 고체로 누설될 수 있고 또 무한대의 주변매질을 향해 전파되는 입체파의 형태로 방사될 수 있다. 따라서 이제 분산선도의 해는 세 가지 즉 주파수, 실파동수 그리고 감쇠가 된다는 것을 알 수 있다. 파라미터가 두 개일 때에 비해 파라미터가 세 개가 되면 탐색과정이 훨씬 더 어려워지고 복잡해진다.

4.2.1 파이프 내부의 유체모델

그림 4.5에 두께 1mm, 내경 10mm인 강철파이프의 내부에 물이 차있고 이 파이프가 다시 물로 둘러싸여 있을 때의 0차 모드의 분산선도를 나타내었다. 왼쪽 그림은 그림 4.4와 마찬가지로 위상속도 분산선도를 나타내고 오른쪽 그림은 감쇠에 관련된 분산선도를 나타낸다. 세 종류의 분산선도 (a), (b), (c)는 약간 다른 경우를 나타낸다. 처음 두 개는 동일한 파이프를 모델링하고 있다. 그러나 (b)의 경우 중심점으로 전파되는 모든 파동을 흡수할 수 있는 싱크가 중심점에 놓여있는 것으로 설정하였기 때문에 파이프 내부의 파동형태가 변경된 것을 볼 수 있다. 이러한 변경의 중요성은 다음에서 논의하기로 한다. 세 번째 경우 (c)는 비교를 위해 파이프를 동일 두께의 평판으로 모델링 한 경우이다.

그림 4.5의 (a)는 내부에 유체가 차있는 강철파이프의 분산선도를 있는 그대로 정확하게 나타낸 결과이다. 분산선도에는 에너지와 운동이 물에 집중되어 있는 유체모드도 포함되어 있다. 이 모드들은 촘촘하지만 일정한 간격을 갖는 곡선으로 나타난다. 이 모드들은 낮은 감쇠를 갖고 물의 입체속도보다 낮은 속도로 진행한다. 유체모드의 위상속도와 주파수가 자유상태의 강철파이프에 대한 분산선도 상의 한 점과 일치하게 되면 유체모드의 에너지가 강철파이프와 연성되어 빠른 파동이 전파된다. 그러나 이 점에서 심각한 감쇠도 나타나게 되는데 이는 주로 강철파이프 내에 머물러있던 파동의 에너지가 파이프 외부에 있는 주변의 물로 쉽게 누설되어 손실되기 때문이다. 그림 4.6에는 동일한 모드 상의 두 점에서의 축방향 변위를 나타내었다. 그림에서 (a)는 유체모드의 거동을 (b)는 파이프 모드의 거동을 나타낸다. 그림의 윗부분이 파이프의 중심부이다. 강철파이프에서 파이프의 중심부로 누설되는 파동에 초점을 맞추어 살펴보면 중심부로 갈수록 변위가 커지는 것을 알 수 있다. 그림의 중간 부분은 강철파이프의 벽을 나타낸다. 모드가 유체모드로 거동할 때는 벽에서의 변위가 거의 없지만 파이프 모드로 거동하면 상당한 크기의 축방향 변위가 발생하는 것을 볼 수 있다. 그림의 아래 부분은 주변유체의 처음 10mm 부분만을 표시한 것이다. 본 절에서 고려하고 있는 파동, 즉 그림 4.6(b)에 나타낸 파동은 감쇠를 유발하는 누설파동이다.

그림 4.5(b)의 분산선도들은 그림 4.5(a)와 동일한 구조물에 대한 것이지만 축의 중심선 상에 싱크가 놓여있다는 점이 다르다. 즉 내부 유체에서의 파동을 Bessel함수 대신 들어오는 Hankel함수로 표현한 점이 차이점이다. 이 싱크는 강철파이프에서 내부로 전파되는 에너지를 흡수하고 유체모드가 형성되는 것을 방지한다. 이때 싱크가 없는 경우에 비해 감쇠 값이 훨씬 커진 것을 볼 수 있는데 그 이유는 싱크와 외부유체에서 동시에 에너지가 손실되기 때문이다.

엄밀하게 이야기하면 완벽한 유체함입 파이프의 경우 싱크를 원점에 놓는 것은 실제 시스템을 대표하지도 않고 유효한 해를 제공하지도 않는다. 그러나 그림 4.5(a)에서는 발견할 수 없었던 유익한 정보들을 그림 (b)에서 쉽게 발견할 수 있다. 초음파검사방법 중 몇 가지는 파이프 내부의 유체에 에너지를 전파시키는 방법을 채택하고 있기 때문에 이를 적용하기 위해서는 그림 (a)의 분산선도를 이용해야 한다. 그러나 대부분의 초음파검사방법들은 파이프 벽을 통해 파동을 보내는 방법을 채택하고 있다. 이러한 방법을 선택하는 이유는 초음파검사의 주목적이 파이프 벽의 결함을 찾는 것이고 또 파이프 내부에 접근하기가 어렵기 때문이다. 이러한 검사방법들을 적용하기 위해서는 유체모드가 나타나지 않는 파이프 분산선도를 계산하는 것이 유용하다고 할 수 있다. 또한 실제 유체함입 파이프 중 흡수 또는 산란물질을 함유하고 있는 파이프들도 있고, 부분적으로만 유체가 차있어 방사된 파동이 반대편 벽에서 제대로 재흡수 되지 않는 경우도 자주 발생한다. 이 경우 싱크모델은 좀 더 현실적인 선택이 될 수 있을 것이다.

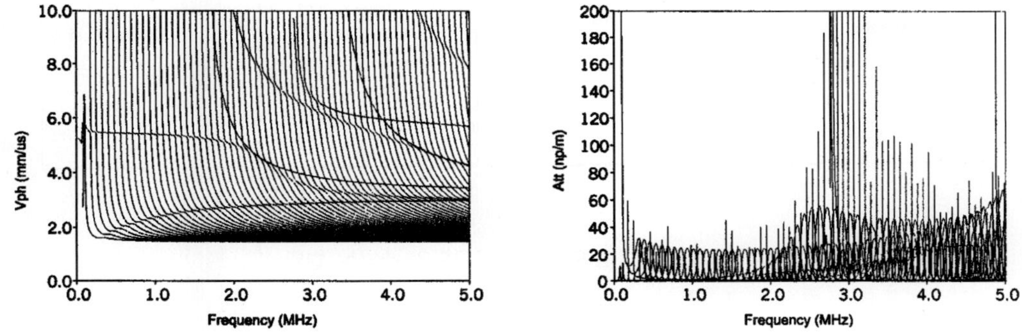

(a) 두께 1mm, 반경 10mm 강철파이프(유체모드 포함)

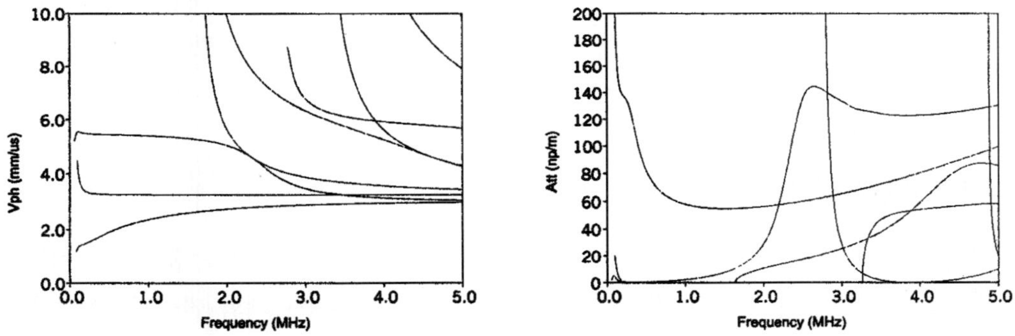

(b) 두께 1mm, 반경 10mm 강철파이프(중심에 싱크 포함)

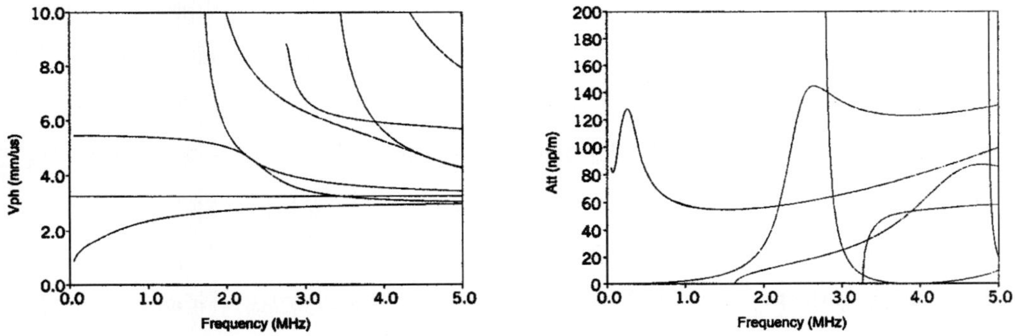

(c) 두께 1mm의 평판

그림 4.5 위상속도와 감쇠 분산선도의 비교

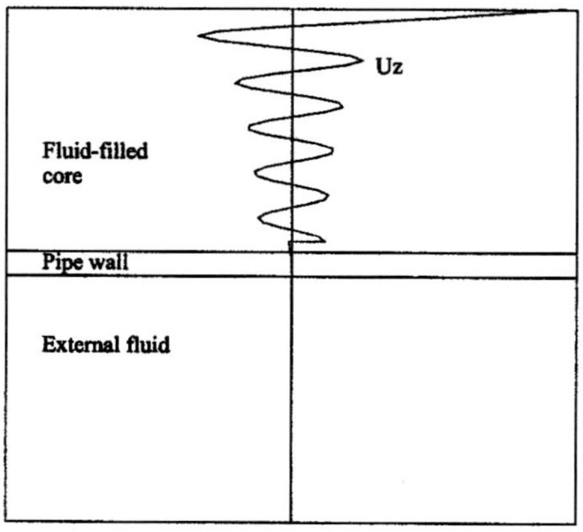

(a) 유체모드

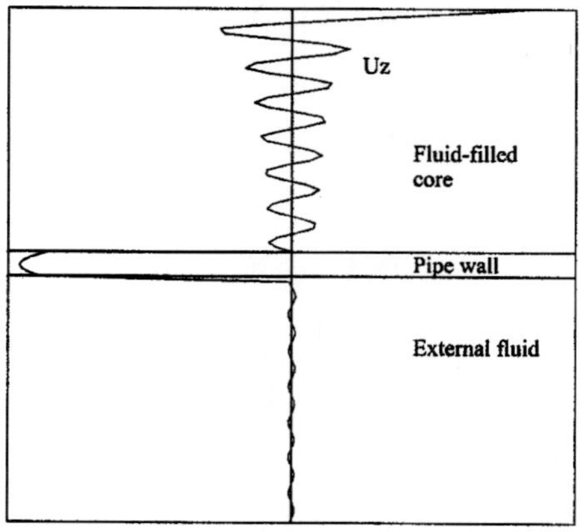

(b) 파이프모드

그림 4.6 유체모드와 파이프모드의 축방향 변위

그림 4.5의 (c)는 물 속에 잠겨있는 1mm 두께의 강판에 대한 위상속도와 감쇠선도를 나타내고 있다. 앞의 3.1절에서 파이프의 반경이 크고 주파수가 고주파수가 되면 파이프의 거동이 평판과 매우 유사해진다는 사실을 알 수 있었다. 누설시스템의 경우에도 마찬가지로 이와 같은 유사성이 존재한다는 것을 그림 4.5(c)로부터 알 수 있다.

4.2.2 주변매질로의 누설

그림 4.5에서 나타나는 감쇠는 대부분 원통의 바깥쪽 표면에서의 반경방향 변위 때문에 발생한다. 반경방향 변위가 생기면 유도파의 에너지가 주변유체와 연성될 수 있다. 그림 4.7에는 물에 잠겨있는 반경 1mm 봉에 이러한 영향이 미치는 현상을 기본 종방향 모드와 휨 모드를 이용하여 나타내었다. 위쪽 그림에는 이 두 모드의 위상속도를 나타내었고 아래 그림에는 감쇠를 표시하였다. 아래 그림에서 작은 원으로 표시된 네 점에서의 모드형상을 격자 형태로 나타내었다. 격자 모드형상의 가운데 부분은 봉의 중심에 따른 단면을 나타내고, 양 바깥부분은 무한대의 크기를 갖는 주변유체 중 처음 2mm 부분만 표시한 것이다.

기본 종방향 모드인 L(0,1)모드는 저주파수에서 감쇠 값이 매우 작은데 그 이유는 대부분의 운동이 반경방향이 아닌 축방향으로 발생하기 때문이다. 그러나 주파수가 증가하면 감쇠도 급격하게 증가하는데 이는 그림에서 볼 수 있듯이 표면에서의 반경방향 운동이 커졌기 때문이다. 주파수가 계속해서 증가하면 감쇠는 누설 Rayleigh파의 감쇠에 접근하

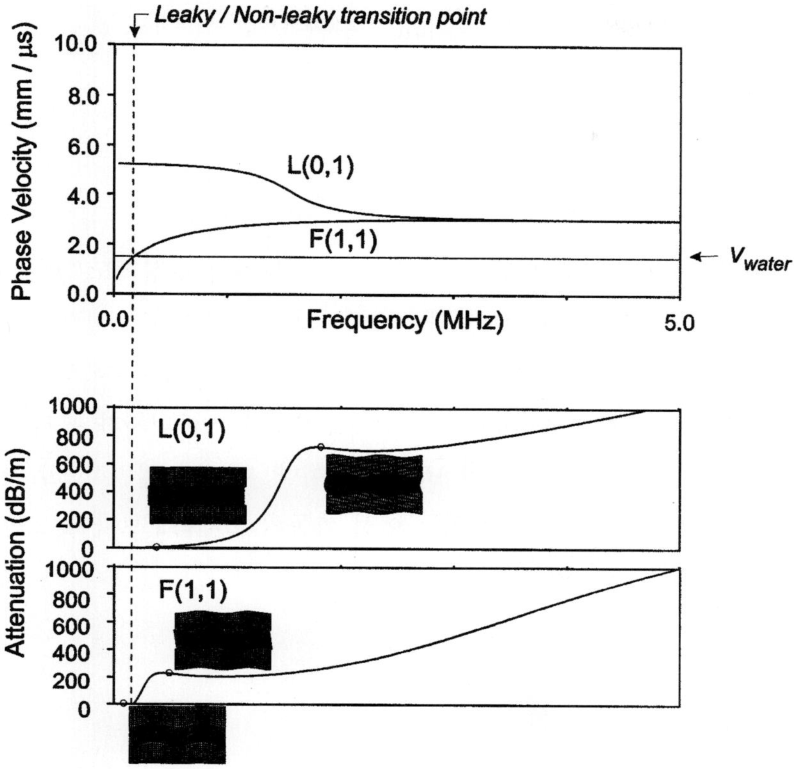

그림 4.7 물 속에 잠겨있는 직경 2mm 강철봉의 위상속도 및 감쇠 분산선도

는데 누설 Rayleigh파의 감쇠는 주파수에 선형으로 비례한다.

기본 휨 모드는 광범위한 주파수영역에서 봉의 표면에서의 반경방향 변위성분이 크게 나타난다. 결과적으로 감쇠 값이 상대적으로 크다. 그러나 F(1,1)모드의 위상속도가 물의 입체파 속도보다 낮아지게 되면 비록 반경방향 성분이 아직 존재한다 해도 감쇠는 0이 된다.

비누설 모드는 그림 4.8을 이용하여 설명할 수 있다. 유도파가 봉을 따라 전파되면 봉의 표면에서의 반경방향 변위에 의해 봉의 에너지가 주변유체와 연성된다. 이 때문에 유체 내에서 입체파가 발생하고 따라서 에너지가 시스템으로부터 유체로 누설된다. 입체파는 한 속도로만 진행하고 주파수는 알고 있으므로 유체 내에서의 입체파의 파장을 알 수 있다. 유도파의 파장은 분산선도로부터 계산할 수 있다. 계면에 따른 파동의 투영은 유도파와 입체파가 일치해야 하므로 누설각 θ_{leak}은 다음과 같이 구할 수 있다.

$$\begin{aligned}\theta_{leak} &= \sin^{-1}\frac{\lambda_{water}}{\lambda_{steel}} \\ &= \sin^{-1}\frac{v_{water}/f}{v_{ph}/f} \\ &= \sin^{-1}\frac{v_{water}}{v_{ph}}\end{aligned} \tag{4.2}$$

여기서 λ는 파장, v_{water}는 물의 입체속도, v_{ph}는 유도파의 위상속도, f는 주파수이다. 위상속도 v_{ph}가 주변매질의 입체속도보다 낮으면 식 (4.2)로부터 누설각 θ_{leak}이 허수가 된다는 것을 알 수 있다. 물리적으로 허수의 각이 의미하는 바는 봉에서 멀어지면서 전파되는 파동을 생성하는 대신 변위가 지수적으로 감소하고 에너지가 봉과 가까운 유체의 영역 내에 갇혀있는 파동을 만들어 낸다는 것이다. 따라서 일반적으로 어떤 모드의 위상속도가 주변유체 내에 존재할 수 있는 어떤 파동의 입체속도보다 낮으면 그 모드는 누설되지 않는다고 말할 수 있다.

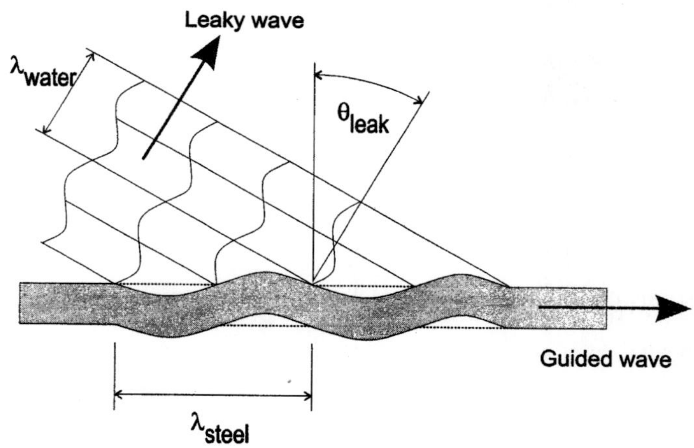

그림 4.8 누설각과 주변유체로의 에너지 누설

4.3 고체 속에 매립된 파이프

시스템이 유체로 둘러싸여 있을 때 에너지는 입체 압축파를 통해 누설된다. 그러나 시스템이 고체물질로 둘러싸여 있으면 전단, 압축(종방향) 입체파를 통해 에너지가 시스템으로부터 주변매질로 옮겨진다. 또 법선(수직)방향뿐만 아니라 접선방향 변위와 응력도 주변고체와 연성될 수 있으므로 감쇠 값이 훨씬 크게 증가하는 경향을 나타내고, 감쇠의 최소도 0이 되지 않는 경우가 대부분이다. 고체로 둘러싸인 시스템의 예가 그림 4.9에 제시되어 있다. 그림에서 대상시스템은 연석(soft stone, 이암(mudstone) 등)으로 둘러싸인 두께 1mm, 내경 10mm 강철파이프이다.

그림 4.5에서 고려하였던 물에 잠겨있는 파이프의 감쇠선도와 비교하면 몇 가지 대단히 큰 차이점이 있다는 것을 알 수 있다. 먼저 전반적으로 감쇠 값이 훨씬 커서 세로축의 축척을 바꾸어야만 했다는 것을 알 수 있다. 다음으로 감쇠선도 상에 나타나는 모드의 수가 물에 잠겨있는 경우보다 고체에 매립된 경우가 훨씬 많은 것을 볼 수 있다. 물에 잠겨있는 파이프의 경우 파이프 표면에서의 원주방향 변위는 주변유체와 연성되지 않으므로 비틀림 모드의 감쇠는 존재하지 않았다. 그러나 파이프가 고체로 둘러싸이면 원주방향 변위가 주변매질과 연성되어 입체파가 방사되고 감쇠가 존재하게 된다. 또 고체에 매립된 경우 저주파수에서 한 쌍의 모드가 0차, 1차 해를 나타내지만 유체에 잠겨있는 파이프에서는 0차 해만 나타난다는 것도 알 수 있다.

마지막으로 고체로 둘러싸인 파이프에서 F(1,1), L(0,1)모드의 경우 주변매질의 입체 종방향 속도인 2.6mm/㎲와 교차하게 되면 곡선이 불연속이 된다. 즉 이 점에서 감쇠와 주파수의 불연속이 발생한다. 이러한 불연속의 원인은 주변매질의 입체 종방향 속도보다 높은 위상속도에서 파이프는 전단파와 종파 모두를 누설하지만, 입체 종방향 속도보다 낮을 경우 파이프는 전단파만을 누설하기 때문이다. 곡선의 두 부분은 사실 수학적으로 연결시킬 수 있지만 연결부의 분산성이 매우 심하여 비파괴검사에 적합하지 못하기 때문에 굳이 연결하지 않았다. 또 주파수 3㎒ 근방에서 L(0,2)모드와 F(1,2)모드는 더 이상

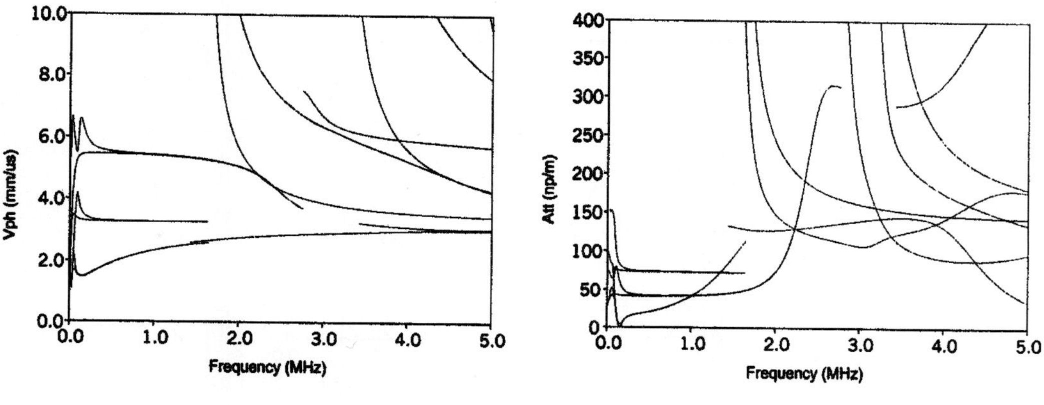

그림 4.9 연석으로 둘러싸여있는 두께 1mm, 내경 10mm 파이프의 위상속도, 감쇠

전진하지 못한다. 실제로 이 모드들은 계속해서 어떤 감쇠 값들을 가져야 하지만 강철의 입체 전단속도 부근에서의 수치적인 불안정성에 의해 해를 더 이상 추적할 수 없게 되어 중간에서 곡선이 멈추게 되었다.

4.3.1 다른 형태의 누설

고체로 둘러싸인 원통에 대한 다른 형태의 모드누설을 그림 4.10과 4.11에 나타내었다. 그림 4.10은 가볍지만 딱딱한 재료 속에 묻혀있는 반경 1mm 강철봉의 위상속도 분산선도를 나타낸다. 감쇠가 없는 비누설 영역이 존재한다는 것이 앞의 그림 4.9의 결과와 확연히 다른 점이라 할 수 있다. 위상속도 분산선도에 두 개의 직선을 표시하였는데 각각 주변 암석의 종방향, 전단방향 입체파 속도를 나타낸다. 이 두 직선에 의해 모드의 영역이 세 부분, 즉 비누설, 전단방향으로만 누설, 종방향, 전단방향 모두에 대해 누설, 으로 나뉘게 된다. 그림에 표시된 (a), (b), (c)점에서의 모드형상을 그린 결과가 그림 4.11

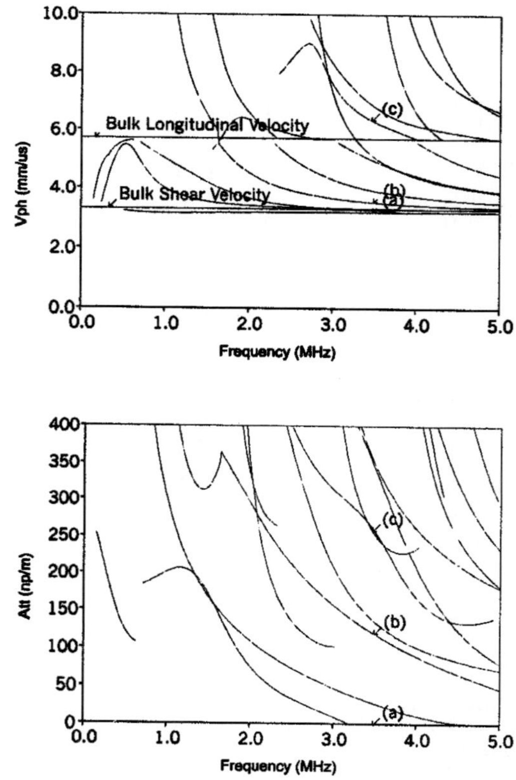

그림 4.10 딱딱한 고체로 둘러싸인 반경 1mm 강철봉의 위상속도, 감쇠

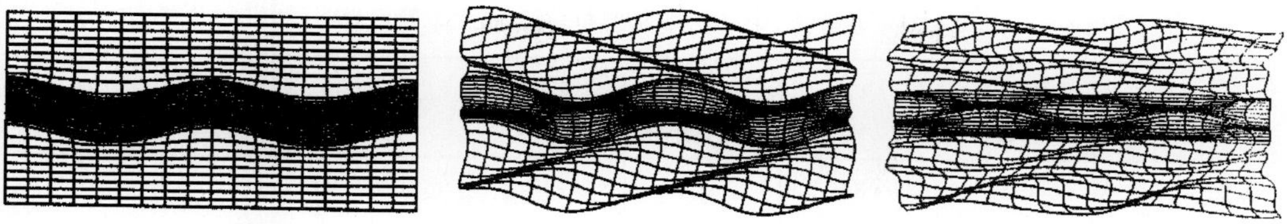

그림 4.11 딱딱한 고체 속에 매립된 강철봉의 모드형상

에 제시되어 있다.

점 (a)는 비누설 영역으로 위상속도가 전단, 종방향 입체속도보다 낮다. 점 (b)는 전단 입체파만이 누설될 수 있는 영역이고 점 (c)는 종방향 입체파 속도보다 위쪽에 있는 영역으로 종방향, 전단방향 모드가 모두 주변매질로 누설된다. 그림 4.11에 나타낸 모드형상이 이를 잘 나타내주고 있다. 격자의 가운데 부분은 봉의 단면을 나타내고 격자 양쪽 바깥부분은 주변 암석의 처음 2mm 부분만을 나타낸 것이다. 비누설 영역의 모드형상을 표시한 그림 4.11(a)로부터 주변고체에서의 변위는 급격하게 지수적으로 감소하여 사라진다는 것을 알 수 있다. 그림 4.11(b)는 전단파만이 누설되는 경우의 모드형상이다. 주변매질에서의 변위장이 단일 누설파를 나타내는 것을 볼 수 있다. 이러한 변위장은 그림 4.11(c)의 경우 더욱 복잡해지는데 이는 누설 전단파와 종파가 다른 누설각에서 겹치기 때문이다.

4.3.2 고체로 둘러싸인 다중 층, 점탄성 파이프

본 장의 마지막 예제로 점탄성, 다중 층 구조물의 파동전파 특성을 살펴볼 수 있는 경우를 고려해 보자. 대상시스템은 그림 4.9에 나타낸 예제와 동일하지만 두께 0.5mm의 그라우트(grout) 층이 파이프 내부에 첨가되어 있는 점이 다르다. 또 그라우트와 이암에 내재되어 있는 손실특성을 고려하기 위해 두 물질 모두 점탄성으로 가정하였다. 점탄성에 의한 감쇠는 누설에 의한 감쇠에 중첩되어 나타난다. 이에 대한 분산선도는 그림 4.12에 나타내었다.

그림 4.12에서 즉시 알 수 있는 사실은 모드들이 불완전하다는 것이다. 이는 시스템의 복잡성과 고도의 손실 때문에 많은 영역에서 해를 구할 수 없기 때문이다. 해의 불안정성은 방정식의 척도계수를 적절히 조절함으로써 많은 부분 개선시킬 수 있지만 불안정

표 4.1 원통형 시스템 예제에 사용된 재료의 재료상수

재 료	밀도 (g/㎤)	v_l (㎧)	v_s (㎧)	영계수 (GPa)	포와송비	α_l (np/λ)	α_s (np/λ)
Steel	7.932	5960	3260	217	0.29	0.0	0.0
Perspex	1.18	2730	1430	6.327	0.31	0.0	0.0
Water	1.0	1483	–	–	–	0.0	–
Mudstone	2.5	2592	1497	14	0.25	0.03	0.08
Grout	1.6	2810	1700	11.2	0.21	0.043	0.1
Stiff stone	2.2	5720	3300	60.0	0.25	0.0	0.0

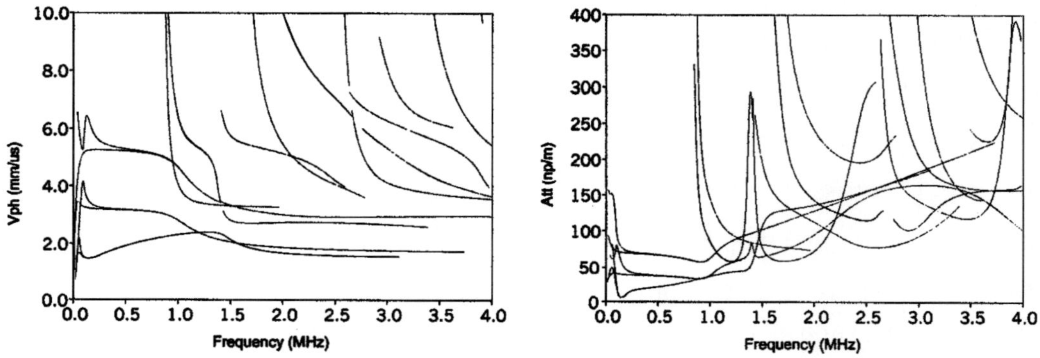

그림 4.12 점탄성 그라우트 층이 첨가된 두께 1mm, 내경 10mm 파이프의 위상 속도 및 감쇠 분산선도

성을 모두 제거할 수는 없기 때문에 이 예제와 같은 문제들이 발생하게 된다. 그림 4.12에서 확실하게 알 수 있는 또 다른 현상으로 이전의 분산선도에 비해 모드들이 왼쪽으로 천이되었다는 점을 들 수 있다. 고려대상 시스템은 그라우트 층이 강철 층에 첨가되었기 때문에 이전의 시스템보다 벽이 두껍고 따라서 두께관통 공진의 발생주파수가 낮은 쪽에서 발생한다는 것을 알 수 있다.

모드 L(0,1)과 F(1,1)의 거동은 흥미로운 형태를 갖는다. 저주파수에서 이 모드들은 강철의 전단 입체파 속도와 유사한 위상속도를 갖고 전파된다. 그러나 주파수가 증가하면 위상속도가 그라우트의 입체파 속도보다 낮아지게 된다. 이는 저주파수의 긴 파장을 갖는 파동은 주로 강철 층에 의해 영향을 받고 반대로 고주파수의 짧은 파장을 갖는 파동은 주로 그라우트 층에 의해 영향을 받는다는 사실을 증명한다고 할 수 있다.

제5장 유한요소법과 파동전파모델의 결합

지금까지 평판 및 원통형 시스템의 파동전파를 계의 모드 특성을 이용하여 살펴보았다. 모드 해를 이용하여 유도파가 어떻게 전파되는지에 대한 많은 유용한 정보를 얻을 수 있지만, 일부 시스템에 대해서는 효과적인 비파괴검사 기법을 만들어내는데 필요한 모든 정보를 제공하지는 않는다. 파동전파 모델에 대해 정의된 경계조건은 시스템이 파동전파 방향으로 성질이 변하지 않는다는 것에 기초하고 있다. 예를 들어 원통형 시스템은 길이가 무한대이고 동일한 균질 층으로 구성되어 있어야 한다. 그러나 대부분의 비파괴검사의 목적은 다양한 종류의 결함을 찾아내는 것이고 그러한 결함은 모델링의 관점에서 보았을 때 재료의 특성이나 형상이 변하는 특성을 갖고 있다. 따라서 시스템이 어떻게 거동하는지 완벽하게 이해하기 위해서는 파동과 결함의 상호작용을 해석할 수 있는 부가적인 모델링 방법이 필요하다.

시간영역에서의 유한요소 모델을 이용하면 파동이 어떤 시스템에서 어떤 양상으로 전파되는지에 대한 부가적인 정보를 효과적으로 얻을 수 있다. 즉 모든 변위장에 영향을 미치는 퍼텐셜함수를 이용하여 파동전파를 묘사하는 대신, 유한요소법을 이용하여 파동전파 문제를 작은 요소들의 집합으로 분해할 수 있고 각 요소들은 기본적인 운동방정식을 만족하게 된다. 각 요소들은 이웃 요소들과 연결되어 있을 뿐이고 요소의 수는 유한하다. 따라서 유한요소법을 이용하여 많은 불연속 조건을 갖는 시스템을 효과적으로 모델링 할 수 있다. 유한요소법을 모드 해와 결합하여 사용하면 각각의 방법을 따로 적용했을 때보다 파동전파 특성에 대한 훨씬 많은 정보를 얻을 수 있다.

본 장에서는 먼저 유한요소법의 장점 및 유한요소법 사용 시 요구되는 사항들을 살펴보고, 누설시스템의 파동전파를 모델링 할 수 있는 방법들에 대해 검토한다. 다음으로 유한요소 모델에서 다중 모드 변위장으로부터 전파되는 유도파의 크기를 추출할 수 있는 두 가지 방법을 고찰한다. 첫 번째 방법은 잘 알려진 2차원 푸리에변환(2-D Fourier transform)이고, 두 번째 방법은 모드의 직교성에 기초한 두께관통 모드추출법(through thickness mode extraction)이다. 마지막으로 두 방법을 이용하여 유한요소모델에서 생성된 모드의 순수성을 해석한다. 해석결과로부터 두 방법을 사용하여 유한요소 모델에서 단일 순수 유도파 모드를 생성할 수 있음을 입증한다.

5.1 유한요소 모델의 장점

앞에서 논의한 바와 같이 모드 해는 파동전파 방향으로 특성이 변하지 않는 구조물만을 모델링 할 수 있다. 그러나 유한요소 모델은 결함과 같은 국부적인 변화에 의한 파동의 상호작용도 모델링 할 수 있다. 본 절에서는 각각의 방법의 장점을 조사하고 두 방법을 결합시켰을 때의 효과도 고찰하고자 한다.

제 2장에서 전개한 모드 해는 유한요소법에 비해 몇 가지 장점을 갖고 있다. 먼저 유한요소 해에 비해 모드 해는 매우 신속하게 결과를 계산할 수 있는 장점을 갖고 있다. 즉 매우 복잡한 시스템의 경우에도 분산선도를 계산하는데 걸리는 시간이 수 분인 반면, 유한요소 해석을 이용하면 계산시간이 수 시간이 소요된다. 모드 해는 연속적인 장을 묘사하고 시스템의 전체 길이를 따라 전파하는 파동을 표현하기 때문에, 일단 분산선도가 계산되면 전파신호를 수 초 내에 예측할 수 있다. 반면 유한요소법은 파동전파의 해를 예측하기 위해 시간행진(time marching)을 수행해야 한다. 이 시간행진에 소요되는 계산시간이 길고 이때 얻어지는 결과도 전체 해의 일부분 만에 대한 결과이기 때문에 전체 해를 얻기 위해서는 많은 계산이 요구된다. 반면 모드 해는 전체 해의 공간을 한 번에 해석하고 그 결과도 정확하다는 장점이 있다. 모드 해는 주파수, 파동수, 감쇠 등으로 구성되는데 이 값들은 구성방정식을 정확하게 만족한다. 또한 각 모드는 다른 모드와 확실히 분리되어 있다. 그러나 유한요소법에 의한 해는 이러한 조건을 만족하지 못한다.

파동전파를 유한요소법을 이용하여 해석할 때 절점이 4개인 요소를 사용하는 것이 일반적인데 이 요소는 각 절점 사이에서 변위와 응력이 선형적으로 변하는 특징을 갖고 있다. 이와 같이 실제 모드형상을 연속적인 짧은 선으로 근사화하면 유한요소 해에 오차가 누적되고 해가 유연성을 갖지 못하게 된다. 또한 유한요소법의 경우 다양한 모드들을 완벽하게 분리하는 것이 쉽지 않다. 모드들을 분리하기 위해 아래에 자세하게 기술할 2차원 푸리에변환을 사용하여 중첩되어 전파되는 모드들의 크기를 분리할 수 있지만, 분리된 모드의 주파수와 파동수의 정확도는 파동전파 신호를 얼마나 잘 모니터링 할 수 있는가에 따라 크게 달라진다. 따라서 주어진 시스템에 어떤 파동이 존재하는 가에 대해 이해하지 못하면 유한요소법에 의한 결과를 해석하는 것이 매우 어려워질 수도 있다.

이와 같이 모드 해는 유한요소법에 비해 많은 장점들을 갖고 있지만, 파동전파 방향으로 시스템의 특성이 변하지 않는다는 가정에 기초하고 있기 때문에 결함을 모델링 할 수 없다. 따라서 다른 방법이 필요하다. 유한요소모델의 가장 큰 장점은 국부적인 구조변화를 모델링 하는데 매우 유연하다는 점이다. 전체 시스템을 기본적인 운동방정식을 만족하는 여러 개의 작은 요소들로 분할하면 전파되는 파동모드의 전체 거동을 알지 못할지라도 결함(형상의 국부적인 변화로 모델링)과의 상호작용을 예측할 수 있다. 이로부터 해석적인 반사계수(reflection coefficient)를 유도하지 않아도 다양한 종류의 결함을 모델에 포함시킬 수 있다.

유한요소법의 실제 장점은 두 방법을 결합했을 때 더욱 확실하게 나타난다. 모드 해를 이용하여 어떤 파동이 존재하는지 결정하고 효과적인 유도파 검사 모드를 규명한다. 그리고 선정된 모드를 유한요소 모델에 적용하여 파동과 결함 사이의 상호작용을 해석한다. 후처리과정(post-processing)을 이용하여 유한요소 모델로부터 구한 결과를 여러 가지 모드에 대한 반사계수와 같은 모드 정보로 다시 변환한다. 두 방법을 결합하여 적용하면 해의 정확성을 확인하는데도 도움이 된다. 이는 유한요소법과 해석적인 해 사이의 불일치성을 빠르게 확인할 수 있기 때문이다.

두 방법을 결합할 수 있는 이유는 유한 구조물에서 전파되는 유도파의 두 가지 중요한 특성 때문이다. 즉 모드들이 서로 직교하고 선형적으로 변하기 때문이다. 모드들이 서로 직교하기 때문에 각 모드들을 결합했을 때 나타나는 변위장이 유일하게 정의되고 유한요소법에 의해 구한 변위장도 명확하게 모드 성분으로 변환될 수 있다. 마찬가지로 모드들을 결합하면 유한요소 모델의 변위장을 유일하게 규정할 수 있다. 유도파 모드들의 선형성에 의해 각 모드들을 독립적으로 해석하고 나중에 중첩(superposition)을 이용하여 해석 결과를 조합하면 전체 시스템의 거동을 완벽하게 표현할 수 있다. 이러한 정보들은 설계와 보정 과정에도 효과적으로 사용된다. 각 모드들의 거동 특성을 알게 되면 특정 유도파 검사에 필요한 최적의 모드와 주파수도 쉽게 찾아낼 수 있다. 또한 실험장치의 민감성도 빠르고 쉽게 예측할 수 있다. 이와 같은 민감성을 예측하게 되면 실험장치가 올바르게 작동할 수 있는 조건도 쉽게 설정할 수 있다. 입력신호가 광대역 주파수를 갖도록 선택하면 시스템을 완벽하게 해석하기 위해 필요한 유한요소 계산과정의 반복 횟수도 줄일 수 있다. 광대역 주파수에 대한 시스템의 응답을 알게 되면 계산과정을 다시 반복하지 않아도 좁은 주파수대역을 갖는 입력신호에 대한 시스템응답을 빠르게 계산할 수 있다. 따라서 이와 같은 정보들이 알려지면 유도파 검사에 사용되는 비파괴검사 기법을 효과적으로 설계할 수 있다.

5.2 유도파 해석을 위한 유한요소 모델

본 절에서는 현재 유도파 해석을 위해 사용되고 있는 유한요소법에 대해 간략하게 검토하고자 한다. 다만 유한요소법의 원리보다는 사용방법 및 보다 안정된 사용을 위해 요구되는 조건들에 초점을 맞추고자 한다.

본 교재에서 제시하는 모든 유한요소법의 결과는 영국 Imperial대학에서 개발한 FINEL 이라는 소프트웨어를 사용하여 구하였다. 이 소프트웨어는 원래 일반적인 용도로 개발된 것이지만 몇 번의 개정 과정을 거쳐 파동전파에 대한 모델도 프로그램 내에 포함되게 되었다. 이 프로그램은 전역 행렬의 차원이 큰 모델을 해석할 수 있으면서 동시에 큰 규모의 강성행렬의 역행렬을 구해야 하는 과정을 피하기 위해 명확한(explicit) 시간행진 알고리즘을 사용하고 있고, 질량행렬을 대각선화 하고 강성행렬은 되도록 작은 폭을 갖도록 모델링 한다. 이 경우 가속도의 추정이 쉽고 모델이 요소를 기본으로 시간행진을 하게 된다. 또한 사용 메모리가 최소화되고 일반적으로 연산에 소요되는 시간이 감소하는 장점도 갖게 된다.

유한요소 계산에 소요되는 시간은 시간행진을 위한 증분뿐만 아니라 모델의 크기, 유한요소 격자(mesh)의 밀도 등에 의해 결정된다. 격자에서의 절점의 밀도와 적절한 시간 증분은 안정성 조건에 의해 조절될 수 있다. 모델의 전체적인 크기와 시간행진의 주기는 모델링 하려는 시스템의 형상과 그 시스템 내에 존재하는 모드의 특성에 따라 달라진다.

정확한 수치해석을 위해서는 시스템에 존재하는 모드 중 가장 짧은 파장을 갖는 모드의 1 파장 내에 적어도 8개의 요소가 존재해야 한다. Alleyne은 1 파장 당 8개의 요소가 존재하면 속도오차는 0.5% 이하로 감소함을 증명하였다. 그보다 적은 수의 요소가 사용되면 변위가 요소의 길이를 따라 급격하게 변화하기 때문에 오차도 크게 증가하게 된다. 그러나 1 파장 내의 요소 수가 너무 많아지면 계산비용이 증가하고 시간증분을 작게 해야 하기 때문에 끝수오차(rounding error)도 증가한다. 이러한 기준은 가장 짧은 파장에 적용되는 조건으로 전파되는 파동 중 가장 속도가 느린 파동에 의해 조절될 수 있다. 실제로 요소의 크기를 가장 속도가 늦은 재료의 Rayleigh속도의 1/8로 설정하면 이 기준을 만족할 수 있다.

가장 속도가 늦은 파동이 요소의 크기를 조절하는 반면 가장 속도가 빠른 파동은 시간

증분의 크기와 해의 안정성을 조절한다. 시스템 내에서 선택이 가능한 가장 큰 시간증분은 요소의 크기를 가장 빠른 입체파 속도로 나눈 값이다. 물리적으로 설명하면 주어진 시간증분 동안 어떤 파동도 한 요소를 완전히 통과하여 전파할 수 없다는 것이다. 이러한 조건이 만족되면 외란에 의한 영향이 제한되기 때문에 모델은 일반적으로 안정된다. 실제로 시간증분은 이론적인 최댓값의 80%로 설정된다.

유한요소 모델의 전체 크기는 모델링 하는 시스템의 종류에 따라 달라진다. 일반적으로 모델은 다양한 위치에서의 반사 신호가 시간영역에서 잘 분리되어 나타나도록 설계된다. 이러한 반사 신호의 분리에 의해 측정 자료의 해석 및 전파모드의 크기 추출이 용이해진다. 요구되는 크기를 계산할 때 주어진 주파수에서 존재할 수 있는 모든 모드의 거동을 반드시 고려해야 한다. 즉 가장 늦은 모드와 가장 빠른 모드의 반사 신호가 서로 잘 분리될 수 있도록 충분한 거리를 확보해야 한다.

시간에 따라 변하는 변위나 힘을 절점에 적용하면 유한요소 모델에 파동을 가할 수 있다. 이때 절점은 대개 모델의 자유 표면에 위치한다. 인가된 파동은 시스템을 따라 전파하고 이때 발생하는 여러 점에서의 변위를 기록하여 후처리 과정에 사용한다. 효율적인 수치해석을 위해 대부분의 모델링은 두 가지 방법으로 수행된다. 먼저 평판의 경우 평면변형률(plain strain) 조건을 적용한다. 이러한 가정은 평판이 무한히 두껍고 모델의 요소들은 평판의 두께 방향과 파동진행 방향으로의 단면을 나타낸다는 것을 의미한다. 마찬가지로 원통형 구조물에서는 축대칭 조건을 적용한다. 이 경우 모델의 요소는 반경방향과 구조물의 축방향으로의 단면을 표시한다. 응력의 수식으로부터 이 단면이 축의 중심축을 따라 회전하는 것을 표현할 수 있다. 이때 구조물의 형상이 축대칭이라는 조건을 적용하고 있지만 비축대칭 파동전파도 모델링 할 수 있다. 그러나 한 원주방향 차수의 모드를 다른 원주방향 차수 모드로 변환하는 것은 모델링 할 수 없다. 서로 다른 원주방향 차수 모드 사이의 모드변환을 모델링하기 위해서는 유한요소 모델이 3차원 모델이 되어야 하는데 이 경우 모델 크기가 매우 커지는 문제가 발생하게 된다.

5.3 누설 모델을 위한 유한요소 모델

유도파가 공기 중에 놓여있는 시스템에서 전파될 때 시스템을 구성하는 모든 재료가 탄성이면 시스템 내의 파동에너지는 항상 일정하다. 그러나 시스템이 다른 재료 속에 잠겨있거나 묻혀있으면 에너지는 주변 매질로 누설되고, 무한히 멀리 떨어져 있는 경계를 향해 파동이 전파되기 때문에 에너지 손실이 발생하게 된다. 이러한 누설현상을 유한요소법으로 모델링 하는 것은 매우 어려운 작업이다. 유한요소법은 파동전파 문제를 유한개의 작은 요소들로 분해하기 때문에 구조나 형상이 급격히 변하는 시스템도 효과적으로 모델링 할 수 있다. 그러나 요소의 크기는 무한하게 커질 수 없고 항상 제한된 경계를 갖고 있다. 주변 매질에서 생성된 파동은 모델의 경계 밖에서 반사되어 다시 시스템으로 되돌아오기 때문에 파동신호가 훼손되는 결과를 초래한다. 이러한 파동신호의 훼손은 파동전파 모드 해 및 실제 물리적인 현상과 일치하는 현상이 아니기 때문에 반드시 제거되어야 한다. 즉 누설파동은 주변 매질에서 매우 빨리 산란되거나 감쇠되기 때문에 다시 시스템을 향해 반사될 수 없다.

모델 경계에서의 반사 신호를 제거할 수 있는 방법은 현재 몇 가지가 제안되어 있다. 본 교재에서는 단지 몇 가지 특수한 경우에 대해서만 해석하기 때문에 유한요소 프로그램을 광범위하게 수정하지 않고도 사용할 수 있는 간단한 방법을 사용하고자 한다. 그러나 빈번하게 누설을 모델링 할 필요가 있을 경우에는 아래에 기술하는 보다 복잡한 방법이 적당할 것이다.

누설을 다루는 가장 좋은 방법은 흡수(또는 방사) 경계조건을 사용하는 것으로, 이 경계조건은 임피던스를 일치시켜 모델 경계에서의 반사를 제거하는 특수한 조건이다. 그러나 불행하게도 이 방법은 본 교재에서 다루는 대부분의 매립 시스템에는 적용하기 어려운 방법이다. 임피던스를 일치시키기 위해 어떤 응력을 적용해야 하는 지를 예측하기 위해 대부분의 프로그램은 평면파인 입사파가 단 한 개만 존재한다고 가정하고, 입사각도 단일 각으로 가정한다. 그러나 각 모드는 광범위한 위상속도를 갖고 전파되기 때문에 경계에 접근하는 누설각도 다양한 범위를 갖게 된다. 또한 경계에는 전단파와 종파가 동시에 입사된다. 이러한 조건들 때문에 유한요소 모델에 흡수 경계조건을 적용하는 것이 매우 복잡해지게 진다.

경계에서의 반사를 제거하는 또 다른 방법으로 주변 매질을 묘사한 모델로 누설되는 파동을 감쇠시키는 방법이 있다. 적당한 양의 재료감쇠를 첨가하면 반사의 크기는 결과에 영향을 미치지 않을 정도로 충분히 작아질 수 있다. 그러나 FINEL에는 아직 점성재료를 다루는 도구가 포함되어 있지 않으므로 이 방법도 적용이 어렵다.

세 번째 방법은 유한요소 모델을 두 번 동작시키는 방법으로 첫 번째는 자유 경계조건을 적용하고 다음에는 강체 경계조건을 적용한다. 경계에서의 반사는 180° 위상차를 가지므로 두 조건을 결합하면 경계에서의 첫 번째 반사를 차폐시킬 수 있다. 이 방법을 이용하면 모델의 크기를 작게 만들 수 있고 누설 영역에서의 변위장 표시 성능도 개선할 수 있다.

네 번째 방법은 컴퓨터의 성능을 최대한 활용하는 방법으로, 주변 매질을 나타내는 영역을 충분히 크게 만들어 주변 매질에서의 반사가 결함에 의한 반사보다 시간적으로 훨씬 뒤에 발생하도록 만드는 방법이다. 이 방법을 이용하여 본 교재의 결과를 구하였는데 그 이유는 단지 몇 가지 경우만을 해석할 필요가 있고 대부분의 경우 해석 주파수가 낮기 때문에 격자가 조밀할 필요가 없기 때문이다. 일반적으로 주변 매질 층의 두께는 파동전파가 발생하는 구조물 층의 두께보다 30배 이상 커야 한다. 입력신호와 모델의 구조를 최소한의 시간과 요소가 필요하도록 최적화 하였다 하여도 결과를 계산하는 데는 약 100,000개의 요소와 7시간의 계산시간이 소요된다.

5.4 전파모드의 분리: 2-D FFT

유한요소법의 결과를 모드 파동전파 해와 연관시키기 위해서는 유한요소 모델 내에서 전파되는 각 모드의 크기를 결정할 수 있는 방법이 필요하다. 하나의 모드만이 존재한다면 한 절점에서의 변위 성분의 최대 크기(또는 이 신호의 푸리에변환 값의 최대 크기)가 그 모드의 크기이므로 쉽게 그 값을 결정할 수 있다. 그러나 다중 모드가 한 신호 내에 중첩되어 있으면 좀 더 복잡한 방법이 요구된다. 즉 중첩된 모드를 분리하기 위해서는 시간 변수 외에 또 다른 변수가 사용되어야 한다. 본 교재에서는 이러한 모드추출을 위해 두 가지 방법을 사용한다. 첫 번째 방법은 2차원 푸리에변환(2D-FFT) 방법으로 여러 문헌에서 이미 소개된 잘 정립된 기법이다. 이 방법은 Lamb파 모드의 유한요소 해석을 위해 널리 사용되고 있다. 그 개념에 대해 본 절에서 요약하여 기술하고자 한다. 다음 절에서 소개할 두 번째 방법은 두께관통 변위형상을 해석하여 모드의 크기를 추출하는 방법이다.

일반적인 파동전파 모델에서 유도 초음파는 시간과 공간영역 모두에서 조화파(harmonic wave) 형태를 갖기 때문에 파동장은 $e^{i(kz-\omega t)}$라는 복소수 지수함수에 의해 표현될 수 있다. 여기서 k는 파동수, z는 전파방향으로의 거리, ω는 주파수, t는 시간이다. 따라서 임의의 주파수에 몇 개의 모드가 존재하더라도 2차원 푸리에변환을 이용하여 전파되는 유도파의 각 모드의 크기를 추출할 수 있다.

그림 5.1에 나타낸 바와 같이 2차원 푸리에변환을 수행하기 위해서는 공간상에 균등하게 배열된 여러 점(대부분의 경우 64개)에서의 시간기록이 필요하다. 먼저 각 신호의 원하는

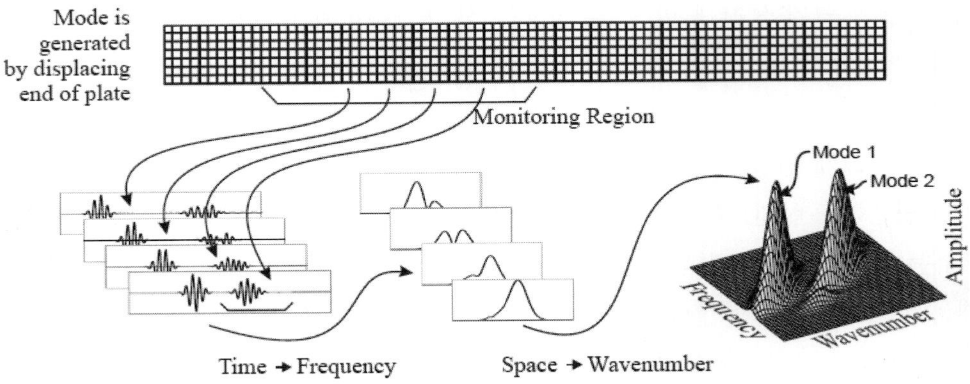

그림 5.1 Lamb파의 2차원 푸리에변환

부분만큼을 주파수영역으로 변환한다. 각 주파수에 대해 모든 모니터링 점에서의 응답을 모으고, 모아진 응답에 윈도우를 씌운다. 다음으로 두 번째 변환을 수행하여 공간정보를 파동수 영역으로 변환한다.

주파수-파동수 영역에서의 각 모드의 피크는 그 모드의 크기를 나타낸다. 피크 높이를 이용하여 각 모드에 존재하는 에너지의 크기를 정량화 할 수 있다. 주파수영역에서 피크의 폭은 입력신호의 주파수 대역폭에 의해 결정되고, 파동수영역에서의 피크의 폭은 모니터링 영역의 길이에 의해 결정된다. 모니터링 영역이 좁으면 유사한 파동수를 구별할 수 없기 때문에 피크는 광범위한 파동수 범위에 걸쳐 펼쳐지게 된다. 모니터링 영역이 넓어지면 파동수영역에서의 피크의 폭은 모니터링 영역이 무한히 커질 때까지 지속적으로 감소하고 피크는 각 주파수성분에 대해 단지 하나의 파동수만을 포함하게 된다.

5.5 두께관통 모드추출

본 절에서는 다중 모드를 포함하고 유한요소 모델 내에서 전파되는 유도파 모드를 분리하여 각 모드의 크기를 추출하는 두 번째 방법에 대해 기술하고자 한다. 이 방법은 두께관통 모드추출(또는 간단히 모드추출)이라 부르는데 전 두께에 걸쳐 변위를 측정하여 주어진 시스템 내에서 전파되는 모드를 결정하는 방법이다. 앞에서 기술한 2-D FFT는 두께가 아닌 파동 진행방향으로의 변위를 측정하는 방법으로 두께관통 모드추출과는 측정방향이 다르다는 것을 알 수 있다. 본 장에서는 먼저 두께관통 모드추출 과정을 간략하게 살펴보고, 이 방법의 장점, 모드추출 방법 그리고 몇 가지 예제를 통하여 제시된 방법의 타당성을 검토하고자 한다. 이 방법은 유도파의 직교성에 기초하고 있고 정규모드 이론에서 통상적으로 사용하고 있는 기법을 도입하고 있다. 모드추출 방법을 적용하여 시간 행진 변위에 기초한 유한요소 결과를 효과적으로 평가할 수 있다.

5.5.1 모드추출 방법의 개요

구조물 내에서 전파하는 유도파 모드는 서로 직교한다. 그리고 직교성은 구조물의 두께를 따라 수행되는 적분에 따라 달라진다. 본 장에서 전개하는 모드추출 기법은 이러한 직교성을 이용하여 유도파 모드의 유일한 해를 결정한다. 먼저 유한요소 모델을 이용하여 구조물의 두께를 관통하는 직선을 따라 분포하는 각 절점에서의 변위장을 계산한다. 이때 두께관통 직선은 파동 진행방향과 수직하다. 다음에 푸리에 또는 웨이브렛(wavelet) 변환을 이용하여 각 절점에서의 시간신호를 주파수영역의 신호로 변환한다. 주파수영역에서는 모델의 두께를 따라 분포하는 각 절점에서의 변위형상은 일련의 주파수의존 모드형상으로 변환된다. 각 주파수에서 모드모델로부터 유도한 이론적인 모드형상을 이용하여 유한요소 모델의 모드형상을 각 모드의 기여도로 분해한다. 그러면 전파되는 모드의 분포형상을 유일하게 계산할 수 있다. 그러나 다양한 모드의 기여도를 결정하기 위해 사용되는 직교성은 전방향(forward), 후방향(backward)으로 진행하는 파동을 구별할 수 없다. 따라서 각 모니터링 위치에서의 모드는 한 방향으로 진행하는 모드만 포함하게 된다. 이러한 제한조건은 2-D FFT에는 적용되지 않는다.

5.5.2 모드추출 방법의 장점

다중 모드 신호로부터 개별 모드의 크기를 추출할 때 모드추출법을 사용하면 2차원 푸리에변환 방법에 비해 여러 가지 장점이 있다. 2차원 FFT에 비해 모드추출이 갖는 가장 주요한 장점은 파동 진행방향을 따라 존재하는 여러 측정점 중 한 점에서의 변위장만을 측정한다는 것이다. 반면에 2-D FFT를 적용하기 위해서는 파동 진행방향의 여러 점에서의 변위를 측정해야 한다. 이러한 차이점 때문에 모드추출법을 사용하면 유한요소 모델의 크기가 훨씬 줄어들게 된다. 이는 모니터링 영역을 위해 공간을 남겨둘 필요가 없기 때문이다. 이 점은 특히 누설 시스템을 다룰 때 중요한데 이는 모델이 너무 커지지 않도록 모델의 길이를 최소화 할 필요가 있기 때문이다. 또한 감쇠가 존재할 때, 각 모드의 크기가 변하는 여러 점에서의 측정보다는 단일 점에서의 측정이 해석에 유리하다. 소멸하는 모드를 포함하는 신호에 대해 2-D FFT를 적용한 결과는 해석에 어려움이 많다. 소멸하는 모드에 대해서는 푸리에변환을 대체할 다른 방법, 예를 들면 프로니 방법(Prony's method)이 필요하다. 모드추출법의 또 다른 장점은 2차원 FFT처럼 파동수가 훼손될 가능성이 없다는 점이다. 2차원 FFT는 각 모드의 크기를 전파되는 모드의 위치를 둘러싼 주파수-파동수 공간에 표시한다. 따라서 모니터링 영역이 충분히 크지 않으면 분리된 모드들이 차지하는 영역이 중첩되어 모드 크기의 해석을 복잡하게 만든다. 그러나 모드추출법은 각 모드의 크기를 해석이 가능한 분명한 직선으로 표시한다. 웨이브렛 변환을 모드추출법과 같이 사용하면 시간에 따른 모드 크기를 선도로 표시할 수 있다.

모드추출법의 가장 큰 단점은 실험결과를 사용할 수 없다는 점이다. 이는 구조물의 두께에 따른 변위형상을 필요로 하기 때문이다. 모드추출법은 서로 반대방향으로 진행하는 모드를 구별할 수 없기 때문에 변위형상을 구조물의 자유 경계에서 측정할 수 없다. 이는 자유 경계에서의 반사에 의해 모드가 두 방향으로 분리되기 때문이다. 그러나 자유 경계는 변위를 실험적으로 쉽게 측정할 수 있는 유일한 위치이다. 구조물의 가장자리에서의 변위에 대한 정보를 이용하려면 나가는 모드(outgoing mode)의 크기에 대한 들어오는 모드(incoming mode) 크기의 비를 사전에 알아야 한다. 따라서 모드추출법은 기본적으로 유한요소 해석에만 사용될 수 있는 방법이다. 또 다른 단점은 구조물에서 전파될 수 있는 모든 모드의 분산선도와 모드형상을 반드시 계산해야 한다는 점이다. 반면에 2-D FFT는 모드에 대한 정보와 상관없이 주파수와 파동수에 대한 모든 정보를 제공할 수 있다.

5.5.3 모드추출 알고리즘

모드추출법은 유도파 모드들이 서로 직교한다는 사실에 기초하고 있다[60]. 이러한 직교성에 의해 결함과 같은 경계조건의 변화가 없는 한, 한 모드 내에서 전파되는 에너지는 다른 모드로 이동할 수 없다. 또한 모드의 직교 관계식으로부터 다중 모드를 여러 개의 단일 모드로 분리할 때 나타나는 결과는 유일하다는 것도 알 수 있다. 즉 푸리에변환에 의해 시간신호를 유일한 주파수 성분으로 변환할 수 있듯이 어떤 다중 모드를 구성하는 모드들의 조합은 유일하다는 것이다. 본 절에서는 먼저 직교 구조물에 대해 알고리즘을 전개하고 원통형 구조물에 적용하기 위한 수정방법에 대해 설명하고자 한다.

공기 중에 놓여있는 탄성 평판의 직교 관계식은 Auld에 의해 다음과 같이 전개되었다.

$$< O >= \int_{-h/2}^{h/2} (\boldsymbol{v}_m(y) \cdot \sigma_n^*(y) + \boldsymbol{v}_n^*(y) \cdot \sigma_m(y)) \cdot \hat{z}\, dy = 0 \tag{5.1}$$
$$\text{for} \quad m \neq n \quad \text{and} \quad m \neq -n$$

여기서 v는 입자속도벡터, σ는 응력텐서이고 아래첨자 m과 n은 m번째, n번째 모드를 나타내기 위해 사용되었다. 또 $-n$은 음(-) 파동수(반대방향으로 진행)를 갖는 n번째 모드를 나타낸다. 위첨자 *는 공액복소수를, $\hat{z}$는 파동 진행방향을, y는 평판의 두께 방향을 나타내고 h는 평판의 총 두께를 의미한다. 이러한 관계식은 다음과 같이 주어지는 전파 파동의 평균 파워흐름의 관계식과 유사하다.

$$< P_m >= -\frac{1}{2} \int_S (\boldsymbol{v}_m^*(y) \cdot \sigma_m(y)) \cdot \hat{z}\, dS = 0 \tag{5.2}$$

여기서 S는 평판이나 실린더의 단면을 나타낸다.

전파되는 다중 모드 신호의 변위장과 응력장을 모두 알고 있을 경우 식 (5.1)의 직교 관계식을 직접 적용하여 복합 신호를 구성하는 개별 모드들의 크기와 위상을 결정할 수 있다. 그 적용과정은 다음과 같다. 다중 모드 신호가 전파하는 평판의 두께 방향으로 분포하는 몇 점에서 변위장을 측정한다. 측정점의 수는 대부분 시스템의 유한요소 모델 내에서 전파되는 파동이 안정될 수 있는 데 필요한 최소의 측정점으로 설정된다. 다음으로 각 측정점에 대한 변위와 응력형상의 시간신호를 푸리에변환 하여 주파수 성분을 얻는다. 각 주파수에서 평판의 두께를 따라 분포하는 점들을 이용하여 그 주파수에 해당되는 변위와 응력형상을 계산할 수 있다. 이 형상들은 구조물 내에서 전파될 수 있는 모든 모드들의 조합을 나타낸다. 또한 이 형상들을 이용하여 식 (5.1)의 m개의 모드들을 계산할 수 있다(직교 관계식은 변위장이 단일 모드에서 계산된 것이든 몇 개 모드의 조합으로부터 계산된 것이든 상관없이 항상 적용된다). 각 주파수에서 전파될 수 있는 모드들에 대한 이론적인 모드형상(모드 파동전파 모델로부터 구한 형상)을 이용하여 식 (5.1)의 n개의 모드들을 계산할 수 있다. 서로 다른 주파수와 모드들 사이의 일관성을 유지하기 위해 총 스트레인에너지가 항상 동일하도록 이론적인 모드형상을 정규화 한다. 평판의 두께를 따라 적분하는 식인 식 (5.1)의 직교 관계식을 적용하여 복합 모드형상으로부터 각 모드의 크기를 추출한다. 식 (5.1)에 보인 바와 같이 직교 관계식을 서로 다른 두 모드에 적용하면 그 결과는 항상 0이다. 그러나 m번째 모드와 n번째 모드가 같은 모드이면 결과는 그 모드의 파워를 나타낸다. 이러한 원리는 어떤 모드가 몇 개 모드의 조합으로 구성되어 있어도 똑같이 적용된다. 이 경우 직교 관계식을 적용하면 복합 모드 m에 포함되어 있는 모드 n의 크기를 구할 수 있고 이는 다중 모드 신호의 변위와 응력형상을 나타낸다. 각각의 주파수와 각각의 이론적 모드에 직교 관계식을 적용하면 모드의 에너지 분포에 관한 정보를 쉽게 얻을 수 있다.

모드추출 기법을 검증하기 위해 두께 1mm 강판(steel plate)에서 나타나는 두 개의 서로 다른 전파모드(주파수-두께 3.0㎒-mm 부근의 A0, A1 모드)의 변위장과 응력장에 대한 모드 파동전파 해를 이용하였다. 그리고 변위장과 응력장을 서로 더하여 복합장을 구성하였다. 위에서 설명한 모드추출 방법을 적용한 결과 두 모드의 주파수 성분의 크기와 위상은 복합장을 생성하기 위해 사용한 값과 일치하는 것을 확인하였다. 크기를 정규화 하고 추출된 두 모드의 모드형상에 맞게 위상을 조정하여 복합 변위장에서 뺀 결과 잔류변위의 총 크기와 원래 변위의 총 크기와의 차이는 0.1% 이하였다. 이 결과로부터 변위를 정확하게 추출하였음을 알 수 있다. 이때 발생하는 오차는 수치적분에 의한 것으로 직교 관계식을 다시 한 번 적용하면 매우 적은 양으로 감소한다.

그러나 복합 신호로부터 모드들을 추출할 때 유한요소법 결과를 이용하면 몇 가지 문제점이 발생한다. 위에서 언급한 바와 같이 유한요소 모델은 모드 파동전파 해를 이용하여 모델링 한 실제 평판보다 좀 더 큰 강성을 갖는다. 따라서 모드형상이 다르고 두 시스템은 엄밀한 의미에서 서로 완전 직교한다고 할 수 없다. 그러나 보다 큰 오차의 원인은 유한요소 모델 응력장의 부정확성에 기인한다. 변위요소를 이용하여 유한요소 모델을 수립하면 변위는 각 절점에서 연속이지만 요소에서 응력의 연속성에 대한 제한조건을 부가할 수 없다. 사용 요소가 요구되는 응력분포를 정확하게 모델링 하지 못하는 한 응력의 불연속성은 피할 수 없다. 또한 요소에서 계산한 응력도 오차를 포함할 가능성이 크다. 실제로 이러한 오차에 의해 두께관통 응력형상은 "들쭉날쭉"한 형상을 갖는다. 이러한 현상은 가장 정확해야할 Gauss점에서도 마찬가지이다. 응력의 오차는 매우 크기 때문에 모드의 직교 관계식을 쓸모없게 만들어 버리기도 한다. 응력장의 오차는 격자의 크기를 작게 하면 감소시킬 수 있다(그러나 완전히 제거할 수는 없다). 그러나 좀 더 작은 격자를 사용하게 되면 모드추출 기법을 이용할 때 얻을 수 있는 장점들을 상쇄시키는 결과를 초래한다.

유한요소 모델의 응력장은 정확히 계산할 수 없으므로 이러한 정보가 필요하지 않도록 모드추출법을 수정할 필요가 있다. 식 (5.1)의 직교 관계식을 살펴보면 관계식이 두 개의 적분으로 구성되어 있음을 알 수 있다. 첫 번째 항 $v_m(y) \cdot \sigma_n^*(y)$는 유한요소 모델의 합성 속도에 추출할 모드의 응력장의 공액복소수가 곱해진 형태로 표시된다. 각 성분들은 안정된 형태로 계산할 수 있다. 유한요소 모델에서 속도형상은 변위장을 미분하여 쉽게 구할 수 있다(변위에 $-i\omega$만 곱하면 된다). 절점의 경계에서 변위가 연속이어야 한다는 제한조건으로부터 이 성분은 상대적으로 안정된 값을 갖는다. 응력형상은 정확한 모드 파동전파 해로부터 구할 수 있다. 식 (5.1)의 두 번째 항 $v_n^*(y) \cdot \sigma_m(y)$를 구하기 위해서는 유한요소 모델에서의 응력장에 대한 정보가 필요하고 따라서 정확한 계산결과를 얻기가 어려워지게 된다. 두 번째 항을 무시하고 첫 번째 항만 이용하면 모드추출에 대한 실용적인(수학적으로 완벽하지 않지만) 해를 얻을 수 있다. 그러나 직교 관계식의 두 번째 항을 무시하고 정확한 모드의 크기를 추출하기 위해서는 모드추출 루틴을 수정하지 않으면 안 된다.

직교 관계식의 첫 번째 항만을 사용할 경우 모드 크기를 추출하기 위해서는 반복계산과정이 반드시 도입되어야 한다. 이는 완전한 직교 관계식을 사용할 경우에만 반복계산 없이 정확한 모드 크기를 직접 계산할 수 있기 때문이다. 대신 각 반복계산 단계에서 점진적으로 정확한 모드 크기를 추정해 나갈 수 있는 루틴이 필요하다. 그 과정은 다음과 같다. 먼저 완전한 직교 관계식을 사용할 때와 마찬가지로 유한요소 모델의 주파수의존 변위를 계산한다. 다음에 반복계산 루틴을 적용한다. 식 (5.1)의 직교 관계식의 첫 번째 항은 다음과 같이 다시 쓸 수 있다.

$$< \ Q >= \int_S (v_m(y) \cdot \sigma_n^*(y)) \cdot \hat{z}\, dS \tag{5.3}$$

이 식을 유한요소 모델의 변위형상(식에서 모드 m으로 표시)과 그 주파수에서 존재할 수 있는 이론적 모드(모드 n으로 표시)에 적용한다. 이러한 과정을 거쳐 구한 각 모드의 크기를 이론적인 모드형상의 크기로 정규화 한다. 이론적인 모드형상은 식 (5.3)을 이론적인 모드에 적용하여 계산할 수 있다. 이와 같이 계산을 분리해서 수행하면 복합 신호에 포함되어 있는 각 모드의 크기와 위상에 대한 추정 값을 구할 수 있다. 이때 나타나는 모드 중 가장 크기가 큰 모드를 다음 반복계산에 이용한다. 이 모드의 이론적인 모드형상을 유한요소 모델을 이용하여 구한 복합 변위형상으로부터 공제한다. 새로운 변위형상을 이용하여 계산을 반복한다. 새로운 변위형상의 잉여값(residue)이 미리 설정된 허용오차 이하가 되면(초기 변위형상과 비교하여) 반복계산을 중지한다. 특정 주파수에서 모드 크기를 계산하였으면 관심 있는 다른 주파수에 대해서도 같은 과정을 반복한다. 이러한 반복계산 기법은 매우 효과적인 방법으로 단지 몇 번의 반복계산을 수행하여 복합 전파모드를 분리할 수 있다. 또한 모드추출 결과도 안정적이고 유일하다. 예를 들어 손실이 없는 유한요소 모델에서 다중 모드를 서로 다른 점에서 측정하여도 각 점에서의 모드 크기는 동일한 결과를 얻을 수 있다. 또한 에너지보존 및 2-D FFT 기법(5.5.4절에서 논의된 방법)과 비교해 볼 때 두께 관통 모드추출 방법을 이용하여 구한 모드 크기는 정확하다는 것도 확인할 수 있다.

이러한 모드추출 기법을 원통형 시스템에도 적용할 수 있다. 자유 실린더의 모드에 대한 직교 관계식은 자유 평판과 매우 유사하다. 다만 반경방향 뿐만 아니라 원주방향으로 한 번 더 적분을 수행해야 한다는 점이 다를 뿐이다. 이러한 부가적인 적분은 직교 관계식을 실린더의 전 단면에 걸쳐 적용하는데, 이때 서로 다른 원주방향 차수를 갖는 모드들은 서로 직교한다는 성질을 이용한다. 원통형 시스템에 대한 직교 관계식은 다음과 같이 쓸 수 있다.

$$< \ O >= \int_a^b \int_0^{2\pi} (v_m(r,\theta) \cdot \sigma_n^*(r,\theta) + v_n^*(r,\theta) \cdot \sigma_m(r,\theta)) \cdot \hat{z}\, d\theta\, dr = 0 \qquad (5.4)$$

$$\text{for} \quad m \neq n \quad \text{and} \quad m \neq -n$$

여기서 a와 b는 실린더의 내, 외경이고 r, θ, z는 원통좌표계의 좌표들이다. 원통에 대한 모든 유한요소 모델은 축대칭 요소를 포함하고 있으므로 단지 하나의 원주방향 차수만 존재한다. 따라서 모델에 존재하는 모든 모드들은 동일한 원주방향 거동을 나타내고, 원주방향에 따른 적분도 서로 다른 차수의 모드들을 구분하여 수행할 필요가 없다. 원주방향 차수가 0인 모드의 경우 원주방향 적분은 부가적인 r항으로 나타나므로 직교 관계식은 $\int_a^b (\cdots) r dr$이 된다. 평판과 마찬가지로 유한요소 모델을 사용할 때 전파되는 모드의 크기를 추출하기 위해서는 직교 관계식의 절반만 사용하는 반복계산 기법을 적용해야 한다. 원주방향 차수가 0인 원통형 모드에 대한 절반의 직교 관계식은 다음과 같이 쓸 수 있다.

$$< \ Q \geq \int_a^b (v_m(r,\theta) \cdot \sigma_n^*(r,\theta))) \cdot \hat{z}\, r \ dr = 0 \qquad (5.5)$$

유도파가 크기가 무한대인 주변 매질로 에너지를 누설할 경우 엄밀한 의미에서 직교 관계식을 적용할 수 없다. 즉 시스템 내에 손실이 있을 경우 직교 관계식은 성립하지 않는다. 따라서 누설 시스템에 모드추출 기법을 적용하려면 여러 가지 문제점이 발생한다. 그러나 본 교재에서 사용하는 유한요소법은 저주파수에서의 첫 번째 모드만 모델링 한다. 따라서 원통의 경우 하나의 모드만 존재하고 평판의 경우 두 개의 모드만 나타나기 때문에 모드를 분리하는 것이 어렵지 않다. 실제로 유한한 층을 갖는 구조물에 직교 관계식을 적용할 때 앞에서 설명한 모드추출 기법을 이용하여 제한된 수의 모드 크기를 추출하는데 어려움은 없다고 할 수 있다.

5.5.4 모드추출 결과

두께관통 모드추출법의 효용성을 검증하기 위해 반사계수를 결정하는 몇 가지 예제를 살펴보고 이를 2-D FFT 기법과 비교하고자 한다. 반사계수를 계산하는 방법은 제 6장에서 자세히 설명하겠지만 본 절에서 이에 대해 간략하게 소개하고자 한다. 평판 끝단에서의 반사계수를 결정하기 위해서는 끝단과 상호작용하기 전의 모드와 상호작용이 발생한 이후의 모드 크기를 반드시 결정해야 한다. 모드의 크기는 모드추출 기법이나 2-D FFT 방법을 이용하여 계산할 수 있다. 끝단과 상호작용이 일어난 이후의 모드 크기를 입사모드의 크기로 나누면 반사계수를 구할 수 있다. 모드의 크기를 계산하는 방법에 따라 반사계수를 변위크기나 모드 내에 포함된 에너지 형태로 표시할 수 있다. 모드의 특성이 알려져 있을 경우 이러한 측정변수들은 상호 다른 변수로 쉽게 변환될 수 있다.

두께 1mm 강판의 끝단에서 반사되는 A0 모드를 살펴보자. 입력신호는 중심주파수가 10㎒인 15 사이클 톤버스트(tone-burst) 신호로 Gauss 윈도우를 씌었다. 입사파가 평판의 완전 대칭 끝단에서 반사되면 모드변환이 발생하여 비축대칭(anti-symmetric) 모드들이

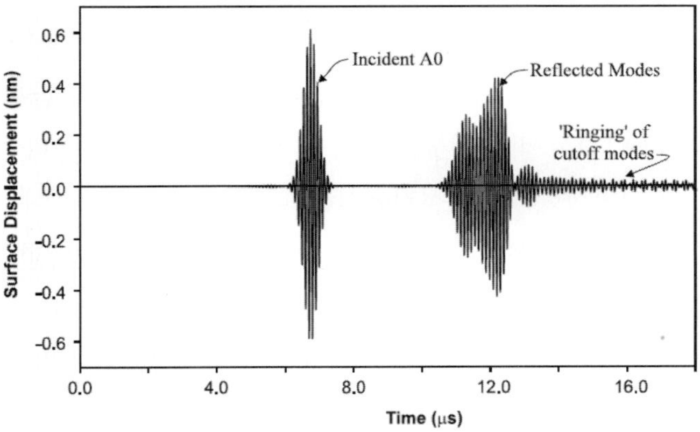

그림 5.2 두께 1mm 강판의 끝단에서 반사되는 A0 모드

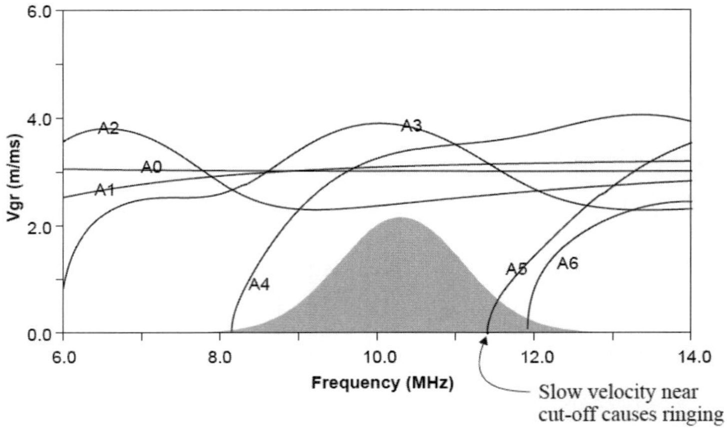

그림 5.3 두께 1mm 강판의 군속도 분산선도

생성된다. 대상 강판은 10㎒에 5개의 비축대칭 모드가 존재하고 따라서 입사에너지가 다섯 개의 모드로 분산된다. 유한요소 모델은 40×1000개의 4절점 평면 스트레인 요소로 모델링 하였고 가진은 다음 절에서 소개할 순수 모드 가진 방법을 사용하였다. 이 모델을 이용하여 구한 시간신호를 그림 5.2에 나타내었다. 대상 평판의 길이는 25mm인데 시간신호는 평판 끝단에서 17.5mm 떨어진 곳에서 모니터링 하였다. 그림에는 반사 신호뿐만 아니라 측정점을 지나는 입사신호도 표시되어 있다. 주 반사 신호의 뒤에 나타나는 신호는 전파속도가 느린 차단 모드(cut-off mode)이다. 그림 5.3에 나타낸 군속도 분산선도에서 알 수 있듯이 모드의 속도는 차단주파수에 접근할수록 빠르게 감소한다. 따라서 차단주파수 근처에서 가진하면 그 모드는 다른 모드들보다 늦게 측정점에 도달할 것이다.

그림 5.4에는 평판 끝단에서의 반사에 의해 여러 모드로 분산된 에너지의 분포를 평면외 표면 변위에 대한 반사계수로 나타내었다. 그림에 나타낸 곡선들은 모드추출 루틴을 사용하여 구한 해를 나타내는데 이를 위해 평판의 두께에 따른 절점들의 선들을 모니터링 할 필요가 있다. 그림에서 작은 원들은 2차원 푸리에변환을 이용하여 구한 해를 나타내는데 이때 파동 전파방향에 따른 절점에서 모니터링 한 결과를 이용하였다. 두 가지 방법을 이용하여 구한 결과가 매우 잘 일치하는 것을 그림에서 확인할 수 있다. 가장 큰 차이점은 A1 모드에 대한 2-D FFT 결과를 얻을 수 없다는 점이다. 이는 2-D FFT에서 A1모드의 크기와 근처에 있는(주파수-파동수 공간에서) A0 모드의 크기를 구분할 수 없기 때문에 나타나는 현상으로 전파되는 파동을 전파거리의 100 파장에 걸쳐 측정하여도 구할 수가 없었다.

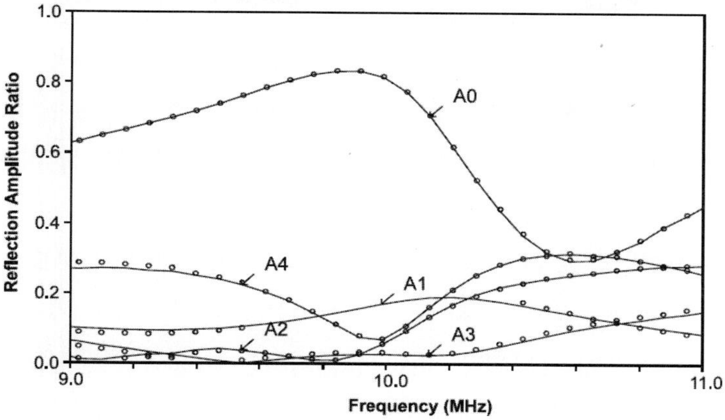

그림 5.4 평면외 변위에 대한 A0 모드의 반사계수

유한요소 모델에 손실 메커니즘이 없고 모든 에너지는 모델의 끝단에서 반사되기 때문에 반사 모드에 포함된 총 파워는 입사모드의 총 파워와 동일하다. 모드추출법과 2-D FFT 방법을 비교하기 위해 입력신호의 중심주파수에서 입사모드의 총 파워를 계산하였다. 그리고 두 방법을 이용하여 구한 반사계수에 대해서도 총 파워를 구하였다. 에너지의 합을 구하기 전에, 측정된 평면외 표면 변위와 어떤 모드에 포함되어 있는 총 파워 사이의 관계를 규정하는 파동전파 모델을 이용하여 반사계수를 에너지 반사계수로 변환하였다. 모드추출 기법을 이용하여 유도한 에너지 반사계수를 모두 더한 결과, 총 파워는 입사모드 에너지의 100.3% 이었다. 반면 2-D FFT를 이용하여 구한 총 파워는 입력 에너지의 102. 7% 이었다(A1 모드에 대한 2-D FFT 정보는 모드추출법에서 구한 자료를 이용하였다). 두 방법 모두 우수한 결과를 얻을 수 있음을 알 수 있다. 2-D FFT 계산 결과의 오차는 주로 A4 모드와 상호작용을 일으키는 A3 모드의 크기를 너무 크게 평가한 결과라 생각된다.

5.5.5 모드추출법 정리

두께관통 변위형상을 해석하여 구조물 내에서 전파하는 모드를 결정하는 방법은 유한요소 모델의 결과를 평가하는 매우 효과적인 방법임을 알 수 있었다. 이러한 두께관통 모드추출 기법은 2차원 푸리에변환 방법에 비해 몇 가지 장점을 갖고 있다. 가장 큰 장점은 모든 자료를 파동 진행방향 상의 한 점에서 측정할 수 있다는 점이다(그 점에서 두께 방향에 따른 여러 점에서 변위를 측정한다). 따라서 이러한 방법을 사용한 유한요소 모델은 파동 진행방향을 따라 상당한 길이의 구조물을 모델링해야 하는 모델보다 모델의 크기가 훨씬 작아지는 장점을 갖고 있다. 이는 누설 시스템의 모델링 시 더욱 확실하게 나타나는데 누설 시스템의 경우 모델의 크기가 매우 중요한 인자이기 때문이다. 또한 파동 진행방향 상의 한 점에서만 측정할 경우 누설 시스템의 해석이 간단해 지는데 그 이유는 해석을 수행하는 영역 내에서 모드 크기가 변하지 않기 때문이다.

두께관통 모드추출법의 또 다른 장점은 파동수의 전 범위에 걸쳐 모드 크기에 대한 정보를 훼손시키지 않는다는 점이다. 각 모드의 크기는 하나의 선으로 추출되는데 이 선은 모드의 주파수와 파동수에 해당된다. 따라서 전파되는 파동과 분산선도 사이의 관계를 즉시 확인할 수 있다. 그러나 2-D FFT 루틴을 사용하면 피크가 서로 중첩되어 분산선도와의 상관관계를 강건하고도 자동으로 규명하기가 어렵다. 따라서 2-D FFT의 자료를 이용하여 믿을만한 결과를 얻기 위해서는 많은 수작업이 필요한데, 특히 어떤 단위로 표시된(예를 들면 평면외 변위) 반사계수를 다른 변위(예를 들면 에너지)로 변환할 때 더욱 어렵다. 이러한 차이점은 모드추출 기법은 모드의 직교성에 의해 모드를 분리하는 반면, 2-D FFT 방법은 파동수의 차이에 의해 모드를 분리하기 때문이다.

두께 관통 모드추출법은 그 외에도 몇 가지 장점을 갖고 있다. 2차원 푸리에변환은 구조물의 두께를 따라 한 점에서만 측정하기 때문에 그 점에서 변위가 없으면 모드의 크기를 결정할 수 없다. 반면 모드추출법은 두께를 따라 모든 점에서 변위를 측정하기 때문에 항상 어떤 모드가 전파되는지 결정할 수 있다. 모드추출 기법은 각 모드의 총 크기에 대한 정보를 제공하기 때문에 이를 특정 위치에서의 에너지나 변위로 쉽게 변환할 수 있다. 모드추출법은 모드의 에너지가 매우 큼에도 불구하고 특정 변위 성분이 거의 0에 가까운 모드의 크기에 의존하지 않기 때문에, 모드추출법을 이용하여 구한 모드의 크기는 2-D FFT 기법을 이용한 경우보다 좀 더 안정된 특성을 나타낸다. 두께관통 모드추출법의 또 다른 장점은 2-D FFT보다 유한요소 해석 결과파일의 크기가 훨씬 작다는 점이다. 이는 좀 더 작은 수의 절점들을 모니터링 하기 때문에 나타나는 결과이다. 따라서 정보를 처리하기 위해 소요되는 시간이 줄어들게 된다.

그러나 두께관통 모드추출법이 갖는 단점도 몇 가지가 있다. 가장 주요한 단점은 요구되는 변위형상을 얻을 수 없기 때문에 실험결과를 이용할 수 없다는 점이다. 따라서 이 방법은 유한요소 해석에만 사용될 수 있다. 또 다른 주요 단점은 분산선도의 정확도에 매우 민감하게 반응한다는 점이다. 이 방법은 모드전파 해를 갖는 모드만을 검출할 수 있다. 유한요소 모델에 부가적인 모드들이 존재하면 그 모드들은 모드추출법으로 규명할 수 없다. 즉 부가적인 모드들은 단순히 잉여값이 존재하는 효과만 유발한다.

또 두께관통 모드추출법은 전파되는 모드의 차단주파수 근처의 주파수에 수렴할 수 없는 단점을 갖고 있다. 이는 울림(ringing)의 영향 때문이라고 생각할 수 있다. 차단주파수 근처에서 모드는 매우 낮은 에너지 속도로 전파되고 이는 신호가 시간영역에서 넓은 범위에 퍼지게 만드는 효과를 발생한다. 유한요소 모델에는 감쇠가 없기 때문에 그 모드들의 크기는 시간이 경과됨에 따라 감소하지 않는다. 따라서 주 신호 뒤에 울림 신호가 나타나게 된다. 유한요소 모델은 상대적으로 그 크기에 제한이 있으므로 모든 울림 모드를 측정할 수 없고 일정 시간이 경과한 이후의 모드의 크기는 인위적으로 0으로 만들어야 한다. 시간신호를 잘라내면 측정점의 주파수 스펙트럼이 왜곡되고, 결과적으로 모드추출을 위해 사용되는 입력신호에 대한 변위장이 훼손되게 된다. 변위장이 정확하지 않으면 모드를 정확하게 추출할 수 없다는 것은 자명한 사실이다. 이러한 왜곡은 일반적으로 차단주파수 근처에서 반사계수 선도의 파문(ripple) 형태로 나타나고 주파수 스펙트럼에 측파대(side lobe)가 발생하는 효과를 유발한다. 이와 같은 문제는 유한요소 모델에 작은 양의 감쇠를 첨가하면 크게 줄일 수 있다. 즉 감쇠를 첨가하면 신호의 울림 부분이 시간 경과에 따라 감쇠되어 완벽한 측정이 가능해진다. 그러나 현재 사용하고 있는 유한요소 프로그램에서 탄성파에 감쇠물질을 첨가하는 기법은 아직 개발되어 있지 않다. 모도추출법의 또 다른 약점은 서로 다른 방향으로 진행하는 모드들을 분리할 수 없다는 점이다.

5.6 순수모드 가진

지금까지 유한요소 모델의 변위장을 파동전파 모드 해로 표시하는 방법에 대해 검토하였다. 본 절에서는 정반대의 문제를 살펴보고자 한다. 즉 유한요소 모델에서 유도파 가진을 제어하는 방법에 대해 살펴보자. 일반적으로 이 과정은 모드추출 전에 수행되는 작업인데 이는 파동전파 모드 해는 대개 알려져 있고 모드에 대한 더 많은 정보를 얻기 위해 유한요소 모델을 사용하기 때문이다. 그 다음에 모드추출 기법을 이용하여 유한요소 결과와 모드 해 사이의 상관관계를 규명한다. 그러나 본 교재에서는 가진 방법의 유용성을 검증하기 위해 모드추출 기법을 먼저 소개하였다.

어떤 모드가 가진되는지 정밀하게 제어하는 것은 중요한데 그 이유는 다양한 모드의 영향을 독립적으로 평가할 수 있고 따라서 복잡한 시스템에 대한 해석을 매우 간략화 할 수 있기 때문이다. 모드는 선형성을 유지하므로 개별 모드의 거동을 나중에 합성하여 전체 시스템을 모델링 할 수 있다.

본 절에서는 평판 끝단에 원하는 모드의 시변(time-varying) 변위장을 적용하여 단일 순수모드를 가진하는 두 가지 방법에 대해 살펴보고자 한다. 평판의 모든 모드는 어떤 주파수에서도 직교성을 가지므로, 적용하는 변위형상이 그 모드의 변위형상과 적절하게 일치하면 원하는 모드만이 생성되게 된다[89]. 두 가지 방법 중 순수모드를 생성하기 쉬운 방법을 중심 모드형상(center mode shape)이라 하자. 이 방법은 모드형상이 입력신호의 전 주파수 대역폭에 걸쳐 일정하다고 가정하는 방법으로 낮은 주파수-두께에서 기본모드를 우선적으로 가진할 수 있다. 그러나 분산선도 상의 어느 위치에서는 정밀 모드형상(exact mode shape)과 같은 좀 더 복잡한 방법이 필요한 경우도 있다. 정밀 모드형상은 주파수가 변함에 따라 변위장이 바뀌는 영향도 고려할 수 있으므로 전 가진 주파수범위에서 선택된 모드에 에너지를 집중할 수 있다.

본 절에서는 유한요소 모델에서 순수모드를 가진하는 과정에 대해 검토하고 두 가지 방법으로 생성한 가진 신호에 대한 해석 결과를 비교하고자 한다. 분산선도 상에서 서로 떨어진 위치에서 생성한 세 가지 서로 다른 입력신호를 이용하여 두 방법의 장, 단점을 비교한다. 입력신호를 생성할 위치를 그림 5.5에 나타내었는데 그림에는 알루미늄 평판의 군속도 분산선도가 제시되어 있다. 처음 두 위치 (a), (b)는 각각 주파수-두께 1.0, 5.0 ㎒-mm를 갖는 A0 모드의 분산선도 상에 놓여 있다. 세 번째 위치 (c)는 S2 모드가 최대 군속도를 갖는 점으로 이때 주파수-두께는 6.8㎒-mm 이다.

중심 모드형상과 정밀 모드형상 기법은 David Alleyne에 의해 제안되었다. 이 기법을

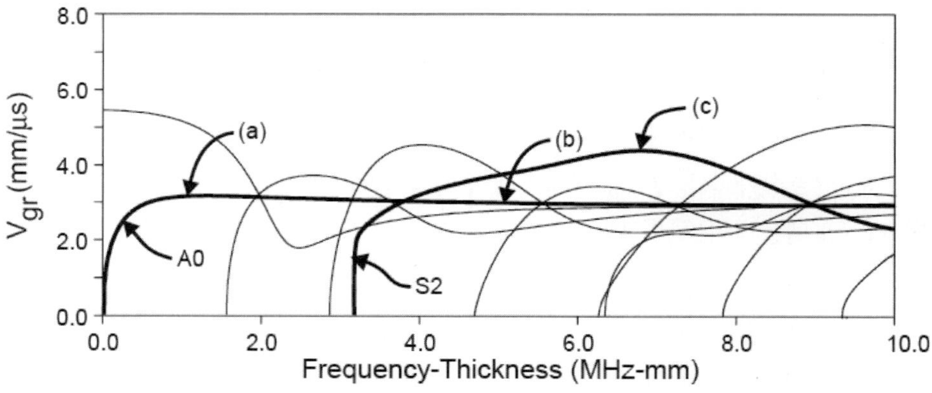

그림 5.5 알루미늄 평판의 군속도 분산선도

확장하여 다중 층, 원통형, 누설 구조물에 적용하고자 한다. 또한 고차 모드의 순수모드를 가진하기 위해 방법을 좀 더 세밀하게 조율하였고 이를 파동전파 해석 프로그램인 Disperse에 포함시켰다. 이 방법을 Disperse에 포함시킬 때 공기 중에 놓여있는 단일 층 평판에 대한 해석적 해를 사용하지 않고 전역행렬을 사용하여 변위형상(모드형상)을 계산하였다. 본 장의 5.6.4절에서 설명하는 바와 같이 이때 모든 모드형상을 복소수로 처리해야만 누설 유도파도 적절하게 모델링 할 수 있다.

5.6.1 중심 모드형상

중심 모드형상은 유한요소 격자의 경계에서 변위형상을 규정함으로써 순수모드를 생성하는 방법이다. 이 방법을 적용하기 위해서는 원하는 모드의 변위형상을 반드시 알아야만 한다. 평판의 전 두께에 걸쳐 응력과 변위의 형상을 규정하는 모드형상은 파동전파 해로부터 추출할 수 있는 평판의 모드 정보의 일부분이다.

먼저 모델 평면 내에서 두 방향으로의 변위형상을 선택된 입력신호의 중심 주파수에서 계산한다. 다음에 유한요소 격자의 끝단에 놓여있는 각 절점에서의 입력 시간신호를 그 위치에서의 변위 모드형상의 크기로 정규화 한다. 이 과정은 두 방향 신호 모두에 대해 수행하고 두 성분 사이의 위상차에 대한 적절한 값을 도입한다(공기 중에 놓여있는 탄성 평판에서 위상차는 90°로 고정되어 있다).

정규화 과정은 시간영역에서 수행되는데 그 결과 유한요소 모델에 사용될 시계열(time series) 입력신호를 얻을 수 있다. 저주파수에서 A0 모드에 이와 같은 방법을 적용하는 과정을 그림 5.6에 나타내었다. 유도파 모드는 서로 직교하므로 단일 모드에 대한 변위형상이 정확하다면 그 모드만 가진될 것이다.

이 방법은 특정한 몇 개의 모드를 생성하는데 매우 우수한 성능을 나타낸다. 그림 5.7

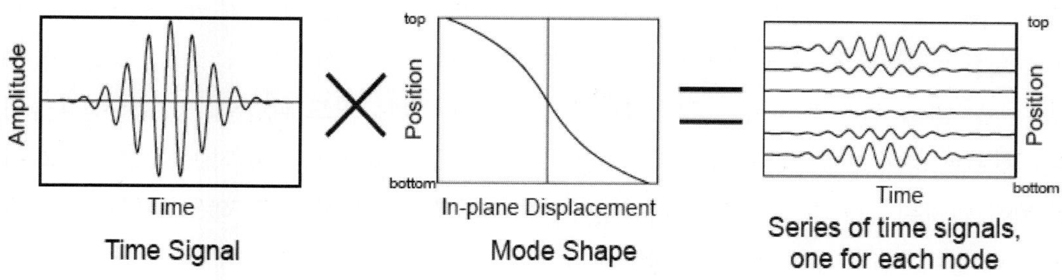

그림 5.6 중심 모드형상 기법에 의한 입력신호의 정규화 과정

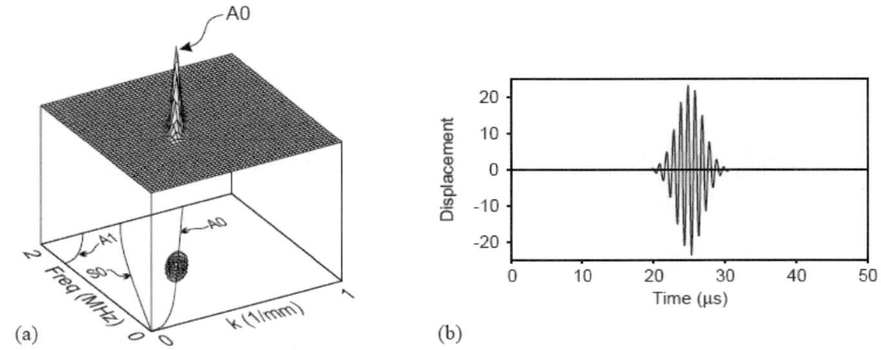

그림 5.7 중심 모드형상 기법에 의한 A0 모드의 생성 (a) 2-D FFT (b) 시간신호

에는 Gauss 윈도우를 씌운 12 사이클 톤-버스트를 이용하여 주파수-두께 1.0 MHz-mm(그림 5.5의 (a) 위치)에서 A0 모드를 생성할 때의 2-D FFT 결과와 시간신호를 제시하였다. 대상 시스템에 대한 분산선도는 그림 5.5에 주파수-군속도 분산선도로 제시되어 있는데 이 분산선도를 주파수-파동수 영역으로 변환하고, 원하는 모드가 생성되는지 확인하기 위해 2차원 푸리에변환 결과 밑에 윤곽선(contour)으로 다시 결과를 표시하였다. 윤곽선에서 뾰족한 모서리는 결과를 평면으로 변환할 때 보간법을 사용하였기 때문에 나타나는 현상으로 실제로 윤곽선은 부드러운 곡선으로 구성되어 있다. 2차원 FFT 결과에서 단지 하나의 피크만이 나타나는 것으로부터 단일 모드만이 존재함을 알 수 있다. 결과적으로 평판 표면의 한 측정점에서 구한 시간신호는 매우 깨끗하고 해석하기 쉽다는 것을 알 수 있다.

그러나 입력신호의 주파수가 증가하거나 입력신호에 포함된 사이클의 수가 감소하면 중심 모드형상을 적용하는데 문제점이 발생한다. 그림 5.8에는 Gauss 윈도우를 씌운 2 사이클 톤-버스트를 이용하여 주파수-두께 5.0 MHz-mm(그림 5.5의 (b) 위치)에서 A0 모드를 생성할 때의 결과를 표시하였다. 원하는 A0 모드 외에 A1, A2, A3 모드 또한 생성됨을 알 수 있고 2-D FFT 결과에도 작은 언덕(hump)들이 나타나는 것을 알 수 있다. 그 결과 시간신호도 훼손되어 그림 (b)와 같이 해석하기 어려운 입력신호가 나타나는 것을 볼 수 있다. 주 신호 뒤에 나타나는 작은 파문들은 원하지 않는 모드 때문에 생기는 신호들이다. 훼손된 양이 매우 적을지라도 부가적인 모드들에 의해 신호의 해석이 복잡해지고 결함에서 반사된 신호의 분석도 어려워진다. 즉 이러한 모드들에 의해 작은 결함에서 반사된 신호들이 가려지는 현상이 발생한다.

중심 모드형상을 이용하여 순수모드를 생성하기 어려운 또 다른 예제로 고차 모드를

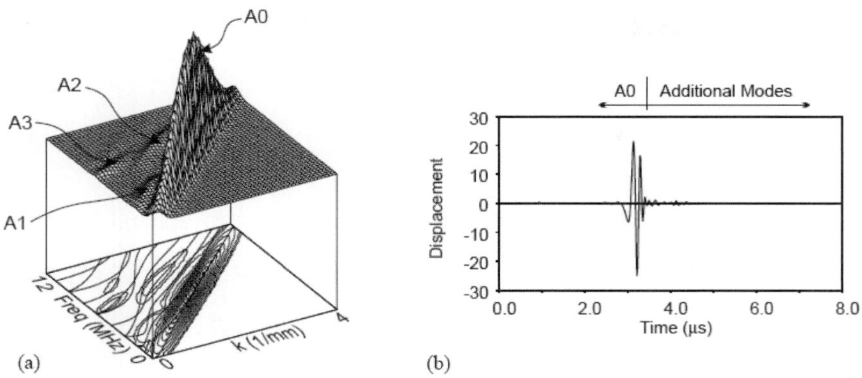

그림 5.8 중심 모드형상 기법에 의한 A0 모드의 생성 (a) 2-D FFT (b) 시간신호

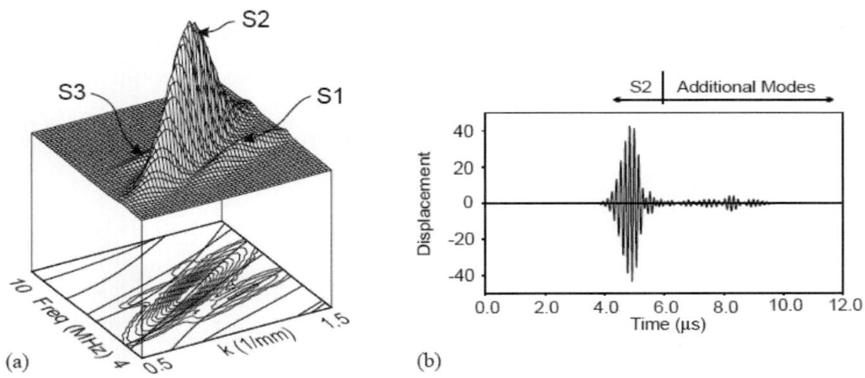

그림 5.9 중심 모드형상 기법에 의한 S2 모드의 생성 (a) 2-D FFT (b) 시간신호

생성하는 경우를 고려해 보자. 그림 5.9에는 중심 모드형상을 이용하여 Gauss 윈도우를 씌운 10 사이클 톤-버스트를 이용하여 주파수-두께 6.8㎒-mm(그림 5.5의 (c) 위치)에서 S2 모드를 생성할 때의 결과를 나타내었다. 2차원 푸리에변환 결과에서 S3와 S1 모드가 모두 나타나는 것을 쉽게 확인할 수 있다. 이 모드들은 시간영역에서 주 신호인 S2 모드 뒤에 작은 파문 형태로 긴 시간에 걸쳐 존재한다는 것도 알 수 있다.

앞에서 살펴본 두 예제에서 부가적인 모드들이 생성되는 것은 입력 변위형상이 가진 신호에 존재하는 모든 주파수 성분들의 모드와 일치하지 않기 때문인 것으로 생각될 수 있다. 단일 시간신호를 직접 정규화 하기 위해 모드형상은 모든 주파수에서 일정하다고 가정하였다. 그러나 실제로 모드형상은 주파수에 따라 변한다. 따라서 모드형상이 입력 신호의 중심 주파수에서의 모드형상과 다를 경우 중심 모드형상 기법을 이용하면 모든 주파수에서 부정확한 모드형상을 얻게 된다. 그리고 각 주파수에서의 잉여 성분들에 의해 부가적인, 원하지 않는 모드들이 생성된다.

5.6.2 정밀 모드형상

주파수에 따라 모드형상이 변하는 영향을 입력신호가 고려할 수 있으면 부가적인 모드의 생성을 억제할 수 있다. 즉, 이러한 모드형상의 변화는 정밀 모드형상을 이용하여 주파수영역에서 작업을 수행하면 쉽게 보상될 수 있다. 이 방법은 모드의 주파수의존 변위형상을 원하는 입력신호의 주파수 스펙트럼과 결합하여 순수모드를 생성한다.

첫 번째 단계로 원하는 파동의 형태를 결정한다. 예를 들어 특정 주파수에서 Gauss 윈도우를 씌운 10 사이클 톤-버스트를 원하는 파동의 형태로 선택한다. 그리고 푸리에변환을 이용하여 그 파동의 주파수 스펙트럼을 계산한다. 다음에 어느 정도 크기(주파수응답 최대 크기의 0.1% 이상)를 갖는 모든 주파수 성분에서 원하는 모드의 변위형상을 계산한다. 변위의 크기를 정규화 하여 그 모드의 총 스트레인 에너지가 가진 신호의 대역폭 내에 있는 모든 주파수에서 동일하도록 만든다.

두 번째 단계로 입력신호의 주파수 스펙트럼과 주파수의존 변위형상을 서로 곱한다. 이 과정은 유한요소 격자의 전 두께에 걸쳐 분포하는 모든 절점에 대해, 그리고 입력신호에 어느 정도 크기를 갖는 모든 주파수에 대해 수행한다. 입력신호의 각 주파수 성분의 값은 그 위치(평판 두께에 따른)에서의 모드형상 변위 값과 곱해진다. 계산 결과는 행렬 형태로 나타나는데 각 행은 어느 정도 크기를 갖는 주파수 성분으로 구성되고, 각 열은 평판 두께에 따른 절점들을 포함한다. 이때 행렬 요소들의 값은 변위에 해당된다. 이

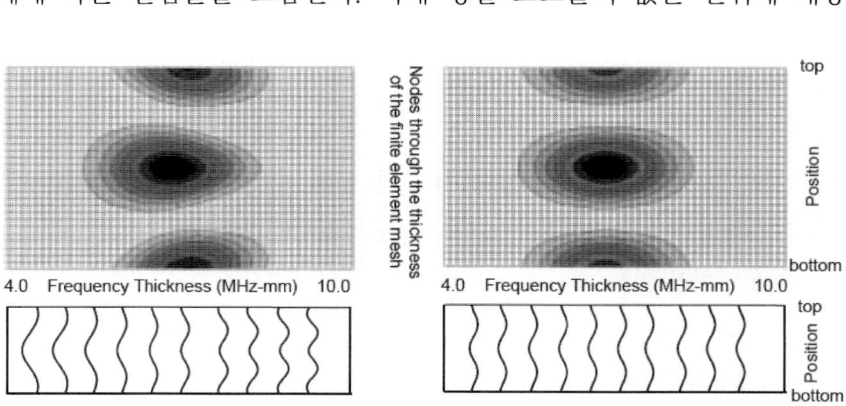

(a) 중심 모드형상 (b) 정밀 모드형상

그림 5.10 S2 모드 전파방향의 변위에 대한 윤곽선과 변위형상

행렬의 크기를 윤곽선으로 나타내면 그림 5.10과 같은데 그림에는 알루미늄 평판의 최대 군속도(그림 5.5의 (c)위치)에서의 변위 크기를 S2 모드의 진행방향에 따라 나타내었다. 이때 가로축은 주파수-두께이고 세로축은 평판 두께방향의 위치를 나타낸다. 결과를 비교하기 위해 그림 5.10(b)에는 동일한 행렬에 대해 중심 모드형상 기법을 사용하여 변위 크기를 구한 결과를 나타내었다. 각 윤곽선 그림 아래에는 동일한 주파수-두께 축에 대해 S2 모드의 진행방향에 따른 변위를 띠 형태로 나타내었다. 띠 형태로 나타낸 변위형상에는 입력신호의 주파수 형상에 의한 윈도우가 씌어져 있지 않지만 윤곽선에는 윈도우가 씌어져 있다. 최대 군속도 근처에서 S2 모드의 변위가 크게 변화하는 것을 볼 수 있는데, 그 영향으로 여러 절점에 적용된 주파수 스펙트럼도 변동할 것이라는 것을 알 수 있다.

마지막 단계로 역 푸리에변환을 이용하여 정규화 된 주파수 스펙트럼을 시간신호로 변환한다. 그리고 결과로 나타난 시간신호를 유한요소 격자의 끝단에 위치한 절점에 부과한다. 유한요소 모델이 시간 행진을 하면 순수모드가 생성된다.

정밀 모드형상을 사용할 때의 장점을 그림 5.11과 5.12에서 확인할 수 있다. 그림에는 중심 모드형상을 사용할 때 문제점이 발생했던 경우(그림 5.8과 5.9)에 대해 정밀 모드형상을 이용하여 다시 구한 결과를 나타내었다. 광대역 주파수범위에서 생성된 A0 모드와 최대 군속도에서 생성된 S2 모드에 대한 2-D FFT 결과를 살펴보면 단 하나의 모드만이 생성된 것을 확인할 수 있다. 시간신호도 중심 모드형상을 이용한 경우보다 해석하기에 훨씬 간단하다는 것을 알 수 있다. 두 경우 모두 분산에 의한 영향이 확실히 나타난다. A0 모드의 낮은 주파수 성분이 먼저 측정점에 도달하고, S2 모드의 톤-버스트 포락선의 폭이 증가하고 그 크기는 감소하는 것을 알 수 있다. 또한 주파수 성분들이 서로 간섭함

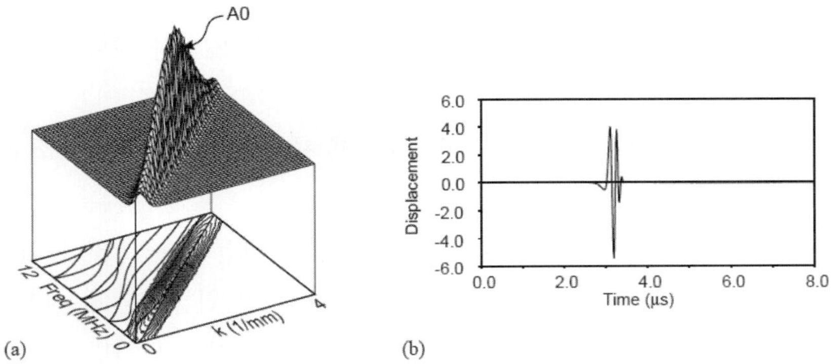

그림 5.11 정밀 모드형상 기법에 의한 A0 모드의 생성 (a) 2-D FFT (b) 시간신호

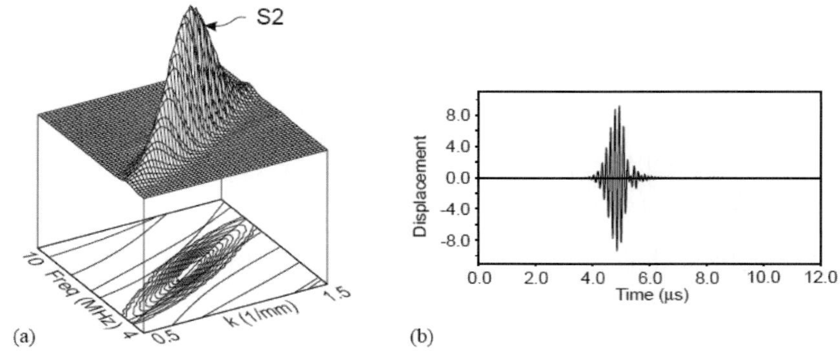

그림 5.12 정밀 모드형상 기법에 의한 S2 모드의 생성 (a) 2-D FFT (b) 시간신호

에 따라 그 형상도 변하는 것을 확인할 수 있다. 그러나 다른 모드생성 기법들과 마찬가지로 두 번째 모드의 영향은 미미하게 나타난다.

5.6.3 원통형 구조물에 대한 정밀 모드형상

직교 시스템과 마찬가지로 원통형 구조물에 대해 정밀 모드형상 기법을 적용하여도 순수모드를 정확하게 생성할 수 있는데 그 이유는 실린더 내의 모드들도 서로 직교하기 때문이다. 그러나 원통형 구조물을 다루기 위해서는 정밀 모드형상 기법을 약간 수정할 필요가 있다.

원통형 시스템을 평면 변형률을 갖는 구조물로 다루지 않고 축대칭 거동을 할 수 있도록 제한조건을 조정한다. 이러한 제한조건에 의해 전체 원통형 시스템을 대규모 3차원 모델이 아닌 2차원 요소를 사용하여 모델링 할 수 있다. 그러나 이 제한조건 때문에 비축대칭 거동을 묘사할 수 없고 서로 다른 원주방향 차수를 갖는 모드 사이의 모드변환도 모델에 포함할 수 없게 된다. 또한 몇 가지 간단한 경우를 제외한 고차 휨 모드도 모델링 할 수 없다.

순수 휨 모드도 생성할 수 없는데 그 이유는 현재 사용하고 있는 유한요소 프로그램인 FINEL은 모델 입력에 대한 모든 변위성분(반경방향, 축방향, 원주방향 변위)은 실린더 원주방향을 따라 동일한 위상 관계식을 갖는 것으로 가정하기 때문이다. 그러나 실린더 휨 모드의 경우 원주방향 변위는 반경방향, 축방향 변위와 90°의 위상차를 갖는다. 예를 들어 첫 번째 원주방향 차수에 대해 반경방향 성분이 0°에서 최대에 도달하면(코사인 법칙) 원주방향 성분은 90°에서 최대가 된다(사인 관계식). 따라서 유한요소 모델 내에서 순수 휨 모드를 생성할 수 없다. 그러나 하나의 변위성분이 모드의 전체 변위형상을 완벽하게 지배하고 존재 가능한 모드 수가 많지 않으면, 지배적인 방향으로 변위장이 형성되게 만들고 다른 방향은 평형 상태를 유지하도록 함으로써 상대적으로 순수한 모드를 생성할 수 있다. 완벽한 3차원 격자를 이용하여 순수모드를 생성할 수 있지만 격자 크기가 급격히 커지기 때문에 간단한 시스템이나 누설 시스템도 3차원 요소를 이용하여 해석하는 것은 거의 불가능해 진다.

축대칭 제한조건을 설정하면 반경이 0일 때 해가 불안정해지는 단점이 있다. 따라서 중실봉(solid bar)을 모델링 할 때 작은 구멍(대개 반경의 0.1%)을 봉의 중심에 위치시켜 불안정 영역을 회피한다. 이 작은 구멍 주위의 반경반향 변위를 종방향 모드에 대해 동일하게 0으로 제한하면 구멍에 의한 영향을 제거할 수 있다. 작은 구멍이 존재하고 반경방향 제한조건이 설정되어 있는 경우에 대한 모드파동 해와 유한요소 결과는 매우 잘 일치한다. 따라서 제한조건을 조정하는 것은 해에 거의 영향을 미치지 않는다는 것을 알 수 있다.

유한요소 프로그램 FINEL을 이용하여 원통형 시스템의 순수모드를 생성할 때 마지막으로 고려할 사항은 격자의 방향이다. 직교 시스템의 경우 평판은 대개 수평방향으로 격자를 배치한다. 그러나 원통형 시스템의 경우 축대칭 제한조건을 갖기 때문에 시스템은 *y*축에 대해 대칭이어야 한다. 따라서 모든 격자의 방향은 시스템에 수직이 되도록 변경

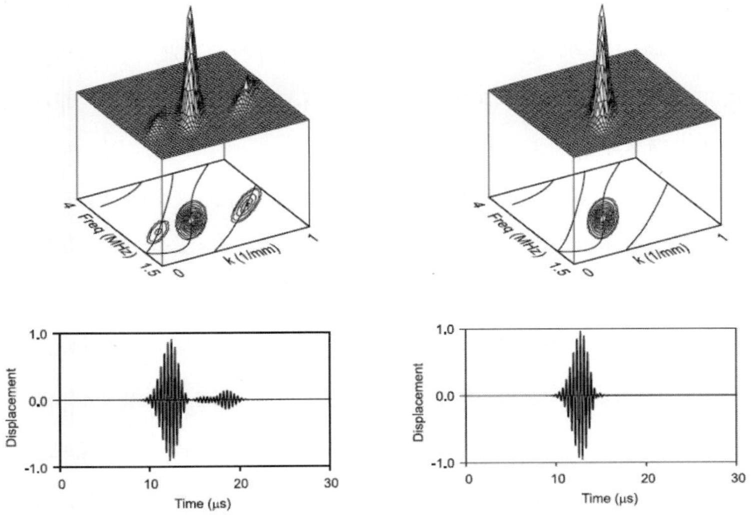

(a) 중심 모드형상 (b) 정밀 모드형상

그림 5.13 강철봉의 L(0,2) 모드 생성 시 2-D FFT 결과와 시간신호

해야 한다.

원통형 시스템에 정밀 모드형상을 적용한 결과를 그림 5.13에 제시하였다. 그림은 강철봉의 L(0,2) 모드를 생성할 때의 영향을 나타낸 것으로 순수모드는 최대 군속도(약 2.5MHz-mm의 주파수-반경)에서 Gauss 윈도우를 씌운 15 사이클 톤-버스트를 이용하여 생성하였다. 그림 5.13의 (a)는 중심 모드형상 기법을 사용하여 모드를 생성한 결과이다. 상당한 크기의 L(0,1), L(0,3) 모드가 동시에 생성되는 것을 확인할 수 있다. 이 모드들은 시간신호에서 주 신호 뒤에 좀 더 크기가 작고 속도가 느린 형태로 나타난다. 그림 5.13의 (b)는 정밀 모드형상 기법을 사용한 결과로 2-D FFT나 시간신호 모두 원하지 않는 모드가 거의 나타나지 않는 것을 알 수 있다.

5.6.4 누설 시스템에 대한 정밀 모드형상

주변 매질로 에너지를 누설하는 시스템을 다루기 위해서도 순수모드 생성 기법을 약간 수정해야 한다. 누설 모드에 존재하는 감쇠에 의해, 비누설 시스템에서는 나타나지 않았던 모드형상의 서로 다른 위치 사이의 위상차가 발생하게 된다. 중심 모드형상 기법에서는 평면내, 평면외 변위 사이의 위상차가 고정되어 있으므로 이 기법을 이용하여 누설 시스템의 거동을 정확하게 묘사할 수 없다. 즉 변위성분 사이의 위상이 각 층의 두께를 따라 변하게 된다. 따라서 정밀 모드형상 기법을 도입해야 한다. 주파수의존 모드형상 정보를 역푸리에 변환하여 시간영역으로 옮기면 위상차가 주변 매질로 연속적으로 전달되어 시간 천이가 나타나게 된다. 이러한 시간 천이에 의해, 전파되는 파동은 인과성(casuality)을 따르게 되고 따라서 내부 층에서의 유도 누설파는 주변 매질에 입체파를 발생시키고 이 파는 구조물을 따라 전파된다.

누설 문제는 내부 층에서의 파동뿐만 아니라 주변 매질에서의 파동 생성과도 관련이 있다. 주변 매질에서의 파동은 구조물로부터 누설되는 입체파이다. 이러한 입체파는 주변 매질의 경계에 적절한 변위를 가하거나, 내부 층에서 파동을 전파시키고 누설 파동이 발생하도록 만들면 생성될 수 있다. 내부 층에 누설 파동이 발생되도록 만드는 방법이 적용하기에 훨씬 간단하지만 내부 층뿐만 아니라 주변 매질의 경계에 변위를 가하는 방법은 몇 가지 장점을 갖고 있다. 모드형상은 주변 매질의 변위와 내부 층 변위 모드에 의해 형성되므로 모델의 전 단면적에 걸쳐 변위를 인가하면 최소한도의 우수한 모드를 선택할 수 있다. 그러나 실제로 이러한 영향은 고차모드에서만 나타난다.

내부 층에만 변위를 가하는 데 따른 보다 지배적인 영향은 주로 표면에서 나타난다.

주변 매질의 경계에서의 변위가 제한되어 있지 않으면 자유 경계에서 표면파가 형성된다. 이러한 표면파는 누설 입체파와 상호작용을 일으켜 변위장이 왜곡되게 보이게 만든다. 내부 층에만 변위를 가한 경우와 전체 단면적에 걸쳐 변위를 가한 경우를 그림 5.14에 비교하였다. 그림에는 그라우트(grout)에 매립된 강철봉(중심에 구멍 존재)의 변위에 대한 스냅사진을 제시하였다. 두 사진 모두 왼쪽의 처음 20개 요소는 강철봉의 1mm 반경을 나타내고 오른쪽의 나머지 요소들은 그라우트를 나타낸다. 파동은 모델의 하부에서 생성되어 상부로 전파된다. 오른쪽 경계에서의 파동반사는 두 번의 계산 결과(한 번은 자유 경계조건, 또 한번은 고정 경계조건)을 서로 합하여 제거하였다. 그림 5.14(a)의 모델 하부를 따라 크기가 큰 표면파가 생성되는 것을 확인할 수 있는데 이는 경계에서의

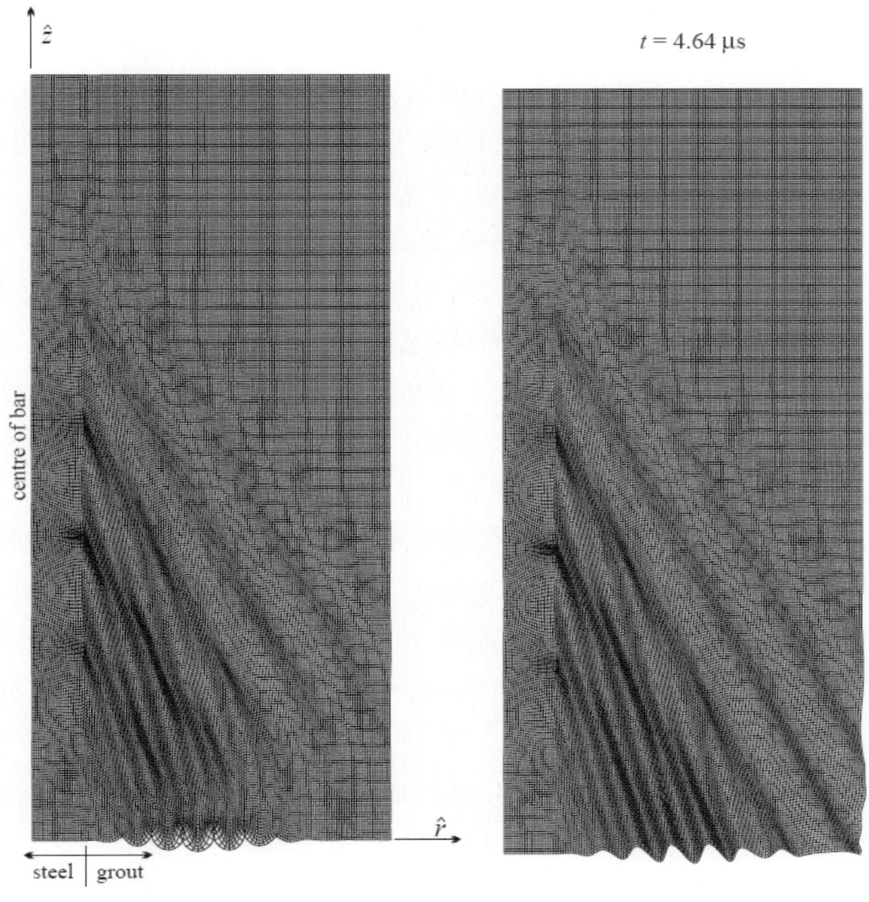

(a) 강철봉에만 변위 인가 (b) 모든 단면적에 변위 인가

그림 5.14 매립된 강철봉의 L(0,2) 모드의 변위장

변위가 누설 유도파의 모드형상을 따르도록 제한하지 않았기 때문이다. 이 표면파는 강철봉과 주변 그라우트의 경계를 제한하면 나타나지 않는다.

고려 대상 시스템의 경우 누설이 존재하여도 순수모드를 생성할 수 있었다. 이는 누설모드들은 반경 0에서 무한대 반경까지 고려하지 않는 한 엄밀한 의미에서 서로 직교하지 않기 때문에 대단히 고무적인 현상으로 생각할 수 있다. 유한요소 결과와 파동전파 모델로부터 추출한 감쇠가 매우 잘 일치하는 것으로부터 두 방법의 타당성을 검증할 수 있다. 즉 정밀 모드형상을 이용하여 순수모드를 생성할 수 있고 전파특성은 이론적 모델과 잘 일치한다는 것을 알 수 있다.

5.6.5 순수모드 가진 요약

모드형상의 변화를 고려하지 않고 모드를 생성하면 원하지 않는 모드가 필연적으로 생성된다. 부가적인 모드가 존재하면 유도파 거동의 해석이 어려워진다. 그러나 정밀 모드형상 기법을 사용하면 주파수에 따라 모드형상이 변하는 영향을 고려할 수 있기 때문에 유한요소 모델에서 순수모드를 생성할 수 있다.

모드형상이 주파수에 따라 변하는 영향을 고려할 수 있다는 사실은 특히 다음 두 가지 경우에 대해 의미를 갖는다. 즉 광대역 주파수가 사용될 때와 고차 모드를 모델링 할 때이다. 광대역 주파수를 사용하면 넓은 주파수범위에 걸쳐 변위장이 크게 변할 수 있고, 실제 모드형상과 인가된 모드형상이 서로 불일치 할 경우 다른 모드들이 생성될 수 있다. 고차 모드를 사용하게 되면 고려하는 주파수범위 내에 많은 다른 모드들이 존재하게 되어 형상의 작은 오차에 의해서도 복잡한 다중 모드 신호가 형성된다.

실제 실험에서는 순수모드를 생성하기 위해 평판의 전 두께에 걸쳐 정밀 변위형상을 규정할 수 없지만, 입사각이나 인터디지털(inter-digital) 변환기 등과 같은 다양한 기법들을 조합하여 단일 모드만을 수신할 수 있다. 순수모드 가진을 이용한 유한요소 결과를 이용하여, 생성된 모드들이 어떻게 반응하는지 예측할 수 있고 따라서 최적의 실험과정을 빠르고 정확하게 구현할 수 있다.

본 장에서 제시한 모드 파동전파 해와 유한요소 모델 해를 결합한 기법을 이용하여 다음 장에서는 매립된 봉의 결함에 의한 반사계수를 조사하고자 한다.

제6장 유한요소법에 의한 반사계수

결함으로부터 반사되는 유도초음파 모드를 이용하여 비파괴검사를 수행할 때 다양한 모드들이 결함과 어떤 방식으로 상호작용하는지를 살펴보는 것은 매우 중요하다. 모든 파동전파 해는 이에 대한 정보를 제공할 수 없기 때문에 유한요소 모델링과 같은 다른 방법을 사용할 필요가 있다. 본 장에서는 유도초음파가 결함에서 어떻게 반사되는지와 어느 정도의 에너지가 모드끼리 전달되는지를 결정하기 위해 유한요소 모델과 모드 파동전파 해를 결합하는 방법에 대해 살펴보고자 한다.

유한요소법을 이용하여 Lamb파와 결함이 서로 상호작용하는 과정을 모델링 하는 방법은 영국의 Imperial College의 NDT 실험실 및 다른 비파괴 실험실에서 널리 사용되고 있다. 본 장의 첫 번째 절에서는 예제를 통해 지금까지 사용되었던 방법을 다시 검토하고자 한다. 두 번째 절에서는 기존의 방법을 확장하여 매립된 시스템의 기본 모드에 대한 반사계수를 구하는 방법을 살펴보고자 한다. 자유 시스템과 누설 시스템의 반사거동의 차이점도 고찰하고자 한다. 마지막 절에서는 기존의 방법을 확장하여 고차 원통형 모드의 반사계수를 구하는 방법에 대해 설명한다.

6.1 저주파수 자유 시스템

평판의 기본 모드가 결함에 의해 반사되는 현상을 이용하여 유한요소 결과에 의한 반사계수를 결정하는 법칙에 대해 설명한다. 이러한 기본적인 과정은 적용하기가 쉽기 때문에 여러 연구자들에 의해 논의되어 왔다.

반사계수(reflection coefficient)와 전달계수(transmission coefficient)는 단순히 반사되고 전달되는 각 모드의 비를 표시한다. 그 비는 대개 진폭이나 에너지의 비로 표시된다. 모드의 특성이 알려져 있으면 반사계수를 전달계수로, 또는 그 반대로 변환하는 것은 어렵지 않은 작업이다. 유도초음파의 거동은 선형 특성을 갖기 때문에 반사계수는 단순히 결함에서 반사된 모드의 크기를 입사모드의 크기로 나눈 값으로 계산할 수 있다. 전파되는 파동의 크기는 몇 가지 방법에 의해 결정된다. 비분산 모드가 하나만 존재할 경우에는 신호의 적당한 부분의 최대 크기를 이용할 수 있다. 그러나 모드가 분산성을 가지면 파동이 진행하면서 펄스의 형태가 변하게 된다. 따라서 단순히 최대 크기를 이용하면 결과가 부정확하게 된다. 이 경우 신호의 각각 관련된 부분을 따로 푸리에변환 하고 특정한 주파수 성분의 크기를 이용하는 것이 유리하다. 다중으로 중첩된 모드가 존재하거나 주파수의존 반사계수가 요구될 경우 모드의 크기를 추출하는 좀 더 복잡한 기법이 요구된다. 이러한 방법에는 앞 장에서 기술한 2-D FFT나 모드추출법 등이 포함된다. 반사계수를 결정하는 이와 같은 방법은 결함에 입사되는 신호에 단 하나의 모드만이 포함되어 있는 경우에 매우 효과적이다. 다중 모드가 입사되는 경우에는 훨씬 더 복잡한 해석 루틴이 사용되어야만 한다. 그러나 다행스럽게도 가진 신호를 적절하게 제어하고 모드형상의 주파수의존 특성을 조절하면 단일 순수 입사모드만을 생성할 수 있다. 전달계수도 반사계수와 마찬가지 방법으로 구할 수 있다. 다만 이 경우 수신신호는 결함에서 멀리 떨어진 곳에서 측정해야 한다.

그림 6.1에 S0 모드가 결함과 상호작용하는 현상에 대한 예제가 제시되어 있다. 그림의 결과는 유한요소법으로 구한 1mm 두께 강판의 변위장을 매우 과장되게 그린 것으로 결함의 깊이는 두께의 50%에 해당된다. 예제에서 S0 모드는 평판의 왼쪽 끝단에서 생성되어 평판의 중간 부분에 있는 결함을 향해 전파한다. 파동이 평판을 만나게 되면 모드

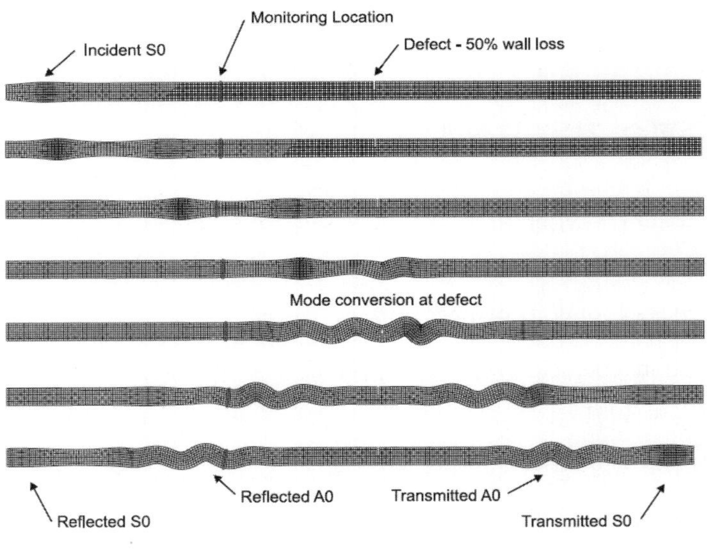

그림 6.1 강판의 S0 모드의 입사 및 반사과정

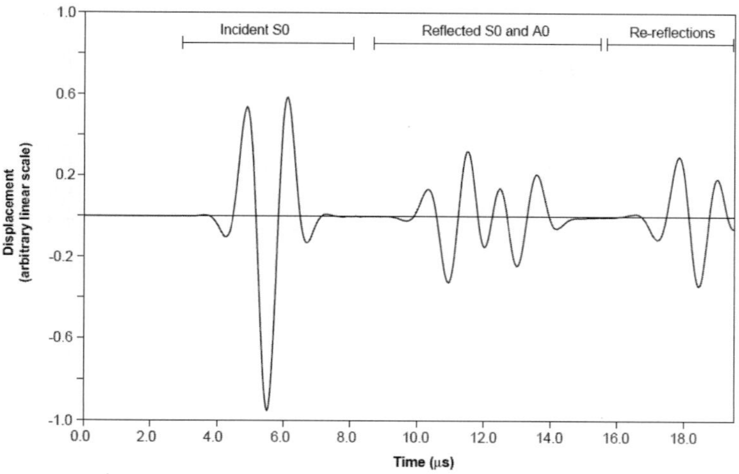

그림 6.2 그림 6.1의 상부 측정위치에서 구한 시간신호

의 일부는 반사하고 일부는 전달된다. 또한 S0 모드보다 속도가 느린 A0 모드가 결함에서 생성되어 양쪽 방향으로 진행한다. 그림에 보인 측정영역에서 모드추출 루틴에 사용할 변위장을 측정한다. 측정영역의 한 점에서 샘플링한 시간신호를 그림 6.2에 나타내었다. 그림에는 입사모드 뿐만 아니라 결함에서 반사된 신호, 반사된 신호가 모델의 왼쪽 끝단에서 다시 반사되어 나타나는 재반사 산호까지 나타나 있다. 이 경우에 대한 반사계수는 그림 6.3에 나타내었다. 그림에는 반사 신호뿐만 아니라 결함의 오른쪽 영역에서 측정하여 계산한 전달계수도 표시하였다. 실선은 전달계수를, 점선은 반사계수를 나타낸다.

그림 6.3에 나타낸 반사, 전달계수는 각각 반사/전달되는 모드의 크기를 나타낸다. 크기로 나타낸 반사계수가 매우 유용하지만, 다양한 모드에 분포되어 있는 파워의 비율을 알아내는 것도 때로는 도움이 된다. 이 정보를 이용하여 에너지 보존법칙을 검토하고 이를 통해 모델의 효용성을 확인할 수 있기 때문이다. 입력파워에 대한 반사/전달되는 파워의 비를 에너지 반사계수라 하자. 에너지 반사계수는 다음과 같이 진폭 반사계수를 이용하여 계산할 수 있다. 한 모드의 시간 평균파워는 다음 식으로 주어진다.

$$< P >= \frac{1}{2}\int_{-\infty}^{+\infty}(v(y) \bullet \sigma^*(y)) \bullet \hat{z}\, dy \tag{6.1}$$

여기서 $\hat{z}$는 파동 진행방향의 단위벡터이고 y는 두께관통 방향이다. 또 v는 입자속도이

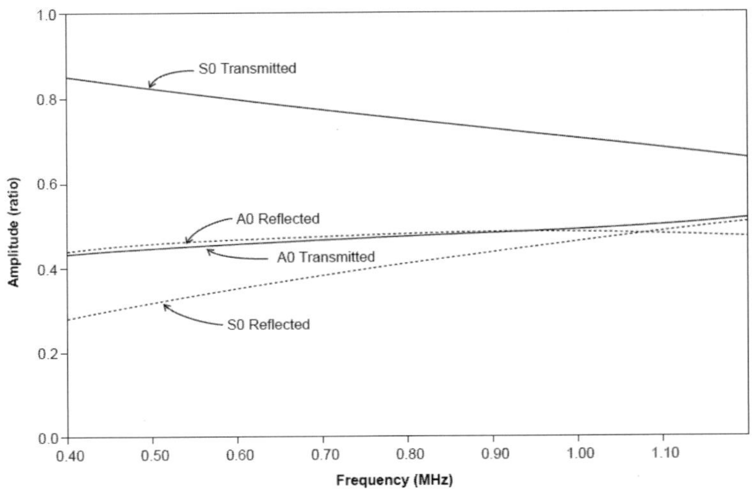

그림 6.3 두께 1mm 강판의 S0 모드의 진폭 반사계수

고 σ^*는 응력벡터의 켤레복소수이다. 식 (6.1)에서 알 수 있듯이 파워는 속도와 응력벡터의 곱으로 표현된다. 이 벡터들의 크기는 변위에 선형으로 비례하기 때문에 어떤 모드를 통해 전달되는 에너지는 변위의 제곱에 비례한다.

또한 축척인자 E_n을 도입할 수 있는데 이 인자는 모드 n의 변위(특정 점에서)의 제곱과 그 모드의 파워 사이의 관계를 규정한다. 모드의 크기가 표면과 같은 특정한 점에서만, 그리고 특정한 방향(예를 들면 평면외 변위 y)에 대해서만 알려져 있는 경우, Disperse는 모드형상을 계산한 다음 그 모드의 파워(식 (6.1)을 이용하여 계산)를 적당한 변위크기의 제곱으로 나누어서 적절한 축척인자를 결정한다. 이 방법은 2-D FFT와 같은 기법을 이용하여 모드를 추출할 때 사용된다. 그러나 두께관통 모드추출 기법은 구조물의 특정 점에서의 변위크기에 대한 정보를 제공하지 않는다. 대신 전파되는 모드의 전체 크기에 대한 정보를 제공하는데 이 정보는 모드의 전체 크기에 모드형상을 곱한 실제 변위와 관련이 있다. 이 경우 축척인자 E_n은 단순히 모드의 에너지속도에 비례한다(감쇠가 없는 경우 에너지속도는 군속도와 동일하다).

그림 6.4에는 그림 6.3에 표시한 진폭 반사계수에 대한 에너지 반사계수를 나타내었다. 그림에서 'Energy sum(에너지 합)'이라고 표시된 직선은 에너지 반사계수와 에너지 전달계수를 합한 결과를 나타낸다. 손실이 없을 경우 이 에너지 합은 모든 주파수에 대해 1이 되어야 한다. 그림의 경우 여러 모드들의 파워를 합한 값은 1.000±0.003이 되어 오차

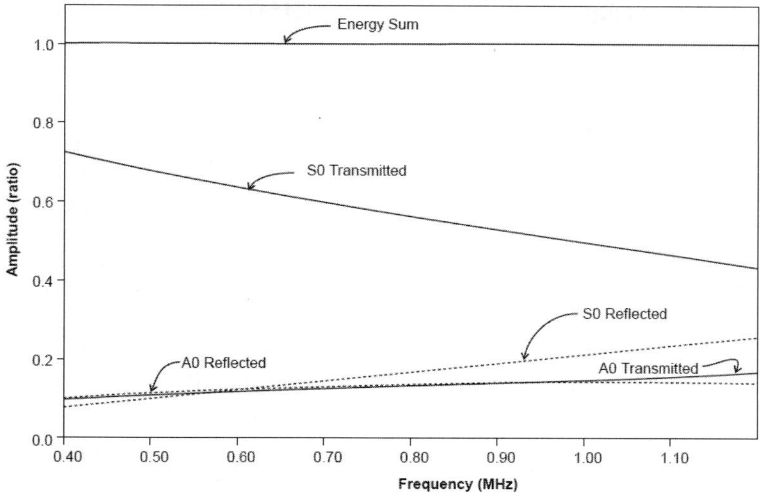

그림 6.4 두께 1mm 강판의 S0 모드의 에너지 반사계수

가 0.5% 이하라는 것을 알 수 있다. 좀 더 복잡한 경우, 즉 더 많은 모드를 포함한 경우 오차는 일반적으로 증가한다. 그러나 모드추출 루틴이 해에 수렴하는데 문제가 없는 한 오차는 현재까지 시도한 모든 비누설 시스템에 대해 2%를 넘지 않는다.

6.2 누설 시스템

누설 시스템의 경우 주변매질로 에너지가 누설되기 때문에 파동의 크기는 감소한다. 따라서 공기 중에 놓여있는 시스템에 적용한 똑같은 과정을 누설시스템에 적용하면 반사계수의 크기는 결함과 측정지점 사이의 거리에 따라 달라질 것이다. 그러나 측정위치에 따라 달라지지 않는 반사계수를 구하는 것이 좀 더 바람직하다고 할 수 있다. 측정위치에 무관한 반사계수를 얻기 위해서는 각 모드가 에너지를 누설하는 비율을 예측할 수 있는 모드 파동전파 해로부터 정보를 얻어 감쇠에 의한 영향을 제거해야 한다.

감쇠율과 모드가 전파된 거리가 알려져 있으면 감쇠를 제거하는 것은 어려운 작업이 아니다. 그 과정은 먼저 입사모드가 결함에 부딪히기 전에 전파되는 모드의 크기와, 결함과 상호작용한 이후의 모드의 크기를 구하는 것으로부터 시작한다. 그리고 제 5장에서 기술한 모드추출 기법을 적용한다. 따라서 서로 반대방향으로 전파하는 신호가 서로 중첩되지 않도록 주의해야 한다. 결함과 상호작용한 이후의 모드의 크기를 조절하여 누설에 의한 감쇠를 제거한다. 파동전파 모델로부터 감쇠되는 모드는 다음과 같이 표현할 수 있다.

$$e^{-\kappa z} \tag{6.2}$$

여기서 κ는 주파수의존 감쇠(단위는 np/m)로 각 모드에 따라 달라지며 z는 파동 진행방향 상의 위치(단위는 m) 이다. 따라서 결합과 상호작용한 이후의 모드의 크기는 다음과 같이 다시 쓸 수 있다.

$$A_i' = A_i(e^{\kappa_o z_o} e^{\kappa_i z_1}) \tag{6.3}$$

여기서 A_i는 관심주파수에서 조정하기 전 모드의 크기를 나타내고 A_i'는 조정한 후의 모드의 크기를 나타낸다. 또 κ_o는 입사모드의 감쇠이고 z_o는 입사모드 측정위치에서 결함까지의 거리를 표시한다. 식에서 κ_i는 반사 또는 전달된 모드의 감쇠이고 z_1은 결함에서 반사 또는 전달된 모드의 측정위치까지의 거리이다. 모드크기의 조정이 끝나면 반사계수는 자유 시스템의 경우와 동일한 방법으로 결정할 수 있다.

그러나 감쇠효과를 제거하기 위해 이 방법을 직접 적용하는 것은 몇 가지 문제점들을 야기할 수 있다. 앞의 5.1절에서 설명한 바와 같이 유한요소 모델로부터 유도한 감쇠는 파동전파 모델을 이용하여 구한 감쇠 값과는 약간 다르다. 이러한 차이점은 유한요소 모델이 약간 경직된(stiff) 특성을 갖기 때문에 나타나는 현상이다. 즉 유한요소법은 변위

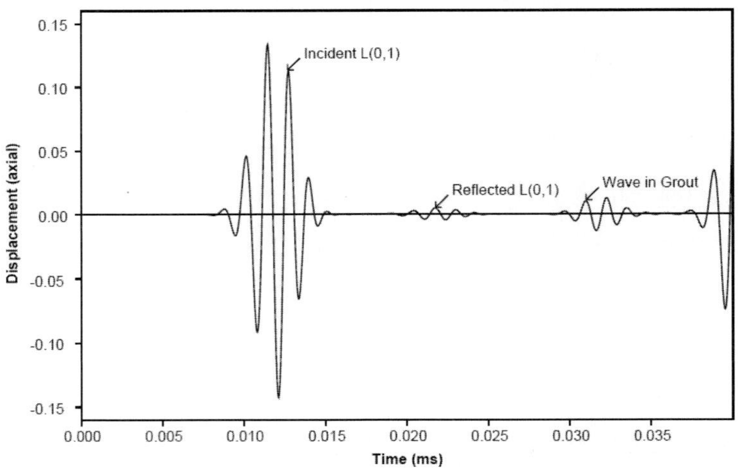

그림 6.5 매립된 강철 봉의 중심에서의 축방향 변위

장을 일련의 선형 선분으로 모델링하기 때문이다. 이러한 불일치성에 대한 오차가 매우 작다고 할지라도 반사계수를 계산할 때는 중대한 차이가 발생할 수도 있다. 예를 들어 다음의 6.3절에서 사용할 저감쇠 모드가 전파되는 길이가 짧은 모델의 경우를 살펴보자. 한 부분이 완전 절단된 결함을 갖는 경우 모드가 결함까지 23mm를 전파하고 되돌아 왔을 때 반사된 신호의 크기는 입사신호의 4.5% 밖에 되지 않는다. 이때 거의 대부분의 유도파 에너지가 절단부에서 되돌아 왔는데도 반사 신호의 크기는 매우 작다. 반경의 절반만을 절단했을 경우에도 반사 신호는 입사신호의 3% 밖에 되지 않는다. 이에 대한 결과는 그림 6.5에 제시하였다. 따라서 사용된 감쇠 보상법에 대한 차이는 40㏈ 정도이지만 반사 신호 크기의 차이는 단지 3㏈에 불과하다. 즉 감쇠에 의한 효과를 제거하기 위해 사용된 감쇠 값의 오차는 매우 급격하게 증폭된다는 것을 알 수 있다.

이러한 문제를 해결하기 위해 입사파가 결함에 부딪히기 전의 두 위치(파동 진행방향 상의)에서 입사파를 측정한다. 각각의 위치에 대한 모드 크기를 모드추출법에 의해 계산하고 그 결과를 이용하여 모드가 유한요소 모델에서 전파될 때의 모드의 감쇠를 계산한다. 다음에 모드 파동전파 해를 이용하여 결정한 입사모드에 대한 감쇠를 유한요소 모델의 감쇠로 대체한다. 이러한 조정을 통해 오차를 크게 줄일 수 있다. 예를 들어 봉에 결함이 없을 경우 파동 전달률은 100%가 될 것이다. 그러나 감쇠를 제거하면 L(0,1) 모드의 104%가 전달되는 것으로 나타난다. 이 오차는 반경의 절반이 절단된 경우(모드의 101%가 전달됨)에 비해 우수하다고 할 수 있다. 이러한 수정에도 불구하고 추출된 반사계수의 오차는 5% 이상이 될 것으로 예측된다. 이러한 오차는 반사 신호의 크기가 작을 때 특히 크게 나타나는데 그 이유는 반사 신호의 크기가 유한요소 모델에 존재하는 라운딩 소음의 크기와 유사하기 때문이다.

누설 시스템에 대한 반사계수를 계산할 때 유도파의 감쇠를 보상하는 것 외에도 주변매질에서 발생하는 입체파도 신중하게 고려해야 한다. 주변매질을 나타내는 격자의 끝단에서의 반사에 의해 유한요소의 결과가 쉽게 왜곡될 수 있다. 이는 반사 신호의 크기가 고려대상인 유도파의 반사 신호보다 더 커질 수 있기 때문이다. 이러한 반사 신호는 5.3절에서 논의하였던 기법들을 이용하여 제거할 수 있다. 그러나 반사를 완벽하게 제거할 수 없으면 모델의 크기를 충분히 크게 하여 반사에 의한 신호가 모든 다른 중요한 신호들보다 뒤에 측정위치에 나타나도록 만들어야 한다. 그러면 주변매질의 끝단에서 반사된 신호에 해당되는 부분을 시간영역에서 제거하면 한다. 이때 반사파의 위치는 사전에 미리 알려져 있어야 한다.

6.3 매립된 강철봉의 L(0,1) 모드 반사계수

대부분의 자유 시스템에 대한 반사계수는 상대적으로 잘 알려져 있다. 그러나 매립된 시스템에 대한 반사계수는 널리 알려져 있지 않다. 누설 유도파가 결함과 상호작용하는 메커니즘이 알려져 있을 경우에 비로소 반사계수를 구할 수 있다. 그리고 그 메커니즘을 이해하기 위해서는 다음 질문들에 대한 해답을 찾을 수 있어야 한다. 즉 동일한 노치 깊이를 가질 때 매립 시스템에 대한 반사계수는 자유 시스템의 반사계수와 유사한가? 반사계수는 노치나 결함의 방향에 따라 얼마나 민감하게 변하는가? 주변매질이 있을 경우 누설 유도초음파는 결함에 얼마나 민감하게 반응하는가? 시스템이 자유 조건에서 매설 조건으로 변하는 위치에서 얼마만큼의 에너지가 전달 또는 반사되는가? 이러한 문제에 대한 답을 찾기 위해서 L(0,2) 모드의 차단주파수보다 낮은 주파수-두께를 갖는 봉의 L(0,1) 모드의 거동을 살펴보고자 한다.

시스템은 넓이가 1㎟의 1/6인 4절점 축대칭 요소를 사용하여 모델링 하였다. 강철봉의 반경은 1mm로 설정하였고 주변매질(시멘트 그라우트)의 반경은 32mm로 설정하였다. 모델의 길이는 90mm이고 가진 위치에서 55mm 떨어진 곳에 축대칭 노치가 놓여있다. 반경을 0으로 설정하였을 때 발생할 수 있는 수치적 문제를 피하기 위해 실제로 봉을 매우 두꺼운 원통으로 모델링 하였다. 이때 원통의 외경은 1mm, 내경은 0.01mm로 모델링 하였다. 안정성을 개선하기 위해 내부 끝단에서의 반경방향 변위는 0으로 설정하였고, 중실봉의 종방향 모드의 축대칭 특성을 시뮬레이션 하였다. 모델의 형상은 그림 6.6에 나타낸 바와 같다. Gauss 윈도우를 씌운 중심주파수가 0.75㎒인 6사이클 톤-버스트 변위를 강철봉을 표시하는 끝단의 노드(주변매질인 그라우트를 표시하는 노드가 아닌) 부가하였다. 모델

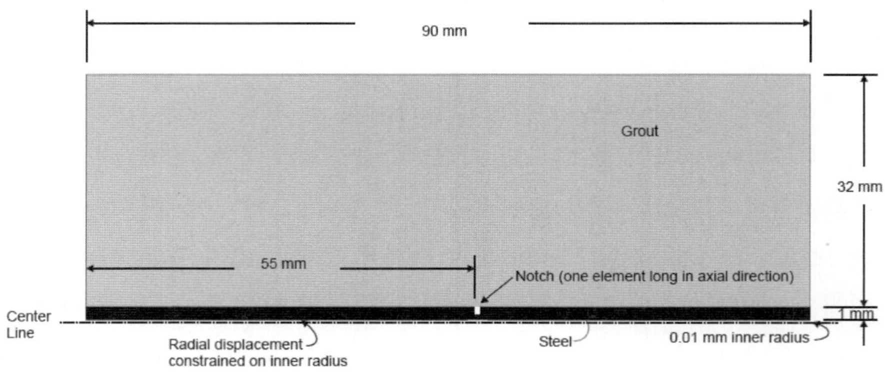

그림 6.6 매립된 강철봉의 L(0,1) 모드에 대한 모델

의 가진 위치에서 31.5, 22.5, 67.5mm 떨어진 곳에서 반경방향, 축방향 변위를 측정하였다. 즉 세 위치에서 신호를 측정하여 반사, 보정, 전달계수를 구할 수 있다. 앞의 5.6절에서 설명한 순수모드 가진 기법을 이용하여 모든 입력신호를 생성하였고, 5.5절의 두께관통 모드추출 기법을 이용하여 모든 결과를 처리하였다. 모델의 모든 변수들은 축대칭 특성을 가지므로 원주방향 차수가 다른 모드들 사이의 모드변환은 발생하지 않는다. 또한 주파수-반경 1.8㎒-mm 이하에서는 강철봉에 단지 하나의 전파 가능한 축대칭 모드만이 존재할 수 있기 때문에 다른 모드로의 모드변환도 발생하지 않는다.

6.3.1 자유, 매립 시스템의 비교

매립된 시스템의 반사계수와 자유 시스템의 반사계수는 얼마나 유사한가에 대한 답을 찾아보기로 하자. 이를 위해 자유, 매립 시스템 모두 봉의 외부에 사각형 노치가 놓여있을 때의 전달, 반사계수를 계산하였다. 노치의 깊이는 0에서 봉의 반경의 100%까지 변화시켰다. 주파수-반경 0.70㎒-mm에 대한 반사, 전달계수를 그림 6.7에 나타내었다. 대체적으로 반사-전달계수는 매우 유사한 특성을 보이지만 두 경우가 서로 다른 현상도 발생하는 것을 알 수 있다.

가장 주요한 차이점은 매립 시스템의 경우 노치 깊이가 강철봉의 전체 두께까지 확장되어도 에너지가 전달된다는 점이다. 전달되는 파동의 크기는 입사파의 11% 정도이고(누설에 의한 감쇠를 제거하였을 때) 이는 모드 에너지의 1%에 해당되는 값이다. 이러한 에너지가 주변매질인 그라우트에 의해 노치 주변으로 전달되고 따라서 공기로 차 있는 노치의 한쪽 변위가 다른 쪽 변위와 서로 연성되게 만든다.

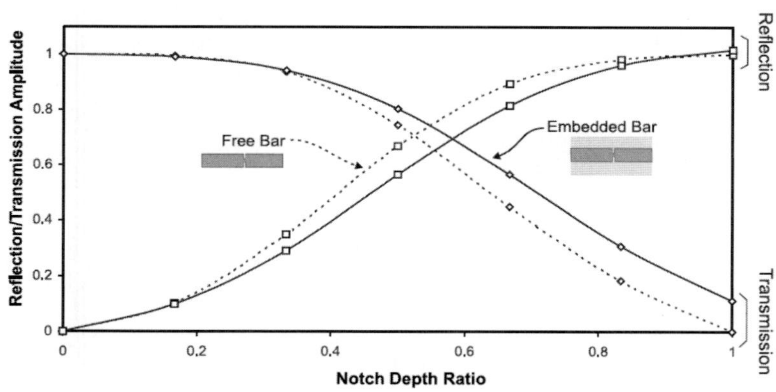

그림 6.7 자유, 매립된 강철봉의 반사, 전달계수

놀랍게도 봉의 전체 두께까지 확장된 매립 노치로부터 반사된 모드의 크기는 입사파 크기의 103.5±5%로 나타났다(오차 한계는 6.2절에서 제시한 방법을 이용하여 감쇠효과를 제거한 후 유한요소에 존재하는 '수치적 잡음'을 조사하여 추정하였다). 반사계수에 대한 이 값은 너무 크다. 그러나 관측된 반사계수의 값은 100% 이상이 될 수 있는데 그 이유는 감쇠효과를 제거하기 위해 수행된 과정의 잔류 효과 때문이다. 모드가 봉을 따라 진행하면서 에너지는 지속적으로 입체파로 옮겨진다. 결과를 처리하는 과정에서 이러한 에너지 손실을 관측된 반사계수로부터 제거하여 반사계수가 위치와 무관하도록 조정하였다. 즉 누설된 입체파의 에너지는 시스템으로부터 사라지게 되어 더 이상 모드전파에 영향을 미치지 않게 된다. 그러나 이러한 가정이 완벽하게 정확한 것은 아니다. 예를 들어 앞에서 논의한 바와 같이 에너지는 강철봉에서 그라우트를 통해 두 번째 봉으로 전달되고 이는 봉이 완전히 절단되어도 마찬가지 결과를 초래한다. 마찬가지로 그라우트에 전달된 입체파의 일부는 반사되어 처음의 매립된 봉에서 반사 유도파를 발생시킨다. 이러한 반사에 의해 봉의 끝단에서 직접 반사된 유도파에 부가적인 유도파가 더해지게 된다. 따라서 신호의 처리과정을 통해 반사계수는 100% 이상이 될 수 있다.

또 다른 차이점은 반사계수와 전달계수가 교차하는(즉 에너지의 절반은 반사되고 절반은 전달되는) 노치 깊이에서 관측된다. 자유 시스템에서의 교차점은 매립된 시스템의 경우보다 5% 더 얕은 노치에서 생성된다. 이러한 변화를 설명하기 위해 그림 6.8에 보인 바와 같은 L(0,1) 모드 파워흐름의 반경방향 형상을 살펴보자. 봉이 그라우트에 매립되어 있는 경우 공기 중에 놓여있는 경우에 비해 파워가 봉의 중심 부분에 집중되는 현상이 발생한

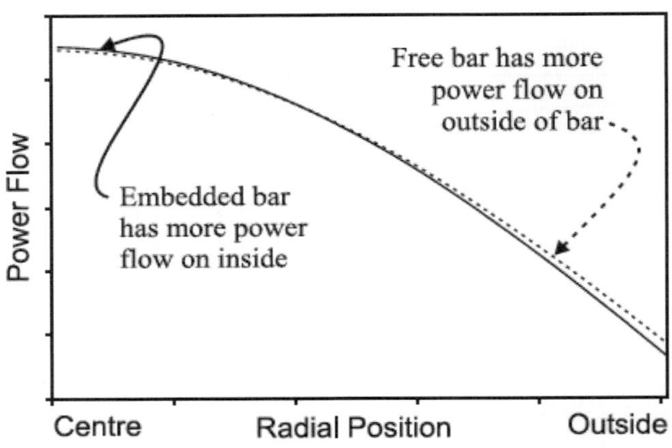

그림 6.8 자유, 매립된 강철봉의 파워흐름 형상

다. 따라서 반사가 동일한 크기를 갖기 위해서는 공기 중에 놓여있는 경우에 비해 매립된 경우에 대한 노치가 더 깊어야 한다는 것(봉의 바깥쪽에서 측정하였을 때)을 예측할 수 있고 이는 유한요소 모델에서 관측된 경우와 동일하다.

그림 6.7에서 주파수-반경이 0.70㎒-mm인 경우의 반사계수를 살펴보았다. 이 주파수-반경을 선택한 주된 이유는 이 주파수-반경에서 L(0,1) 모드는 감쇠나 분산이 크게 나타나지 않기 때문이다. 따라서 이 주파수가 비파괴검사를 수행할 수 있는 가장 유리한 주파수라는 것을 알 수 있다. 유한요소 모델에서 사용된 톤-버스트의 중심주파수는 0.75㎒-mm이고 에너지도 이 주파수에 집중되어 있으므로 해가 안정해지게 된다. 이 주파수-반경에 대한 결과를 근처의 주파수-반경에 대한 결과와 비교해 보자. 그림 6.9에는 이 주파수-반경에서의 반사계수를 0.85㎒-mm와 0.55㎒-mm에 대한 반사계수와 비교하여 나타내었다. 세 주파수-반경에 대한 거동은 매우 유사하지만 반사, 전달계수가 교차하는 점이 약간씩 다르고(파워흐름의 분포가 변하기 때문에) 봉의 전체 반경까지 확장된 노치를 통한 전달계수도 변하게 된다(파워흐름의 분포와 파장이 변하기 때문). 다음 절 이하에서는 비파괴검사가 가장 용이한 0.70㎒-mm에 대한 결과만을 제시하고자 한다.

6.3.2 그라우트로 채워진 사각 노치

위에서 검토한 유한요소 모델은 노치가 완전히 비어있는(공기로 채워진) 노치만을 다루었다. 앞으로 고려할 대부분의 적용 예에서 이는 타당한 가정이라 할 수 있다. 그러나 노치가 어떤 재료로 채워져 있을 때의 시스템 거동을 살펴보는 것은 흥미로운 일인데 특히 반사 신호가 얼마나 감소하는지 이해하는데 많은 도움이 된다. 또한 그라우트로 채워진 노치를 이용하여 자유 시스템과 매립 시스템의 반사 신호를 좀 더 상세하게 비교할 수 있다.

노치가 그라우트로 채워진 시스템의 0.70㎒-mm에서의 반사, 전달계수를 그림 6.10에 나타내었다. 그림에서 실선은 그림 6.7에 보인 내부가 비어있는 노치를 갖는 매립 봉에 대한 계수들을 표시한다. 또한 길이가 긴 점선은 그라우트로 채워진 노치를 갖는 매립 봉을, 길이가 짧은 점선은 그라우트로 채워진 노치를 갖는 자유 봉을 나타낸다. 예상한 바와 같이 안이 채워진 노치에서의 반사는 속이 빈 노치에 비해 그 크기가 매우 작고 전달되는 신호의 크기가 매우 큰 것을 알 수 있다. 예를 들어 노치가 봉의 전체 두께까지 확장된 경우 매립된 강철봉의 반사는 72%인데 비해 속이 빈 노치의 반사는 100%임을 알 수 있다. 마찬가지로 노치가 채워져 있을 경우 전달되는 신호의 크기는 11%에서 68%로

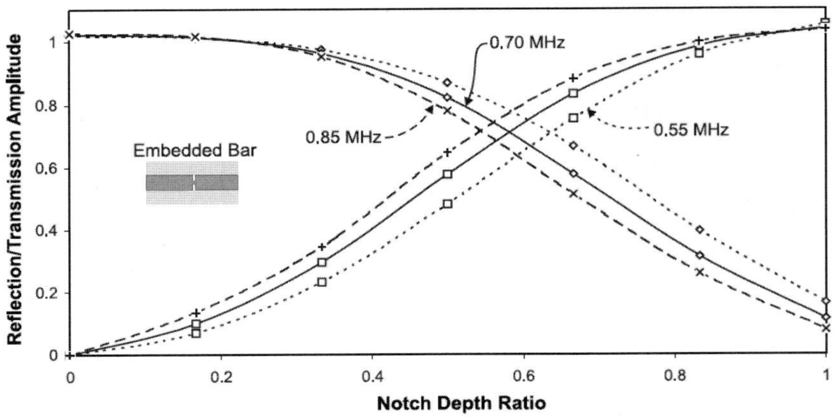

그림 6.9 서로 다른 주파수-두께에서의 반사, 전달계수

증가한다. 이 그림들을 에너지로 변환하면 노치가 채워져 있을 때 대략 절반 정도의 에너지가 반사하고 나머지 절반은 전달된다. 이는 대부분의 에너지가 반사되는 속이 빈 노치의 결과와 상반되는 결과이다. 이러한 반사계수의 변화를 입체파가 한 매질에서 다른 매질로 전파될 때의 진폭 반사계수에 대한 표준 수식과 연계시킬 수 있다. 그 식은 다음과 같다.

$$R = \frac{Z - Z_o}{Z + Z_o} \tag{6.4}$$

여기서 R은 반사계수이고 $Z = \rho v$는 그라우트의 임피던스(impedance)로 밀도와 입체파 속도의 곱으로 표현된다. 또 Z_o는 강철의 임피던스이다. 강철과 그라우트로 구성된 시스템의 종방향 입체파의 경우 강철의 임피던스는 $47 \times 10^6 \text{kg/(m}^2\text{s)}$이고 그라우트의 임피던스는 $4.5 \times 10^6 \text{kg/(m}^2\text{s)}$이다. 따라서 강철-그라우트 계면에서의 반사는 약 82%인 반면 강철-공기 계면에서의 반사는 100%가 된다.

자유 봉의 노치를 그라우트로 채울 경우 반사계수는 매립된 봉의 반사계수와 비슷한 경향을 보인다. 이 경우에도 속이 빈 노치에 비해 반사는 훨씬 작아지고 전달은 매우 커지게 된다. 노치가 봉의 전체 반경까지 확장된 경우 모드의 76%가 반사된다. 비록 매립된 경우와 자유 경우에서 얻은 반사계수의 최대 차이가 5%이지만 그 결과는 대부분의 경우에 일반적으로 적용할 수 있다. 또한 평면 입체 종파에 대한 반사계수와도 충분한 상관관계를 형성한다.

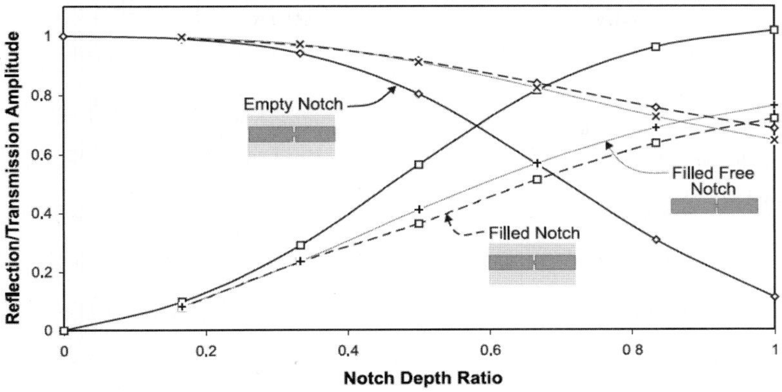

그림 6.10 속이 빈 노치와 그라우트로 채워진 노치의 반사, 전달계수

6.3.3 노치의 방향

지금까지 고려한 모든 유한요소 모델에서 사각 노치의 면은 유도파 진행방향과 직각을 이루었다. 그러나 실제로 부식은 임의의 방향으로 발생할 수 있고 사각 노치의 형상을 갖지 않는 경우도 자주 발생한다. 따라서 본 절에서는 노치의 방향이 변할 때 미치는 영향을 살펴보고자 한다. 특히 노치의 방향이 전파방향과 45°를 이룰 때의 경우를 집중적으로 살펴보고자 한다. 또한 부식이 발생한 부분의 앞쪽 단면을 대략적으로 근사화 하는 방법에 대해서도 설명한다. 이러한 과정을 통해 유도파가 실제 부식과 상호작용할 때의 거동을 이해할 수 있을 것이다.

원래 유도파인 L(0,1) 모드를 입체파라고 가정하면 대각선 노치로부터의 반사를 직관적으로 구할 수 있다. 노치가 파동 진행방향과 수직하면 에너지는 정확히 반대방향으로 전달될 것이다. 그러나 노치의 방향이 45°를 이룰 경우 에너지는 노치에 입사된 방향과 90° 각도를 이루면서 반사될 것이다. 이에 대한 현상은 그림 6.11(a)에 나타낸 바와 같다. 봉이 공기 중에 놓여있을 때 에너지가 봉의 바깥쪽에 도달하면 에너지는 노치를 향해 재

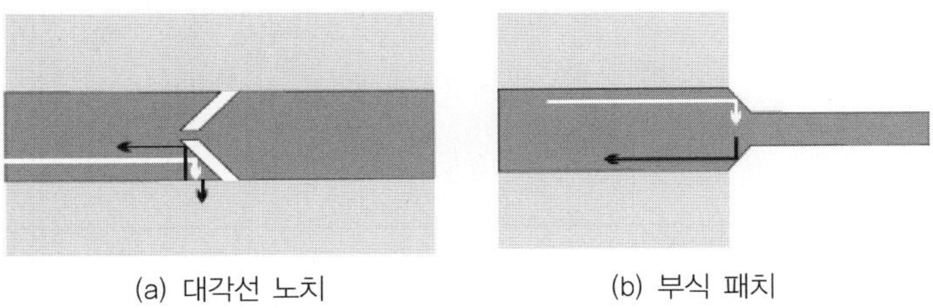

(a) 대각선 노치　　　(b) 부식 패치

그림 6.11 L(0,1) 모드를 입체파로 가정할 때 에너지의 전달방향

반사되어 다시 원래 입사하였던 방향으로 되돌아 갈 것이다. 따라서 서로 다른 방향을 갖는 노치에 대한 반사계수는 크게 차이가 나지 않는다는 것을 예측할 수 있다. 그러나 봉이 그라우트에 매립되어 있을 경우 에너지가 봉의 바깥쪽과 만나게 되면 모든 에너지가 노치를 향해 재반사되지 않을 것이다. 따라서 반사계수는 어느 정도 영향을 받게 된다는 것을 예측할 수 있다. 이러한 간단한 모델이 유도파인 L(0,1) 모드에도 그대로 적용되는지 확인하기 위해 몇 가지 유한요소 모델을 고려하였다. 이때 축대칭이고 바깥쪽 방향을 갖는 대각선 노치를 봉에 발생시켰다. 이 노치는 그림 6.12에 나타낸 바와 같이 격자에서 몇 개의 요소들을 제거하여 발생시켰다. 요소의 크기는 모드의 파장에 비해 매우 작기 때문에 사각 단면을 갖는 대각선 노치는 실제 대각선 단면을 갖는 노치와 매우 유사한 방법으로 거동할 것이다.

그림 6.13에는 노치가 파동 진행방향과 수직한 경우와 45°로 경사지게 놓여있는 경우에 대한 자유 봉의 반사, 전달계수를 나타내었다. 두 경우에 대한 계수들은 매우 유사한 것을 알 수 있다. 계수들이 약간 차이가 나는 것은 위상이 조금씩 다른 파동끼리 간섭을 일으키는 것에 주로 기인한다. 이러한 간섭은 대각선 노치의 시작과 끝에서 발생한다. 매립된 봉에 대한 결과는 그림 6.14에 제시하였다. 노치가 매우 깊지 않을 경우 대각선 노

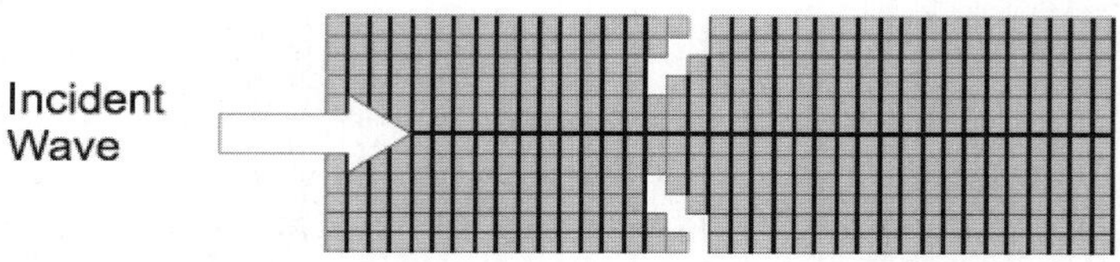

그림 6.12 유한요소 모델의 대각선 노치 모델링

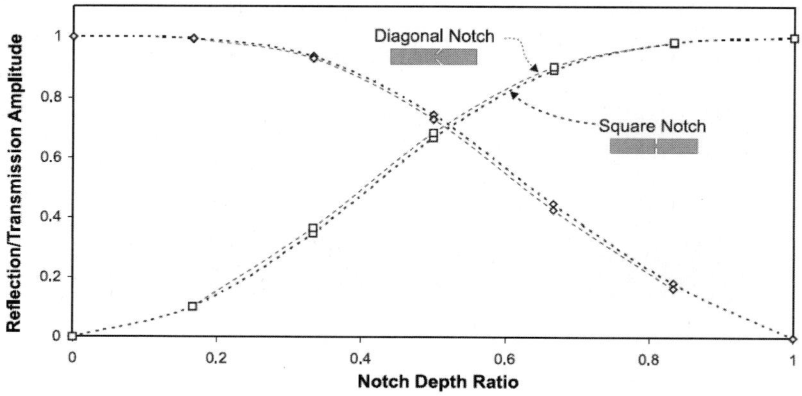

그림 6.13 서로 다른 방향을 갖는 노치에 대한 반사, 전달계수(자유 봉)

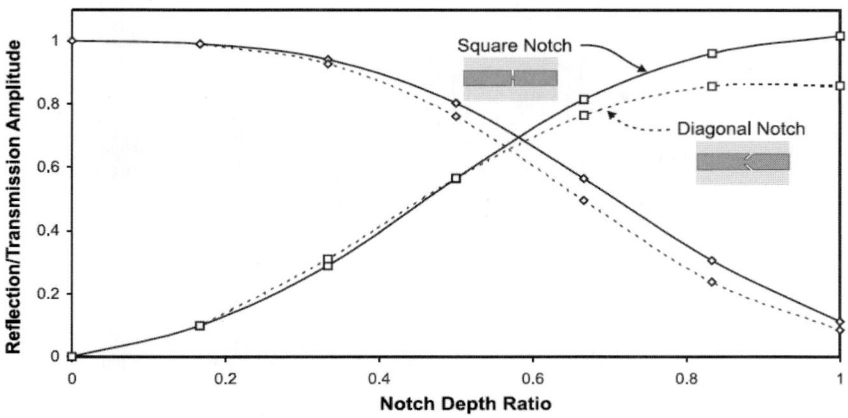

그림 6.14 서로 다른 방향을 갖는 노치에 대한 반사, 전달계수(매립된 봉)

치는 사각 노치와 매우 유사한 거동을 보이고 따라서 차이점은 크게 나타나지 않는다. 그러나 노치의 깊이가 증가하면 두 가지 형태의 노치에 대한 반사, 전달계수의 차이는 증가한다. 가장 크게 계수들의 차이가 나타나는 부분은 결함이 강철봉의 전체 단면까지 확장된 경우에 나타난다. 이때 진폭 반사계수는 사각 노치의 경우 100%인데 비해 대각선 노치의 경우 86%까지 감소한다. 이러한 반사계수의 차이로부터 대각선 방향의 노치는 에너지를 주변매질로 반사한다는 것을 알 수 있다. 또한 노치가 파동 진행방향과 수직하지 않을 경우 자유 봉에 대한 반사계수 예측결과를 매립된 봉에 대입할 수 없다는 사실도 알 수 있다.

그림 6.12에 나타낸 대각선 노치의 각도는 실제 현장시험에서 발생할 가능성이 적다. 그라우트에 매립된 강철봉에 일반적인 부식이 있을 경우 부식은 공간이 빈 영역으로 존재하고 그 영역을 보호하기 위한 알칼리 그라우트는 채워져 있지 않다. 이러한 부식의 형상은 앞에서 기술한 대각선 노치가 아닌 접시 형태를 가질 가능성이 크다. 또한 부식 패치의 앞쪽 끝단은 반대방향의 각도를 갖게 되어, 그림 6.11(b)에 보인 바와 같이 봉의 바깥쪽이 아닌 봉의 중심을 향해 파동을 반사하는 경향을 보인다. 좀 더 일반적인 형태의 부식 결함을 시뮬레이션하기 위해 몇 가지 유한요소 모델을 수립하였다. 모델의 크기를 줄이기 위해 부식 패치의 시작 부분만을 모델링 하였고 부식 패치의 길이에 의한 영향을 제거하였다(부식 패치의 시작과 끝에서의 반사 신호 간섭에 의해 패치의 길이가 변하면 반사계수가 변동할 수도 있다). 그림 6.15에 이러한 형태의 결함을 모델링하기 위해 사용된 격자를 나타내었다. 그림 6.16에는 유한요소법을 이용하여 계산한 반사계수를 제시하였다. 그림

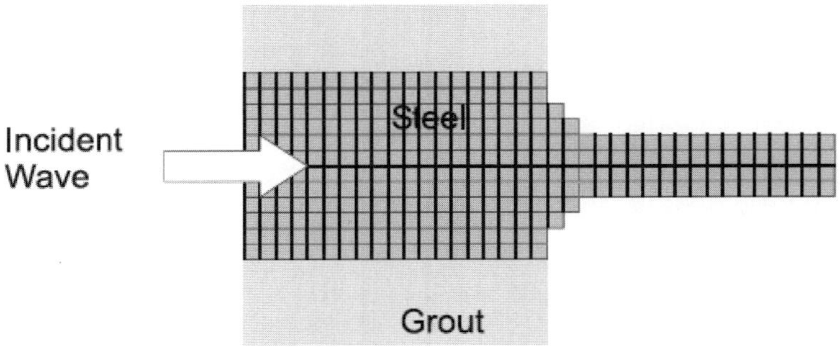

그림 6.15 유한요소 모델의 부식 패치 모델링

에서 실선은 사각 노치에 대한 반사계수를, 점선은 부식 패치에 의한 반사계수를 나타낸다. 노치의 깊이가 깊을수록 두 경우에 대한 반사계수가 매우 유사한 것을 알 수 있다. 이는 앞에서 고려한 대각선 노치의 경우와 매우 다른 경향을 보인다. 노치의 깊이가 얕을 때 나타나는 반사계수의 차이는 그라우트의 끝(공간이 빈 영역의 시작)에서 반사되는 파동에 기인한 것으로 생각된다.

지금까지 검토한 네 가지 경우에 대한 반사계수를 표 6.1에 정리하였다. 표에는 자유 봉과 매립 봉에 각각 강철봉의 전 두께까지 결함이 확장된 경우와 반경의 50%까지만 결함이 설정되어 있는 경우에 대한 반사계수를 제시하였다. 앞서 설명한 바와 같이 속이 빈 노치를 갖는 자유 봉의 경우 반사계수의 크기는 주로 결함의 깊이에 의해 좌우되고 결함의 방향과는 특별한 상관관계가 없음을 알 수 있다. 그러나 매립된 시스템의 경우 노치의 방향이 심각한 영향을 미치는 것을 확인할 수 있다. 그라우트로 속이 채워진 사각 노치의 반사계수는 자유 봉과 매립 봉에서 비슷한 값을 나타낸다.

6.3.4 주변 그라우트의 결함

비파괴검사를 수행할 때 잘못된 신호의 수신은 가능한 한 피하는 것이 바람직하다. 그렇지 않을 경우 시험결과는 쓸모없는 자료가 되고 만다. 누설 유도파는 중심 구조물(이 경우 강철봉)과 주변매질(그라우트)의 양 방향으로 모두 전파될 수 있으므로 강철봉이 아닌 그라우트에 결함이 있을 경우 반사되는 파동을 해석할 때 특별한 주의가 필요하다.

이러한 경우를 고려하기 위해 강철봉 근처에 있는 그라우트에 1mm 깊이의 사각 노치를 설치하고 이를 유한요소법을 이용하여 해석하였다. 주파수-두께 0.7㎒-mm에서 이 결함에 의한 진폭 반사계수는 7%이었고 전달계수는 약 100%이었다. 조사대상 주파수 중

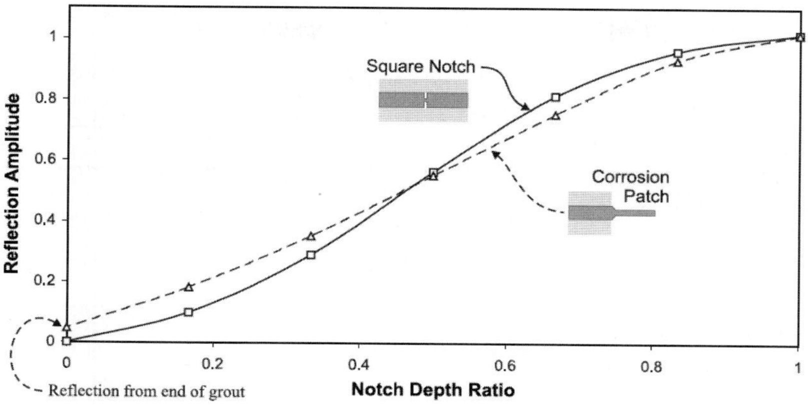

그림 6.16 매립된 봉의 사각 노치와 부식 패치에 대한 반사, 전달계수

가장 큰 반사가 발생한 주파수-두께는 0.55㎒-mm이었다. 그러나 반사 신호의 크기는 입사파 크기의 10%(에너지의 1%)에 불과하였다. 이러한 반사 신호의 크기는 강철봉에 반경의 15% 이하인 깊이를 갖는 사각 노치가 놓여있는 경우의 반사 신호 크기에 해당된다. 시험을 수행하는 목적이 심각한 단면 손실에 의한 결함을 찾는 것이라면 그라우트에서의 결함에 의한 이 정도 크기의 반사는 검출되지 않을 가능성이 크다. 그러나 모드는 전파하면서 빠르게 감쇠되기 때문에 신호변환기 근처의 작은 결함을 멀리 있는 큰 결함으로 인식하지 않도록 세심한 주의가 필요하다.

6.3.5 누설 시스템과 자유 시스템의 전이

지금까지 고려한 모든 예제에서 시스템은 전체 길이에 걸쳐 동일한 구조를 갖는 것으로 가정하였다. 즉 항상 자유 봉이든지 항상 매립된 봉이든지 전체 시스템이 동일한 형상으로 구성되어 있는 경우만 다루었다. 그러나 실제로는 두 가지 구조가 서로 결합되어 있는 경우가 자주 발생한다. 예를 들어 포스트-텐션 다리의 앵커리지(anchorage)에서 강철 텐던(tendon)은 그라우트의 끝단으로부터 돌출되어 설치된다. 텐던의 매립된 부분에 파동을 발생시키기 위해서는 먼저 자유 영역에서 파동이 생성되고 그 파동이 매립된 부분에 진입하여야 한다. 자유 봉에서의 파동은 매립된 봉의 파동과는 다른 특성을 갖기 때문에 새로운 경계를 만나면 파동의 일부는 반사될 것이다. 따라서 이러한 반사의 크기를 미리 알 필요가 있다. 반사된 파동은 봉의 자유(비감쇠) 영역에서 재반사하여 계면에 도달할 때마다 일정 정도의 에너지를 매립된 영역에 전달한다. 이러한 파동이 봉의 자유

표 6.1 강철봉의 네 가지 서로 다른 형태의 노치에 대한 반사계수 정리

	Complete Break		50% loss of radius	
	Free	Embedded	Free	Embedded
Square Notch	100%	102%	67%	56%
Diagonal Notch	100%	86%	68%	57%
Corrosion Patch	100%	102%	69%	55%
Filled Notch	76%	72%	41%	36%

——— = Wavelength

영역에서는 반사하지만 전달된 일부분의 유도파는 봉의 매립 영역으로 전파되어 주변매질인 그라우트로 에너지를 누설하게 된다. 자유 영역에서 재반사된 신호의 크기가 매립된 봉의 결함에 의한 반사 신호의 크기보다 커지게 되면 결함을 제대로 검출할 수 없게 된다. 따라서 두 시스템의 경계에서 반사되는 신호의 크기를 측정하여 이를 재반사 진폭의 크기와 비교하는 것이 필요하다.

봉이 그라우트에 돌출되어 있는 경우에 대한 반사 신호의 크기를 결정하기 위해 유한요소 해석을 수행하였다. 반경 1mm 강철봉의 전체 길이 중 55mm는 자유 조건에 놓여있고 35mm는 그라우트에 매립되어 있는 경우를 고려해 보자. 파동은 봉의 자유 끝단에서 가진하였고 이때 나타나는 반사, 전달 신호를 측정하였다. 반대의 경우 즉, 매립된 영역에서 자유 영역으로 파동이 전달되는 경우에 대한 반사계수도 계산하였다. 두 경우에 대한 반사계수를 그림 6.17에 나타내었다. 그림에서 알 수 있듯이 0.7㎒에서 그라우트로 입사할 때의 반사 신호의 크기는 입사파 크기의 약 3%에 해당된다. 마찬가지로 감쇠에 의한 효과를 제거하였을 때 그라우트로 전달되는 신호의 크기는 100±2%로 계산되었다(이 경우에 대한 오차 범위는 앞에서 고려한 완전 매립된 경우에 비해 작은데 그 이유는 모델의 대부분이 자유봉으로 구성되어 오차가 감쇠 제거에 의해 증폭되지 않기 때문이다). 대부분의 에너지가 매립 영역으로 전달되는 것은 매우 고무적인 현상이다. 예를 들어 진입점에서 두 번째 반사가 발생할 경우 반사된 신호의 크기는 원래 파동의 0.09% 밖에 되지 않을 것이다. 그러나 이 주파수에서 L(0,1) 모드의 감쇠는 60np/m라는 사실에 주목할 필요가 있다. 따라서 그라우트로 30mm만큼 매립된 영역에서의 완벽한 반사는 입력 신호의 3±0.2%의 크기로 신호에 나타나게 될 것이다.

봉이 그라우트에 진입된 지점에서의 반사 신호의 크기를 구하였으므로 재반사 신호의 진폭 감소를 쉽게 정량화 할 수 있다. 유도파가 자유, 매립 영역의 경계에 도달할 때마다

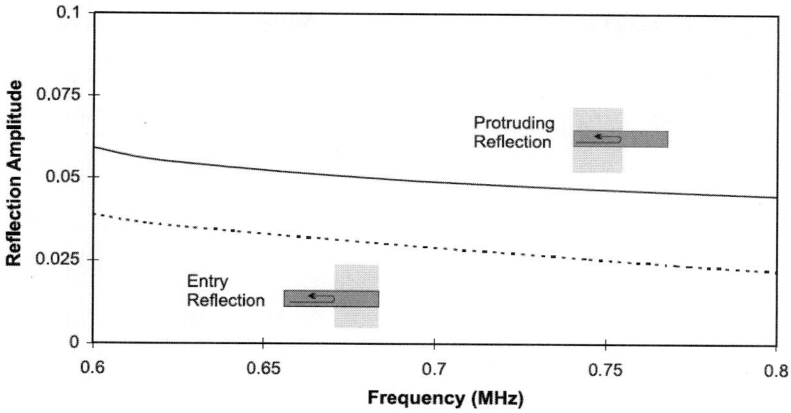

그림 6.17 매립 영역에서 자유영역으로, 또 그 반대로 진입할 때의 반사계수

재반사의 크기는 감소한다. 즉 재반사된 유도파가 거리 $2d$만큼 진행할 때마다 진폭 감쇠가 발생한다. 여기서 d는 그림 6.18에 보인 바와 같이 매립된 봉의 돌출된 길이에 해당된다. 이러한 진폭 감소가 연속적으로 발생한다고 가정하면(일련의 계단함수 형태가 아닌) 그 크기는 다음과 같은 간단한 관계식을 이용하여 표현할 수 있다.

$$\text{Amplitude} = rc^{x/2d} \tag{6.5}$$

여기서 rc는 반사계수(이 경우 0.03)이고 $x/2d$는 자유 끝단에서의 재반사 횟수를 나타낸다. 이때 자유 끝단의 길이는 d미터이고 재반사는 파동이 x미터만큼 진행하였을 때 발생한다. 식 (6.5)에 나타낸 진폭 감소는 다음과 같이 dB 단위로 표시할 수 있다.

$$\text{Amplitude(dB)} = \frac{10x}{d}\log(rc) \tag{6.6}$$

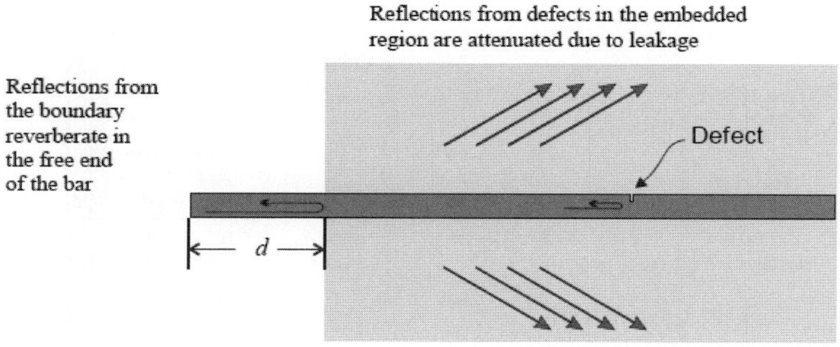

그림 6.18 매립된 봉의 돌출 끝단에서의 재반사 크기 결정을 위한 모델

이러한 진폭 감소를 그림 6.19에 나타내었다. 그림에서 계단함수 형태의 실선은 두 개의 다른 길이(그림 6.19(a)에서는 10mm, 그림 6.19(b)에서는 50mm)만큼 돌출된 봉의 자유 끝단에서의 재반사 크기의 실제 감소를 나타낸다. 이때 신호의 3%가 자유/매립 경계에서 반사된다고 가정하였다. 계단 형태의 실선을 따르는 점선은 식 (6.6)에서 표현한 진폭 감소를 나타내고 또 다른 점선은 비교를 위해 그림에 포함시켰다. 그림에서 볼 수 있듯이 신호가 봉의 매립 영역에 진입하는 속도는 점차 감소한다(감쇠가 직경 2mm의 매립된 강철봉의 0.7㎒에서의 L(0,1) 모드에 해당되는 530㏈/m라고 가정하였을 때). 그림 6.19(a)의 경우(10mm 돌출)를 살펴보면 매립된 영역에서의 모드의 감쇠는 재반사 신호의 등가 감쇠보다 작다. 따라서 매립된 영역의 결함에 의한 반사 신호는 봉의 자유 끝단에서의 재반사 신호보다 클 것이다(결함에서 100% 반사 가정). 따라서 결함을 충분히 검출할 수 있다(단 장비의 민감도나 결함에서의 반사 크기 등과 같은 몇 가지 인자들이 검출을 방해하지 않을 경우). 그러나 그림 6.19(b)의 경우(50mm 돌출) 재반사의 등가 감쇠는 매립된 영역의 파동 감쇠보다 작다. 따라서 매립된 영역의 결함에 의한 모든 반사는 재반사에 의해 감춰지게 될 것이다.

재반사 신호가 매립된 봉의 결함으로부터 반사된 신호를 숨기는 때를 예측할 수 있다(매립 유도파의 100%가 결함으로부터 반사된다고 가정할 때). 식 (6.6)의 표현을 전파거리로 정규화 하고 ㏈/m의 단위를 갖는 등가 감쇠로 변환할 수 있다. 매립된 영역에서의 모드와 자유 영역에서의 모드가 동일한 속도로 진행한다고 가정하면(이러한 현상은 거의 발생하지 않는다), 변환된 '감쇠'를 매립 영역에서 전파되는 모드의 감쇠와 직접 비교할 수 있다. 이러한 비교를 통해 전파되는 모드의 최대 감쇠를 돌출된 끝단의 길이에 대해 규정할 수 있다.

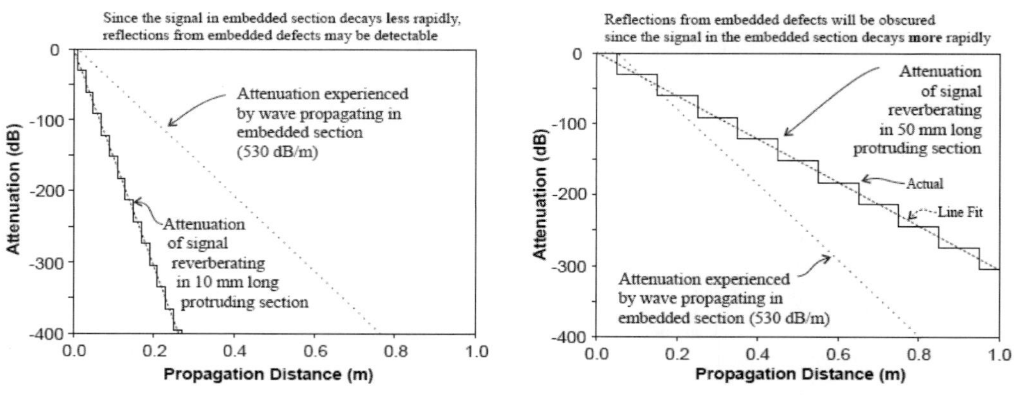

(a) 돌출부가 10mm일 때　　(b) 돌출부가 50mm일 때

그림 6.19 봉의 매립된 영역에서의 진폭 감소

감쇠가 이 값보다 크면 최대 감쇠는 다음과 같이 표현된다.

$$\text{Maximum attenuation(dB/m)} = \frac{10}{d}\log(rc) \quad (6.7)$$

이때 재반사에 의해 매립 영역의 결함에 의한 신호는 모두 감춰지게 된다. 마찬가지로 전파되는 모드의 감쇠가 κ로 주어질 경우 매립된 봉의 돌출된 끝단의 길이는 다음 식으로 표현된 값보다 작아야 한다.

$$\text{Maximum length of protruding end(m)} = \frac{10}{\kappa}\log(rc) \quad (6.8)$$

이러한 관계식을 그림 6.20에 나타내었다. 그림에서 어둡게 색칠한 부분은 자유, 매립 시스템 사이의 구조 변화가 발생할 때의 반사계수(rc)가 3%일 때, 재반사가 매립된 결함으로부터 반사되는 신호를 확실히 감추는 영역을 표시한다. 반사계수가 5%로 증가하면 어둡게 색칠한 영역은 rc=0.05라고 표시된 실선까지 확대된다. 점선은 두 가지 경우에 대해 표시하고 있다. 감쇠가 530㏈/m인 직경 2mm짜리 매립된 강철봉의 0.7㎒에서의 L(0,1) 모드의 경우 돌출된 끝단의 길이는 28mm보다 작아야 하는데 그렇지 않을 경우 재반사 신호가 매립 결함으로부터 반사된 모든 신호를 가리게 될 것이다. 마찬가지로 그림 6.19(b)에 나타낸 돌출된 끝단의 길이가 50mm인 경우 매립된 영역에서 전파되는 모드의 최대 감쇠는 305㏈/m보다 작아야 한다.

재반사 신호의 크기를 예측하기 위해 그림 6.20과 식 (6.7), (6.8)을 사용할 경우 두 가지 사항에 유의하여야 한다. 먼저 식 (6.7)과 (6.8)의 기준은 가능한 감쇠-돌출 길이의 조합을 제외할 때만 사용할 수 있다는 점이다. 기준을 만족한다고 해서 매립된 영역에 존재하는 결함으로부터의 반사가 검출될 수 있다는 것을 의미하지는 않는다. 예를 들어 매립 모드의 100%가 반사되지 않으면 반사된 신호는 식 (6.7)과 (6.8)의 기준을 결정하는데 사용될 값보다 작게 될 것이다. 따라서 기준을 만족하더라도 반사 신호는 감춰지게 될 것이다. 두 번째는 결함의 위치에 대해 충분히 고려해야 한다는 점이다. 식 (6.7)과 (6.8)의 기준은 결함의 위치에 의한 영향을 받지 않는다. 재반사 신호의 감소율과 매립 유도파의 감소율은 미리 설정되어 있다. 따라서 전파거리에 상관없이 하나의 신호가 다른 신호보다 그 크기가 항상 크다. 그러나 실제 실험에서는 결함의 위치가 영향을 미친다.

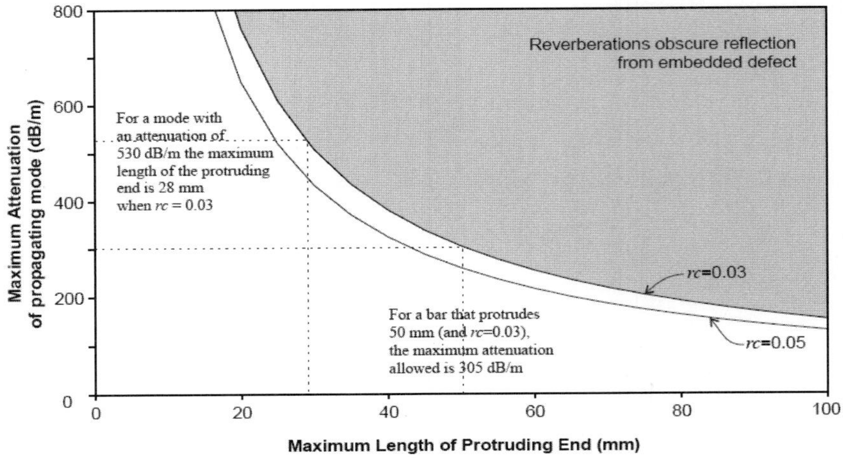

그림 6.20 최대 감쇠에 대한 최대 돌출 길이의 관계식

식 (6.7)과 (6.8)의 기준은 결함에 의한 신호의 크기가 재반사된 신호의 크기보다 0dB 클 경우 결함을 검출할 수 있다고 가정한다. 그러나 결함을 검출하기 위해서는 결함에 의한 반사 신호의 크기가 재반사 신호의 크기에 비해 적어도 6dB 이상 커야 한다. 식 (6.7)과 (6.8)의 기준을 만족하더라도 결함에 의한 신호가 다른 신호와 구별될 수 있도록 재반사 신호의 크기가 감소되기 전에 최소한의 거리를 진행할 필요가 있다. 요구되는 최소 거리는 재반사 신호의 상대적인 '감쇠'와 매립 유도파의 감쇠에 따라 달라진다. 반면 결함을 검출할 수 있는 최대 거리는 주로 시험장비의 민감도와 봉의 매립된 영역에서의 유도파 감쇠에 따라 달라진다. 그러나 봉의 자유 끝단에서의 재반사 신호의 '감쇠'에 의해 좌우되지는 않는다.

본 절의 도입부에서 언급하였듯이 강철봉의 매립된 영역에서 강철봉의 자유 영역으로 파동이 진행할 때의 반사, 전달계수도 유한요소법을 이용하여 계산하였다. 이 경우 반사된 파동의 크기는 입사파의 약 5% 정도이고 전달된 파동의 크기는 입사파의 99%이다. 파동은 봉의 매립된 영역에서 재반사하지 않기 때문에 자유 봉에서 매립 봉으로 파동이 진입할 때와 달리 반사 신호의 크기는 크게 중요하지 않다. 그러나 전달계수의 크기는 중요한데 그 이유는 가능한 많은 에너지가 매립된 영역에서 자유 영역(수신변환기가 설치된)으로 전달되어야 하기 때문이다. 유한요소 해석결과 전달계수가 크게 나타나는 것은 매우 바람직한 현상이라 할 수 있다.

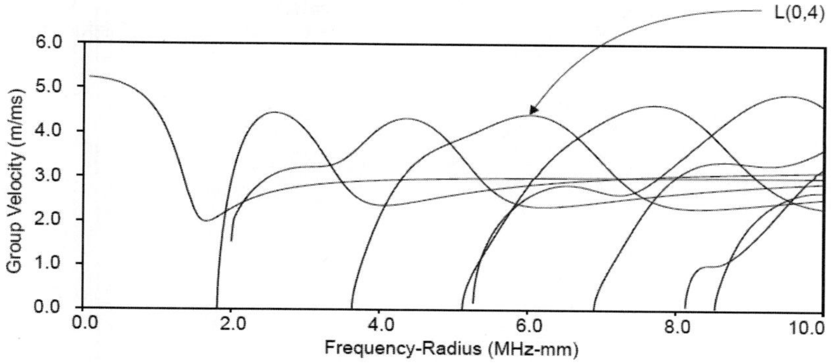

그림 6.21 매립된 강철봉의 분산선도

6.4 고차 반사계수

지금까지 본 장에서 살펴본 경우들은 상대적으로 낮은 주파수-반경에서의 기본 종방향 모드인 L(0,1) 모드의 반사에 관한 것이었다. 그러나 고차 모드의 특정한 점들을 이용하여 포스트-텐션 텐돈과 같이 길이가 긴 시스템을 검사할 수 있다. 낮은 감쇠를 갖는 이러한 점들은 에너지가 봉의 중심에 집중되어 있고 고차 종파 모드의 최대 군속도 근처에서 나타난다. 이러한 거동을 보이는 첫 번째 모드 중 하나는 6.0㎒-mm에서 최대 군속도를 갖는 L(0,4) 모드로 이에 대한 분산선도는 그림 6.21에 나타내었다. 유한요소 기법을 이용하여 이 고차 모드를 모델링하기 위해서는 기본 모드에 비해 보다 조밀한 격자를 사용해야 한다. 즉 파장 당 요구되는 절점의 수를 만족하기 위해 봉의 반경방향의 절점 수가 7에서 25로 증가해야 한다. 그러나 격자가 조밀해지면 주변매질인 그라우트를 모델링하는 것이 어려워지는데 그 이유는 유한요소 모델의 크기가 너무 커지기 때문이다. 따라서 매립된 경우에 대한 반사계수는 자유 시스템의 반사계수로부터 추정하여 계산할 필요가 있다.

자유 시스템에 대한 반사계수를 매립 시스템에 대입할 수 있는 근거를 확보하기 위해 그림 6.22에 나타낸 자유, 매립 시스템에 대한 분산선도에서 등가의 점들의 모드 특성을 살펴보자. 매립 시스템에 존재하는 감쇠를 제외하면 두 경우에 대한 분산선도는 매우 유사한데, 특히 최대 에너지 속도 근처에서의 L(0,4) 모드의 거동은 더욱 그러하다. 두 모드에 대한 모드형상도 매우 유사한데 이는 그림 6.22의 변형률 에너지밀도와 변위형상에서 확인할 수 있다. 이러한 유사성은 예측될 수 있는데 그 이유는 이 위치에서의 감쇠가 상

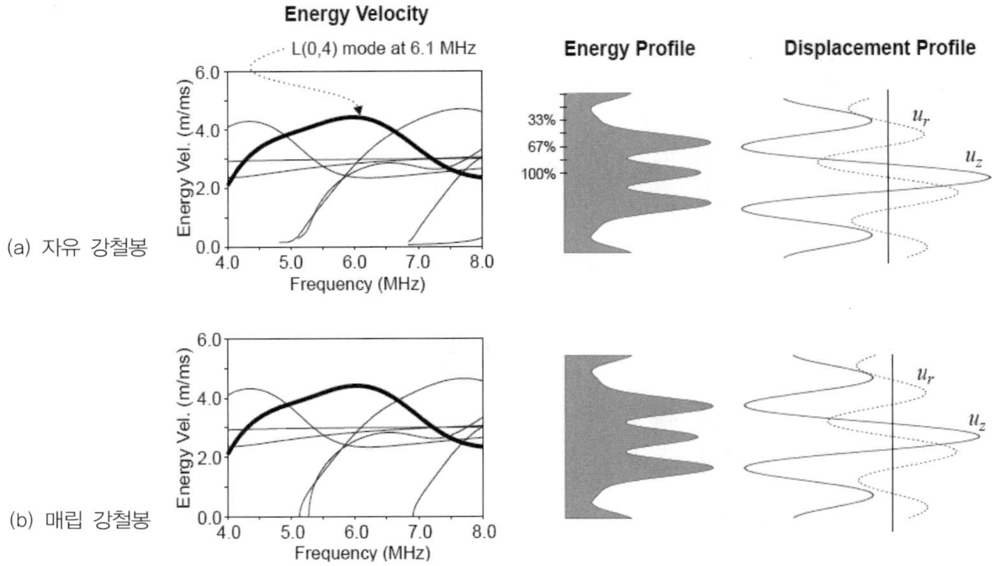

그림 6.22 강철봉 L(0,4) 모드의 분산선도, 에너지 형상, 변위형상

대적으로 작아 비파괴검사에 사용될 주파수-반경으로 적당하기 때문이다. 감쇠가 작은 이유는 이 위치에서 강철봉과 주변 그라우트 사이의 상호작용이 최소로 발생하기 때문이다. 앞에서 고려한 L(0,1) 모드도 감쇠가 최소인 점에서 발생하는데 이때 사각 노치에 대한 자유 강철봉과 매립 강철봉의 반사계수는 매우 잘 일치하는 특성을 보였다. 따라서 자유 시스템의 L(0,4) 모드에 대한 반사계수를 매립 시스템에 대입하면, 노치의 깊이가 변할 때 모드의 민감도를 평가하는데 사용될 수 있는 충분히 정확한 결과를 얻을 수 있을 것으로 예측된다. 좀 더 정확한 결과를 얻으려면 고차 누설 모드를 모델링 하는 방법을 유한요소법에 첨가하여 원하는 결과를 구할 수 있다. 이에 대한 과정은 5.3절에 자세히 기술되어 있다.

자유 봉에 대한 반사계수를 매립 봉에 대입하여 구한 주파수-반경 6.0㎒-mm에서의 L(0,4) 모드의 반사계수를 그림 6.23에 제시하였다. 각각의 곡선들은 L(0,4) 모드가 가로축에 나타낸 깊이의 사각 노치에 입사될 때 얼마나 많은 전파 모드들이 생성되고 반사되는지를 나타낸다. 이 경우 L(0,4) 모드가 반사되는 양을 나타내는 곡선만이 비파괴검사 기법의 민감도를 결정하는데 유용하다. 노치에서의 모드변환에 의해 생성되는 다른 모드들은 매우 큰 감쇠를 갖기 때문에 신호변환기에 검출되지 않는다. 따라서 유도파검사 기법을 활용하여 매립된 영역의 가능한 한 멀리 있는 결함까지 검출하려면 대부분의 반사

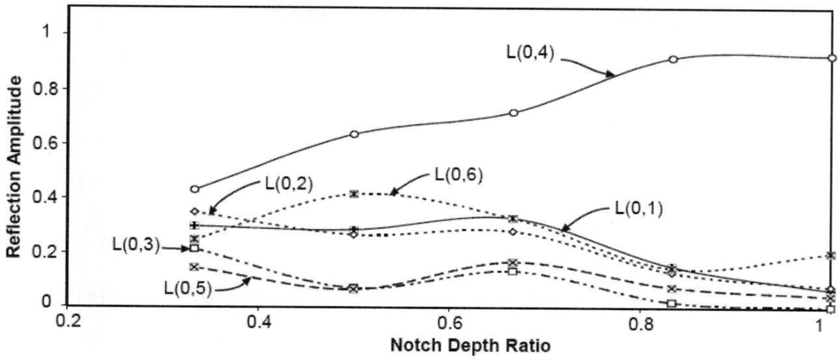

그림 6.23 L(0,4) 모드가 사각 노치에 입사할 때의 반사계수

에너지는 L(0,4) 모드에 집중되어야 한다. 그림 6.23에서 볼 수 있듯이 결함이 봉의 전체 반경까지 확장되면 반사되는 L(0,4) 모드의 양이 증가하여(약 90%) 비파괴검사에 유용하게 사용될 수 있음을 알 수 있다. 노치의 깊이가 깊지 않을 경우 대부분의 L(0,4) 모드는 L(0,4) 모드의 형태로 노치에서 연속적으로 반사한다. 이로부터 상대적으로 덜 심각한 결함들은 실제 현장에서 쉽게 검출될 가능성이 높다는 것을 알 수 있다. 노치의 깊이가 변함에 따라 반사계수의 형상이 불규칙한 것은 그림 6.22에 보인 바와 같이 에너지 형상이 일정하지 않기 때문이다.

6.5 매립 반사계수 요약

본 장에서는 여러 가지 다양한 종류의 원통형 시스템에 대한 반사계수를 구하였고 이로부터 매립 봉에서 검출할 수 있는 결함의 크기와 형태에 대한 다양한 정보를 제공하였다. 해석결과로부터 자유 강철봉과 매립 강철봉의 L(0,1) 모드에 대한 반사계수는, 노치가 모드의 진행방향과 수직할 때 매우 유사한 특성을 나타내었고, 이로부터 자유 시스템에 대한 반사계수를 계산이 훨씬 더 어려운 매립 시스템에 대입할 수 있음을 알 수 있었다. 또한 자유, 매립 시스템의 경계에서의 반사는 낮은 주파수-반경에서 기본 종파 모드를 이용하여 비파괴검사를 수행하는데 아무런 문제를 발생시키지 않는다는 것도 확인하였다. 고차 모드인 L(0,4) 모드를 모델링 할 때 결함에서 반사되는 대부분의 에너지는 L(0,4) 모드 형태로 반사하고 이로부터 이 모드를 매립 봉 검사에 사용할 경우 상대적으로 작은 결함도 검출할 수 있음을 알 수 있었다.

제7장 Disperse 프로그램

프로그램 "Disperse"는 다양한 종류의 시스템에 대한 분산선도를 생성하기 위해 제작된 Windows용 프로그램이다. 이 프로그램을 통해 사용자는 유도파의 전파에 대한 폭넓은 지식을 얻을 수 있을 뿐만 아니라 비파괴검사기법을 보다 효율적으로 사용할 수 있는 방법도 개발할 수 있으리라 생각된다.

본 교재는 Disperse 프로그램을 사용하는 방법과 그 안에 포함되어 있는 내용에 대해 설명하고자 한다. 분산선도를 생성하기 위한 이론적 배경은 2장에서 논의하였고 몇 가지 예제는 3, 4장에서 자세히 다루었다. 간단한 경우에 대해 신속하게 결과를 얻고자 할 때는 7.2절의 빠른 시작을 참조하기 바란다. 그러나 복잡한 구조물을 다룰 경우 사용자가 입력해야할 정보가 많기 때문에 7.4.3절에 설명되어 있는 수동 추적(tracing) 기법을 숙지할 필요가 있다. 따라서 사용자는 간단한 구조물의 분산선도를 구하는 방법을 충분히 연습한 후 복잡한 구조물에 도전하는 것이 바람직하다고 할 수 있다.

7.1 프로그램의 개요

7.1.1 프로그램의 모델

Disperse는 여러 가지 종류의 구조 및 재료들에 대한 해를 제공한다. 프로그램 내에 포함되어 있는 내용은 다음과 같다.

- 직교(cartesian) 또는 원통형(cylindrical) 구조
- 단일 또는 다중 층(layer) 구조물
- 비누설(non-leaky) 또는 누설(leaky) 시스템
- 탄성(elastic) 또는 점탄성(viscoelastic) 등방성(isotropic) 재료
- 비누설 직교구조를 갖는 일반적인 이방성 재료

분산선도를 추적할 수 있는 자동 또는 수동적인 방법에 대해서는 7.4절에 자세하게 설명하였다.

7.1.2 제한 조건

Disperse는 파동전파 문제에 대한 모드 해를 제공한다. 그리고 그 결과는 분산선도로 표현된다. 이때 연속적인 파동이 무한히 긴 구조물에서 전파된다고 가정한다. 따라서 유한한 시간동안 발생하는 파동이나, 결함과 같은 국부적인 원인에 의한 파동은 직접 모델링 할 수 없다.

해석에 사용되는 재료나 구조에 대한 제한조건은 다음과 같다.

- 구조가 원통형이면 재료는 등방성이거나 적어도 횡방향(transversely) 등방성이어야 한다.
- 재료가 이방성이면 누설이나 재료감쇠(material damping)에 의해 감쇠되는 파동에 대한 해를 얻을 수 있다. 그러나 이 경우 구할 수 있는 해의 형태는 제한적일 수밖에 없다.
- 이방성 재료로 구성된 층은 평판 면에 평행한 대칭면을 가져야 한다. 따라서 재료의 방향을 정의할 때 모든 방향으로의 회전이 가능하지는 않다.
- 이방성 구조물에 대한 군속도는 일반적인 ω-k 도함수를 이용하여 단순하게 계산한다. 따라서 파동이 주축(principal axis)을 따라 전파하지 않을 때 나타나는 에너지속도의 방향 편차(directional deviation)는 계산할 수 없다.
- 점성유체(또는 입체 전단속도(bulk shear velocity)가 300㎧ 이하인 재료)를 사용할 경우 모드형상은 전단속도가 0이라고 가정하고 계산한다.
- 표면의 거칠기를 모델링 하는 방법은 현재 개발 중에 있다.
- 구조물이 매립되어 있거나 유체에 잠겨있을 경우 모드형상의 파워정규화 계산결과는 정확하지 않을 수 있는데 이는 적분과정에서 반공간(half space) 내의 요소들을 무시하기 때문이다.

7.1.3 Disperse의 부가 기능

일단 분산선도를 구하면 이를 좀 더 자세히 살펴볼 수 있는 다양한 기능들이 포함되어 있다. 분산선도는 위상속도, 군속도, 파동수의 형태로 나타낼 수 있다. 분산선도의 특정

영역을 확대할 수도 있고 곡선들 사이를 임의로 이동할 수도 있다. 모든 추적된 점에 대한 모드형상들도 자세하게 살펴볼 수 있다. 색인기능을 이용하여 특정 점에 대한 표시도 가능하다. 파동속(wave packet)이 진행할 때 나타나는 분산 특성도 시뮬레이션 할 수 있다. 이러한 부가적인 기능들은 초음파 NDT(Non-Destructive Test)시험에 대한 사전 정보를 얻을 수 있도록 고안된 것들이다. 추가로 필요한 정보나 새로운 방법들이 있으면 적극 추천해주기 바란다.

7.1.4 Disperse의 구동

Windows 98/XP/Vista/NT를 사용하는 경우 Disperse가 설치되어 있지 않으면 다음의 과정을 거쳐 설치하기 바란다.

1. Disperse에 대한 사용허가증을 갖고 있으면 안전키(dongle키)가 같이 공급되었을 것이다. 옛날 버전과 함께 공급되었던 동글키는 새로운 버전에서도 올바르게 작동한다. 동글키를 컴퓨터의 USB포트에 장착한다.
2. Disperse CD를 삽입하고 Setup.exe를 두 번 클릭한다. 이 CD에는 설치프로그램이 포함되어 있어서 자동으로 Disperse 프로그램을 설치한다. 설치과정에 걸리는 시간은 짧고 그 과정도 간단하다. 자세한 설치과정은 CD케이스와 CD안의 Read.me 파일에 적혀있다. 설치해야할 요소들은 아래와 같이 몇 개로 구성되어 있고 각각의 요소들은 따로 Install 단추를 갖고 있다. Install 단추를 누르면 현재 컴퓨터에 설치되어 있는 파일들에 대한 검색결과를 나타내주기 때문에 몇몇 요소들은 설치할 필요가 없을 수도 있다. 그러나 중요한 것은 설치하는 순서는 맨 위에서부터 시작해야 하고 차례로 아래 요소들로 진행해야 한다는 점이다.
3. Disperse 프로그램은 설치해야 하므로 이에 해당하는 Install 단추는 반드시 클릭해야 한다.
4. 이전 버전에 안전키를 구동하는 소프트웨어가 설치되어있지 않으면 반드시 설치해야 한다.
5. 사용허가증이나 안전키가 없으면 몇 개의 예제 파일만이 자동으로 설치된다. 이 파일들은 Examples라는 서브폴더에 설치된다. 그러나 안전키가 꽂혀 있으면 Install 단추를 클릭했을 때 훨씬 더 많은 예제 파일들이 설치된다.
6. 도움말 매뉴얼을 읽기 위해서는 Adobe Acrobat 프로그램이 필요하다. 컴퓨터에 이

프로그램이 설치되어 있지 않으면 마지막에 있는 Install 단추를 눌러 Adobe Acrobat 4.0을 설치한다.

Disperse 프로그램은 여러 번에 걸쳐 설치할 수 있지만 안전키가 USB포트에 장착되어 있을 때에만 프로그램의 모든 기능을 이용할 수 있다. 안전키가 장착되어있지 않으면 데모(demo)모드만 설치되고 기존에 이미 계산된 결과만 표시되거나 매우 제한적인 재료에 대해서만 계산을 수행할 수 있다. 따라서 안전키가 제대로 작동할 수 있도록 안전키 구동프로그램은 반드시 설치해야 한다.

마지막으로 이 매뉴얼을 프로그램이 아닌 인터넷 등에서 내려 받았으면 반드시 Help 폴더에 옮겨 놓아야 한다. 그렇지 않을 경우 Disperse를 작동시킬 때 매뉴얼을 제대로 찾을 수 없게 된다. 프로그램 내에서 Start 메뉴를 선택하거나, 설치 폴더의 disperse.exe 파일을 두 번 클릭하거나 화면상의 바로가기 아이콘을 선택하면 Disperse가 시작된다.

7.1.5 표시방법과 마우스 작동

Disperse는 Windows 환경에서 작동되도록 구성되어 있다. 따라서 Windows에 익숙한 사용자들이 사용하기 쉽게 구성되어 있으며 프린터 및 다른 CAD 프로그램과의 인터페이스도 용이하다.

프로그램을 시작하면 화면 상단에 제한된 도구모음들만 나타나고 그 외의 창은 나타나지 않는다. 그러나 새로운 구조(또는 시스템)를 정의하거나 기존의 모델파일을 열면 이 모델에 대한 새 창이 자동으로 열리게 된다. 몇 개의 모델을 동시에 열 수 있고 각각의 모델은 자신만의 창을 갖게 된다. 대부분의 Windows 시스템은 현재 선택된(예를 들면 경계를 클릭했을 때) 창이 활성창이 된다. 일단 분산선도를 계산하면 모델 창은 기본적으로 계산결과를 주파수에 대한 위상속도 그래프로 나타낸다. 주파수에 대한 파동수 그래프 등 다른 결과는 Display 메뉴를 클릭하여 선택할 수 있다.

모델 창 이외에 다른 창들도 사용할 수 있다. 자동 추적 및 소인(掃引, sweeping) 창과 같은 다른 창들은 주프로그램창의 하단에 최소화된 형태로 나타난다. 이 창들은 분산선도를 생성할 때 주프로그램에 의해 호출된 연산과정과 관계가 있다. 연산과정에 관련된 창들을 살펴볼 필요는 없지만 좀 더 자세한 과정을 알고 싶으면 그 창을 확대하여 검토할 수 있다. 즉 모드를 추적할 때 문제가 발생하였거나 프로그램이 현재 수행하고 있는 과정을 자세히 알고 싶을 때는 연산과정 창을 조사하면 된다. 마지막으로 모드형상을 선택하면 새로운 창이 열린다. 모드형상을 계산하는 과정은 별개의 연산과정이다. 모드형상 창의 모드형상은 모델창과 관련이 있고 모델 창에 나타난 분산선도의 포인터(pointer)의 위치에 따라 연속적으로 변하게 된다. 여러 개의 모델 창이 동시에 열려 있으면 모드형상 창은 가장 최근에 선택된 모델에 대한 결과를 나타낸다.

일반적으로 마우스의 왼쪽 단추는 화면상에서 대상을 선택하는 기능을 수행한다. 그러나 몇 가지 작업에서는 그 기능이 변하게 된다. 예를 들면 Trace from을 사용하고 있을 때 왼쪽 단추를 누르면 한 점이 선택되고 그 점에서 자동으로 추적을 시작한다. 다른 기능을 선택하기 전까지 왼쪽 단추를 누르면 가장 최근에 선택한 기능을 수행하게 된다. 원래의 포인터 모드로 돌아가기 위해서는 마우스의 오른쪽 단추를 눌러 Pointer를 선택해야 한다.

마우스의 오른쪽 단추를 누르면 팝업(pop-up) 메뉴가 나타나는데 이 팝업 창에는 현재 수행하고 있는 작업의 종류에 따라 다양한 단축키들이 보인다. 분산선도가 나타나 있으면 Zoom, Pointer, Sweep and Search, Trace from, Find minima, Show determinant, Actions (copy, print, zoom), Edit curves, Autoscale 등의 선택사항이 나타난다. 자세한 내용은 7.5.4절을 참조하기 바란다.

7.2 빠른 시작

본 절에서는 Disperse 프로그램의 결과를 신속하게 살펴볼 수 있는 방법에 대해 설명하고자 한다. 물론 프로그램을 수행하기 전에 Disperse에 숨겨져 있는 기본 개념들에 대한 이해가 반드시 선행되어야 할 것이다. 즉 분산선도에 나타나는 그림들에 대한 기본적인 이해가 필요하다는 것이다. 3, 4장에 제시되어 있는 예제를 참고하면 이해가 더 쉬울 것이다.

7.2.1 등방성 자유 평판

빠른 시작 방법을 사용하기 위해서는 조사하고자 하는 시스템이 다음의 조건을 만족해야 한다.

- 시스템의 형상이 원통형이 아닌 평판 형태이어야 한다.
- 재료는 모두 등방성이어야 한다.

■ 시스템은 진공 중에 놓여 있어야 한다. 즉 주변의 매질로 에너지가 누설되지 않아야 한다.

조사하고자 하는 시스템이 위 조건들을 만족하지 않으면 프로그램의 전체 사용방법이 기술되어 있는 매뉴얼을 참조하기 바란다.

등방성 자유 평판의 분산선도를 추적하기 위한 절차는 다음과 같다.

1. 프로그램을 시작한다. Windows 98/2000/XP/NT 사용자는 화면의 왼쪽 하단의 시작 메뉴의 실행 메뉴에서 Disperse를 선택하거나 Disperse가 설치되어 있는 폴더에서 Disperse.exe를 두 번 클릭한다.
2. 조사하고자 하는 시스템을 정의한다.

■ 주 메뉴에서 File: New를 선택한다(마우스의 왼쪽 단추 클릭).

■ 대화상자의 상단에 나타난 메뉴에 Plate와 Structure in vacuum이 선택되어 있는지 확인한다.

■ 재료 풀다운(pull-down) 메뉴에서 해석하고자 하는 등방성 재료를 선택한다(첫 번째 "≫"의 오른쪽).

■ 선택된 재료명칭 오른쪽에 있는 문자입력 창을 수정하여 두께(mm로 표시)를 변경한다.

■ 필요할 경우 재료 다음에 있는 "≫"를 클릭할 때 나타나는 팝업 창을 수정하면 재료상수를 바꿀 수 있다.

■ 두 번째 "≫" 다음에 있는 창에 자유 경계조건인 Free boundary가 선택되어 있는지 확인한다.

■ OK 단추를 누른다.

자세한 내용은 7.3.2절의 구조의 정의를 참조하기 바란다.

3. 주 메뉴에서 Trace: Automatic tracing을 선택하고 OK단추를 누른다. 프로그램이 자동으로 기본적인 대칭, 비대칭 모드를 조사하고 두 모드를 추적한다. 이때 추적은 높은 위상속도에서부터 시작된다. Stop단추를 누르면 현재 실행되고 있는 자동 추적 과정이 중지된다.
4. 자동 추적이 찾지 못한 모드를 수동으로 추적한다. 최소점(minimum points)에 작은

원이 그려져 있고 그 점에서 모드가 추적되지 않았다면 이 모드를 수동으로 조사할 필요가 있다. 그 과정은 다음과 같다.

- 먼저 도구모음에서 Trace from point 단추(검은 점을 관통하는 붉은 화살표가 그려진 단추)를 선택한다. 이 단추는 마우스의 오른쪽 단추를 클릭하면 나타나는 팝업 메뉴에서도 찾을 수 있다. 이때 추적 결과를 나타내주는 그래프는 위상속도-주파수 그래프인 경우가 가장 좋다.
- 모드가 그려져 있지 않거나 모드 추적이 중간에서 끝난 작은 원에 마우스를 놓고 왼쪽 단추를 클릭한다. 추적의 방향과 범위는 도구모음의 문자 상자에서 목표주파수인 target frequency를 변경하여 정할 수 있다.
- 작업이 끝나면 마우스의 오른쪽 단추를 눌러 Pointer를 선택한다. 그렇지 않을 경우 마우스의 왼쪽 단추가 눌러질 때마다 추적을 계속적으로 수행하게 된다.

5. 결과를 저장한다.

- 주 메뉴에서 File: Save를 선택하면 자료(재료와 분산선도)를 저장할 수 있다. 이때 확장자는 .ds2로 설정하는 것이 혼동을 피할 수 있다.
- 주 메뉴에서 File: Print를 선택하면 결과를 출력할 수 있다. 또 Tools: Export Data를 선택하면 다양한 형태로 자료를 전송(export)할 수 있다.

7.2.2 물에 잠긴 자유 평판

물에 잠긴 자유평판에 대해 빠른 시작 방법을 적용하기 위해서는 조사대상 시스템은 직교이고 등방성이어야 한다. 물에 잠긴 자유평판의 분산선도를 추적하기 위한 절차는 다음과 같다.

1. 프로그램을 시작한다. Windows 98/2000/XP/NT 사용자는 화면의 왼쪽 하단의 시작 메뉴의 실행 메뉴에서 Disperse를 선택하거나 Disperse가 설치되어 있는 폴더에서 Disperse.exe를 두 번 클릭한다.
2. 조사하고자 하는 시스템을 정의한다.

- 주 메뉴에서 File: New를 선택한다(마우스의 왼쪽 단추 클릭).
- 대화상자의 상단에 나타난 메뉴에 Plate와 Structure is embedded이 선택되어 있는지 확인한다.
- 재료 풀다운(pull-down) 메뉴에서 물 즉 Water를 선택한다(첫 번째 "≫"의 오른쪽).
- 두 번째 "≫"의 오른쪽에서 해석하고자 하는 등방성 재료를 선택한다.
- 세 번째 "≫"의 오른쪽에서 물을 선택한다.
- 선택된 재료명칭 오른쪽에 있는 문자입력 창을 수정하여 중간층의 두께(mm로 표시)를 변경한다. 첫 번째, 세 번째 층은 주변매질로 반무한 공간(semi-infinite spac)를 형성한다. 따라서 두께를 정의할 필요가 없다.
- 필요할 경우 재료 다음에 있는 "≫"를 클릭할 때 나타나는 팝업 창을 수정하면 재료상수를 바꿀 수 있다.
- OK 단추를 누른다.

자세한 내용은 7.3.2절의 구조의 정의를 참조하기 바란다.

3. 주 메뉴에서 Trace: Automatic tracing을 선택하고 OK단추를 누른다. 프로그램이 자동으로 기본적인 대칭, 비대칭 모드를 조사하고 두 모드를 추적한다. 이때 추적은 높은 위상속도에서부터 시작된다. Stop단추를 누르면 현재 실행되고 있는 자동 추적 과정이 중지된다.
4. 자동 추적이 찾지 못한 모드를 수동으로 추적한다. 최소점(minimum points)에 작은 원이 그려져 있고 그 점에서 모드가 추적되지 않았다면 이 모드를 수동으로 조사할 필요가 있다. 그 과정은 다음과 같다.

- 먼저 도구모음에서 Trace from point 단추(검은 점을 관통하는 붉은 화살표가 그려진 단추)를 선택한다. 이 단추는 마우스의 오른쪽 단추를 클릭하면 나타나는 팝업 메뉴에서도 찾을 수 있다. 이때 추적 결과를 나타내주는 그래프는 위상속도-주파수 그래프인 경우가 가장 좋다.
- 모드가 그려져 있지 않거나 모드 추적이 중간에서 끝난 작은 원에 마우스를 놓고 왼쪽 단추를 클릭한다. 추적의 방향과 범위는 도구모음의 문자 상자에서 목표주파수인 target frequency를 변경하여 정할 수 있다.
- 아직도 찾지 못한 모드가 있다고 생각되면 영역을 선택하여 모드를 추적할 수 있

다. 마우스의 오른쪽 단추를 눌러 나타난 팝업 메뉴에서 Sweep and Search를 선택한다. 왼쪽 단추를 누른 채 마우스를 끌어 관심영역을 네모상자로 표시한다. 프로그램이 자동으로 그 영역 내에 있는 모드를 추적하여 근(root)을 찾고 작은 원을 그려줄 것이다. 만약 이 원들이 재료의 입체파 속도에 해당되는 속도 위에 놓이게 되면 이는 유도파의 근이 아니기 때문에 무시해야 한다.

- 작업이 끝나면 마우스의 오른쪽 단추를 눌러 Pointer를 선택한다. 그렇지 않을 경우 마우스의 왼쪽 단추가 눌러질 때마다 추적을 계속적으로 수행하게 된다.

5. 결과를 저장한다.

- 주 메뉴에서 File: Save를 선택하면 자료(재료와 분산선도)를 저장할 수 있다. 이때 확장자는 .ds2로 설정하는 것이 혼동을 피할 수 있다.
- 주 메뉴에서 File: Print를 선택하면 결과를 출력할 수 있다. 또 Tools: Export Data를 선택하면 다양한 형태로 자료를 전송(export)할 수 있다.

7.3 구조물의 정의

분산선도를 생성하기 전에 구조물을 정의할 필요가 있다. 여기에는 평판 구조나 원통형 구조의 선택, 시스템을 구성하는 모든 층의 재료특성의 정의, 경계조건의 설정 등이 포함된다. 본 장에서는 이러한 특성들을 정의하는 방법에 대해 기술하고 다음 장에서는 이러한 구조물의 형상이 결정되었을 때 분산선도를 계산하는 방법에 대해 서술한다.

7.3.1 개요

모델링 하고자 하는 시스템의 형상이나 구조에 대한 자료는 사용자가 직접 입력하거나 파일로부터 불러올 수 있다. 두 경우 모두 구조의 종류, 층(layer)의 수, 각 층의 재료특성 및 치수에 대한 자료가 필요하다.

자료를 입력하기 위해 새로운 구조를 정의하거나(File: New) 현재의 구조를 편집하거나(Trace: Edit Geometry), 파일로부터 읽어 들일 수 있다(File: Open). 이미 분산선도가 화면에 나타나 있을 경우 Trace: Edit Geometry를 선택하면 시스템의 구조 및 형상이 변경되고 이전의 분산선도는 모두 삭제된다. 그러나 File: New(또는 File: Open)을 선택하면 새로운 분산선도 창이 열리고 이전의 자료는 보존된다. 따라서 각기 다른 형태의 해를 갖는 여러 개의 창을 동시에 열 수 있다. 이는 서로 다른 시스템의 결과를 비교하는데 유용하다.

File: New 또는 Trace: Edit Geometry를 선택하면 Disperse 프로그램이 요구하는 재료 특성에 관한 모든 자료를 입력해야 한다. 이 자료는 두 부분, 즉 구조에 대한 정보와 각 층의 특성에 대한 정보로 구성되어 있다. 본 절의 구성은 7.3.2절에서 구조물을 정의하는 방법에 대해 기술하고 7.3.3절에서는 구조물이 층으로 구성되어 있을 경우 층을 정의하는 방법에 자세히 서술한다. 7.3.4절에서는 기존에 이미 작성되어 있는 파일을 불러오는 방법에 대해 설명한다.

7.3.2 구조물의 정의

7.3.2.1 평판 또는 원통형 구조물의 선택

먼저 대화상자의 상단 왼편에 있는 드롭다운(drop-down) 메뉴에서 구조를 선택해야 한다. 현재 선택할 수 있는 구조는 평판과 원통형 시스템(시스템의 축인 z방향으로 파동이 전파) 이다. 이러한 구조의 한계점에 대해서는 7.1.2절에 자세히 설명되어 있다.

7.3.2.2 외부 경계조건의 선정

다음은 대화상자의 상단 오른편에 있는 드롭다운 메뉴를 이용하여 외부 경계조건을 정의해야 한다. 구조물은 경계를 갖지 않을 수도 있고(Structure is in vacuum), 유체에 잠겨있거나 고체 내에 매립되어 있을 수도 있다(Structure is embedded). 만약 Structure is in vacuum을 선택할 경우 Disperse는 자동으로 진공(또는 공기 중)의 반공간(vacuum half-space)을 경계조건으로 채택한다. 즉 자유 트랙션(traction-free) 경계조건이 형성된다. 만약 Structure is embedded를 선택할 경우 Disperse는 사용자가 정의하게 될 다중 층(multi-layer) 중 처음과 마지막 층의 재료는 반무한 공간으로 가정한다. 각각의 반공간은 유체, 고체 또는 진공으로 정의될 것이다.

원통형 구조물은 Structure is in vacuum으로 모델링 할 경우 내경(inner radius)을 정의하기 위한 또 하나의 상자가 열린다. 예를 들어 외부가 진공(또는 공기)에 노출되어 있는 중공파이프(hollow pipe)에 대한 파이프 내경은 여기에서 정의해야 한다. 파이프가 여러 층으로 구성되어 있을 경우 각 층의 재료와 두께는 순차적으로 나타나는 상자에 입력하면 된다. 구조물의 내부가 비어있지 않을 경우(예를 들면 유체가 차있는 경우) 첫 번째 층에 의해 구조물 내부 재료의 재질과 반경을 표시한다. 즉 내부에 유체가 차있는 파이프는 Structure is embedded로 모델링하고 첫 번째 층의 재질에 해당 유체의 종류를 입력하고 오른쪽에 나타나는 상자에 유체의 두께에 해당하는 파이프의 내경을 입력한다. 두 번째 상자에는 파이프 벽의 재질 및 두께를 입력한다. 중실봉(solid circular bar)과 같은 고체 구조물은 두 가지 방법으로 규정할 수 있다. 즉 (1) 먼저 Structure is in vacuum을 선택하고 내경을 0으로 설정한다. 그리고 봉의 반경을 층의 두께로 입력한다. (2) Structure is embedded를 선택하고 첫 번째 층을 봉의 재질과 반경을 갖는 구조로 규정한다.

7.3.2.3 재질의 선택

대화상자에서 층의 재질을 선택할 경우 미리 정의된 여러 가지 재료들이 드롭다운 메뉴 상에 나타난다. 이제 재료특성을 수정하거나 새로운 재료를 정의하는 방법에 대해 살펴보자. 이때 미리 정의된 재료들은 충분하다고 가정한다. 각 층에는 한 개의 드롭다운 메뉴가 나타나는데 나타나는 층의 순서는 평판의 경우 상부 층에서 하부 층으로, 원통형 구조물의 경우 내부 층에서 외부 층으로 진행하는 순서이다. 처음에 세 개의 층이 나타나는데 층의 개수는 늘리거나 줄일 수 있다. 즉 각 층의 왼쪽에 있는 “≫” 단추를 클릭하고 Insert before, Insert after, Delete 중 하나를 선택하면 된다. 첫 번째 층은 항상 평판 위의 상부 반무한 공간, 또는 파이프의 내부 층을 나타낸다. 따라서 Structure is in vacuum을 선택했을 때 첫 번째 층은 항상 자유 경계(Free boundary)로 미리 설정되게 된다. 마찬가지로 마지막 층은 평판 아래의 하부 반무한 공간, 또는 파이프 외부의 무한 공간을 나타낸다. 중간층들은 유한 두께를 갖는 구조물들의 층을 나타낸다. 각 층을 정의하기 위해서는 그 층의 재질과 두께를 선택할 필요가 있다. 반무한 층의 두께는 프로그램 내에서 사용하지 않지만, 위에 설명한 바와 같이 중실봉의 경우 그 두께는 봉의 내경으로 정의된다.

7.3.2.4 반복 층의 정의

같은 층이 반복되는 구조물을 정의할 때 사용하는 유용한 도구가 프로그램에 포함되어 있다. 즉 탄소섬유 복합재료(carbon fiber composite)와 같이 동일한 층의 그룹이 반복되는 구조로 구성되어 있는 다중 층의 구조물을 모델링할 때 유용한 도구이다. 구조물 모델링 시 Repeated groups 도구를 사용하면 시스템을 신속히 그리고 안정적으로 정의할 수 있고 계산시간을 획기적으로 줄일 수 있다. 이는 Disperse 프로그램이 전역행렬(global matrix)의 계수를 조합할 때 반복 패턴을 조사하여 행렬의 차수를 감소시키기 때문이다. 이 도구를 사용하기 위해서는 먼저 그룹의 첫 번째 층의 왼쪽에 있는 "≫" 단추를 클릭하고 드롭다운 메뉴에서 Repeated groups를 선택한다. 선택된 층은 그룹의 헤더(group header)가 되고 그 아래 나타나는 그룹을 구성하는 층들을 정의할 때 사용된다. 그룹 헤더에는 명칭이 붙고 그것이 반복된 횟수를 오른쪽 상자에 입력해야 한다. 전체 층의 구조는 계통도(tree diagram) 형태로 나타나는데 그룹은 그룹 명칭의 왼쪽에 있는 + 또는 - 단추를 클릭하면 펼쳐진 형태 또는 축약된 형태로 볼 수 있다.

7.3.2.5 층의 대칭성

중간층에서는 활용할 수 없는 두 가지 옵션이 첫 번째와 마지막 층의 드롭다운 메뉴에 포함되어 있다. 첫 번째 옵션은 Free Boundary이다. 이 조건을 선택하면 자유 트랙션 조건이 설정되고 진공 반공간과 동일한 경계조건을 갖게 된다. 두 번째 옵션은 Symmetric System이다. 이 조건은 평판과 같이 구조적으로 대칭(symmetric)인 구조물에만 적용할 수 있다. 이 조건을 선택하면 구조물이 상부 층에서 하부 층으로 내려가면서 거울과 같이 대칭되는 구조를 갖는다는 것을 의미한다. 이 옵션은 구조물이 여러 개의 유한 두께를 갖는 층으로 구성되어 있고 구조적으로 대칭인 경우 반드시 선택해야할 사항이다. 이 옵션이 사용되면 계산시간이 단축되고 대칭 모드, 비대칭 모드를 독립적으로 탐색할 수 있기 때문에 곡선 추적의 안정성이 증대되는 효과를 유발한다.

7.3.2.6 두께 정규화

파라미터조사를 할 때 구조물의 전체 두께를 일정하게 하여 각 층의 두께를 총 두께에 대한 비율로 표시하는 것이 유리하다. Norm. Thick 단추를 선택하면 구조물의 전체 두께가 1mm가 되고 모든 층의 두께는 이에 대한 비율로 표시된다. 이 단추를 누르면 각 층의 오른쪽에 있는 두께를 표시하는 상자의 값들이 새로운 비율로 즉각 바뀌게 된다.

7.3.2.7 미리 정의된 재료의 목록

Edit list 단추를 누르면 미리 정의된 재료의 전체 목록을 볼 수 있고 불필요한 재료를 삭제할 수 있다. 새로운 재료를 생성하거나 기존의 재료를 수정하는 방법은 다음 절에서 자세히 설명하기로 한다.

7.3.2.8 원통형 구조에 대한 유의사항

파이프 내부의 재료가 유체일 경우 Disperse는 축의 중심 상에 싱크(sink)가 있다고 가정하기도 한다. 싱크가 있다는 것은 파이프의 내벽을 떠나 유체의 중심을 향해 전파되는 파동이 축의 중심에 도달했을 때 싱크에 완전히 흡수된다는 것을 의미한다. 싱크가 없으면 축의 중심에 도달한 파동은 유체를 지나 계속 진행하여 파이프의 다른 쪽 벽면에 도달하게 된다. 따라서 싱크가 없으면 파이프 내부 유체의 공진에 해당되는 유체 모드(fluid mode)가 생성되게 된다. 이 모드는 파이프 모드에 비해 분산선도 상에서 매우 촘촘하게 나타나기 때문에 해석의 어려움을 유발한다. 싱크의 존재유무는 Trace: Solution type 메뉴에서 조정할 수 있다. 싱크의 존재유무가 해석결과에 미치는 영향은 4.2.1절에서 자세하게 설명하고 있다.

원통형 구조물의 시스템 행렬을 계산하기 위해 사용되는 베셀함수(Bessel function)는 그 특성 상 몇 가지 한계점을 갖고 있다. 베셀함수는 편각(argument)이 클 경우 불안정해지는데, 이는 반경이 크고(두께에 비해 상대적으로) 파동수가 높으며(위상속도가 작으며) 파동속도가 매우 느릴 때 나타난다. 이러한 불안정성에 의해 Disperse는 근에 수렴할 수 없게 된다. 이 경우 시스템을 파이프가 아닌 평판으로 모델링 하는 방법을 시도해 보아야 한다. 이때 해는 동일한 형태로 나타나는데 그 이유는 베셀함수의 편각이 불안정성을 유발시킬 만큼 클 경우 베셀함수는 직교좌표계 대응부(counterpart)가 감소된 형태로 작용하여 매우 유사한 결과를 제공하기 때문이다.

분산선도 추적과 4.1.6절에 설명된 내용을 바탕으로 일반적으로 다음과 같이 말할 수 있다. 즉 관심주파수의 최소주파수가 다음 방정식의 $f_{\min}$보다 클 경우 파이프를 평판으로 대체할 수 있다.

$$f_{\min} = \frac{v_{long}}{r_{inner}} \tag{7.1}$$

여기서 $f_{\min}$는 최소주파수(㎒)이고 r_{inner}는 내경(mm), v_{long}은 입체 종파의 속도(mm/㎲)이다. 따라서 주파수-두께가 0.25mm-㎒ 이상이고 벽 두께에 대한 반경의 비가 20이상일 경우 평판으로 대체할 수 있다는 것을 알 수 있다.

7.3.2.9 예제

정의된 재료특성을 이용하여 간단한 구조물의 구조를 정의하는 몇 가지 예제를 소개하고자 한다.

■ 진공 중에 놓여있는 강판의 Lamb파

Plate, Structure is in vacuum을 선택한다. 첫 번째 층은 자유 경계조건으로 설정되어 있고 세 번째 층도 동일한 조건으로 설정되어 있는 것을 볼 수 있다. 이제 두 번째 층의 재질을 강(steel)으로 선택하면 구조에 대한 정의가 완료된다. 예제 plate-steel.ds2를 참조하기 바란다.

■ 물 속에 놓여있는 강판의 누설 Lamb파

Plate, Structure is embedded를 선택한다. 그리고 각 층의 재료를 정의한다. 즉 (1)물(반무한 공간) (2)강 (3)물(마찬가지로 반무한 공간)의 순으로 각 층의 재료를 입력한다. 예제 plate-steel-in-water.ds2를 참조하기 바란다.

■ 강철 반공간 상의 Rayleigh파

Plate, Structure is embedded를 선택한다. 첫 번째 층을 자유 경계조건으로 설정한다. 그리고 두 번째 층을 (1)강으로 정의하고 세 번째 층을 소거하거나 (2) 두 번째, 세 번째 층을 강으로 정의한다(이 경우 반공간에서의 모드형상(mode shape)에 대한 옵션 없이 유한 두께의 층에 대한 모드형상을 살펴볼 수 있다). 예제 ray-alum.ds2를 참조하기 바란다.

■ 물 속에 잠긴 파이프의 파동

Cylinder, Structure is embedded를 선택한다. 첫 번째 층은 파이프 내경과 동일한 두께를 갖는 물로 정의하고, 두 번째 층은 유한 두께를 갖는 파이프 재료로, 세 번째 층은 물(무한 공간)로 정의한다. 예제 cyl-h20f10-stl-h20.ds2를 참조하기 바란다.

■ 진공 중에 놓여있는 중실봉의 파동

Cylinder, Structure is in vacuum을 선택한다. 내경을 0으로 설정하고 첫 번째 층을 봉의 재질과 반경을 갖는 재료로 설정한다. 두 번째 층은 자유 경계조건으로 설정한다. 예제 bar-steel-2.ds2를 참조하기 바란다.

■ 동일한 두 평판의 접착조인트(adhesive joint)의 파동

Plate, Structure is in vacuum을 선택한다. 첫 번째 층은 자유 경계조건으로 설정한다. 두 번째 층은 평판의 재료로, 세 번째 층은 접착제 재료로 정의한다. 이때 접착제의 두께는 실제 접착제 층 두께의 1/2로 설정한다. 네 번째, 다섯 번째 층에 대해서는 Symmetric system을 선택한다. 예제 plate-adhesive-joint.ds2를 참조하기 바란다.

7.3.3 층의 정의

본 절에서는 미리 정의된 재료특성을 조사 또는 수정하거나 새로운 재료를 정의하는 방법에 대해 기술하고자 한다. 재료의 특성은 material.lst 파일에 저장되어 있는데 이 파일은 텍스트 파일로써 외부에서도 수정이 가능하고, Disperse 내에서도 편집이 가능하다. 미리 정의된 재료 이외의 새로운 재료도 목록에 첨가할 수 있고 재료특성을 편집하여 재료상수도 변경할 수 있다.

■ 새로운 재료

모델링 하고자 하는 재료가 목록에 존재하지 않으면 새로운 재료를 정의할 수 있는데 여기에는 두 가지 방법이 있다. 한 가지 방법은 모델링하려는 재료와 유사한 특성을 갖는 재료를 임의의 층의 드롭다운 메뉴에서 선택하고 이를 편집하여 새로운 재료로 저장하는 방법이다. 다른 방법으로는 드롭다운 메뉴에서 Undefined를 선택하는 방법으로 이때 새로운 재료를 생성시키는 과정이 나타나게 되고 재료특성을 차례로 입력하면 원하는 재료를 정의할 수 있다. 두 방법 모두 Edit라는 메뉴를 이용한다.

■ 재료의 편집

재료를 편집하기 위해 선택한 층의 왼쪽에 있는 "≫" 단추를 클릭하고 풀다운 메뉴에서 Edit를 선택한다. 그러면 Material definition이라는 메뉴가 나타나는데 여기에는 서로 다른 재료의 형태를 정의할 수 있는 카드들이 독립적으로 보이게 된다. 모든 카드에 공통으로 해당되는 옵션은 다음과 같다.

Name: 재료의 완전한 이름을 입력한다.

Abbrev.: 입력 공간이 한정되어 있을 때 사용하게 될 재료의 약자를 입력한다(예를 들면 steel을 stl로).

Add to List: 편집한 재료를 미리 정의된 재료 목록에 첨가하고 싶으면 이 단추를 클릭한다.

재료를 정의하는 과정은 입력 파라미터를 다양하게 선택할 수 있고 그들이 어떤 관계를 갖는가를 보이기 위해 도입되었다. 예를 들어 등방성 재료는 입체파 속도나 영계수

(Young's modulus) 또는 전단속도(shear velocity)나 포와송비(Poisson's ratio)의 조합으로 정의할 수 있다. 한 가지 재료특성을 입력하면 그에 해당되는 다른 두 종류의 재료특성을 즉시 살펴볼 수 있다. 또한 이방성 재료(anisotropic material)의 탭을 클릭하면 행렬 형태로 구성되어 있는 재료상수들을 살펴볼 수 있다. 프로그램에서는 입체파 속도를 재료의 대표 특성으로 간주한다. 따라서 재료특성에 대한 자료에 기본적으로 나타나는 수치는 입체파 속도에 대한 값이다.

7.3.3.1 유체

유체는 내부적으로 등방성 재료로 취급한다. 손실이 없는 유체는 종방향 입체파만을 모델링하고 전단 입체파는 모델링하지 않는다. 따라서 모델링에 요구되는 특성은 입체 압력파 속도와 유체의 밀도이다.

점성유체의 경우 등방성 고체가 뉴턴 점성(Newtonian viscosity)을 갖는 스토크스 유체(Stokes fluid)의 특성을 나타내도록 종파, 전단파 모두 모델링 한다. 사용자에 의해 주어진 단일 점성상수(동적 또는 운동학적 상수로 표현가능)을 이용하여 종방향, 전단방향 속도와 종방향, 전단방향 감쇠를 계산한다. 점성에 의해 야기되는 종방향 감쇠를 무시하기 위해서는 Velocity affects long. atten. 항을 제거하면 된다. 이 경우 점성은 입체 전단파의 감쇠에만 영향을 미치고 입체 종파는 완벽한 무손실 파동이 된다. 점성에 의해 결정되는 종방향 감쇠를 다른 값으로 설정하려면 이 값을 Long. atten. 자료 창에 입력하기만 하면 된다. 종방향 감쇠에 대한 정의는 다음 절의 Hysteric structure damping에 자세히 설명되어 있다. 점성유체의 취급에 대한 이론적 배경은 4.1.2절에 설명되어 있다.

Values are constant를 선택하면 전체 해에 대한 매개변수 값이 고정된 값으로 설정된다. Value variation is automatic을 선택하면 전체 해에 대한 매개변수 값이 고정된 값이 아니고 다른 기준에 의해 자동적으로 변하는 값이 된다. 예를 들어 점성유체를 모델링할 경우 이 값은 주파수의존 함수가 된다. Values depend on frequency를 선택하면 밀도, 속도, 감쇠 특성을 주파수에 대한 3차 다항식으로 표현할 수 있는 상자가 나타나게 된다. 다항식의 계수들을 입력하면 다항식은 그래프 형태로 표현된다. 그래프를 클립보드에 복사하면 다른 파일에서도 불러들일 수 있다. 점성에 의한 효과는 주파수에 따라 다르고 점성상수를 이용하여 내부적으로 다루게 된다. Values depend on user variable를 선택하면 특성을 주파수가 아닌 다른 변수의 함수로 표현할 수 있다. 자세한 내용은 7.4.4.2절을 참조하기 바란다.

유체 층은 대개 구조물이 잠겨있는 반무한 공간으로 구성되나 유체를 내부의 한 층으로 포함할 수도 있다. 이 경우 제한조건은 7.1.2절에 설명되어 있다. 유체특성 탭이 아닌 고체특성 탭을 이용하여 유체를 명백하게 정의할 수 있다는 사실을 기억할 필요가 있다. 전단파의 속도가 매우 낮게 설정되어 있을 경우 이 방법으로 구한 손실이 없는 유체에 대한 해는 정식 유체로 정의하여 구한 해와 매우 유사하다(예를 들면 전단파 속도가 10㎧인 경우). 다만 이 경우 곡선 추적이 불안정해지는 단점이 있다. 이 방법은 유체가 내부 층으로 사용될 때 유용한 방법이다. 또한 점성모델이 적합하지 않은 복잡하고 손실이 많은 유체를 정의할 때도 이 방법은 효과적이다.

7.3.3.2 등방성 매질

등방성 고체는 밀도와 영계수, 포와송비 또는 밀도와 종파, 전단파의 속도로 정의된다. 재료의 감쇠가 없을 경우 재료를 정의하기 위해서는 이 값들만이 필요하다.

재료감쇠에 의한 감쇠(attenuation)를 정의하기 위한 방법은 아래와 같이 몇 가지가 있다. 각각의 경우 감쇠 값은 무한 매질에서의 평면파(plane wave)의 지수적 감소(exponential decay)에 해당하고 종파와 전단파에 대해 독립적으로 정의된다.

■ Hysteretic structure damping

1/파장수로 표현되는 감쇠손실로 Neper/wavelength 또는 dB/wavelength로 표현된다. 네퍼(neper)는 지수감소 상수로 다음과 같이 표현된다.

$$A_{(location\,2)} = A_{(location\,1)}e^{-\alpha n}$$

여기서 α는 neper/wavelength이고 파동의 진폭 A는 $e^{-\alpha n}$만큼 감소하는 것을 알 수 있다. 두 번째 위치(location 2)는 첫 번째 위치(location 1)에서 n파장(λ)만큼 아래쪽에 놓여 있다. 이러한 종류의 감쇠의 경우 단위 전파거리 당 손실은 주파수가 증가할수록, 파장이 감소할수록 증가한다. 위 식은 7.4절에서 유도한 식에 사용될 기본적 관계식이다.

■ Hysteretic damping(per meter)

이 옵션을 사용하여 입체파 감쇠를 주어진 주파수에서의 단위길이 당 손실로 정의할 수 있다. 프로그램 내에서 이 값은 파장 당 손실로 변환된다.

■ Kelvin-Voigt viscous damping

감쇠력이 입자속도에 비례하는 대시포트(dashpot) 감쇠모델을 정의한다. 이 모델을 이용하면 이력감쇠(hysteric damping)보다 주파수에 더 강하게 의존하는 입체파 감쇠를 얻을 수 있다. 파장 당 손실은 더 이상 정수가 아니고 주파수에 따라 선형적으로 증가한다. 따라서 손실이 단위거리 당으로 표현되면 주파수의 제곱에 비례하여 증가한다. 감쇠를 정의하기 위해서는 특정 주파수에서 단위거리 당 손실을 규정해야 한다. 그러면 Disperse 프로그램이 이 값을 자동으로 주파수에 맞게 조절한다.

감쇠 메커니즘이 정의되면 표면 거칠기(양쪽 표면 모두에 대해)에 대한 자료입력 상자가 나타난다. 이는 특별한 옵션으로 대부분의 경우 0으로 설정한다. 거칠기를 계산하는 알고리즘은 참고문헌 [22, 23]에 제시되어 있는데, 그 논문들에서는 거친 표면에서의 산란(scattering)에 의한 손실의 근사 해를 구하기 위해 층 두께의 복소수 값을 사용하고 있다. 이 근사 값은 논문에 제시된 곡선의 특정 모드범위와 특정 위치에서만 유효한 값이기 때문에 사용 시 세심한 주의가 필요하다. 복소수 두께는 한 개 또는 그 이상의 층을 갖는 평판에만 적용이 가능하고 원통형 구조물에는 적용이 불가능하다.

Values do not vary frequency는 매개변수 값이 전체 해에 대해 고정되도록 설정한다. Values change automatically with frequency는 각 주파수에서 재료상수를 다시 계산해야 하는 경우 자동으로 선택된다. Values depend on frequency를 선택하면 밀도, 속도와 감쇠특성을 주파수에 대한 3차 다항식으로 표현할 수 있는 상자가 나타난다. Values depend on user variables를 선택하면 특성을 주파수가 아닌 다른 변수의 함수로 표현할 수 있다. 자세한 내용은 7.4.4.2절을 참조하기 바란다. 다항식의 계수들을 입력하면 다항식은 그래프 형태로 표현된다. 그래프를 클립보드에 복사하면 다른 파일에서도 불러들일 수 있다. 자세한 내용은 7.5.4.2절을 참조하기 바란다.

7.3.3.3 이방성 매질

Disperse를 이용하면 여러 가지 표현 방법으로 이방성 매질을 정의할 수 있고 하나의 좌표계에서 다른 좌표계로 변환도 가능하다. 따라서 사용자는 편리한 좌표계를 이용하여 이방성 매질을 정의하고 이를 구조물에 고정되어 있는 좌표계로 변환할 수 있다. 또한 재료특성도 가능한 경우 다른 형태로 변환할 수 있다. 따라서 재료가 횡방향 등방성(transversely isotropic) 매질로 정의되어야 하는데 옵션으로 정방향(orthotropic)을 선택할 경우 자동으로 등가의 계수를 갖는 정방행렬을 계산해 준다. 여러 가지 이방성 재료에 대한 등가 관계식은 부록 A에 제시되어 있다.

처음 프로그램을 이용하는 사용자는 본 절과 평판의 예제를 같이 고려하기 바란다. 이방성 층을 정의하는 과정을 대략적으로 기술하면 다음과 같다.

1. 재료를 정의하는 카드의 상부 왼쪽에 있는 풀다운 메뉴로부터 이방성의 종류(횡방향 등방성, 정방성 등)를 선택한다.
2. 이미 저장되어 있는 재료 중 하나를 목록에서 선택하면 초기 상수 값들이 나타난다. 이때 상수 값들을 어떻게 저장하고 불러올 수 있는지에 대한 설명이 화면에 나타나는데 이를 반드시 읽어보기 바란다.
3. 요구되는 이방성 재료상수를 입력한다(또는 기존에 저장된 재료의 상수를 수정한다). 이때 편리한 좌표축을 사용한다. 예를 들어 섬유조직(fiber)이 전체 축의 한 축으로 정렬되어 있으면 횡방향 등방성 재료를 이용하면 편리하다.
4. 층에 고정되어 있는 좌표계와 일치되도록 좌표계 변환각을 입력한다.
5. 밀도 등과 같은 기타 필요한 자료를 입력한다.

위 과정에 대한 자세한 지식과 예제를 아래에서 설명하고자 한다. 이방성 평판에서의 파동전파에 관련된 이론은 부록 A를 참조하기 바란다. 계산을 위한 좌표축 선정과 변환의 과정을 그림 7.1에 제시하였다.

Disperse에서는 *z*축을 파동이 전파되는 축으로 사용한다. 그 이유는 평판과 원통구조물의 파동전파 축을 동일 축으로 설정하기 위해서다. 그러면 *x*축은 층에 수직한 방향이

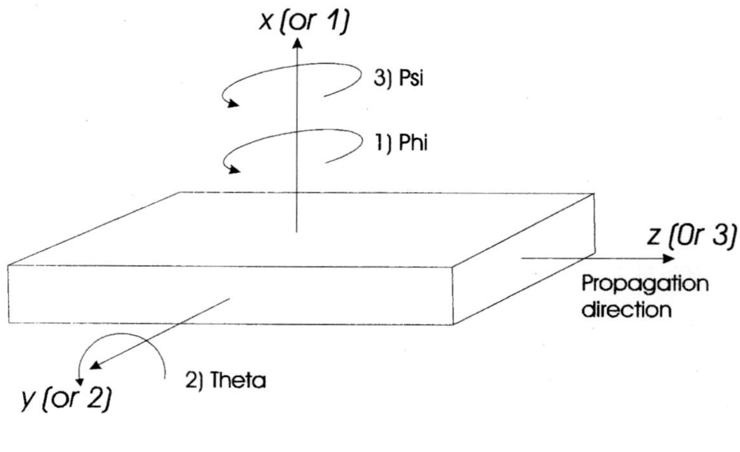

그림 7.1 이방성 재료의 좌표축과 회전각

된다. 평판의 경우 평판에 수직한 방향, 원통의 경우 반경방향(r 방향)에 해당된다. y축은 xz평면에 수직한 방향이다. 평판의 경우 층의 평면 내에 존재하면서 전파방향에 수직하고, 원통의 경우 원주방향(θ방향)에 해당된다.

이방성 재료의 강성은 C_{ij}행렬을 이용하여 대부분 표현한다. 자세한 내용은 참고문헌 [1, 32]이나 부록 A의 요약을 참조하기 바란다. C_{ij}행렬은 응력벡터(stress vector) σ와 변형율 벡터(strain vector) ϵ사이의 관계식으로 일반적으로 다음과 같이 표현된다.

$$\begin{Bmatrix} \sigma_{xx} \\ \sigma_{yy} \\ \sigma_{zz} \\ \sigma_{yz} \\ \sigma_{zx} \\ \sigma_{xy} \end{Bmatrix} = \begin{bmatrix} C_{11} & C_{12} & C_{13} & C_{14} & C_{15} & C_{16} \\ C_{21} & C_{22} & C_{23} & C_{24} & C_{25} & C_{26} \\ C_{31} & C_{32} & C_{33} & C_{34} & C_{35} & C_{36} \\ C_{41} & C_{42} & C_{43} & C_{44} & C_{45} & C_{46} \\ C_{51} & C_{52} & C_{53} & C_{54} & C_{55} & C_{56} \\ C_{61} & C_{62} & C_{63} & C_{64} & C_{65} & C_{66} \end{bmatrix} \begin{Bmatrix} \epsilon_{xx} \\ \epsilon_{yy} \\ \epsilon_{zz} \\ \epsilon_{yz} \\ \epsilon_{zx} \\ \epsilon_{xy} \end{Bmatrix} \tag{7.2}$$

따라서 C_{ij}행렬은 항상 대칭이고 최대 21개의 독립요소들로 구성된다. 횡방향 등방성 또는 정방성 매질을 정의하기 위해서는 그보다 적은 수의 독립요소들이 필요하다. 나머지 상수들은 0 이거나 또는 프로그램 내에서 자동으로 결정된다.

강성에 대한 정보를 표현하는 다른 방법으로 공학상수(Engineering constant)를 이용하는 방법이 있는데 이는 유연성 행렬(flexibility matrix)을 이용하는 방법이다. 행렬의 계수들은 E(영계수), G(전단계수), ν(포와송비)로 구성된다. 정방성 재료에 대한 공학상수 행렬은 다음과 같이 주어진다(횡방향 등방성 매질은 정방성 재료의 특수한 경우에 해당된다).

$$\begin{Bmatrix} \epsilon_{xx} \\ \epsilon_{yy} \\ \epsilon_{zz} \\ \epsilon_{yz} \\ \epsilon_{zx} \\ \epsilon_{xy} \end{Bmatrix} = \begin{bmatrix} \frac{1}{E_{11}} & \frac{-\nu_{21}}{E_{22}} & \frac{-\nu_{31}}{E_{33}} & & & \\ \frac{-\nu_{12}}{E_{11}} & \frac{1}{E_{22}} & \frac{-\nu_{32}}{E_{33}} & & & \\ \frac{-\nu_{13}}{E_{11}} & \frac{-\nu_{23}}{E_{22}} & \frac{1}{E_{33}} & & & \\ & & & \frac{1}{G_{23}} & & \\ & & & & \frac{1}{G_{13}} & \\ & & & & & \frac{1}{G_{12}} \end{bmatrix} \begin{Bmatrix} \sigma_{xx} \\ \sigma_{yy} \\ \sigma_{zz} \\ \sigma_{yz} \\ \sigma_{zx} \\ \sigma_{yz} \end{Bmatrix} \tag{7.3}$$

이 행렬도 대칭이므로 12개의 상수만이 나타나게 되고 그 중 9개의 요소만이 독립적이라는 것을 알 수 있다.

이방성의 종류는 다음 중에서 선택할 수 있다.

- Transversely Isotropic(Engineering constants, along *x*)

5개의 상수, 육각 대칭형. 등방성의 축이 x방향, 즉 층에 수직한 방향으로 정의된 재료에 해당된다. 예를 들어 좌표축을 회전시키지 않을 경우 이 재료는 섬유조직이 층에 수직한 방향으로 정렬된 일방향 섬유재료를 나타낸다. 또한 이 방향으로 상수 값들을 입력하고 다른 좌표축으로 회전시킬 수도 있다. 이 과정은 다음의 예제에서 설명하기로 한다. 여기서 중요한 점은 파동의 전파방향은 z방향이라는 점이다. 요구되는 공학상수는 세 개의 계수와 두 개의 포와송비이다.

- Transversely Isotropic(Engineering constants, along *z*)

5개의 상수 필요. 등방성의 축이 z방향이라는 점만 다르고 나머지는 위의 이방성 종류와 같다. 따라서 이 재료는 섬유조직이 전파방향으로 정렬된 일방향 재료를 나타낸다. 마찬가지로 요구되는 공학상수는 세 개의 계수와 두 개의 포와송비이다.

- Transversely Isotropic(C_{ij}'s, along *x*)

첫 번째 종류와 마찬가지이지만 공학상수 대신 C_{ij}행렬의 계수로 표현된 점이 다르다. 공학상수와 C_{ij} 계수 사이의 관계식은 부록 A에 제시되어 있다.

- Transversely Isotropic(C_{ij}'s, along *z*)

공학상수를 C_{ij} 계수로 표현한 것만 다를 뿐 두 번째 경우와 동일하다.

- Transversely Isotropic(C_{ij}'s, lossy)

5개의 복소상수 필요. 실수부는 강성을, 허수부는 재료감쇠를 나타낸다. 등방성 축은 z 방향이다. 이러한 방법으로 이방성 재료의 감쇠를 모델링 하는 방법은 참고문헌 [13]에서 자세히 다루고 있다. 그러나 Disperse에서는 참고문헌 [13]에 주어진 허수부 계수와 반대 부호를 갖는 계수를 요구하는데, 이는 파동방정식을 유도하는데 사용된 방향이 서로 다르기 때문이다. 따라서 허수부 상수는 음(-)의 부호를 갖도록 입력해야 한다. 허수부 상수, 파동 감쇠와 등가의 등방성 감쇠상수 사이의 상관관계는 부록 A에 제시되어 있다. 이와 같은 방법으로 감쇠를 정의하면 입체파의 감쇠는 주파수와 상관없이 파장 당 상수로 표현된다. 허수부 상수를 주파수의 함수로 입력하면 감쇠를 다른 방법으로 모델링 할 수 있다. 자세한 내용은 7.3.3.4절을 참조하기 바란다.

■ Transversely Isotropic(components)

구성 재료의 요소로부터 5개의 상수를 계산한다. 이는 섬유재료를 정의하는 편리한 방법으로 두 개의 구성 재료를 각각 따로 정의하고 그들 사이의 상대적 비율을 기술하는 방법이다. 섬유재료와 기반재료(matrix material)는 각각 등방성이라 가정한다. 이방성은 두 층이 서로 결합될 때만 생긴다. Fiber fraction은 섬유재료의 체적비 또는 섬유에 수직한 단면에서의 면적비로 정의된다. 방향각(orientation angle)은 섬유의 정렬상태를 나타내는데 세 개의 각이 모두 0이면 섬유는 z축을 따라 정렬되었다는 것을 의미한다.

■ Orthotropic(Engineering constants)

9개의 상수가 필요. 정방형 대칭구조. 요구되는 공학상수는 6개의 계수와 3개의 포와송비이다. 강성행렬은 식 (7.3)에 나타낸 바와 같다. 공학상수와 C_{ij} 계수 사이의 관계식은 부록 A에 제시되어 있다.

■ Orthotropic(C_{ij}'s, elastic)

공학상수 대신 C_{ij} 계수가 사용되었다는 점만 다를 뿐 위의 이방성 종류와 동일하다. 9개의 C_{ij} 상수와 공학상수 사이의 관계식은 부록 A에 제시되어 있다.

■ Orthotropic(C_{ij}'s, lossy)

9개의 복소상수 필요. 실수부는 강성을, 허수부는 재료감쇠를 나타낸다. 등방성 축은 z 방향이다. 이러한 방법으로 이방성 재료의 감쇠를 모델링 하는 방법은 참고문헌 [13]에서 자세히 다루고 있다. 그러나 Disperse에서는 참고문헌 [13]에 주어진 허수부 계수와 반대 부호를 갖는 계수를 요구하는데, 이는 파동방정식을 유도하는데 사용된 방향이 서로 다르기 때문이다. 따라서 허수부 상수는 음(−)의 부호를 갖도록 입력해야 한다. 허수부 상수, 파동 감쇠와 등가의 등방성 감쇠상수 사이의 상관관계는 부록 A에 제시되어 있다. 이와 같은 방법으로 감쇠를 정의하면 입체파의 감쇠는 주파수와 상관없이 파장 당 상수로 표현된다. 허수부 상수를 주파수의 함수로 입력하면 감쇠를 다른 방법으로 모델링 할 수 있다. 자세한 내용은 7.3.3.4절을 참조하기 바란다.

■ Othotropic(C_{ij}'s, compliances)

9개의 상수 필요. 유연성 행렬(compliance matrix)은 C_{ij}행렬의 역행렬이다.

■ Triangle(32, 3m, C_{ij}'s, along z)

6개의 상수 필요. 이 재료는 참고문헌 [1]에 정의된 32와 3m 대칭구조를 만족한다. 주축은 파동 진행방향 z를 따라 놓여있다.

■ Cubic(C_{ij}'s)

3개의 상수 필요. 이 재료는 $C_{11}=C_{22}=C_{33}$, $C_{12}=C_{13}=C_{23}$, $C_{44}=C_{55}=C_{66}$의 조건을 만족하므로 세 개의 주축(xyz) 방향 모두에 대해 동일한 상수를 갖는다.

■ Isotropic(C_{ij}'s)

2개의 상수 필요. 등방성 재료도 C_{ij}행렬계수를 이용하여 정의할 수 있다는 점을 설명하기 위해 도입되었다.

이방성 재료를 정의하였으면 정의된 재료의 표면에서의 완속성(slowness)을 조사해볼 수 있다. 이 옵션은 상수 값이 물리적 의미를 갖는지를 조사하는데 유용하다. 완속선도를 클립보드에 복사하여 다른 파일에서 불러올 수 있다.

위에 열거한 방법들을 이용하여 재료의 특성을 사용자가 이용하기에 편리한 방법으로 입력하고 이를 해석에 적당한 방향으로 회전하면 원하는 이방성 재료특성을 얻을 수 있다. 이때 전파방향은 항상 z방향이라는 점을 명심해야 한다. 재료의 방향은 세 개의 각도에 의해 정의되는데 이 각들은 Bond 변환행렬을 생성하기 위해 사용된다. 세 개의 회전각은 다음과 같이 정의된다.

- Phi는 층의 평면에 수직한 즉 층의 두께방향에 평행한 x(또는 1)축에 대한 회전각이다. 회전의 방향은 오른손법칙을 따른다.
- Theta는 층의 평면에 평행하고 전파방향에 수직한 y(또는 2)축에 대한 회전각으로, Phi와 마찬가지로 회전방향은 오른손법칙을 따른다.
- Psi는 층의 평면에 수직한 축(x 또는 1)에 대한 또 다른 회전을 나타낸다. 마찬가지로 오른손법칙을 따른다.

이 3개의 회전각을 이용하여 임의의 방향을 규정할 수 있다. 예를 들어 횡방향 등방성 재료를 z축에 놓여있는 등방성 축에 대해 정의하였다면, 0,0,0 회전은 섬유조직 정렬방향으로의 파동전파를, 0,0,90 회전은 섬유조직을 가로지르는 방향으로의 파동전파를 그리고

0,90,0 회전은 등방성 평면방향으로의 파동전파를 발생시키게 된다. 만약, 90,90,−90으로 회전하였다면 재료를 단순히 z축에 대해 회전한 것으로 섬유가 x축 방향으로 정렬된 횡방향 등방성 재료에는 아무런 영향도 미치지 않는다. 여기서 모든 방향으로의 회전이 항상 가능하지는 않다는 사실에 주목할 필요가 있다(7.1.2절 참조).

■ 이방성 층의 정의에 대한 예제

두께 1mm인 단순한 일방향 카본/에폭시 적층 복합재료를 고려해 보자. 이 재료는 T300/914로 표시하는데 914에폭시 기반에 32장의 T300 카본섬유가 서로 평행하게 적층되어 있다. 따라서 단일 층으로 모델링 할 수 있다.

먼저 해야 할 작업은 재료를 정의하는 적절한 파라미터를 입력하고 이를 원하는 방향으로 회전시켜 파동이 섬유에 평행한 방향으로 전파되도록 만드는 것이다. 위에 나열된 방법들처럼 재료에 대한 정보는 공학상수(탄성계수 E_{ij}, 전단계수 G_{ij}, 포와송비 υ_{ij}로 구성)나 탄성상수(C_{ij})의 형태로 입력할 수 있다. 하첨자 i와 j는 재료의 기준좌표계에 따라 명확하게 정의되어야 한다. 대부분의 경우 재료를 정의하기 위한 기준좌표계는 그림 7.2에 보인 바와 같이 대칭축이 x축으로 정렬된 형태를 갖는다.

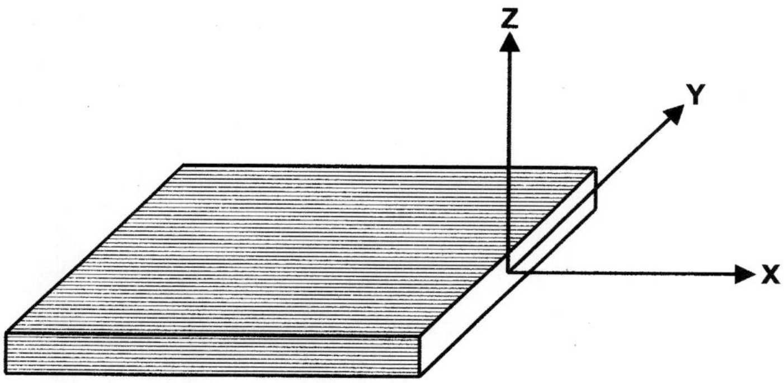

그림 7.2 섬유재료의 기준좌표계

예제에서 사용된 재료는 이 방법에 따라 정의되었다. 따라서 섬유조직은 x방향으로 정렬되어 있고 좌표계에 따른 재료상수는 다음과 같다.

$$C_{11}=143.8\text{GPa} \quad C_{12}=C_{13}=6.2\text{GPa} \quad C_{22}=C_{33}=13.3\text{GPa}$$
$$C_{23}=6.5\text{GPa} \quad C_{44}=3.6\text{GPa} \quad C_{55}=C_{66}=5.7\text{GPa} \quad \rho=1560\text{kg/m}^3 \qquad (7.4)$$

따라서 이 재료를 Disperse모델에 대입하기 위한 최선의 방법은 재료상수를 국부 좌표계에 따라 입력하고 이를 원하는 방향으로 회전하는 방법이 될 것이다.

구조를 정의하기 위해 먼저 File: New를 선택한다. 예제에 사용된 재료는 단일 층으로 구성되어 있기 때문에 위, 아래가 자유 경계조건을 갖고 중간층이 정의되지 않은 층(undefined layer)으로 구성된 기본시스템(default system)을 사용할 수 있다. 이 층에 대한 재료를 정의하기 위해 아직 정의되지 않은 층의 왼편에 있는 "≫" 단추를 클릭하고 팝업 메뉴에서 Edit를 선택한다. 그러면 Anisotropic 탭을 선택할 수 있는 Material Definition이 화면에 나타난다. 적당한 명칭(Graphite-epoxy-T300-194)과 약칭(T300-194)를 입력한다. 이제 왼편에 있는 목록에서 적절한 재료와 파라미터 형태를 선택한다. 예제의 재료는 섬유 정렬방향에 수직한 평면 내에서 등방성인 횡방향 등방성 재료이다. 따라서 횡방향 등방성 옵션 중의 하나를 사용할 수 있다. 이 재료는 섬유방향이 x축과 평행한 좌표계에서 정의된 C_{ij} 값을 갖고 있다. 따라서 Trans. Isotropic(C_{ij}'s - along x)를 선택하는 것이 타당할 것이다. 여기서 along x라는 말은 재료의 대칭축을 지칭하는 표현으로 전파방향과는 무관하다는 사실을 기억할 필요가 있다. 화면에 나타난 상자에 상수들을 입력하고 단위를 확인한다(단위는 units 옆에 있는 화살표를 클릭하면 변경할 수 있다).

재료의 상수를 입력하여 재료를 정의하였으므로 이제 재료를 원하는 방향으로 회전시킬 필요가 있다. 이를 위해 3개의 회전각을 정의해야 한다. 현재 각각의 회전각은 모두 0으로 설정되어 있으므로 Disperse는 그림 7.3에 보인 바와 같은 좌표계로 재료를 규정하

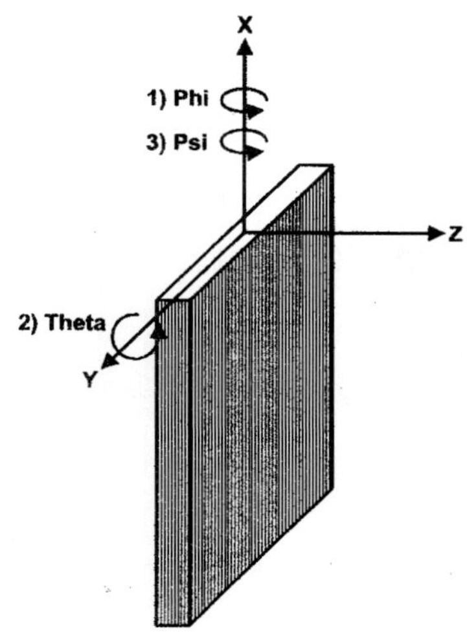

그림 7.3 회전하기 전의 Trans. Isotropic(C_{ij}'s - along x)의 좌표계

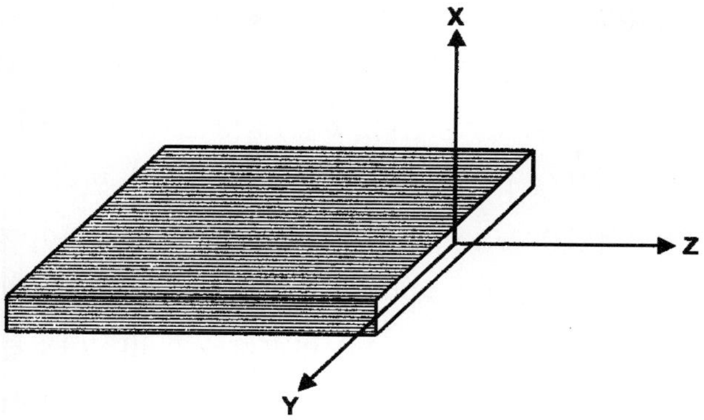

그림 7.4 Theta에 90을 입력한 후의 좌표계

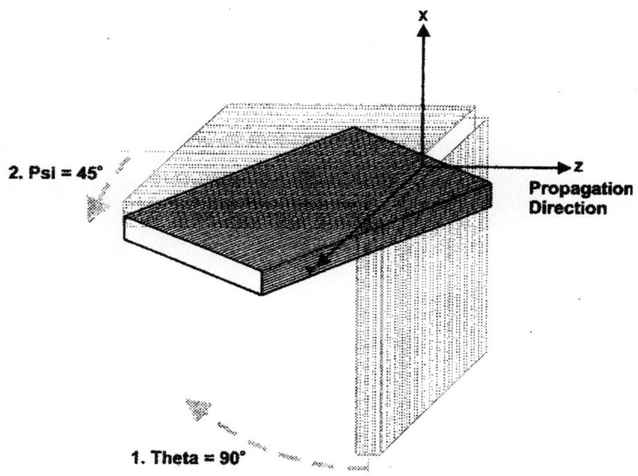

그림 7.5 Theta방향으로 90°, Psi방향으로 45° 회전한 후의 좌표계

고 있다. 이 좌표계에서 파동의 진행방향은 z축이고 섬유는 전파방향에 수직한 방향으로 정렬되어 있다. 참조로 회전각은 Phi, Theta, Psi이다.

먼저 섬유 정렬방향과 전파방향을 일치시킬 필요가 있다. 회전각 Theta에 90을 입력하면 그림 7.4에 보인 바와 같은 좌표계를 얻을 수 있다. 전파방향인 *z*축이 섬유 정렬방향과 평행한 것을 볼 수 있다. 계속해서 파동의 진행방향이 섬유 정렬방향과 45°의 각도를 갖도록 설정해보자. 이를 위해 편집 상자에서 psi에 45를 입력한다. 즉 재료를 Theta방향으로 90° 회전한 후 Psi방향으로 45° 회전한 결과로 이에 대한 좌표계는 그림 7.5에 나타내었다.

재료를 저장하기 전에 완속곡선을 검토해볼 필요가 있다. 예제의 경우 섬유의 방향이 최대 강성방향과 일치하므로 z축(전파방향)은 종파의 최소 완속성을 나타내야 하고 x축은 최대 완속성을 나타내야 한다. 준전단파(quasi-shear wave)는 z, x방향으로 완속성을 가져야 하고 종파의 완속성보다 커야 한다. x와 y방향은 섬유방향에 횡방향으로 놓여있고 같은 강성을 갖기 때문에 z-y 평면은 동일하게 나타나야 한다.

재료를 정확하게 정의하였으므로 아래쪽에 있는 단추를 클릭하여 재료목록에 이 재료를 추가시킬 수 있다. 이때 회전각도 저장되기 때문에 나중에 Psi축에 대한 다양한 회전이 요구될 경우 Theta를 90°로 저장하는 것이 바람직하다. 마지막으로 OK단추를 클릭하여 구조에 대한 정의로 되돌아간 후 두께에 대한 자료(1mm)를 입력한다.

7.3.3.4 주파수에 따른 특성변화

분산선도 상의 모든 점에서의 해는 하나의 주파수와 관련이 있으므로, 주파수에 따라 변하는 성질을 갖는 재료에 대한 분산관계식도 구할 수 있다. 이론적으로 재료의 특성은 주파수가 어떤 형태의 함수를 갖든 그에 따라 변화할 수 있다. Disperse에서는 재료의 특성을 3차 다항식으로 표현할 수 있다. 이러한 표현방법은 재료의 감쇠를 모델링 하는데 사용되었던 방법(7.3.3.2절 참조)과 유사하다. 그러나 감쇠 이외의 어떤 재료의 특성도 다항식으로 표현할 수 있다는 점에 주목할 필요가 있다. 표현할 수 있는 재료의 특성은 다음과 같다.

- 대화상자를 사용하지 않고 주파수의존 감쇠특성을 직접 정의할 수 있다.
- 등방성 탄성재료의 주파수의존 파동속도나 강성상수를 정의할 수 있다.
- 공학상수, C_{ij} 강성상수, C_{ij} 허수부 감쇠상수 등 이방성 재료의 주파수의존 특성을 정의할 수 있다.

다항식의 형태는 다음과 같이 표현된다.

$$y = A + Bf + Cf^2 + Df^3 \tag{7.5}$$

여기서 y는 정의할 재료특성이고 f는 주파수(MHz)이다. 그리고 A, B, C, D는 다항식 계수이다. 위 식의 A, B, C, D 값을 직접 자료 입력상자에 입력하면 어떤 재료특성도 주파수의 함수로 표현이 가능하다. 여기서 모든 다항식 계수를 입력할 필요는 없다. 주파수에 따라 변하지 않는 특성을 갖는 재료는 단순히 A 값만 입력하면 된다.

다음의 예제를 통해 재료특성을 다항식으로 표현하는 방법을 살펴보자.

- 전단속도. 식 (7.5)에 3; 0.01; 0.002; 0.0003을 대입하면 전단속도는 $3+0.01f+0.002f^2+0.0003f^3$ m/ms이 된다.
- 전단속도. 식 (7.5)에 3; 0; 0.02를 대입하면 전단속도는 $3+0.002f^2$ m/ms이 된다.
- 전단속도. 식 (7.5)에 3을 대입하면 주파수에 따라 변하지 않는 3m/ms라는 전단속도를 얻을 수 있다.
- 정방형 재료의 C_{11} 실수상수(강성). 100; 3을 입력하면 재료 강성계수는 $100+3f$ GPa이 된다.
- 정방형 재료의 C_{11} 허수상수(감쇠). -0.1을 입력하면 이력모델을 따르는 감쇠(입체파가 주파수에 상관없이 파장 당 상수의 비율로 감소하는 감쇠)를 정의할 수 있다. 따라서 단위거리 당 감쇠는 주파수에 따라 선형적으로 증가한다.
- 정방형 재료의 C_{11} 허수상수(감쇠). 0; -0.1을 입력하면 Kelvin-Voigt모델을 따르는 감쇠(입체파의 파장 당 감쇠가 주파수에 따라 선형적으로 증가하는 감쇠)를 정의할 수 있다. 따라서 단위거리 당 감쇠는 주파수의 제곱에 비례하여 증가한다.

재료가 정의되고 곡선추적 창이 열리면 주파수함수는 Geometry 도킹 노트(docking note)에 나타나게 된다(5.1절 참조). 각각의 값들은 A, B, C, D를 이용하여 표현된다.

7.3.3.5 계면

대부분의 경우 적층 구조물(multi-layered structure)의 층들은 서로 완벽하게 결합되어(또는 용접되어) 각 게면(interface)에서 변위와 응력의 연속성이 보장된다고 가정하는 것이 일반적이다. 그러나 거친 표면이나 자유로이 미끄러질 수 있는 계면과 같은 불완전한 계면을 모델링 할 수 있는 방법도 가끔 필요하다. 프로그램 내의 Interface 탭을 이용하여 그러한 조건을 정의할 수 있다. 비록 이와 같은 경계조건은 두께를 갖고 있지 않지만 Disperse는 개념적으로 이와 같은 계면을 하나의 특수한 층으로 다루고 있다. 따라서 계면은 적층 구조물의 층들 중 하나가 된다.

계면을 정의하기 위해 일반적으로 각각의 세 방향에 대한 독립적인 특성 규정이 필요하다. 여기서 세 방향이란 그림 7.1에 보인 바와 같이 계면에 수직한 방향(x방향), 계면과 전파방향에 평행한 방향(z방향) 그리고 계면에 평행하고 전파방향에 수직한 방향(y방향)으로 구성된다. 그러나 특정 문제에 관련된 방향만을 고려하는 것도 문제의 해를 구하는 효과적인 방법인데, 예를 들어 Lamb파의 해를 구할 때 *y*방향 강성은 아무런 역할을 하지 않으므로 고려할 필요가 없다.

여기서 Rigid옵션은 계면에서 그 방향으로 완벽하게 결합된 경우를, Free옵션은 그 방향으로 완전 분리된 조건을 정의한다. 세 번째 옵션 User는 사용자가 계면의 강성을 직접 입력하는 방법으로 단위는 계면의 ㎡당 N/m로 주어진다.

7.3.3.6 경계조건

구조물이 대기에 노출되어 있거나 고체 속에 매립되어 있는 경우 외에도 구조물의 경계조건을 규정할 수 있는 다른 방법들이 존재한다. 스프링계면처럼 Disperse는 이와 같은 외부 경계조건을 적층 시스템의 특수한 층으로 취급한다.

Free boundary는 표면의 세 방향 모두 자유 경계조건으로 설정하는 경우로 대기에 노출된 경계조건과 동일하다. Fixed boundlary는 표면의 세 방향 모두 단단한(rigid) 조건으로 설정한다. Mixed boundary는 세 방향의 경계조건을 다르게 설정하는 경우로 경계조건은 free 또는 rigid 조건 중 하나가 될 수 있다.

Symmetric boundary는 구조물이 중심선에 대해 대칭구조를 가질 때 사용한다. 이 경우 구조물의 절반(상부 절반)만 조건을 정의하고 하부의 층에서는 대칭 경계조건을 정의하면 된다. 대칭 경계조건은 평판에 대해서만 적용할 수 있고 원통형 구조물에는 적용할 수 없다.

재료상수가 수정되면(또는 새로 입력되면) Add to List 단추를 클릭하여 새로운 재료를 재료목록에 추가할 수 있다. 현재 편집된 재료는 material.lst 파일에 첨가되어 나중에 언제든지 사용할 수 있다.

7.3.4 구조물의 정의

이전 작업에서 새로운 파일을 생성하였으면 File: Open을 선택하여 그 파일을 다시 불러올 수 있다. 이미 몇 개의 모드를 추적하고 저장했다면 그 모드들이 기억장치에 불러들여져 화면에 나타날 것이다. 대상물의 구조가 정의되어 있으면 이제 모드를 탐색해 볼 수 있다. 자세한 내용은 다음 장에서 다루기로 한다.

7.4 분산선도의 추적

분산선도를 추적(tracing)하는 것은 Disperse 프로그램의 가장 중요한 부분이다. 본 장에서는 이를 수행하는 방법과 효과적인 해석을 위한 가이드라인을 제시하고자 한다. 제 7.4절의 구성은 다음과 같다. 먼저 자동 루틴을 소개한다. 이 루틴에는 비교적 단순한 구조물을 다루는, 새로운 사용자에게 필요한 모든 내용이 포함되어 있다. 두 번째로는 수동 추적 방법에 대해 설명한다. 이 루틴은 자동 루틴으로 모든 모드를 찾을 수 없는 좀 더 복잡한 문제를 다룰 때 필요하다. 마지막으로 전문가를 위한 특수한 옵션에 대해 설명하고자 한다. 구조물의 구조나 재료의 특성을 정의하지 않았다면 본 장으로 진행하기 전에 그 작업을 먼저 수행해야할 것이다.

7.4.1 구조물의 정의

분산선도에는 주어진 시스템 내에 어떤 유도파가 존재하는지에 대한 정보가 나타나있다. 따라서 모든 가능한 해를 찾기 위해 모든 경계조건을 만족하는 입체파(bulk wave)의 중첩을 조사한다. 비록 각각의 경우에 대한 방정식을 유도할 수 있지만 Disperse는 전역행렬(Global Matrix) 방법이라는 보다 일반적인 방법을 사용하고 있다. 이 방법은 각 층에서의 부분파동 진폭(partial wave amplitude)과 층 사이 계면에서 발생하는 응력과 변위 사이의 관계를 규명하는 방법이다. 자세한 내용은 파동모델에 대해 설명하고 있는 2장이나 여러 가지 행렬방법에 대해 설명하고 있는 참고문헌 [24, 33]를 참조하기 바란다. Disperse는 특성방정식(characteristic equation)을 만족하는 점들을 찾는다. 이 조건은 대개 유도파 모드와 관련이 있다. 그러나 유도파의 위상속도가 층의 입체파 속도 중 하나와 동일할 때와 같은 몇 가지 다른 경우에도 행렬식(determinant)은 특이성(singular)을 갖는다. 자세한 내용은 2.3절을 참조하기 바란다.

초기 해를 찾고 모드를 추적하기 위해 Disperse에서는 다음과 같은 기본 로직을 사용하고 있다.

- 원하는 구조와 재료특성을 갖는 시스템을 정의한다.
- 주파수, 위상속도, 감쇠 공간에서 선을 스위핑(sweeping)한다.
- 이 선 상의 최소점을 찾는다.
- 최소점들 중 근에 수렴하는 점을 찾는다.

- 수렴된 점들 중 하나를 시작점으로 하여 모드를 추적한다.
- 모드를 추적하는 동안 외삽법(extrapolation)을 이용하여 새로운 점을 찾는다.
- 이 모드를 저장한다.

본 장의 나머지 부분은 각각의 과정을 보다 자세히 설명하고 찾기 어려운 모드를 추적할 때 유용한 방법들에 대해 기술한다.

7.4.2 분산선도 자동추적

정의된 구조물에 대한 분산선도를 생성하기 위한 방법에는 몇 가지가 있다. 공기 중에 노출되어 있는 평판과 같이 단순한 구조물에 적용할 수 있는 가장 쉬운 방법은 Trace: Automatic tracing 옵션을 선택하는 것이다(단축키 F7). 이 루틴은 타당한 근을 찾기 위해 주파수-위상속도 공간상에서 몇 개의 선을 스위핑한다. 스위핑 선의 위치는 Lamb파처럼 모든 모드를 공통으로 찾을 가능성이 있는 곳에서 선택된다. 좀 더 복잡한 문제의 경우 자동 스위핑에 의해 모든 근을 찾을 수 없을 수도 있기 때문에 이때는 수동 추적을 이용하여 나머지 근들을 찾아야 한다. 스위핑을 수행하여 찾은 근이나 함수의 최솟값은 작은 원으로 분산선도에 표시된다. 근을 찾으면 자동 루틴은 이 근을 출발점으로 하여 모드를 추적한다. 자동 루틴이 수행되면 추적된 곡선은 기본적으로 주파수-위상속도 분산선도에 표시된다. 주파수-위상속도 선도는 분산선도를 표현하는데 가장 널리 사용되는 방법이다. 그러나 해석결과를 파동수나 군속도 등과 같은 변수를 이용하여 표현하는 것도 가능하다. 내부적으로 프로그램은 주파수-파동수 공간에서 추적 작업을 수행한다.

자동 루틴은 Lamb파와 같은 가장 보편적인 형태의 모드를 검출하기 위해 설계되었다. 그리고 이는 Disperse 프로그램을 사용하는 가장 큰 이유 중의 하나이기도 하다. 해석해야할 시스템의 범위가 광범위하고 다루어야할 방정식의 형태도 매우 복잡하기 때문에, 대상 시스템의 모든 곡선을 항상 찾아낼 수 있으리라 기대하는 것은 비현실적이다. 이는 감쇠가 큰, 즉 누설 모드가 강하게 나타나는 경우에 더욱 그러하다. 따라서 사용자는 자동 루틴이 100% 완벽하다고 기대해서는 안 된다. 일반적으로 자동 추적의 결과는 뒤에 설명할 수동 추적을 수행하기 위한 출발점으로 인식하는 것이 타당하다고 할 수 있다.

자동 추적을 선택하면 추적에 필요한 파라미터를 묻는 창이 나타나게 된다. 각 파라미터들에 대한 설명은 다음과 같다.

■ Trace a function of

여기에서는 해를 찾기 위한 주변수를 선택한다. 프로그램에서는 기본적으로 주파수를 주변수로 선정한다. 그러나 파라미터해석을 위해 다른 특성(예를 들면 재료특성 중 하나)을 주변수로 선택할 수 있다. 자세한 설명은 7.4.2절을 참조하기 바란다.

■ Top frequency

구하고자 하는 분산선도의 최대 주파수를 입력한다. 구조물의 특성과 크기에 따라 프로그램에서 계산한 권장 값이 기본으로 제공된다.

■ Trace fundamental modes

이 옵션을 선택하면 자동 루틴은 주파수 0에서도 존재하는 모드를 검출하려고 시도한다. 이러한 모드의 예로는 Lamb파의 경우 A0, S0 모드가 있다.

■ Trace Higher order modes

이 옵션을 선택하면 자동 루틴은 높은 위상속도를 갖는 모드를 검출하려고 시도한다. Lamb파의 경우 A1, A2, …와 S1, S2, … 모드가 여기에 해당된다. 자동 루틴은 최대 입체파 속도의 1.5배 되는 곳에서의 근을 찾고 찾은 근을 최대 속도까지 추적한다.

■ Trace back to zero wavenumber

이 옵션을 선택하면 자동 루틴은 낮은 파동수에 대한 정보를 계산한다. 분산선도를 파동수-주파수 또는 군속도-주파수 공간에서 표시하고자 할 경우 이 옵션을 선택하고 그렇지 않을 경우 취소한다. 이 옵션은 모든 고차 모드에서 역방향으로 새로운 추적을 시작하여 파동수가 음(-)이 될 때까지 추적을 수행한다.

■ Trace symmetric/antisymmetric/both

이 옵션은 등방성 단일 층으로 구성되어 있고 대기 중이나 유체 속에 잠겨있는 평판과 같은 단순 구조물에 대해서만 적용이 가능하다. 이 옵션을 사용하기 위해서는 이론적인 해가 필요하기 때문이다. 이때 대칭모드와 비대칭모드를 따로따로 계산할 수 있다.

■ Trace Lamb and/or SH modes

이 옵션은 평판 구조물에만 적용할 수 있다. 즉 기본적으로 이 옵션은 Lamb파 형태의 모드만 계산할 수 있다. 이러한 형태의 모드는 전파방향과 평판에 수직한 방향에 의해 정의된 평면에 수직한 방향으로 변위가 존재하지 않는 모드이다. 그러나 SH모드를 선택할 경우 그 평면에 수직한 방향으로만 변위가 발생하는 완벽하게 비연성된 해만을 찾을 수 있다. 등방성 단일 층 평판에서 나타나는 Love모드가 이에 해당된다.

- Trace zero/one order modes

이 옵션은 원통형 구조물에만 적용할 수 있다. 0차 모드(zero order mode)는 축대칭 모드로 구조물의 원주방향을 따라 변위와 응력이 동일하게 발생하는 모드이다. 1차 모드(one order mode)는 구조물의 원주방향을 따라 변위와 응력이 한 주기의 사인파 변화를 갖는 모드이다. 이때 자동 루틴은 2차 이상의 모드는 탐색하지 않는다. 2차 이상의 모드를 찾고 싶으면 수동 추적 방법을 사용해야 한다.

- Trace/do not trace T(0, -) modes

이 옵션은 원통형 구조물에만 적용이 가능하다. T(0, -) 모드는 평판의 SH모드에 해당되는 모드이다. T(0,1) 모드는 단일 층 파이프에서 나타나는 완벽한 비틀림 모드로 원주방향으로만 변위가 발생한다.

- Vary attenuation or sweep with zero attenuation

이 옵션은 감쇠계의 분산선도를 계산할 때만 적용이 가능하다. 즉 첫 번째 층이 유체이거나 마지막 층이 반무한 층으로 구성된 시스템 또는 재료 자체가 감쇠에 의한 손실을 갖는 시스템이 적용 대상이다. 사용자가 감쇠 0인 스위핑(sweep with zero attenuation)을 선택하면 루틴은 감쇠를 0으로 가정하여 한 번의 스위핑만을 수행하게 된다. 이 방법은 감쇠계의 함수 최소점들을 구하는 가장 빠른 방법으로 이 최소점들은 좀 더 복잡한 근을 찾는데 효과적으로 사용될 수 있다. 그러나 사용된 함수는 가끔 근과 매우 가까이 위치한 경우에만 최솟값을 나타내주게 되므로 주파수, 파동수/속도와 감쇠 값도 실제 해와 매우 가까운 값을 가져야만 한다. 사용자가 변동감쇠(vary attenuation)를 이용하여 스위핑을 수행하면 두 번의 스위핑이 이루어지는데 한 번은 감쇠 0에서 그리고 또 한 번은 설정된 최대 감쇠(이 값은 Trace: Convergence parameters 내의 Trace limits에서 설정됨)의 고정된 일정 비율 값에서 이루어진다. 이 과정은 계산시간이 많이 소요되지만 국부적인 최소점들을 찾아낼 가능성이 향상되는 장점이 있다. 기본 모드를 찾을 때는 감쇠를 변동시키고 고차 모드를 찾을 때는 감쇠를 0으로 설정하는 것이 프로그램의 기본 값으로 설정되어 있다.

■ Convergence parameters

증분(increment)은 분산선도를 계산할 때 사용되는 점들의 수를 조절한다. 기본적으로 각 선도를 추적할 때 프로그램 내에서 사용되는 증분은 일정하다. 이 값을 증가시키면 각 선도는 더 많은 수의 점들로 구성될 것이다. 이는 사용자가 관심영역을 확대하여 살펴볼 때 곡선이 충분히 부드럽지 않은 경우 유용한 도구이다. 이 증분 값을 변화시키면 해의 안정성을 증가시키는 효과도 기대할 수 있다. Edit 단추를 누르면 해의 다른 파라미터들을 조절할 수 있는 대화상자가 열린다. 자세한 내용은 7.4.3.3절을 참조하기 바란다.

추적 루틴이 시작되면 도구상자의 정지(Stop) 단추를 누르거나 Trace: Stop all jobs를 선택하여 언제라도 작업을 정지시킬 수 있다. 또 도킹 노트(제시된 선도의 왼편에 있는 창)를 이용하여 선택적으로 종료할 수 있다. 이때 프로그램은 나머지 작업을 취소할 것인가 물어본다. 자동 추적 루틴을 끝내고 싶으면 "예"를, 현재의 단계만을 취소하고 다음 단계로 계속 진행하고 싶으면 "아니오"를 선택한다.

자동 루틴이 끝나면 선도 상에 곡선이 미완성이거나, 최소점만 표시되고 추적이 이뤄지지 않은 곳이 나타날 수 있다. 최소점은 붉은 색 또는 녹색 원으로 나타난다. 이 점들에 대해서는 다음 절의 수동 추적에서 설명한다. 이때 사용자가 취할 수 있는 방법은 다음과 같다.

- 도구상자에서 Trace from selected(검은 점을 통과하는 빨간 화살표로 표시됨) 단추를 선택한다.
- 모드가 추적되지 않은 원이나 부분적으로 추적되지 않은 곡선의 끝에 마우스를 올려놓고 왼쪽 단추를 클릭한다. 추적의 한계는 Trace from selected 단추 옆에 있는 도구상자의 텍스트 상자에서 설정할 수 있다. 추적을 시작하고자하는 값보다 적은 값으로 추적 한계가 설정되어 있으면 추적은 역방향으로 진행된다.
- 다른 미완성 모드에 대해서도 같은 작업을 반복한다.

반복해서 문제가 발생하면 출력상자를 검토해볼 필요가 있다. 즉 출력상자에 나타난 수렴 파라미터들을 조정하여 문제를 해결할 수 있다. 자세한 내용은 7.4.3절의 수동 추적을 참조하기 바란다.

자동 추적을 사용하면 모드의 명칭이 자동으로 부여된다. 모드의 한 점에 포인터를 위치시키면 모드의 명칭이 나타난다. 이 옵션은 간단한 Lamb파의 경우 상대적으로 잘 작동하지만 복잡한 시스템의 경우 문제가 발생할 수도 있다. 모드 명칭은 Tools: Labels: Edit mode names를 선택한 다음 변경하고자 하는 곡선을 선택하여 수정할 수 있다.

모드의 위상속도가 시스템 재료의 입체파 속도 중 하나와 같아지면 그 위치에서 가짜 점들이 생길 수 있다. 이러한 가짜 점들이 나타나면 군속도 곡선에 갑작스런 피크(peak)들이 생기게 된다. 이 점들은 Edit: Delete: Next point selected를 선택한 다음 가짜 점을 클릭하여 삭제할 수 있다.

7.4.3 분산선도의 수동추적

복잡한 시스템의 분산선도를 생성하거나 자동 추적으로 원하는 결과를 얻지 못하였을 때 수동 추적에 의해 보다 정밀한 분산선도를 구할 수 있다. 분산선도를 구하기 위해 먼저 초기점을 찾기 위한 스위핑을 실시하고 이 초기점을 출발점으로 모드를 추적할 수 있다. 스위핑과 추적에 대한 배경지식은 제2장에서 찾을 수 있다.

7.4.3.1 스위핑

Disperse 프로그램이 초기 근을 찾기 위해서는 주파수, 파동수, 감쇠 공간에서 스위핑을 실시해야 한다. 스위핑을 수동으로 실행하는 가장 손쉬운 방법은 Sweep and Search를 이용하는 것이다. 이 도구는 마우스의 오른쪽 단추를 눌렀을 때 나타나는 메뉴에 포함되어 있다. 현재 열려진 창은 주파수-위상속도 또는 파동수-주파수 공간이어야 한다(이는 적어도 하나의 모드는 이미 추적되어 있어야 한다는 것을 의미한다). 현재 나타나있는 그림(분산선도)의 일부분에 스위핑할 영역을 표시하여 스위핑 선을 선택할 수 있다. 마우스를 그림의 한 곳에 놓고 왼쪽 단추를 누른 상태에서 다른 곳으로 끌고 간 다음 단추를 놓으면 화면에 네모 상자가 만들어진다. Disperse는 상자의 왼쪽 아래에서 오른쪽 상단으로 선을 따라 진행하면서 근을 탐색하게 된다. 탐색된 최소점이나 근은 작은 원으로 표시된다. 녹색의 원은 함수의 최소점의 위치를 표시하는데 이 최소점은 아직 근으로 판명하기에는 충분한 조건을 만족하지 못한 경우에 해당된다(예를 들면 0이 아닌 국부 최소점 등). 적색의 원은 알고리즘에 의해 탐색된 근을 나타낸다. 계산을 수행할 때 감쇠 값은 "현재"의 값으로 설정된다. 이 값은 가장 최근에 프로그램에서 선택된 값으로서 사용자가 이전에 어떤 감쇠 값으로 스위핑을 수행하였다면 이 값이 "현재" 값이 되고, 포인터를 이용하여 모드상의 한 점을 클릭하였다면 그 점에서의 감쇠 값이 현재 값이 될 것이다. 프로그램이 처음 시작될 때 감쇠 값은 0으로 설정되어 있다. Disperse 프로그램이 근에 수렴하는데 문제가 있다면 탐색 파라미터를 조정해야 하는데 이에 대한 설명은 7.4.3.3절에 자세히 설명되어 있다.

대상구조물이 원통형이면 각각의 스위핑작업은 하나의 원주방향 차수(order)에 대해서만 수행될 수 있다. 현재 스위핑이 수행되고 있는 차수는 도구상자의 Order 옆에 정수로 표시되는데 이 차수는 변경할 수 있다. 유사하게 대칭구조를 갖는 간단한 문제(Lamb파 문제)는 대칭모드와 비대칭모드를 따로 찾을 수 있는 특이해 함수를 사용하여 해를 구할 수 있다. 이 경우 도구상자에는 Symmetric 또는 Antisymmetric이 표시된다.

모든 종류의 스위핑을 수행할 수 있는 가장 일반적인 방법은 Trace: Sweep (단축키 F9)을 선택하는 것이다. 스위핑을 할 때 어떤 파라미터를 변화시키고, 어떤 파라미터를 고정할 것인지 그리고 스위핑의 범위는 어디까지 할 것인지 선택할 수 있다. 구조물이 단순한 평판이면 대칭 또는 비대칭모드 중 한 모드만 탐색할 수 있도록 설정할 수도 있다. 구조물이 원통형이면 탐색하고자하는 모드의 원주방향 차수를 특정 값으로 설정할 수 있다. 예를 들어 물에 잠겨있는 평판의 경우 변화시키고자 하는 파라미터를 Frequency(constant phase velocity) From 1 to 10㎒로 설정하고 고정시키고자하는 파라미터를 Holding the following constant: 위상속도=10 ㎞/s, 감쇠=1 np/m으로 설정할 수 있다. 그러면 프로그램은 1에서 10 ㎒로 주파수만을 변화시키면서 근을 찾게 된다. 탐색된 근은 분산선도 상의 적당한 곡선에 작은 원으로 표시된다. 또 메뉴 상에 있는 Display: Sweep result를 선택하면 스위핑하는 선을 따라 특성함수를 표현할 수도 있다.

여러 가지 제한조건에 대해 프로그램에서 제안하는 기본 값들이 나타날 것이다. 이 값들은 구조물의 크기와 형태에 기초하여 제안된 값이다. 그러나 이 값들을 결정하는데 있어 약간의 경험이 필요하다. 예를 들어 감쇠 값을 예측하여 설정하는 것은 어려운 일이다. 따라서 누설 시스템이나 감쇠가 있는 재료들에 대한 분산선도를 생성하려면 스위핑을 수행하려는 위치에서 감쇠 값을 변화시켜야할 것이고 이때 경험에서 얻은 감쇠 값에 대한 정보가 매우 필요하다.

감쇠가 있는 구조물에서 찾기 어려운 근들을 탐색하기 위해서 Perform 2-D attenuation sweep을 선택할 수 있다. 이 옵션에서는 매번 감쇠 값을 증가시켜 가면서 다중 스위핑을 실시한다. 이때 기본적으로 감쇠의 최솟값을 0으로 설정하고 재료특성으로부터 계산한 최댓값을 감쇠 값이 변할 수 있는 최대 범위로 설정한다. 최솟값에서 최댓값까지의 구간을 다섯 개의 동일 구간으로 나눈 다음 각각의 값에서 독립적으로 스위핑을 실시한다.

감쇠의 최소, 최댓값은 Trace: Convergence parameters 메뉴의 Trace limits에서 설정할 수 있다. 따라서 함수의 값을 2차원 공간에서 규명할 수 있다. 비록 이 방법을 사용하면 계산시간이 많이 소요되지만 찾기 어려운 근을 찾는데 효과적이라고 할 수 있다.

■ Find minima

단지 하나의 곡선이 아닌 공간의 일정 영역에서 특성함수의 최솟값의 위치를 찾고자 한다면 Find minima 옵션을 사용하면 된다. 이 옵션은 마우스의 오른쪽 단추를 눌렀을 때 나타나는 메뉴 중의 하나이다. 이 Find minima 루틴은 각각의 최소점에서 근에 수렴하려고 시도하지 않고 단지 전역행렬의 행렬식의 절대값으로부터 최소점을 탐색한다. 이 루틴은 속도나 파동수로 분산선도가 표시되었을 때 사용해야 한다. 감쇠 값은 "현재"의 값으로 설정된다. "현재" 값에 대한 정의는 본 절의 앞부분에 상세하게 설명되어 있다. 이 옵션을 선택하고 탐색영역을 정의하기 위해 마우스를 이용하여 상자를 원하는 만큼 끌고 간다. 탐색된 최소점은 녹색의 작은 원으로 표시된다. 이러한 최소점들 중 하나를 선택하고 Trace: Trace from Selected Point를 선택하면 추적을 수행할 수 있다.

일반적으로 주파수를 스위핑하는 것이 가장 신뢰할 만한 방법인데 이는 많은 모드들을 찾을 수 있고 입체 파동속도에서 제로를 찾는 문제에 영향을 받지 않기 때문이다. 그러나 기본 모드를 찾기 위해서는 상대적으로 낮은 주파수에서 위상속도를 스위핑하는 것이 가장 손쉬운 방법으로 입체파 속도에 해당되는 모든 근은 무시하는 것이 일반적이다. 몇몇 파동은 역방향으로 진행한다(위상속도와 군속도는 서로 반대 부호를 갖는다). 이러한 모드들의 감쇠 값은 음(-)이 되는데 이는 파동의 전파방향을 군속도가 아닌 위상속도에 대해 정의하였기 때문이다.

7.4.3.2 추적

수렴된 근을 찾았으면(스위핑 또는 이전의 추적으로부터) 모드를 추적할 수 있다. 분산선도를 추적하는 방법은 두 가지가 있다.

■ Trace: Trace from swept point

스위핑을 수행하여 하나 또는 그 이상의 근을 찾았으면 이러한 근들로부터 추적을 수행할 수 있다. 메뉴에서 이 옵션을 선택하면(단축키 F10) 스위핑에 의해 탐색한 모든 근들의 정보가 표시되는 창이 나타난다. 이 창의 기본값은 One mode로 설정되어 있는데 이를 이용할 경우 추적하고자하는 모드를 마우스로 클릭하기만하면 된다. 이 창의 풀다운 메뉴에서 Multiple mode를 선택하면 창의 형식이 바뀌게 되고 추적하고자하는 모드의 수를 지정할 수 있다. 어떤 경우에든 추적하고자하는 주파수, 파동수, 감쇠 또는 위상속도의 탐색범위를 설정할 필요가 있다. 근의 양쪽 방향으로 추적하고자할 경우 Reaches 상자에 하한 값을 입력하고 And also to 상자에 상한 값을 입력한다.

■ Trace from point

한 번에 한 모드만 추적할 때 가장 손쉬운 방법은 Trace from point를 이용하는 것이다. 이 옵션은 도구상자의 단추(검은 점에 붉은 선이 통과되는 아이콘) 또는 마우스의 오른쪽 단추를 누르면 나타난다. 이 옵션을 선택하고 추적을 시작하고자 하는 점을 클릭한다. 시작점으로는 수렴근(적색 원)이나 최소점(녹색 원) 또는 이미 추적된 곡선 상의 임의의 점이 사용될 수 있다. 기존 곡선 상의 임의의 점에서 추적할 수 있으므로 자동 추적에서 비정상적으로 작업이 끝난 모드를 추적할 때 유용하다. 추적의 한계는 도구상자에서 정의할 수 있다. 즉 주파수(기본값), 파동수, 감쇠 또는 위상속도를 선택한 뒤 나타나는 상자에 한계 값을 입력하면 된다. 한계 값이 시작점보다 높거나 낮음에 따라 추적은 양방향으로 진행될 수도 있다.

추적 파라미터가 선택되면 Disperse는 다음의 순서에 따라 계산을 수행한다.

- 단계변수(추적을 수행할 때 고정되는 변수)의 크기는 작게 설정한다. 기본적으로 단계변수는 파동수로 설정되어 있으나 4.3.3절에서 기술한 Convergence parameters에 정의된 다른 변수들을 사용할 수도 있다. 그리고 수렴 해를 찾을 때까지 다른 변수를 (감쇠가 있을 경우에는 두 변수를 동시에) 반복하여 대입한다. 이와 같이 대입되는 변수를 반복변수라 한다.
- 외삽법(extrapolation)을 사용하여 처음 두 점으로부터 세 번째 점을 찾고, 첫 번째 점과 세 번째 점으로부터 네 번째 점을 찾는 식으로 알고리즘을 수행한다.
- 일단 작은 단계변수의 크기로 프로그램이 시작되면 단계의 크기는 변하지 않는다. 각 단계에서는 4차 커브피팅(curve fitting)을 이용하여 반복변수의 초기값을 예측한다.
- 사용자가 정의한 한계에 도달할 때까지 위 작업을 반복한다.

프로그램의 진행 상태는 두 가지 방법으로 표시된다. (1) 화면 왼쪽 하단에 문자열의 형태로 단계번호와 해의 값이 표시된다. (2) 주 추적창의 왼쪽에 있는 창의 Jobs에 현재의 계산정보가 표시된다. 주 도구상자의 Stop 단추를 누르거나 Trace: Stop Jobs를 선택하면 추적 작업을 중지시킬 수 있다.

두 모드가 매우 근접할 경우 모드 형태를 이용하여 Disperse가 정확한 모드에 머무르고 있는지 아니면 근처를 지나가는 다른 모드로 점프하였는지 확인할 수 있다. Disperse는 두 모드 사이에 점프가 일어나는지 항상 확인하고 점프가 발생하면 추적을 다시 시작한다. 하지만 이때 잘못된 근에서 시작할 가능성도 많다. 이 경우 선도에 그려진 모드를 분리하고, 부정확한 부분을 삭제하고, 모드가 삭제된 영역에서 새로운 제로를 찾는 스위핑을 실시하고, 나머지 모드를 추적하고, 두 모드를 다시 결합시키는 일련의 과정을 시도할 수 있다.

수치해의 좀 더 자세한 내용을 살펴보거나, 각각의 근이나 곡선 상의 점에서 계산에 사용된 행렬의 정보를 알고자할 때 유용하게 사용할 수 있는 기능이 Show determinant이다. 이 옵션은 마우스의 오른쪽 단추를 사용하면 나타나는데 일반적으로 자주 사용되지 않지만 부가적인 수치계산 정보를 원하는 전문가들에게는 유용한 도구이다. 이에 대한 내용은 2장에 자세히 설명되어 있다. 이 옵션을 선택하고 곡선 상의 한 점을 클릭하면 그 점에 대한 자세한 정보가 창에 나타난다.

7.4.3.3 근의 수렴

사용자 입장에서 보았을 때 근에 수렴하는 루틴을 직접 다루는 경우는 거의 없다. 이는 스위핑과 추적 시 자동으로 루틴이 사용되기 때문이다. 그러나 탐색 루틴의 과정을 이해하는 것은 중요하고 이를 통해 좀 더 복잡한 문제에 접근할 수 있는 방법을 획득할 수 있기 때문이다.

Disperse는 허용한도(tolerance limit) 내에 있는 최소점을 찾을 때까지 한 변수를 고정시키고(단계라고 불리는 변수) 다른 변수(감쇠가 있을 경우에는 두 개의 변수)를 반복 대입한다. 기본적으로 단계변수는 실수의 파동수로 정해져 있지만 다른 변수를 단계변수로 설정할 수도 있다. 반복과정은 5점 이분할(five point bisection) 알고리즘을 사용하는데 이 알고리즘은 수렴속도가 빠르지는 않지만 매우 강건한(robust) 특징을 갖고 있다. 두 개 또는 그 이상의 근이 가까이 인접해 있을 경우 해를 찾기 위해서는 이러한 강건함이 필수적인 요소이다. 다음에 Disperse는 이 최소점이 함수의 국부 최소점이 아닌 근이 되는 점인지를 조사한다. 근의 여부는 근으로 의심되는 점들 사이에 형성된 복소수 공간에서 적어도 90°의 위상차가 발생하는지를 조사하여 판정한다. 이에 대한 내용은 2장(특히 2.8절)과 참고문헌 [24]에 자세히 설명되어 있다. 조사과정에 사용되는 파라미터는 자동으로 결정되고 대부분의 경우 변경할 필요가 없다. 모든 값들은 대부분의 대상구조물이 유사한 값을 갖도록 두께에 대해 정규화 되어 있다. 또한 증분 값(increment)은 파라미터가 작용하는 변수의 종류에 따라 정규화 한다. 그러나 근을 찾는 것이 어렵다고 판단될 경우 수동으로 파라미터를 변경할 필요도 있다. 이전의 경험으로 판단해볼 때 어떤 값이 가장 적합한지 알지 못한다면 값의 변화율을 작게 적용하는 것이 좋다. 예를 들면 한 번에 50% 이하의 변화율로 하는 것도 한 방법이 될 수 있다. 탐색값이나 변수값을 변경하기 위해 Trace: Convergence parameters(단축키 F11)를 선택한다. 이때 나타나는 파라미터와 그에 대한 도움말은 다음과 같다.

■ Step type

가장 중요한 탐색변수이다. 모드를 추적할 때 이 변수를 이용하여 곡선을 따라 진행하면서 곡선 상의 각 위치에서 다른 변수들에 대한 해를 구한다. Lamb파와 같은 단순한 문제의 경우 파동수를 변수로 선택하는 것이 가장 일반적인데 그 이유는 분산선도의 본질상 주파수-파동수 공간을 기본 공간으로 설정하고 있기 때문이다. Lamb파에 대한 곡선을 살펴보면 기울기가 심하게 변하지 않고 이중 해를 가질 가능성도 없으며 그 외의 다른 수치적 어려움 없이 파동수를 증가시키면 안정적으로 곡선을 따라가는 것을 확인할 수 있다. 이와는 달리 위상속도-주파수 공간에서는 주파수나 위상속도를 증가시키면 곡선의 기울기가 무한대가 되어 어떤 점에서는 다중 해가 발생하는 결과가 생길 수 있다. 그러나 복잡한 문제의 경우 가능한 해의 공간에서 구한 곡선이 단순한 형태를 갖지 않는다. 따라서 해의 일부분에서는 다른 변수로 변환할 필요가 있다. 예를 들어 주파수-파동수 공간에서 곡선이 가끔 나선형이 되거나 곡선끼리 서로 교차되어 영어 알파벳의 "e"자와 같은 형태를 나타낼 때도 있다. 이때는 곡선의 일부분이 파동수축과 평행한 부분에서는 파동수를, 곡선의 일부분이 주파수축과 평행한 부분에서는 주파수를 단계변수로 설정하는 것이 가장 좋은 방법이 될 것이다. 곡선을 추적할 때 문제가 생기면 이러한 방법을 사용하여 문제가 발생한 위치에서 적합한 변수를 사용하는 것이 도움이 될 것이다.

주파수나 실파동수, 감쇠 또는 위상속도 중 하나의 변수만을 선택하지 않고 두 개가 조합된 합성 파라미터를 이용할 수도 있다. 이러한 기능을 이용한 옵션이 Freq-wavn combo인데 이때는 곡선의 탄젠트(tangent)를 측정하여 주파수-파동수 공간상의 곡선을 따라 이동한다. 따라서 각 단계마다 주파수와 파동수가 조합된 값의 증분을 계산하는데 증분의 크기는 곡선의 기울기에 따라 다르게 된다. 이러한 방법을 사용하여 나선형과 같은 복잡한 형태가 나타나는 부분을 자동으로 통과할 수 있다. 이처럼 파동수를 단계변수로 선정하면 모든 경우에 있어서 신뢰할만한 결과를 얻을 수 있으므로 기본 단계변수로 프로그램에 설정되어 있다.

■ Increment

이 값은 단계의 크기를 결정하는 값이다. 단위는 단계변수의 단위와 같다. 분산선도에서 값이 급격하게 변하는 구간에서는 이 값을 작게 해야 하는데 그 이유는 프로그램이 안정적으로 변화되는 값을 따라갈 수 있어야하기 때문이다. 그러나 이 값을 너무 적게 하면 군속도곡선이 매끄럽지 못하게 되는 문제가 발생할 수 있다. 그 이유는 군속도곡선은 파동수곡선을 수치적으로 미분하여 계산하는데, 단계의 크기가 감소하면 작은 오차라도 증폭되는 효과를 불러오기 때문이다. 전체적인 군속도곡선의 형태는 크게 달라지지 않지만 잡음(noise)이 나타나게 된다. 때로는 단계의 크기를 증가시키는 것이 유리할 때도 있다. 하나의 곡선이 다른 곡선과 교차하지는 않지만 서로 만나거나, 다른 곡선으로 전환되어 곡선을 추적하기 어려울 때는 단계의 크기를 증가시켜보기 바란다. 곡선이 교차되는 문제를 피하는 과정이 알고리즘에 포함되어 있는데 단계의 크기가 크면 더 우수한 성능을 나타낸다.

■ Iteration type

해를 찾기 위해 각 단계마다 반복되는 파라미터를 규정한다. 단계변수가 파동수로 결정되어 있으면 기본적인 반복계수로 주파수를 선정하는 것이 일반적이다. 예를 들어 Lamb파 문제의 경우 단계변수가 파동수이면 주파수를 반복 대입하여 단계변수의 방향과 직각되는 방향으로 경로를 탐색한다. 단계변수로 설정된 변수를 다시 반복변수로 선택할 이유는 없을 것이다. 그러나 Step type으로 Freq-wavn combo를 선택하였다면 파동수를 반복변수로 선택할 수도 있다. 그 이유는 Disperse 프로그램 내에서 자동으로 곡선과 수직되는 방향으로 주파수와 파동수의 조합을 찾아내기 때문이다. 따라서 단계변수는 곡선과 접하는 방향으로 진행하고 반복변수는 항상 곡선과 수직한 방향으로 움직인다.

■ Search width

반복변수의 단계 크기를 정하는 값이다. Disperse가 추적을 시작하면 이 값만큼 반복변수를 변화시켜 가며 특성함수의 최소점을 찾는다. 최소점을 찾으면 국부적인 탐색을 실행한다. 따라서 이 값은 최종 결과의 정확도에는 영향을 미치지 않지만 근을 찾는 분해능(resolving power)에는 영향을 미친다. 특히 근들이 서로 인접해 있을 때 미치는 영향이 크다. 값이 너무 크면 최소점을 찾지 못할 수도 있다. 예를 들어 최소점의 골(valley)이 너무 좁은 경우가 가끔 발생하는데 이때 반복변수 단계 크기의 값이 너무 크면 근으로 수렴하는 기울기를 갖지 않는 평탄한 영역에서 반복과정을 수행하는 결과를 초래하게 된다. 또한 이 값이 크면 원하는 곡선이 아닌 인접 곡선을 탐색하는 결과가 발생할 수도 있다. 반면에 이 값이 너무 작으면 함수의 최소점에 도달하기 위한 반복과정의 횟수가 너무 많아지는 단점이 있다. 일반적으로 이 값을 항상 증분보다 작게 설정하는 것이 바람직하다. 추적 루틴이 다른 모드로 뛰어넘는 문제가 생기면 이 값을 줄여야 한다.

■ Tolerance

찾고자 하는 근의 정확도를 정하는 값이다. 최소점을 찾은 후 알고리즘은 좀더 정확하게 근에 수렴하기 위해 5점 이분할 탐색을 수행한다. 즉 반복과정에서 찾은 최소점과 인접 두 점 사이의 양 구간을 이분할 한다. 이렇게 형성된 다섯 점 중에서 새로운 최소점을 규명하고 위 과정을 반복한다. 구간의 간격이 Tolerance보다 작게 되면 계산을 멈추고 수렴 여부를 확인한다. 수렴 여부의 조사는 최종적으로 찾은 점이 근(즉 특성함수의 값이 충분히 0에 접근하는 점)인지 아니면 단순한 국부 최소점인지를 검사하는 과정이다. 따라서 Tolerance에 의해 해의 정확도가 결정되기 때문에 정확한 결과를 얻기 위해서는 이 값을 작게 설정해야 한다. 그렇지만 값이 너무 작으면 계산시간이 많이 소요되기 때문에 되도록 1.0e-0.8보다는 큰 값이 좋다. 또한 이 값은 Search width보다는 항상 작아야 하는데 그렇지 않을 경우 근을 찾을 수 없기 때문이다.

■ Iteration type(2nd)

이 옵션은 모드가 감쇠를 가질 때만 나타난다. 모드가 감쇠를 갖는 경우 세 가지 파라미터 즉 Iteration type, Search width, Tolerance의 두 번째 값을 설정할 필요가 있다. Disperse는 구조물의 형태나 구성 재료에 따라 두 번째 값이 필요한지 아닌지 결정한다. 구조물이 하나 이상의 유체를 갖거나 고체 반공간을 가질 때 또는 구성 재료 중 하나라도 0이 아닌 감쇠 특성을 갖고 있으면 감쇠가 해에 포함되기 때문에 특성함수는 세 변수의 함수가 된다. 근을 찾는 알고리즘에 각각의 탐색과정에서 또 다른 차원이 더해지게 된다. 그 과정은 먼저 첫 번째 반복변수를 이용하여 탐색을 수행하고 같은 작업을 두 번째 변수에 대해 반복한 다음 다시 첫 번째 변수로 되돌아가는 순서로 이루어진다. 하나의 반복변수에 대해 탐색을 수행할 때 다른 변수는 고정되어 있다. 각각의 탐색과정은 이분할 구간이 Tolerance보다 작아지고 이전의 값보다 함수의 최솟값이 작아질 때까지 진행된다. 각 탐색단계마다 수렴기준을 만족하는지 조사하고 계산과정을 끝낼 것인지 판단한다. 파동수, 주파수 또는 Freq-wavn combo가 Step type과 첫 번째 Iteration type의 변수로 설정되어 있으면 두 번째 Iteration type의 변수는 감쇠가 되는 것이 타당하다. 따라서 두 Iteration type은 서로 다르다는 사실을 명심할 필요가 있다.

■ Trace limits

주파수, 실파동수, 감쇠 또는 위상속도의 상, 하한 값을 결정하는 파라미터로 이 값에 의해 해를 구하고자 하는 범위를 설정할 수 있다. 여기서 정한 범위를 벗어나면 Disperse는 근을 더 이상 찾지 않는다. 기본적으로 의미 있는 값을 Disperse는 자동으로 설정하지만 사용자가 이 메뉴나 프로그램의 다른 곳에서 다시 설정할 수 있다. 이때 주의 깊게 살펴보아야할 파라미터는 감쇠이다. 여기서 설정된 감쇠의 최대, 최솟값은 7.4.3.1절에서 설명한 2-D 스위핑의 파라미터를 결정하게 된다.

분산선도 추적이 실패하게 되면 파라미터를 약간 조정해야 한다. 최선의 선택은 경험으로부터 나오는 것이겠지만 도킹 노트(제시된 선도의 왼편에 있는 창)의 Jobs 탭의 결과를 살펴보는 것도 좋은 출발이 될 수 있다. 이 탭에서는 어느 단계에서 추적이 실패했고 실수 또는 허수의 단계 크기를 증가시켜야 하는지에 대한 정보를 제공한다. 몇 가지 가능한 해결방법은 다음과 같다.

■ Fails on Step 1

실수 또는 허수의 허용오차(tolerance)를 증가시켜 본다. 이는 처음 두 단계의 경우 초기 궤적(trajectory)에 대한 정확도를 충분히 확보하기 위해 보통보다 다섯 배 작게 실제의 허용오차가 설정되어 있기 때문이다.

■ Fails on Step 2-4

증분을 감소시켜 본다. 이 단계에서는 아직 4차 외삽법을 적용할만한 충분한 점들을 확보하지 못했기 때문에 단순한 외삽법을 사용하여 곡선을 추종하기 때문이다.

■ Poor convergence, attenuation system

단계 크기의 허수 값을 매우 큰 값으로 증가시켜 본다.

■ Converging to bulk velocities

단계 크기의 실수, 허수 값을 감소시키거나 증분을 증가시켜 본다.

■ Stops after 2000 steps

프로그램이 자동 추적을 수행할 때 무한 번의 추적이 발생하는 것을 방지하기 위해 단일 추적 시 단계의 최대 횟수는 2000번으로 제한되어 있다. 이보다 단계를 더 진행하고 싶으면 맨 끝점을 클릭하여 추적이 계속되도록 하면 된다.

■ Stops with error code 0

행렬의 조건이 열악하다는 표시로 반복탐색의 폭(search width)을 상당히 감소시키면 해결될 수 있다.

곡선의 추적을 더 이상 계속할 수 없는 위치가 생길 수도 있다. 예를 들어 누설시스템의 경우 두 개의 서로 다른 영역, 즉 종파와 전단파의 부분파가 누설되거나 전단파만 누설되거나 또는 누설이 없는 영역에서, 시스템이 서로 바뀌는 바깥 매질의 입체파 속도가 존재하게 되고 이 점에서 불연속점이 종종 생긴다. 이 영역의 경계를 교차하는 모드는 실제로 연결되어 있지만 Disperse는 전파되는 해만을 찾기 때문에 이러한 모드를 그냥 지나치기 쉽다. 또한 S1모드는 감쇠시스템에서 불연속점을 갖는데 그 이유는 감쇠의 부호가 갑자기 바뀌는 점에서 그 모드가 전진파(wave traveling forward)에서 후진파(wave traveling backward)로 바뀌기 때문이다.

7.4.4 특수해 옵션

7.4.4.1 해의 형태

해를 구하기 위해 사용되는 특성함수를 선택하는 방법도 여러 가지가 있다. Disperse는 이 함수를 자동으로 선정하기 때문에 특별한 주의를 기울일 필요는 없다. 프로그램을 처음 사용하는 사용자는 기본적으로 선정된 특성함수를 사용하는 것이 편리할 것이다. 이 옵션을 변화시키기 위해서는 Trace: Solution type 메뉴를 선택한다. 그러면 대화상자가 나타나고 그 안에 다음 항목들이 표시된다.

■ Also trace non-propagating roots

Disperse는 원래 유도파 비파괴검사를 위해 개발된 프로그램으로 전파되는 모드의 해석에 초점이 맞춰져 있다. 즉 모드는 복소수일지라도 파동수는 실수값이 우세한 경우가 주요 고려대상이다. 그러나 공기 중에 놓여 있는 등방성 탄성 평판에서도 파동수의 허수값이 우세한 모드가 존재할 수 있는데 이 모드는 비전파 근을 갖는다. 이에 대한 자세한 정보는 참고문헌 [1, 83쪽]에 자세히 설명되어 있다. 모드변환(mode conversion)이 존재하는 국부적인 불연속점을 조사할 때는 이 모드에 대한 지식이 유용할 수 있다. Disperse는 기본적으로 이러한 모드를 탐색하지 않지만 이 옵션을 이용하여 비전파 모드를 찾을 수 있다.

■ Also trace roots with negative wave-numbers

기본적으로 Disperse는 파동수의 실수부가 양(+)인 모드, 즉 위상이 양(+)의 z방향으로 전파하는 파동만을 다룬다. 일반적으로 음(−)의 방향으로 진행하는 파동의 해는 양의 방향과 동일하므로 추적 대상이 아니다. 그러나 허수의 파동수가 지배적인 비전파 모드를 찾고자할 때는 양(+), 음(−)의 파동수 영역에서 해를 찾는 것이 바람직할 수도 있다. Lamb파의 S1 또는 A2 모드의 후진 모드를 찾기 위해 이 옵션을 선택할 필요는 없다. 이 모드들은 위상속도는 양(+), 군속도는 음(−)이지만 파동수는 실수이기 때문이다.

■ Frequency is real/complex

재료감쇠가 존재하거나 구조물이 고체나 유체로 둘러싸인 감쇠시스템에 대해서만 적용되는 옵션이다. 복소수 파동방정식은 복소파동수 또는 복소주파수를 이용하여 표현할 수 있다. 실주파수를 갖는 복소파동수는 거의 모든 문헌에서 사용되는 변수로 Disperse에서도 기본 변수로 설정되어 있다. 그러나 복소주파수를 사용하는 것은 기본적으로 다른 경우로(한 영역에서 다른 영역으로 사상(mapping)되지 않음) 몇몇 특별한 경우에는 좀 더 대표적인 변수가 될 수도 있다. 자세한 내용은 참고문헌 [37, 5]과 2.8과 2.9절을 참조하기 바란다. 복소주파수 옵션을 선택하면 Disperse는 실파동수와 복소주파수를 이용하여 해를 구한다. 복소주파수를 표시하는 방법은 7.3.2절을 참조하기 바란다. 주파수와 파동수 모두 복소수인 경우에 대한 해는 현재 제공되고 있지 않다. 복소주파수의 개념이 익숙하지 않은 사용자는 복소파동수를 기본 변수로 설정할 것을 권장한다.

■ Trace/do not trace SH modes

이 옵션은 평판구조물에만 적용되는 옵션이다. Lamb파 형태의 모드는 전파방향과 평판의 법선방향에 의해 규정된 평면에 수직한 방향으로는 변위가 발생하지 않는다. 반면에 SH모드는 그 평면에 수직한 방향으로만 변위가 생긴다. 이에 대한 예로는 단일 층 등방성 평판의 Love모드를 들 수 있다. 등방성 평판에서 SH모드와 Lamb모드는 서로 완전 비연성되어 있으므로 전체 해는 SH모드만을 사용한 해와 Lamb모드만을 사용한 해의 조합으로 구성할 수 있다. 이 옵션을 사용하면 각 모드를 하나씩만 구하거나, 양 모드를 독립적으로 구하거나(독립적인 연산이 순차적으로 진행됨), 두 모드를 동시에 구할 수 있다. 두 모드를 독립적으로 찾게 되면 계산속도가 빨라지고, 곡선을 추적할 때 서로 다른 모드 사이에 점프가 발생하는 위험을 제거할 수 있다.

■ Trace/do not trace T(0, -) modes

이 옵션은 원통형 구조물에만 적용되는 옵션이다. T(0, -) 모드는 평판의 SH모드에 해당되는 원통형 구조물만의 모드이다. 구속되지 않은(unbounded) 단일 층 파이프에서 T(0, 1)모드는 완벽한 비틀림 모드형태로 나타나고 원주방향 변위만 존재하게 된다. 그러나 이는 특별한 모드에 해당되는 경우로 대부분의 경우 원주방향과 다른 방향의 변위가 복합되어 나타난다.

■ Place sink at origin

이 옵션은 내부에 유체가 있는 원통형 구조물에만 적용되는 옵션이다. 기본적으로 Disperse는 파이프의 중심에 싱크(sink)가 있다고 가정하기 때문에 파이프의 벽면을 떠나 유체의 중심으로 전파되는 부분파는 축의 중심에 도착하면 소멸된다. 즉 중심을 지나 파이프의 다른 쪽 벽면으로 전파되지 않는다. 또한 싱크가 존재하기 때문에 유체 내에서 정재파(standing wave)도 생성되지 않는다. 물론 부분파가 유체로 방사(radiation)되기 때문에 시스템에 부가적인 감쇠가 생기게 된다. 유체 내에서 발생하는 형상에 관심이 있고 속도가 빠른 모드를 찾고자 한다면 이 옵션을 선택해야 한다. 그 이유는 존재할 수 있는 유체 모드의 수가 매우 많아 분산선도가 엉망이 될 가능성이 있기 때문이다. 정재파에 관심이 있고 전체적으로 파동이 어떻게 진행되는지 알고 싶다면 이 옵션을 선택하지 않는 것이 효과적이다. 이 옵션이 미치는 영향에 대해서는 4.2.1절을 참조하기 바란다. 이 옵션은 유체에 대한 옵션으로 내부에 고체나 공기가 차있을 경우에는 영향을 미치지 않는다.

■ Choice of the characteristic function

Disperse는 관심대상 구조물에 대한 적당한 특성함수를 자동으로 설정하므로 이를 변경시킬 필요는 없다. 사실 대부분의 경우 이 특성함수를 변경시킬 수 있는 여지는 매우 제한적이다. 참고로 별표 두 개(**)는 Disperse가 가장 적당한 함수라고 규명한 경우이고, 별표 한 개(*)는 좌표계를 만족하는 함수를 나타낸다. 별표가 없는 경우는 부적합한 함수를 나타낸다.

- Cartesian (Global matrix)
  이 함수는 2.5절에서 검토한 가장 일반적인 목적의 함수이다. 모든 종류의 평판문제에 가장 적합한 함수로 다른 특별한 함수(예를 들면 해석적인 누설 Lamb파에 사용되는 함수)를 사용하지 않는 한 기본함수로 Disperse에서 사용된다.
- Cartesian (general anisotropic)
  특수한 이방성 평판에 사용되는 함수이다.
- Cylindrical (zero order development)
  특수한 원통형 구조물에 적용되는 함수이다.
- Cylindrical (VI Fortran routines)
  원통형 구조물에서 기본적으로 사용하는 함수이다.
- Analytical Lamb waves
  Lamb파에만 사용되는 함수이다. 공기 중에 놓여 있는 단일 층 등방성 평판에 대한 특성방정식에 대입할 특성함수로 일반적인 목적의 전역행렬 함수가 아닌 이론 해를 사용할 때 적용한다. 자세한 내용은 부록 A를 참조하기 바란다. 계산속도가 상당히 증가하기 때문에 Disperse는 Lamb파의 모드를 구할 때 이 옵션을 기본적으로 채택하고 있다. 또한 대칭, 비대칭모드를 독립적으로 구할 수 있기 때문에 모드 교차를 피할 수 있고, 계산의 안정성을 개선할 수 있다. 또한 대칭, 비대칭모드를 다른 색으로 표현할 수 있기 때문에 표현 상의 장점도 있다.
- Analytical leaky Lamb waves
  완벽한 유체에 잠겨있는 단일 층 등방성 평판에만 적용이 가능하다. 앞에서 설명한 바와 같이 이 경우에 대한 이론적 해가 Disperse 내에 포함되어 있다.

■ Job priority boost

계산의 우선순위를 정하는 옵션으로 이 값을 증가시켜도 계산 속도는 별로 빨라지지 않으므로 기본 값을 사용할 것을 권장한다.

7.4.4.2 재료특성의 변경

본 장의 앞부분에서 유도파 함수의 해는 모드변수인 주파수, 파동수와 감쇠로 표현될 수 있음을 보였다. 근을 찾을 때 기본적으로 이 변수들만을 변화시키고 다른 파라미터들, 예를 들면 구성 층의 재료특성이나 두께는 일정하다고 가정한다. 대부분의 경우 이렇게

하는 것이 타당하지만 때로는 다른 파라미터들 중 하나 이상을 변화시키는 것이 유용할 때도 있다. 예를 들어 특정 주파수에서 특정 모드의 위상속도가 재료의 포와송비에 따라 어떻게 변하는지 살펴보고 싶을 때가 있을 것이다. 이에 대한 강력하고 유연한 방법을 Disperse는 제공하고 있다. 그 방법은 세 개의 범주, 즉 Continuously variable properties, Properties vary between modes, Properties vary as a function of frequency or user variables로 나눌 수 있다. 각각에 대한 설명은 다음과 같다.

■ Continuously variable properties

분산선도를 계산할 때 대부분의 경우 주파수, 파동수 그리고 감쇠를 변화시키지만 층의 재료특성과 두께는 일정하다고 가정한다. 그러나 재료특성이 변함에 따라 분산선도의 특성이 어떻게 바뀌는지 살펴보는 것도 유용할 때가 많다. 따라서 Disperse 내에 재료특성을 변수로 설정하여 분산선도를 추적할 수 있는 기능이 포함되게 되었다. 어떤 재료특성도 새로운 변수로 설정할 수 있지만(예를 들면 밀도, 입체파 속도, 두께 등), 새로운 변수의 수는 근을 탐색하는 알고리즘에 의해 예측될 수 있는 변수의 수에 따라 제한되어 있다. 예를 들어 감쇠가 없는 시스템에서 선택할 수 있는 새로운 변수의 수는 2개, 감쇠가 있는 시스템에서는 3개 이하로 제한되어 있다. 따라서 재료상수 중 하나가 변수가 되면 기본적인 변수들(예를 들면 주파수, 파동수 등) 중 하나는 상수가 되어야 한다. 이를 Continuously variable properties라 하는데 이는 변수로 선택된 재료특성이 전체 해를 구하는 계산과정에 일관되게 적용되고 파일에도 저장되기 때문이다.

■ Properties vary between modes

재료특성이 하나의 특정 곡선에는 일정한 한 값이 적용되지만 다른 곡선에 대해서는 다른 값이 적용되도록 할 수 있는 옵션이다. 예를 들어 이 옵션을 이용하면 파라미터 조사의 결과를 한 그래프에 표시할 수 있다. 따라서 이러한 파라미터들은 전체 해의 변수가 되지만 각각의 곡선을 계산할 때는 상수로 취급된다는 점에 주목할 필요가 있다. 이에 대한 예로 실린더의 원주방향 차수 변화에 따른 분산선도를 들 수 있는데 이때 어떤 한 곡선을 따라 모든 위치에서 원주방향 차수는 일정하지만 곡선이 달라지면 이 차수도 달라지게 설정할 수 있다. 이러한 개념을 다른 재료특성에도 확장하여 적용할 수 있다.

■ Properties vary as a function of frequency or user variables

주파수에 따른 재료특성의 변화는 이미 7.3.3절에서 다루었다. 이를 위해 재료특성이 전체 분산선도에 동일하다고 가정하지 않고 각각의 계산단계에서 탐색 알고리즘을 사용하여 매번 재료특성을 다시 조사하면 된다. 탐색과정에서 한 번의 계산은 하나의 특정 주파수에서 수행되므로, 현재 계산 중인 주파수에 적합한 재료특성을 데이터베이스에서 쉽게 찾을 수 있다. 따라서 이러한 종류의 변수는 탐색이나 추적의 기본 특성을 변화시키지 않고, 사용되는 데이터 값만 변경시키게 된다. 예를 들면 재료의 감쇠상수는 주파수에 따라 변하면서 실제 재료의 실험결과를 잘 반영할 수 있도록 설정할 수 있다.

이러한 개념을 확장하여 재료특성을 주파수가 아닌 사용자지정 변수와 연계시킬 수도 있다. 따라서 사용자는 사용자지정 변수의 변화를 조절할 수 있다. 즉 각 모드에 대해 고정된 값을 사용할 수도 있고 연속적으로 변하는 특성을 갖게 할 수도 있다. 온도가 특정 분산선도에 미치는 영향을 살펴보는 것이 좋은 예가 될 수 있다. 이때 밀도, 종방향 속도와 유체의 점도가 온도에 따라 변화될 것이다. 따라서 이러한 특성들이 사용자지정 변수와 일련의 곡선에 따라 변하도록 설정할 수 있다.

마지막으로 이러한 기능들을 사용하는 방법에 대해 기술하고자 한다. 재료특성을 변수로 설정하여 곡선을 추적하는 것은 보통의 추적과정보다 훨씬 어렵기 때문에 세심한 주의가 필요하다는 사실을 명심할 필요가 있다.

■ Definition of the layers data

주파수(또는 사용자지정 변수)에 대한 정의는 처음에 대상구조물을 정의할 때 재료수정 대화상자에서 할 수 있다. 주파수에 따라 달라지는 특성은 유체를 포함한 등방성 재료에 대해서만 설정할 수 있다. 'Liquid'와 'Isotropic' 탭에서 네 개의 옵션(values are constant with frequency, values change automatically with frequency, values depend on frequency, values depend on user variables)이 포함되어 있는 풀다운 상자가 나타난다. 옵션 values are constant with frequency에서 재료특성은 주파수에 따라 변하지 않는 값으로 설정된다. 두 번째 옵션(values change automatically with frequency)을 선택하면 값이 Disperse에 의해 자동으로 설정된다. 즉 어떤 내부의 물리량(예를 들면 감쇠/파장)은 각 주파수에 따라 재계산되지만 사용자가 도입한 상수는 변하지 않게 된다. 세 번째 옵션에 의해 사용자는 재료특성이 주파수에 따라 변하는 양상을 규정할 수 있다. 이 옵션을 선택하면 재료특성에 대한 라벨(label)로 바뀌게 되는데 이를 클릭하면 주파수에 대한 3차 함수가 나타나게 된다. 마찬가지로 마지막 옵션을 선택하면 재료특성을 사용자지정 변수에 대한 3차 함수로 표현할 수 있다. 사용자지정 변수의 값은 곡선을 추적할 때 설정된다.

■ Specification of the variables in the Trace menu

사용자지정 변수의 특성을 추적할 수 있는 세 가지 방법을 아래에 설명하였다.

- Trace: Automatic tracing

  가장 쉬운 방법이다. 자동 추적을 선택하게 되면 대화상자의 상단에 나타나는 풀다운 메뉴에 기본 값으로 Trace a function of frequency가 설정되어 있는 것을 확인할 수 있다. 이것을 사용자가 선택한 변수로 바꿔주기만 하면 된다. 풀다운 메뉴 상에 대상구조물과 관련된 선택 가능한 파라미터들이 자동으로 나타나게 될 것이다. 재료를 정의하기 위해 사용된 값들을 변수로 사용할 수 있다. 따라서 재료를 영계수와 포와송비를 이용하여 정의하였다면 입체파 속도보다는 이 값이 변수로 선정되는 것이 타당할 것이다. 선택된 재료상수와 위상속도의 변화범위는 반드시 지정해야 한다. OK를 누르면 선택된 재료특성이 자동으로 변수로 설정되고 주파수는 상수가 될 것이다(그리고 다른 대화상자에서 입력한 값과 같아질 것이다). 주파수는 반드시 일정한 값이 되어야 하는데 그렇지 않을 경우 분산선도가 평면(주파수-재료상수)이 되어 해에 수렴할 수 없기 때문이다. 재료상수의 함수로 분산선도를 추적하기 전에 주파수의 함수로 추적을 수행하는 것이 도움이 된다. 이를 통해 적당한 주파수를 선택할 수 있고 모든 근의 특성을 잘 파악할 수 있기 때문이다. 점착조인트(adhesive joint, 자유 경계, 1.0mm 두께 알루미늄 층과 영계수와 포와송비를 이용하여 정의한 0.05mm 에폭시 층으로 구성, 대칭구조)가 좋은 예가 될 수 있다. 이때 주파수 0.5MHz에서 에폭시 층의 영계수를 변화시켜보자. 위상속도에 미치는 영향(매우 작지만)을 확인할 수 있다.

- Trace: Change variables

  추적을 수동으로 수행하기 위해서 이 메뉴와 다음의 메뉴(Change variable values)를 모두 이용할 수 있다. 이 메뉴는 어떤 파라미터가 변수인지 정의하고 다음 메뉴는 사용자가 고정 값으로 선택한 변수들에 값을 부여한다. 앞에서 기술한 바와 같이 변수는 크게 세 범주로 나눌 수 있다. 즉 continuously variable properties, fixed for a mode but varying between modes, 그리고 fixed로 나눌 수 있다. 재료특성을 변화시키기 위해서는 그 재료특성이 놓여 있는 칸을 화살표 단추를 이용하여 바꾸기만 하면 된다. 재료특성이 사용자지정 변수에 따라 달라진다고 설정하였으면 사용자가 이동시켜야 할 특성 중의 하나인 "User variable"로 지정되어 나타난다. 변수들을 변경할 때 주의해야 할 제한조건은 다음과 같다.

- 이전에 곡선을 추적할 때 재료특성을 변수로 설정하였으면 더 이상 고정된 값으로 취급할 수 없다. 즉 한 곡선에 대해서는 고정된 값이 되지만 곡선이 달라지면 값이 달라진다. 이는 모드를 저장하는 방법 때문에 나타나는 제한조건이다.
- 위상속도와 군속도는 유도된 물리량이므로 주파수와 파동수가 달라지면 항상 변하는 값이다.
- 대상시스템에 감쇠가 없으면 연속적으로 변하는 변수가 반드시 2개 존재해야 한다. 이는 분산선도를 그리는 루틴이 점이 아닌 선만을 다룰 수 있기 때문이다. 만약 1개의 변수가 있으면 분산선도는 점들의 집합이 되고 3개의 변수가 있으면 분산선도는 평면이 된다.
- 감쇠가 존재하면 연속적으로 변하는 변수가 반드시 3개 존재해야 하고 그 중 하나는 감쇠가 되어야 한다.

– Trace: Change variable values

파라미터들이 "Change variable" 메뉴의 세 개 범주 중 하나에 위치하게 되면 이에 대한 값을 중간 범주, 즉 한 곡선에 대해서는 고정된 값을 갖지만 곡선이 달라지면 값이 변하는 범주 내에서 설정해야 한다. 여기서 설정된 값들은 나중에 수행할 스위핑과 추적 작업에 계속 영향을 미치게 된다. 그러나 이미 계산된 곡선 위의 한 점을 클릭하면 그 곡선에 맞는 값들로 즉시 바뀐다는 사실을 명심해야 한다.

제8장 기본적인 유도파 시험

본 장에서는 평판과 파이프의 초음파 파동전파에 대한 몇 가지 기본적인 유도파 시험방법들에 대해 간략하게 소개하고자 한다. 수 백 가지의 시험방법이 존재하지만 기본적인 장비와 초음파변환기 그리고 실험과정에 대한 학생들의 이해를 돕기 위해 가장 중요한 세 가지 실험방법에 대해서만 기술하고자 한다.

8.1 평판의 파동

8.1.1 개요

이 실험에서는

(1) 파동생성 방법(경사입사 또는 빗변환기)
(2) 모드선택 방법과 군속도 측정
(3) 장거리를 전파할 때 나타나는 파동분산
(4) 특정 모드 또는 누설파에 미치는 유체하중의 영향
(5) 가진원의 영향(위상속도 스펙트럼조절 및 모드분리)
(6) 파동구조 및 결함크기의 영향
(7) 유도파를 이용한 두께측정의 가능성

등을 연구하고자 한다. 이를 위해 필요한 장비는 다음과 같다.

(1) 초음파 펄서-수신기(충격파와 톤-버스트 장치)
(2) 디지털 오실로스코프
(3) 가변각, 광대역 경사빔변환기
(4) 커플란트, 케이블 및 기타 액세서리
(5) 적당한 알루미늄평판 시편

8.1.2 경사빔변환기를 이용한 유도파 생성

유도파를 이용한 응용분야를 다루기 전에 파동을 생성하고 수신하는 방법에 대해 이해할 필요가 있다. 유도파를 생성하기 위한 여러 가지 방법들이 개발되었는데 그 중 수직빔 음향초음파(acousto-ultrasound), 전자기 음향변환기(electro-magnetic acoustic transducers, EMATs), 빗변환기(comb transducer), 경사빔 종파 등이 유명하다. 그 중 경사빔 종파를 이용하여 유도파를 정확하고 효율적으로 생성할 수 있다. 그림 8.1은 플렉시유리 웨지 위에 장착한 종파변환기를 이용하여 유도파 모드를 생성하는 장치를 나타내고 있다. 종파는 어떤 입사각과 속도를 갖고 입사된다. Snell의 법칙에 따라 계면에서 파동은 모드변환, 반사, 굴절을 겪는다. 변환기에서 조금 떨어진 곳에서 파동은 더 이상 개별적으로 존재하지 않고 하나의 파동패킷에 중첩되어 나타날 것이다. 그러면 구조적인

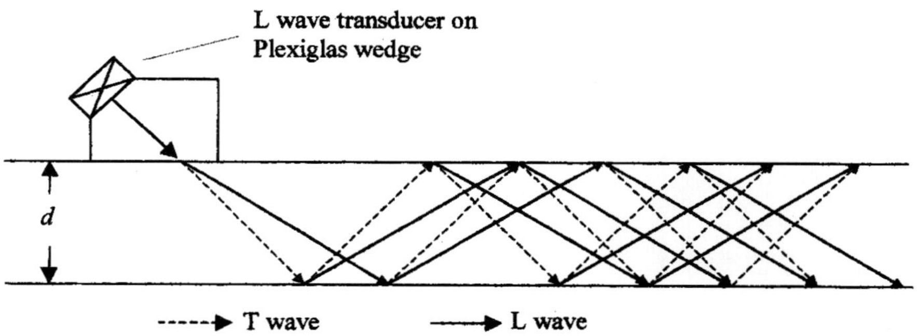

그림 8.1 유도파 생성을 위한 경사입사

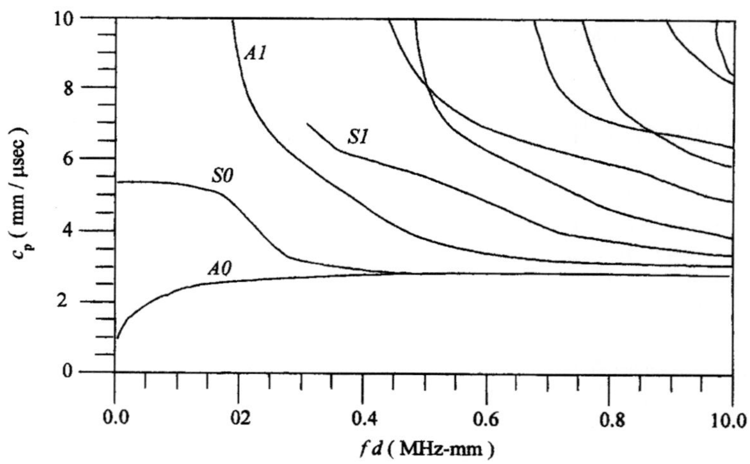

그림 8.2 알루미늄평판의 위상속도 분산선도

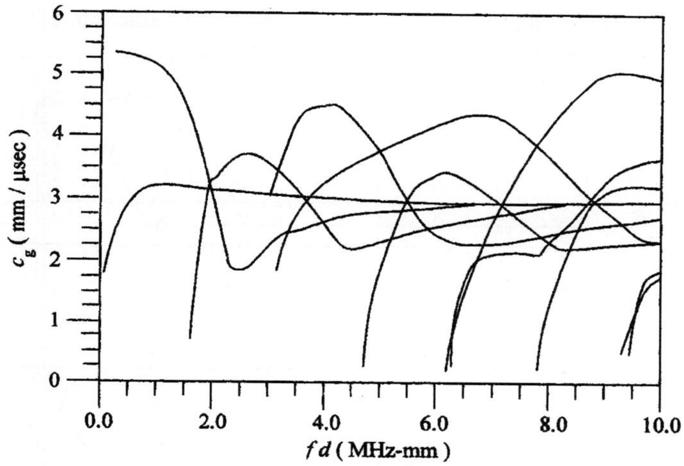

그림 8.3 알루미늄평판의 군속도 분산선도

간섭이 발생하게 되고 유도파는 평판 내에서 전파될 것이다.

구조적인 간섭이 발생할 수 있는 조건은 두께, 입사각도, 재료특성 등에 따라 달라지는데 앞의 세 가지를 조합할 수 있는 방법은 매우 많으므로 따라서 수많은 모드가 존재할 수 있다. 재료상수를 상수로 설정하면 유도파 분산선도는 그림 8.2와 8.3과 같이 생성될 수 있다. 이 선도들은 유도파 검사방법을 개발하는데 유용하게 사용된다. 플렉시유리 웨지 위에 놓인 종파변환기를 이용하여 유도파를 생성하기 위해서는 위상속도 c_p는 Snell의 법칙에 의해 입사각과 다음의 관계를 가져야 한다.

$$\frac{\sin\theta_i}{c_{Plexi}} = \frac{\sin 90}{c_p} \tag{8.1}$$

따라서 각 웨지각에 대한 평판두께와 주파수를 알고 있으면 분산선도 상에서 그 점들을 구할 수 있다. 이제 몇 가지 특별한 실험방법들에 대해 살펴보자.

8.1.3 경사빔가진을 이용한 모드생성과 군속도 측정

유도파를 생성하고 수신하기 위한 실험 장치는 그림 8.4와 같다. 실험 장치는 플렉시유리 웨지 위에 장착한 두 개의 변환기와, 두께를 알고 있는 알루미늄평판 그리고 파동생성을 위한 톤-버스트 가진원으로 구성되어 있다. 먼저 위상속도 분산선도로부터 생성할 파동의 모드 및 주파수를 선택해야 한다. 예를 들면 *fd*가 1.5MHz-mm일 때의 S0모드를

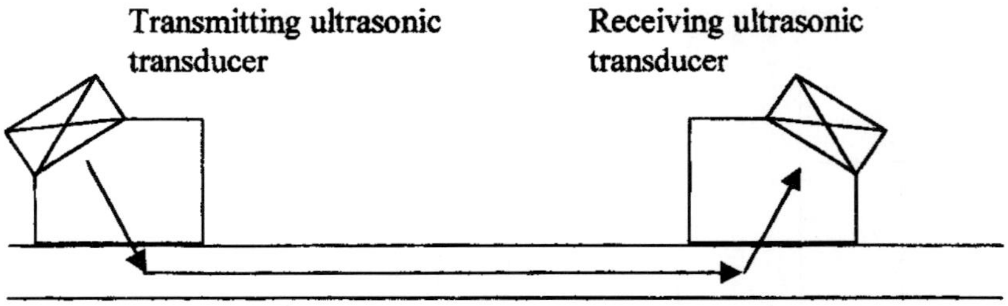

그림 8.4 유도파 생성 및 수신을 위한 실험장치

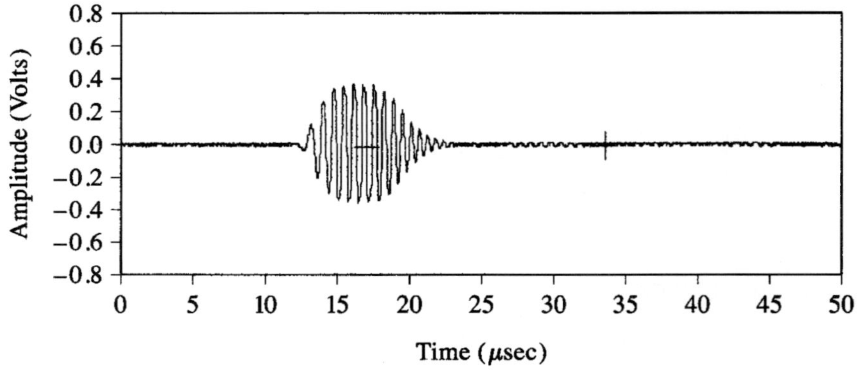

그림 8.5 주파수-두께 *fd*=1.434㎒-mm에서 S0모드의 RF파형

선택하면 그 때의 위상속도는 대략 5.2mm/㎲가 된다. 식 (8.1)로부터 선택한 위상속도에 대한 입사각은 32°가 됨을 알 수 있다. 따라서 이 입사각을 갖는 플렉시유리 웨지를 사용해야 한다. 1.5㎒ 근처의 주파수를 갖는 변환기를 웨지에 장착한다. 그리고 1.5㎒의 톤-버스트를 변환기에 입사시킨다. 그리고 최대 진폭을 갖는 신호를 수신하기 위해 주파수를 조절한다. 대상 시스템의 경우 그 주파수는 1.434㎒이다. 두께가 1mm이기 때문에 수치적으로 주파수는 *fd*와 같다. 최후로 얻게 되는 파형은 그림 8.5에 나타내었다.

선택된 모드가 생성된 모드와 일치하는지 확인하기 위해 생성된 모드의 군속도를 측정하고 그 값을 이론적인 값과 비교한다. 그 과정을 소개하면 다음과 같다. 그림 8.6에 나타낸 장치를 이용하여 두 번째 위치에서 모드를 생성시키고 수신한다. 오실로스코프 상에 그 파형의 위치를 표시한다. 수신변환기를 위치 3으로 이동하고 수신한 파형의 위치를 표시한다. 원래의 표시와 현재의 표시 사이의 시간차를 측정하고 이로부터 군속도 (△t/x)를 계산한다.

위의 과정을 따라 측정한 *fd*=1.434㎒-mm인 S0 모드의 두 파형을 그림 8.7에 나타내었다. 거리 x는 76.2mm이고 시간차는 15.875㎲이므로 군속도는 4.8mm/㎲이다. 군속도 분산선도로부터 이 값은 이론값에 매우 근접하다는 것을 알 수 있다. 파동패킷이 76.2mm를 이동하는 동안 펄스의 지속시간이 증가한 것을 볼 수 있다. 이는 분산선도 상의 그 점이 본질적으로 분산특성을 갖기 때문이다. 위상속도가 주파수에 따라 크게 변하지 않는 점들은 76.2mm를 이동하여도 펄스의 형태가 거의 변하지 않을 것이다. 군속도를 계산하는 가장 좋은 방법은 파형의 첨두치(peak-to-peak) 사이의 시간차를 측정하는 방법이 될 것이다.

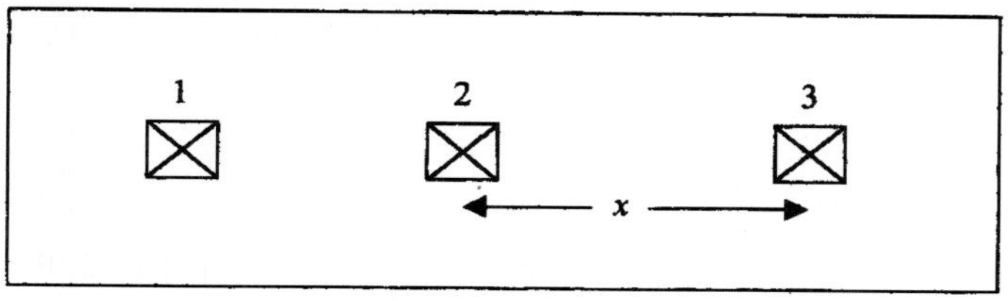

그림 8.6 군속도 측정방법

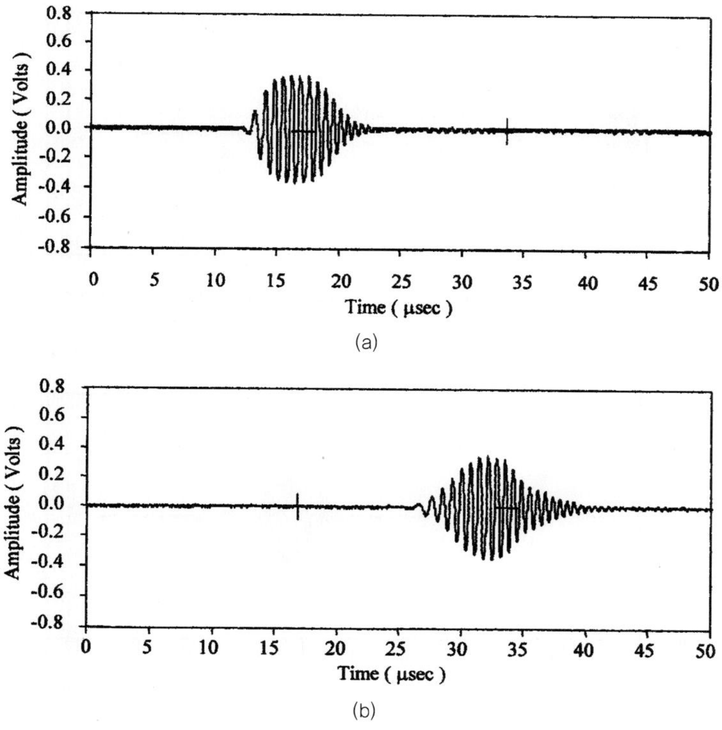

그림 8.7 주파수-두께 *fd*=1.434㎒-mm에서 S0모드의 파형
((b)변환기는 (a)의 위치에서 76.2mm 떨어져 있음)

8.1.4 빗변환기를 이용한 유도파 생성

배열을 갖는 변환기들을 이용하여 유도파를 생성시키는 장치를 그림 8.8에 나타내었다. 변환기 요소의 크기와 사이 간격을 조절하여 가진할 모드의 종류와 주파수를 선택할 수 있다.

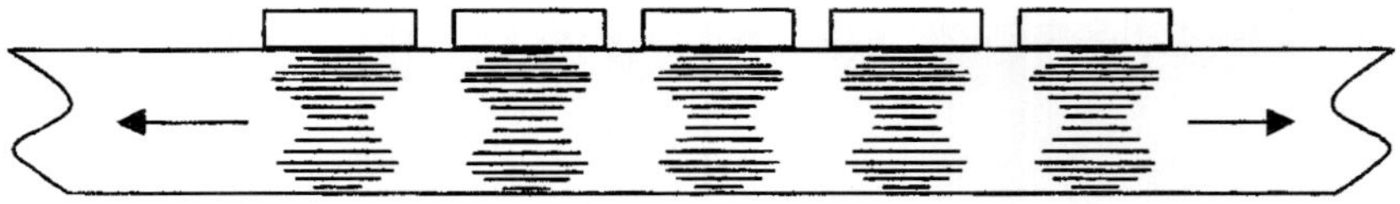

그림 8.8 유도파 생성을 위한 빗변환기의 구조

8.1.5 거리와 분산

유도관(waveguide)이 존재하는 경우 전파모드는 매우 긴 거리(20m 이상)를 이동할 수 있다. 이러한 현상을 관찰하기 위해 알루미늄 평판에서 유도파를 가진하고 수신하는 실

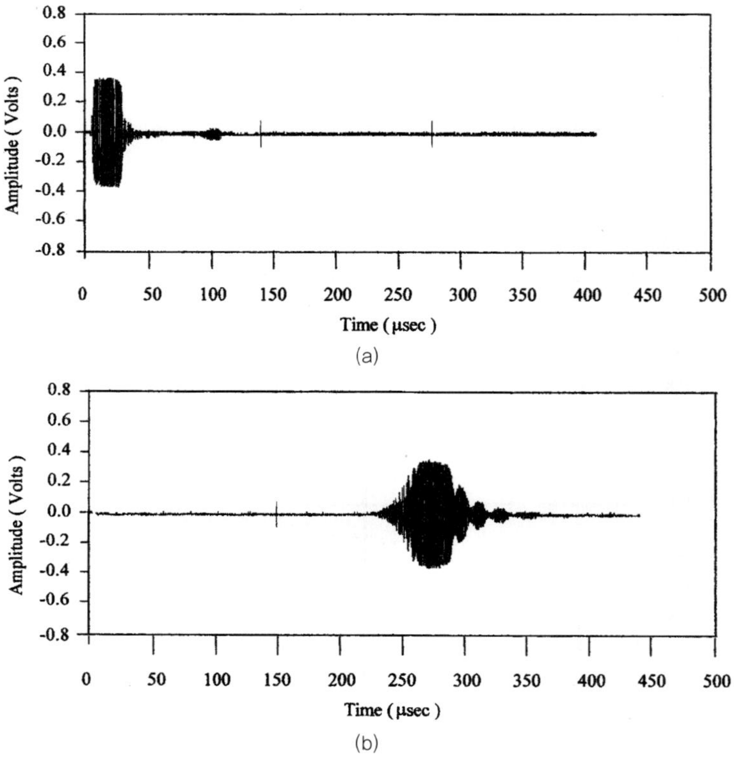

그림 8.9 S0모드 (a) 가진원에서 10cm 떨어진 곳 (b) 가진원에서 120cm 떨어진 곳

험을 수행한다. 그림 8.9에 두 개의 파형을 나타내었는데 하나는 가진원에서 10cm 떨어진 곳에서 측정한 경우이고 다른 하나는 120cm 떨어진 곳에서 측정한 경우이다. 분산성에 의해 파형이 변한 것을 알 수 있다.

8.1.6 유도파에 미치는 유체하중의 영향

유도파 전파에 관한 흥미로운 현상 중의 하나가 알루미늄평판에 미치는 유체하중의 영향이다. 각 모드의 파동구조와 파워분포가 다르기 때문에 유체하중에 대한 반응도 다를 것이다. 이와 관련하여 자주 듣는 용어가 "누설 Lamb파"인데 이 말은 에너지가 구조물로부터 누설되는 경향을 나타내는 용어이다. 어떤 유도파는 누설되지만 다른 파는 그렇지 않다. 그림 8.10, 8.11에 S0, A0 모드를 나타내었다. 각 그림의 (a)는 유체가 없을 때 (b)는 유체하중을 받을 때의 모드이다.

이 현상은 평판의 두께를 따라 나타나는 파동구조와 관련이 있다. 평판의 바깥쪽 표면에 발생하는 평면내 변위에 의한 하중은 유체로 에너지를 누설시키지 않는다. 이는 전단

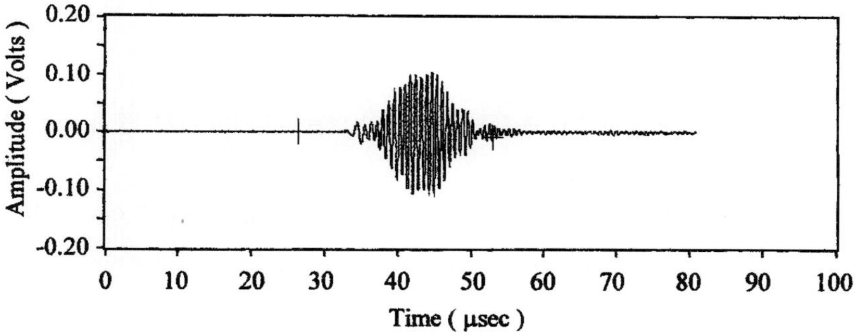

(a)

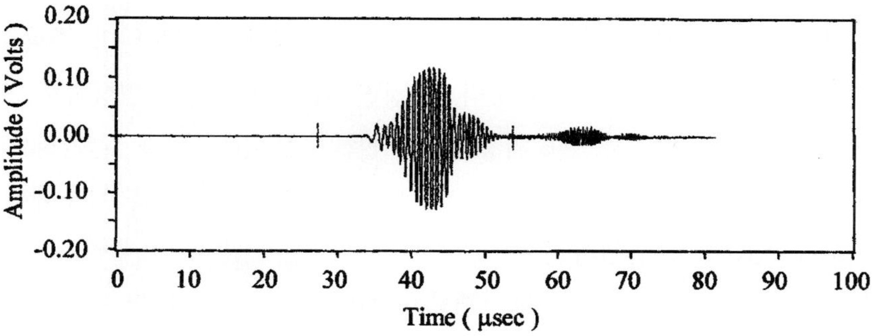

(b)

그림 8.10 1.434MHz-mm에서 S0모드 (a) 유체하중이 없는 경우 (b) 유체하중이 있는 경우

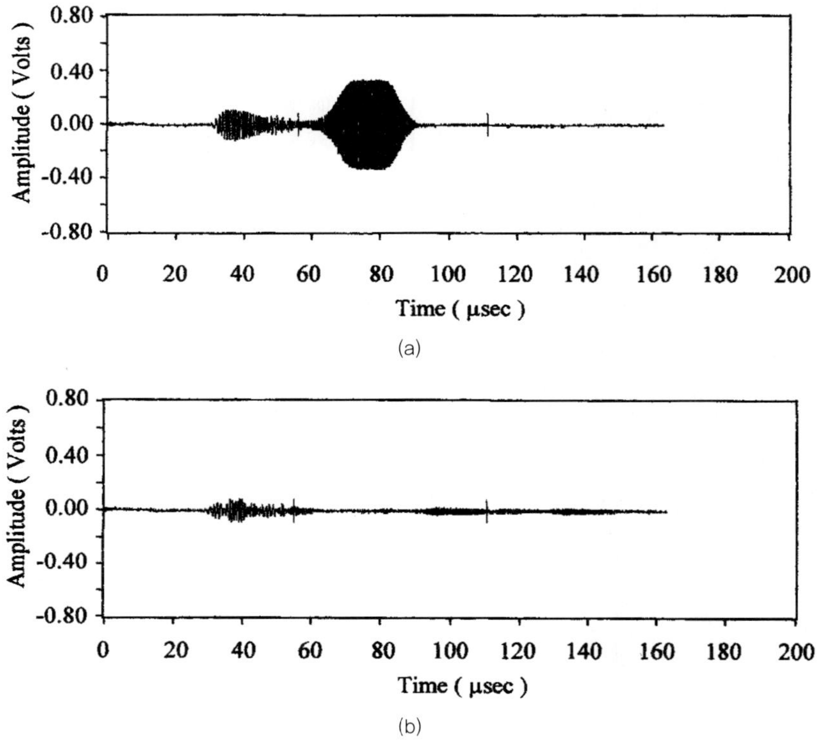

그림 8.11 3.66㎒-mm에서 A0모드 (a) 유체하중이 없는 경우 (b) 유체하중이 있는 경우

하중의 영향 때문이다. 반면에 평면외 변위가 지배적으로 발생하면 에너지는 유체로 누설된다.

8.1.7 가진원의 영향

분산선도에서 특정 점을 선택할 수 있는 가능성은 변환기 가진원의 주파수스펙트럼 그리고 위상속도 스펙트럼과 관련이 있다. 특정한 입사각에 대해 위상속도 스펙트럼을 발생시킬 수 있을지 몰라도 특정한 위상속도를 발생시킬 수는 없다. 일반적으로 변환기가 커지면 스펙트럼은 좁아진다. 이론적으로는 무한 평면파 경사빔을 이용하여 가진하면 단 하나의 위상속도 값을 발생시킬 수 있다.

이제 그림 8.12에 나타낸 장치를 고려해보자. Snell의 법칙에 따라 수직빔변환기를 이용하여 무한대의 위상속도를 만들어낼 수 있다. 이는 특정 유도파 모드를 생성하는데 그다지 유용하지 않다. 그러나 가진원의 영향에 의해 낮은 위상속도를 만들어낼 수 있다.

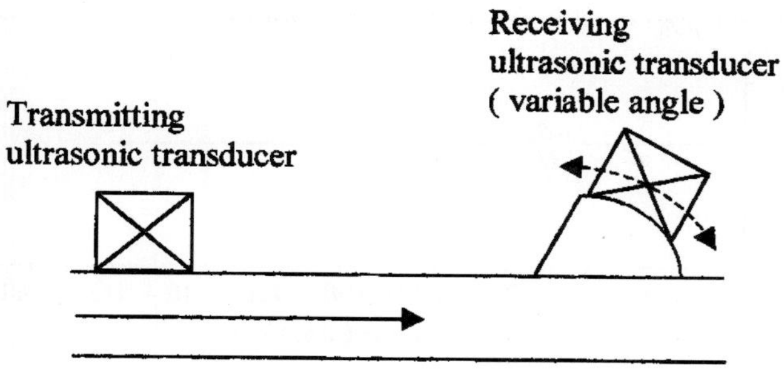

그림 8.12 가진원의 영향에 대한 실험

사실 매우 작은 변환기를 이용하여 매우 낮은 위상속도를 만들어낼 수 있다. 경사빔을 이용하여 신호를 수신하면 좀 더 좁은 위상속도 스펙트럼을 수용할 수 있다. 따라서 경사빔 수신기를 이용하여 생성된 모드들을 분리할 수 있고 이로부터 각 위상속도에서 모드들의 크기를 관찰할 수 있다.

두 개의 크기가 다른 변환기를 이용하여 신호를 보내고 생성된 특정 모드의 크기를 관찰할 수 있다. 그림 8.13에는 1인치, 1/2인치 크기의 변환기에서 31°로 측정한 파형을 나

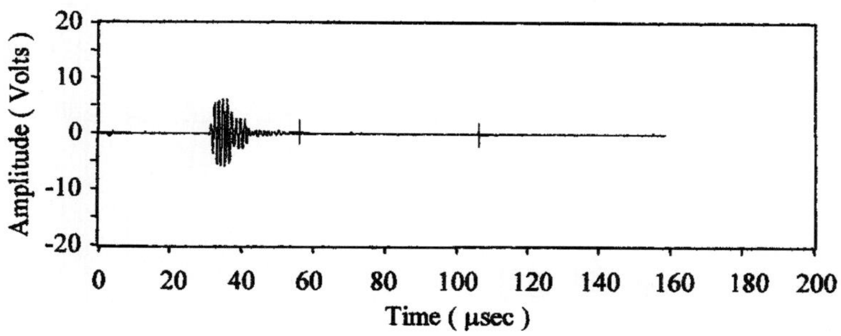

(a)

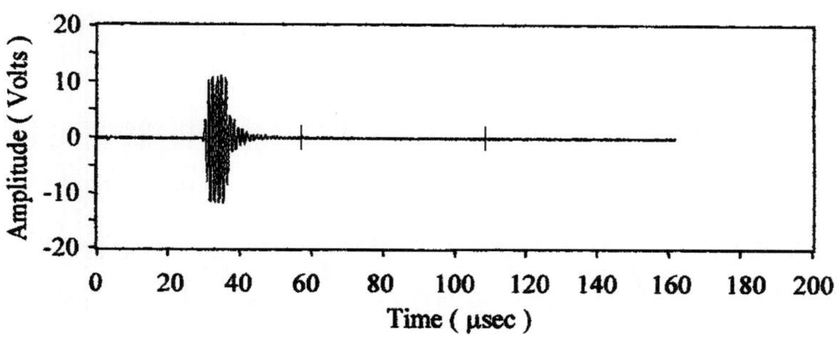

(b)

그림 8.13 31° 로 측정한 파형 (a) 1″ 크기의 변환기 (b) 1/2″ 크기의 변환기

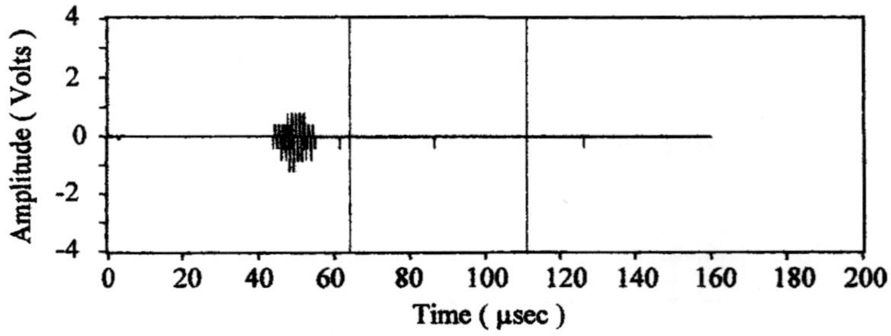

(a)

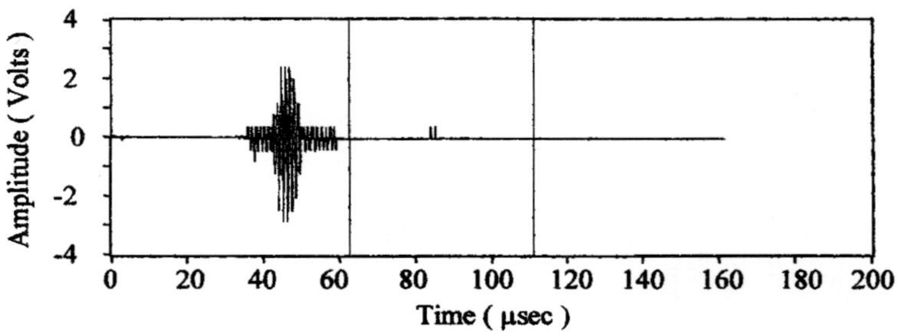

(b)

그림 8.14 75° 로 측정한 파형 (a) 1″ 크기의 변환기 (b) 1/2″ 크기의 변환기

타내고 있다. 이때 fd=0.845㎒-mm이다. 그림 8.14에는 75°로 신호를 수신했을 때의 파형을 나타내고 있다. 크기가 작은 변환기가 낮은 위상속도의 모드를 효과적으로 발생시키는 것을 알 수 있는데 이는 가진원의 스펙트럼 때문이다.

8.1.8 결함크기와 파동구조의 영향

선택된 유도파 모드의 산란특성을 이용하여 결함의 깊이를 측정할 수 있다. 파워의 분포와 파동구조를 분석하여 여러 가지 깊이에서 파워의 집중이 달라지고 민감도 및 산란특성이 달라지는 것을 알 수 있다. 실험 장치는 그림 8.15에 보인 바와 같다.

두 개의 서로 다른 모드에 대한 파동구조를 그림 8.16에 나타내었다. 여러 가지 깊이의 균열에 파동이 부딪히면 나타나는 응답도 달라진다. 예를 들어 A1모드는 표면 균열에 민감하게 반응하고 S0 모드는 재료의 중심부에 있는 결함에 좀 더 민감하다. 여러 가지 유도파 모드의 민감도를 해석하기 위해 경계요소법(boundary element method, BEM)을 사용하기도 한다. 이에 대한 예를 실험결과와 비교하여 그림 8.17에 나타내었다. 자세한 내용은 참고문헌 [96, 97]을 참조하기 바란다.

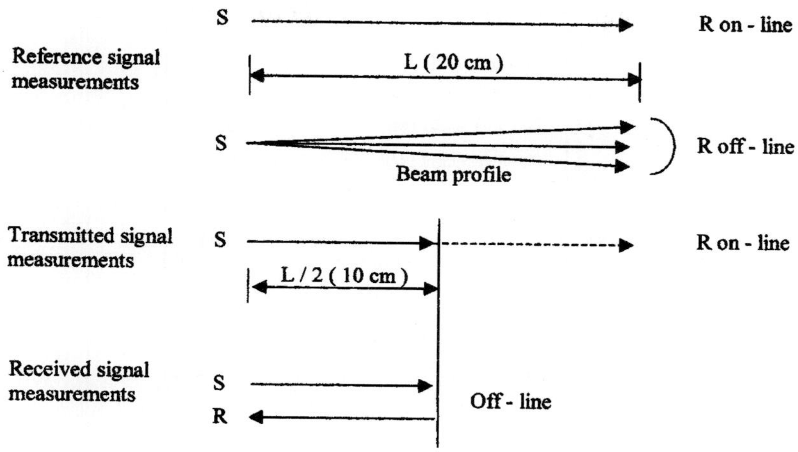

그림 8.15 기준, 투과, 반사된 신호를 측정하기 위한 송신(S), 수신(R)변환기 배열

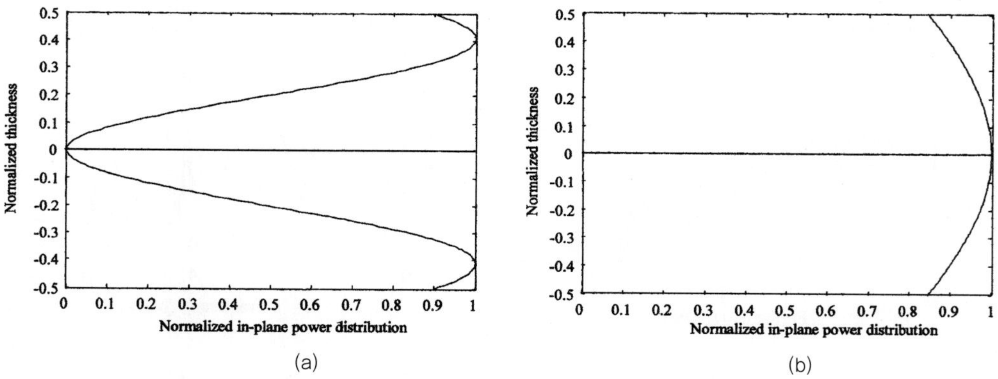

그림 8.16 정규화 된 평면내 파워분포 (a) A1모드(2.5MHz-mm), (b) S0모드(1.0MHz-mm)

8.1.9 톤-버스트 주파수 스위핑을 이용한 두께측정

이 실험에서는 주파수 스위핑(frequency sweeping)을 할 수 있는 톤-버스트 함수발생기를 사용한다. 생성된 위상속도는 플렉시유리 슈에 의해 일정한 값을 갖고 따라서 위상속도 분산선도에서 수평선으로 나타나게 된다. 주파수와 평판두께의 곱이 분산선도와 교차하게 되면 첨두치가 발생한다. 이는 두 개의 두께가 다른 평판에 대한 톤-버스트 시스템의 출력으로부터 확인할 수 있다(그림 8.18 참조). 웨지의 위상속도를 알고 있기 때문에 두 모드 사이의 *fd*거리를 분산선도로부터 찾을 수 있고 톤-버스트 출력으로부터 주파수거리를 찾을 수 있다. *fd*거리를 주파수거리로 나누면 평판의 두께를 구할 수 있고 이로부터 유도파를 이용하여 두께를 측정할 수 있음을 알 수 있다.

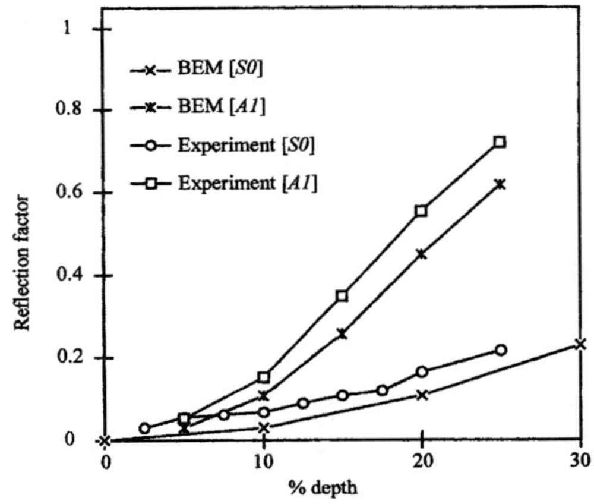

그림 8.17 A1(2.5㎒-mm), S0(1.0㎒-mm)모드의 반사계수 변화

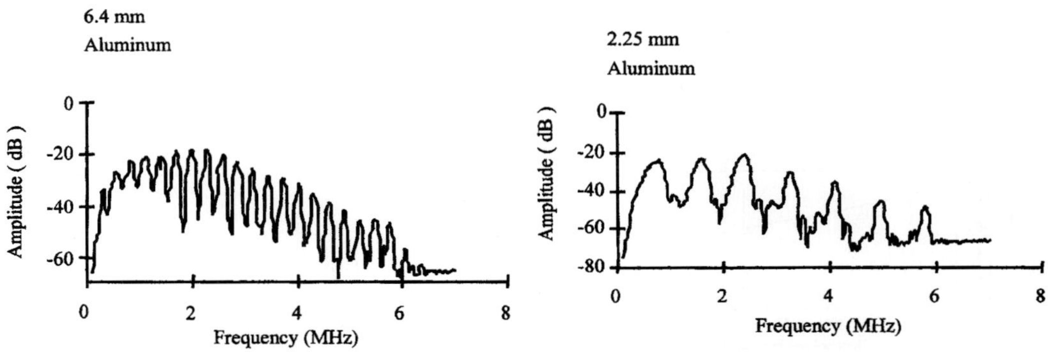

그림 8.18 서로 다른 두께를 갖는 알루미늄평판에 대한 주파수 스위핑 결과

8.2 봉의 파동

8.2.1 개요

이 실험의 목적은

(1) L파가 선도파(precursor)가 될 수 있음을 입증하고 또한 주파수에 무관함을 증명한다.
(2) 저주파수에서 파동속도의 극한값이 봉의 속도에 접근하는 것을 입증한다.
(3) 군속도는 주파수에 따라 달라진다는 것을 입증한다.

이를 위해 탄성조화파가 무한 크기의 봉에서 전파되는 특성을 조사하고자 한다. 수식을 원통좌표계에 대해 기술하면 z축이 봉의 축방향이 된다. 세 개의 서로 다른 진동모드, 즉 종파, 비틀림파, 휨파 모드가 존재할 수 있지만 여기서는 종파모드만을 다루기로 한다.

필요한 실험장비는

(1) 초음파 톤-버스트 펄서-수신기
(2) 디지털 오실로스코프
(3) 주파수범위가 100㎑~2.5㎒인 광대역 변환기
(4) 0.3 m의 강철 중실봉 시편(외경 0.25인치)
(5) 커플란트, 케이블 등

이다. 원통형의 시편은 삼각대에 고정되어 있고 종파의 특성을 살펴보기 위해 펄스-에코 방법과 두께관통(through-transmission)방법 모두를 사용한다. 봉의 끝단에서 수직빔을 입사하여 가진한다. 수직빔을 입사한다는 것은 가진 주파수-두께(fd)에서 많은 모드들이 생성될 수 있다는 것을 의미한다.

8.2.2 결과

실험대상 문제에 대한 해는 종방향 모드에 대한 Pochhammer 주파수방정식으로부터 구할 수 있다. 이 방정식의 근을 이용하여 위상속도, 군속도의 분산선도를 그릴 수 있다(그림 8.19)

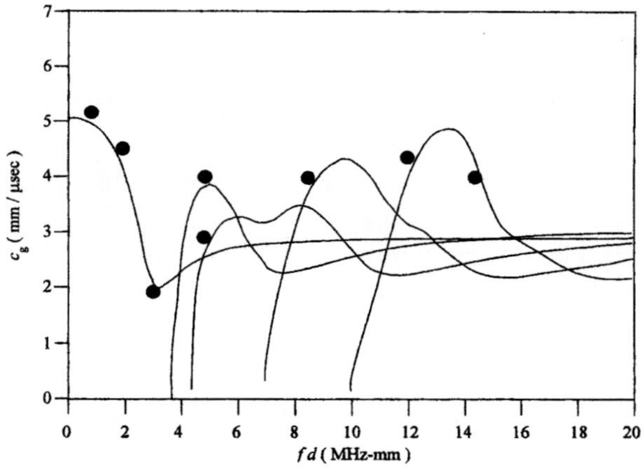

그림 8.19 강철봉의 군속도 분산선도(● : 실험결과로부터 유도한 값)

■ L선도파

봉을 따라 전파되는 파동 중 일부는 경계조건에 영향을 받지 않기 때문에 재료의 팽창 속도로 전파된다(강의 경우 약 6mm/㎲). 이 파동은 감쇠가 크고 실제 봉의 유도파 모드에 비해 진폭이 작기 때문에 탐지하기가 어렵다. 봉이 갖고 있는 어떤 유도파의 군속도도 6mm/㎲보다 훨씬 낮다. 그러나 이득 값을 크게 증가시키면 L선도파를 관찰할 수 있다. 시간영역에서 선도파의 위치는 톤-버스트 주파수가 바뀌어도 변하지 않는다는 것을 알 수 있다. 그러나 다른 모든 유도파 모드의 위치는 주파수에 따라 달라진다. 이는 펄스-에코방법이나 두께관통방법 모두에서 나타나는 현상이다. 선도파는 100㎑ 근처의 주파수 영역과 fd=12일 때 이득 값을 크게 증가시키면 나타난다.

■ 저주파수에서 파동속도의 극한

위상속도, 군속도선도로부터 fd가 0에 접근하면 파동속도는 봉의 파동속도라는 극한값으로 접근한다는 것을 알 수 있다. 봉의 파동속도에 대한 수식은 $c_{bar} = \sqrt{E/\rho}$ 이다. 강의 경우 E=2.1×1011N/㎡, ρ=7,850kg/㎥이므로 봉의 속도는 c_{bar}= 5.17mm/㎲이다. 이는 시편을 변환기에서 허용하는 가장 낮은 주파수로 가진하고 속도를 측정하면 확인할 수 있다. 이에 대한 결과를 그림 8.20에 제시하였다. 측정된 군속도는 fd=0.79일 때 5.16mm/㎲이었고 이를 그림 8.19의 군속도곡선에 점으로 나타내었다.

■ 군속도의 주파수의존성

이론적 해석결과와 그림 8.19로부터 여러 모드들의 군속도는 주파수에 의존한다는 것

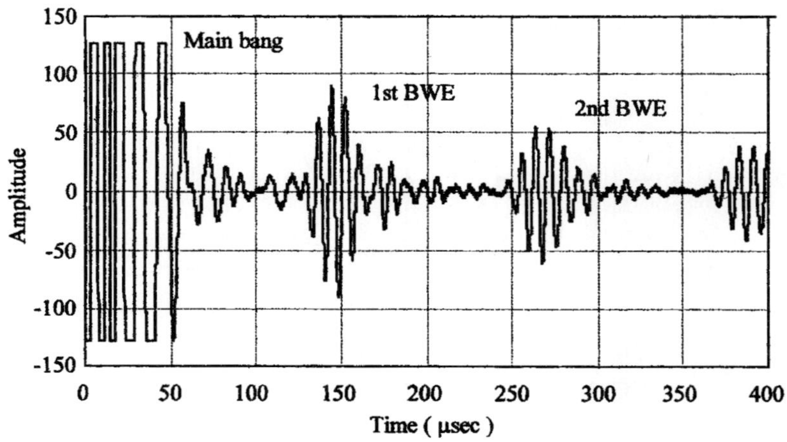

그림 8.20 12인치 강철봉의 125㎑에서의 펄스-에코 RF파형

을 알 수 있다. 이는 주파수를 스위핑 해 보면 알 수 있다. 특정 *fd*값에서 나타나는 모든 모드를 중첩한 신호는 오실로스코프에서 그 위치가 변하는데 이는 군속도가 주파수에 따라 달라진다는 사실을 입증하는 것이다. 단일 모드만 존재할 경우 *fd*가 작으면 군속도가 변하는 모습을 명확하게 관찰할 수 있고 다중 모드가 존재하더라도 *fd*가 크면 그 변화를 살펴볼 수 있다. 세 개의 다른 *fd*에 대한 실험결과를 그림 8.20, 8.21, 8.22에 제시하였다. 그림 8.22에는 L선도파가 나타나는 것을 볼 수 있다.

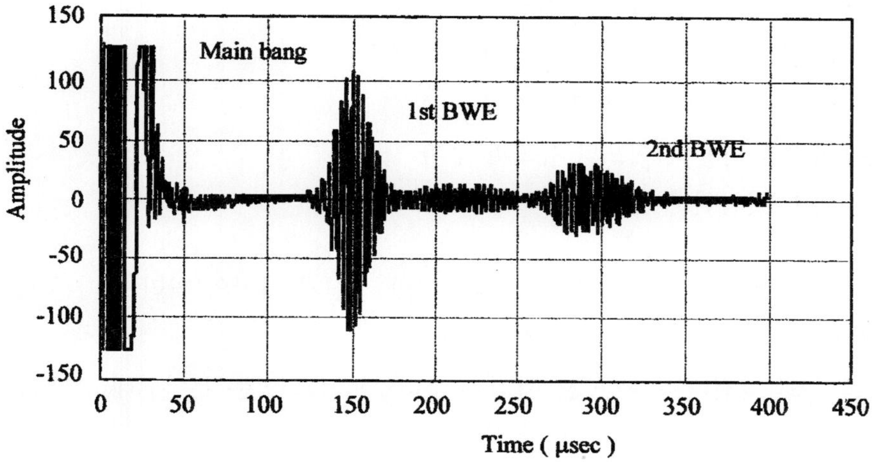

그림 8.21 12인치 강철봉의 300㎑에서의 펄스-에코 RF파형

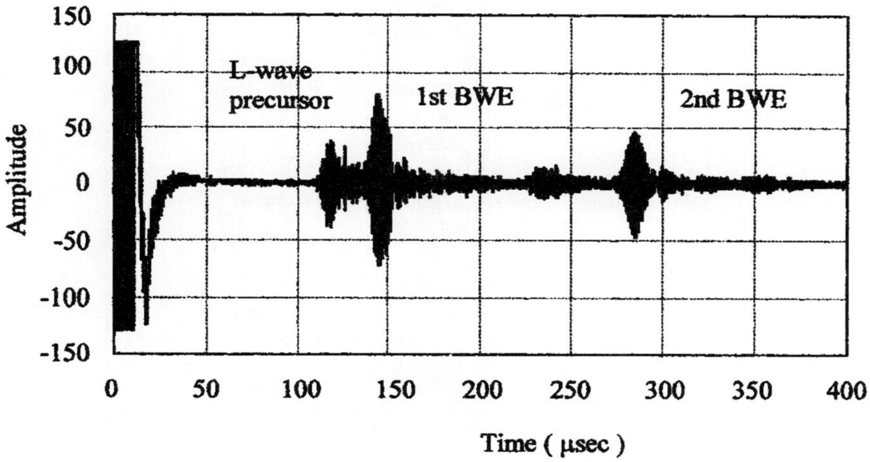

그림 8.22 12인치 강철봉의 1.9㎒에서의 펄스-에코 RF파형

8.3 파이프의 파동

8.3.1 개요

이 실험의 목적은 파이프에서 가능한 유도파의 전파특성을 살펴보는 것이다. 축대칭모드에 대해

(1) 특수 제작된 원추형 탐촉자
(2) 길이 10ft 파이프의 유도파 전파특성 파악
(3) U자형 굽은 파이프의 유도파 전파특성 규명
(4) 3ft 파이프의 다중결함 탐지
(5) 유체하중을 받는 파이프의 유도파 전파
(6) 원주방향 결함위치 탐지

등을 조사한다. 비대칭모드의 경우 (a) 송신기와 수신기 사이의 거리에 따른 (b) 파이프의 원주방향에 따른 파동장분포를 조사한다.

파이프의 초음파전파는 최근 큰 관심을 불러일으키고 있는 분야인데 그 이유는 발전

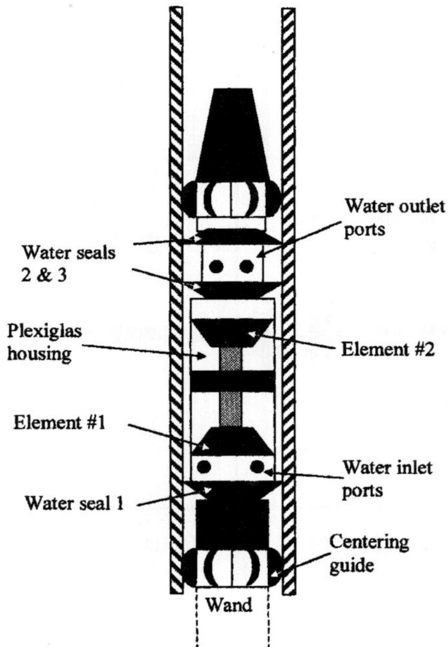

그림 8.23 유도파 생성을 위한 원추형 탐촉자

소나 화학공장에 설치되어 있는 수백만 km에 걸친 파이프라인의 안전을 진단하고 평가할 방법이 필요해졌기 때문이다. 이에 대한 실험결과는 여러 문헌에 나와 있는데 본 절에서는 이에 대한 몇 가지 예제를 제시하고자 한다. 필요한 장비는 다음과 같다.

(1) 톤-버스트 시스템과 디지털 오실로스코프
(2) 원추형 탐촉자(그림 8.23 참조)
(3) 원주방향 부분하중 변환기

8.3.2 결과

■ 축대칭 파동

그림 8.23에 보인 원추형 탐촉자를 인코넬 파이프에 삽입하여 구한 실험결과를 그림

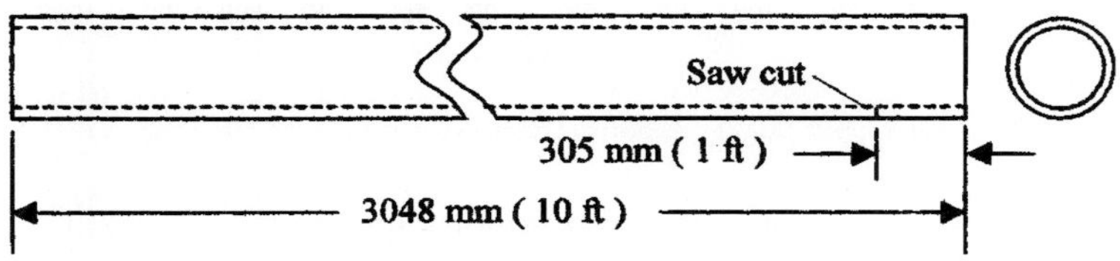

(a) 실험대상 튜브

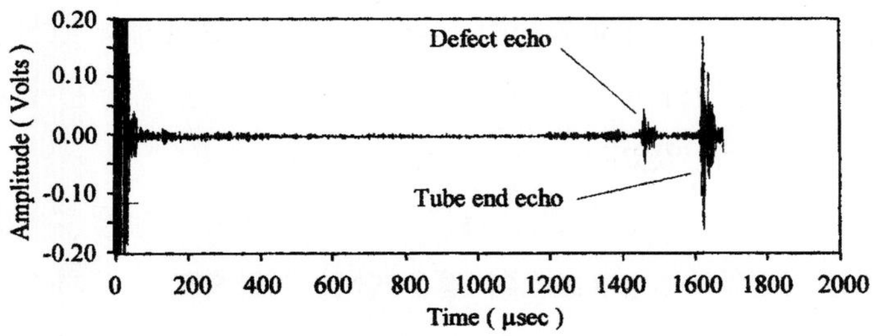

(b) L(0,3) 모드를 이용한 결함검출(2.1MHz)

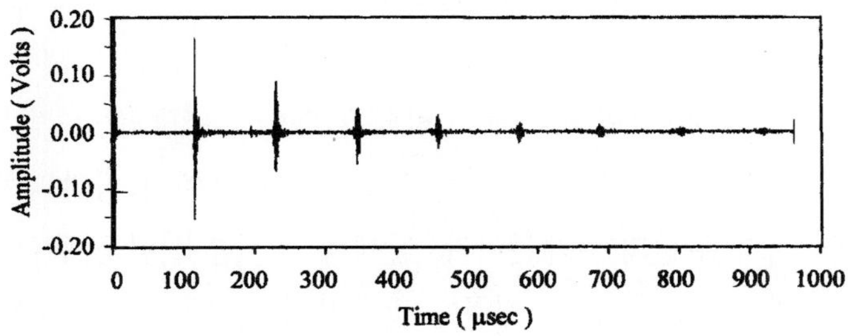

(c) 0.7MHz에서 나타나는 끝단의 연속적인 에코(L(0,2) 모드)

그림 8.24 10-ft 튜브의 유도파 전파

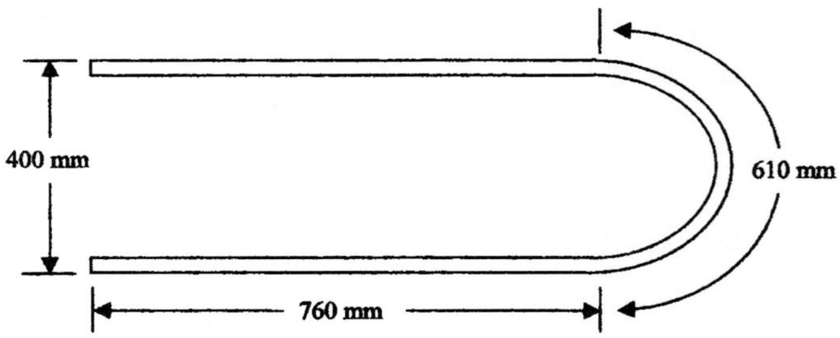

(a) U자형 튜브

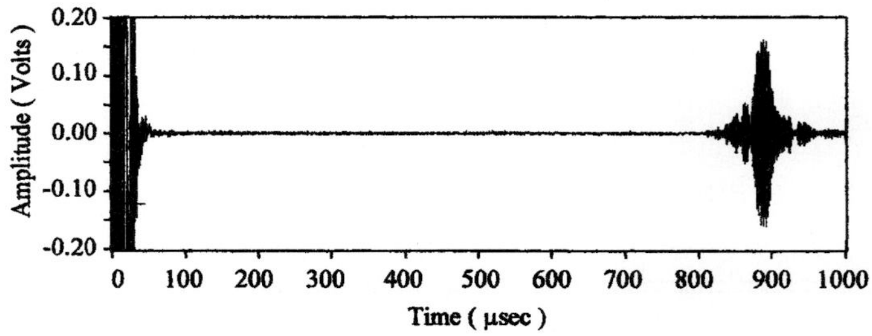

(b) 1.1㎒의 L(0,2) 모드를 입사했을 때 나타나는 끝단의 에코

그림 8.25 U자형 튜브의 유도파 전파

8.24에 나타내었다. 톱날 금에 의해 반사된 에코와 파이프 끝단에서 반사된 에코를 그림 (b)에 함께 나타내었다. 끝단에서 연속적으로 반사되는 신호를 측정한 결과 파동은 160ft를 진행할 수 있음을 알 수 있었다.

유도파는 그림 8.25에 보인 바와 같은 굽은 파이프에서도 진행할 수 있다. 또한 여러 개의 결함도 검출할 수 있다(그림 8.26). 이 경우 단일 위상속도와 주파수를 이용하여 네 개의 결함을 모두 검출할 수 있었다. 그러나 이것이 항상 가능한 것은 아니고 모드선정과 파동구조 조절을 위해 다른 위상속도와 주파수가 요구되는 경우도 있다. 각각의 결함에 대해 공진을 발생시키기 위해 튜닝이 필요한 경우도 있다.

또 다른 흥미로운 실험이 그림 8.27에 제시되어 있다. 유체하중을 받으면 L(0,3) 모드가 사라지는데 이는 L(0,3) 모드의 경우 파이프의 외부 표면에서 평면외 변위가 주요하게 나타나 유체로 에너지가 누설되기 때문이다. 앞에서 열거한 실험들에 사용된 분산선도를 그림 8.28에 제시하였다. 그림 8.23의 원추형 탐촉자의 경우 입사각 29°에 해당되는 위상속도는 약 5.6mm/㎲이다. 따라서 그림 8.29에 보인 바와 같은 주파수 스위핑을 수행하였고 주파수 a와 b에서 공진이 발생한다는 것을 알 수 있다. 가진 대역폭은 가진원 영향과

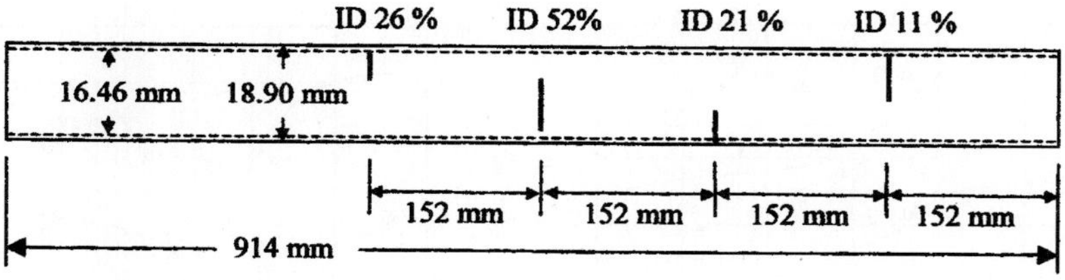

(a) 결함의 깊이가 다른 원주방향 노치를 갖는 튜브

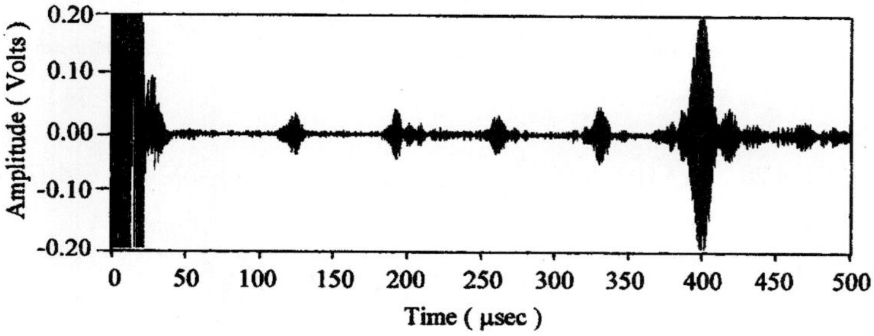

(b) 3.7 MHz에서 나타나는 다중 결함에 의한 에코

그림 8.26 3-ft 튜브의 다중결함 검출

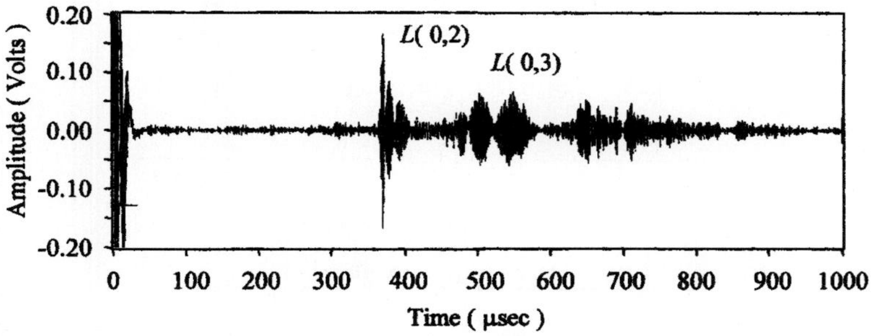

(a) 자유트랙션 튜브의 끝단에 의한 에코(3.1MHz)

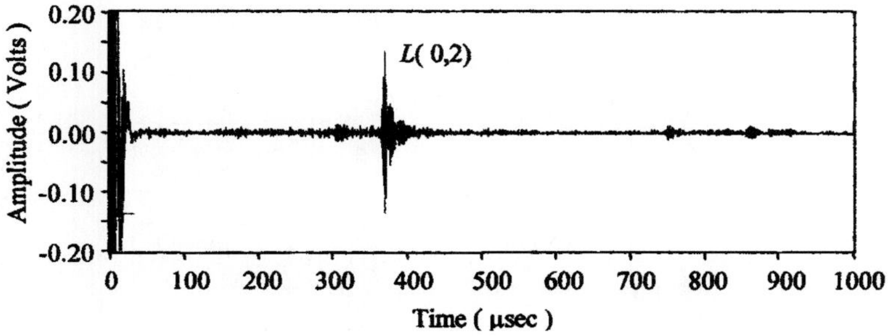

(b) 유체하중을 받는 튜브의 끝단에 의한 에코(3.1MHz)

그림 8.27 자유트랙션, 유체하중을 받는 인코넬 튜브의 유도파 전파

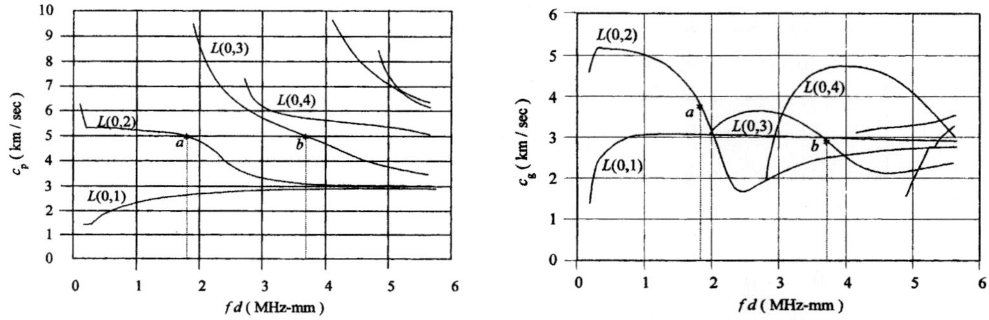

(a) 위상속도

(b) 군속도

그림 8.28 이론적으로 예측한 스테인리스강의 (a) 위상속도 (b) 군속도

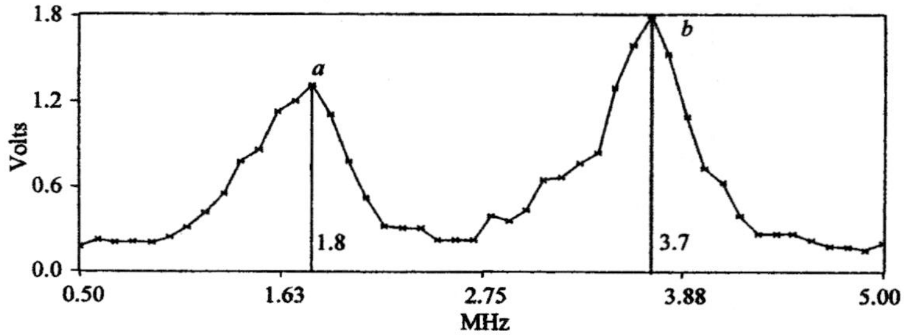

그림 8.29 그림 8.28에 나타난 점 a, b에서의 진폭

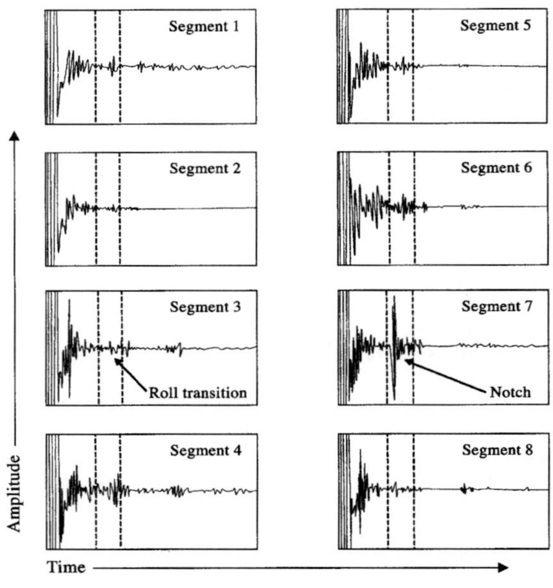

그림 8.30 분절된 수신기를 이용한 결함검출

관련이 있다.

축대칭 하중에 대한 또 다른 실험을 수행하였다. 에너지전달은 축대칭이지만 결함에서의 반사는 일반적으로 비축대칭이다. 결과적으로 결함의 원주방향 길이를 추정하기 위해서는 분절된 수신기(segmented receiver)가 필요한데 이에 대한 결과를 그림 8.30에 나타내었다.

■ 비축대칭 파동

그림 8.31에 보인 바와 같은 부분하중 경사빔변환기를 이용하여 비축대칭 파동을 생성시킬 수 있다. 축방향 변위장은 그림 8.32에, 원주방향 변위장은 그림 8.33에 나타내었다. 분산선도에서 선택한 모드와 주파수를 항상 생성시킬 수 있는 것은 아니다. 파이프에

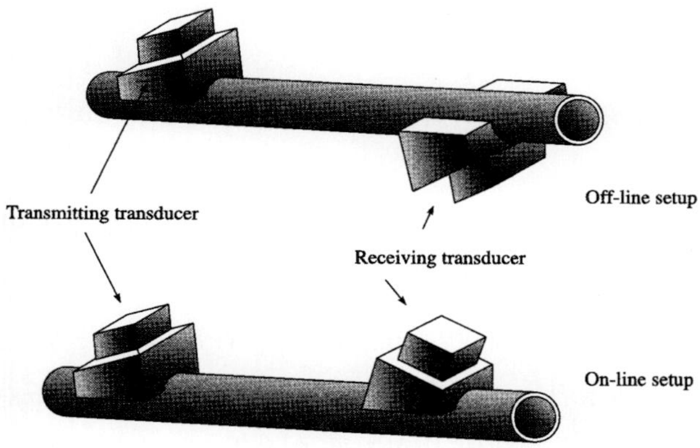

그림 8.31 부분하중 경사빔변환기

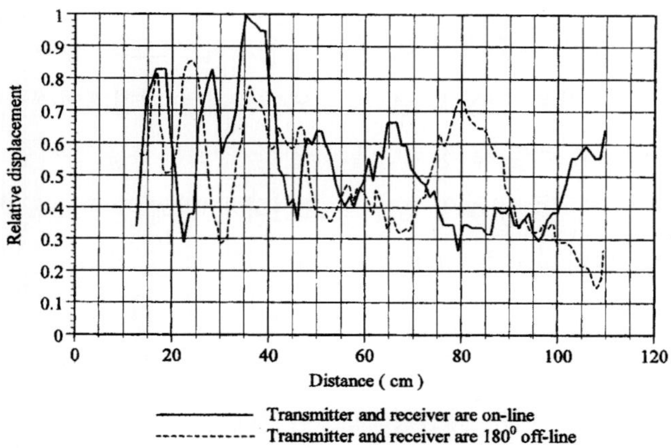

그림 8.32 1.2㎒, 28° 에서 거리에 따른 변위장의 변화

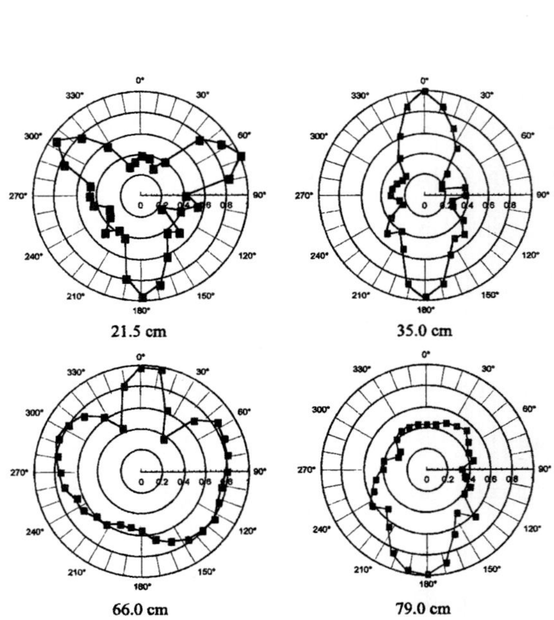

그림 8.33 튜브의 원주방향에 따른 변위장분포의 측정결과

는 무한개의 모드가 존재하고 각 모드는 서로 다른 적용분야에 유용한 특성을 갖고 있기 때문에, 모드제어를 활용하고 모드의 특성, 특히 군속도와 파동구조 등을 이해하는 것이 중요하다. 모드생성을 제어하는 매개변수는 주파수, 위상속도와 적용된 하중조건이다. 주파수는 톤-버스트 함수발생기를 이용하여 제어할 수 있고, 위상속도는 웨지각을 이용하여 제어할 수 있다. 빗변환기 형태의 변환기를 이용할 경우 요소크기와 간격도 제어변수가 된다. 가진원의 설계변수(예를 들면 적용하중의 길이와 각)도 주파수, 위상속도와 더불어 모드생성을 조절하는 매개변수가 될 수 있다.

그림 8.34에는 원주방향 하중각 α와 생성된 유도파 모드의 진폭 사이의 상관관계를 나타내었다. 그림의 왼쪽에는 이론적 결과를, 오른쪽에는 실험결과를 비교하여 제시하였다. 이 실험에서 파이프의 바깥쪽 경계면에 균일한 압력하중을 가하였다. 이론적 결과에서 진폭인자를 원주방향 하중각 α의 함수로 표현하기 위해 정규모드 확장방법을 사용하였다[97]. 그림 8.34에 나타낸 α는 360°, 180°, 90°, 45°이다.

하중각이 360°(축대칭)이면 종방향 모드에 대한 진폭인자만 0이 아니고 나머지 모드에 대한 진폭인자는 0이다. 이는 종방향 모드(원주방향 차수=0)가 아닌 굽힘모드(원주방향 차수〉0)는 생성될 수 없다는 것을 의미한다. 실험결과와 이론적 결과로부터 하중각

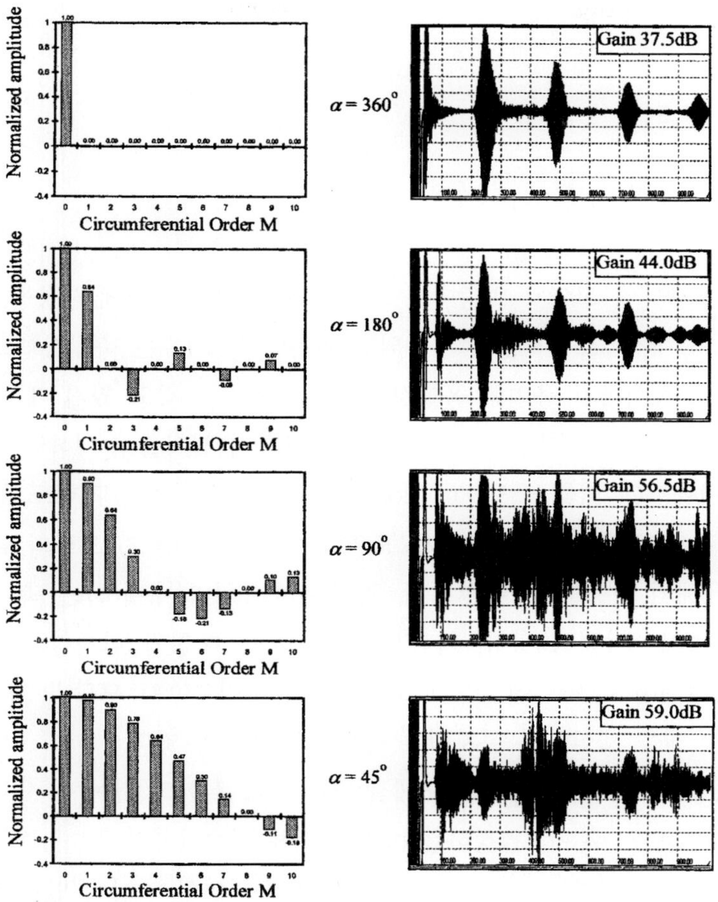

이론　　　　　실험

그림 8.34 진폭계수와 실험결과

이 180°인 부분하중의 경우 파이프검사에 적합한 축대칭모드를 생성할 수 있음을 알 수 있다. 하중각을 90°로 증가시키면 굽힘 모드에 대한 진폭인자가 커지는 것을 볼 수 있다.

현장에서 이 방법을 사용할 경우 검사대상물에 대한 접근성이 양호하지 않기 때문에 비축대칭 하중조건이 사용될 수밖에 없다. 축대칭모드를 생성할 수 있다고 하더라도 결함은 대개 비축대칭이고 따라서 반사된 신호에는 비축대칭모드와 축대칭모드가 혼재하게 된다. 따라서 비축대칭 부분하중에 의한 유도파 해석이 반드시 필요하다고 할 수 있다.

제9장 비틀림 모드의 반사

이론적으로는 축대칭 모드와 비축대칭 모드 모두 장거리 탐사에 사용될 수 있다. 그러나 일반적으로 축대칭 모드가 많이 사용되고 있는데 그 이유는 축대칭 모드가 가진하기 쉽고 상대적으로 해석하기 용이한 음향장(acoustic field)을 갖고 있기 때문이다. 초기 유도파 검사에서는 대부분 종파인 L(0,2) 모드를 이용하여 검사를 수행하였다. 그러나 최근의 파이프 검사에서는 비틀림 모드(torsional mode)를 사용하는 경향도 증가하고 있다. 비틀림 모드에서 주로 사용되는 T(0,1) 모드의 파동 특성은 L(0,2) 모드와 달리 파이프 내에 존재하는 유체의 영향을 받지 않으며, 관심 주파수영역 내에 다른 축대칭 비틀림 모드가 존재하지 않는 장점이 있다. 따라서 축방향으로 대칭인 비틀림 모드를 가진하면 T(0,1) 모드만 가진된다. 반면에 L(0,2) 모드를 사용하면 L(0,1) 모드가 가진되지 않도록 신호변환기 시스템을 세심하게 설치해야 하는 번거로움이 있다.

본 장에서는 T(0,1) 모드가 파이프 내에서 전파될 때 결함의 깊이 및 원주방향, 축방향 길이가 변할 때의 반사계수를 결정하는 방법에 대해 기술하고자 한다. 즉 유한요소법 및 실험결과를 이용하여 직경이 8cm, 60cm인 파이프에 다양한 결함이 있을 때의 반사특성을 검토하고자 한다.

9.1 비틀림 유도파의 특성

파이프 내에서의 파동전파 특성은 매우 복잡하다. 이는 4장에서 이미 확인한 바와 같다. 또한 직경 8cm 파이프의 경우 F(1,2), F(2,2) 모드의 분산선도는 관심 주파수영역에서 대략적으로 주파수-직경의 곱에 비례하고 T(0,1) 모드의 속도선도는 전 주파수에서 일정하게 나타난다. 이에 대한 결과를 그림 9.1에 나타내었는데 그림에는 직경 8cm(벽두께 5.5mm) 파이프와 직경 60cm(벽두께 20mm) 파이프에 대해 군속도를 주파수-두께의 곱에 대한 함수로 제시하였다. 두 파이프의 곡선이 약간 차이를 보이는 것은 각각의 파이프에 대한 직경 대 두께의 비가 다르기 때문이다. 본 장에서는 모든 경우에 대해 T(0,1) 모드

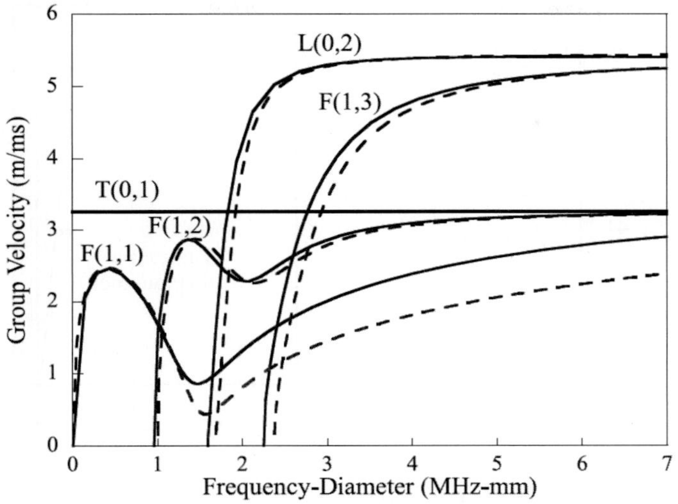

그림 9.1 직경 8cm(실선), 60cm(점선) 파이프의 군속도

를 입사하는 경우를 다루지만 비축대칭 특성에 의해 대칭이 아닌 모드로 모드변환 되는 현상이 나타난다. 시험에 사용된 주파수범위는 60cm 파이프의 경우 10～50㎑, 8cm 파이프의 경우 40～100㎑ 이다. 주파수범위의 최저값은 실제 실험에서 통상적으로 사용되는 주파수(8cm 파이프는 45～65㎑, 60cm 파이프는 10～20㎑)를 고려하여 선정하였다. 또한 고주파수에서 T(0,1) 모드의 민감도도 조사하고자 한다.

비틀림 모드인 T(0,1) 모드의 모드형상은 주파수에 따라 달라지지 않으며 전 주파수에서 완벽한 비분산성을 갖는다. 또한 군속도는 입체 전단속도에 해당된다. 유한요소 모델과 실험에 사용된 주파수범위 내에 다른 비틀림 모드는 존재하지 않는다. 직경 8cm 파이프의 T(0,1) 모드의 모드형상을 그림 9.2에 제시하였다. 그림에는 파이프 벽의 전 두께에 걸쳐 분포하는 접선변위 성분을 나타내었다. 이 모드에는 축방향이나 반경방향의 변위는 존재하지 않는다. 그림으로부터 접선변위는 벽의 전 두께에 걸쳐 거의 일정하다는 것을 알 수 있고, 이로부터 파이프의 모든 단면에서 결함을 검출할 수 있고 결함의 크기도 추정할 수 있음을 확인할 수 있다. 또한 T(0,1) 모드의 형상은 주파수에 따라 일정하기 때문에 단순히 모드형상을 중심주파수에서 인가하여 순수모드 가진 조건을 만족할 수 있다. 직경 60cm 파이프의 비틀림 모드의 모드형상은 직경 8cm 파이프의 모드형상과 매우 유사하기 때문에 직경 8cm 파이프의 T(0,1) 모드에 대한 설명은 직경 60cm 파이프에도 그대로 적용할 수 있다.

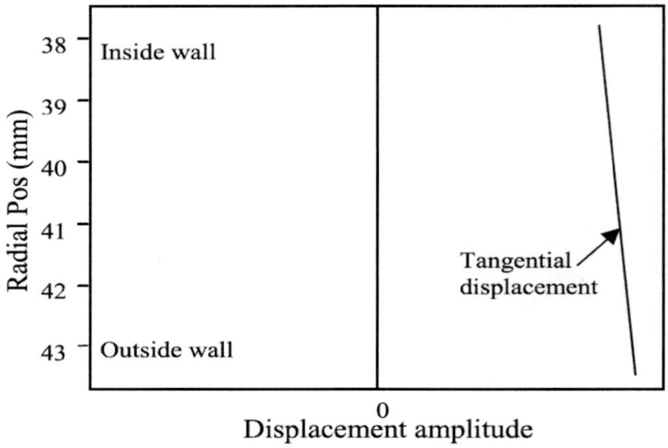

그림 9.2 직경 8cm 파이프의 T(0,1) 모드의 모드형상(45㎑)

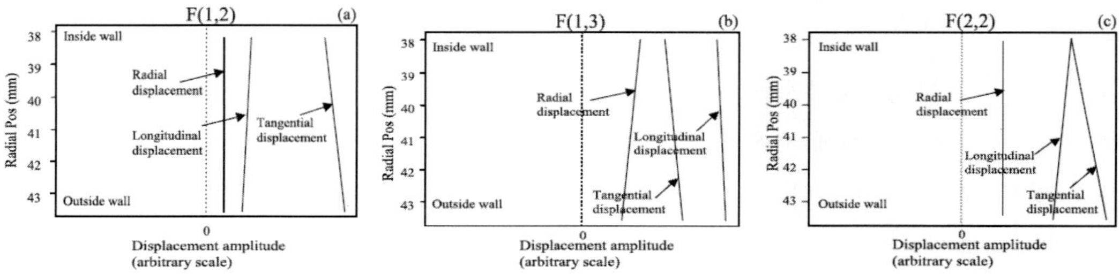

그림 9.3 직경 8cm 파이프의 모드형상 (45㎑)

축대칭 모드가 축대칭 결함에 입사될 때 관심주파수에서 전파가능한 축대칭 모드만이 반사 신호 및 계수에 기여한다. 여기에서는 T(0,2) 모드의 차단주파수 이하의 주파수만을 고려하기 때문에 축대칭 결함에서의 모드변환은 발생하지 않고, T(0,1) 모드만이 결함으로부터 반사되거나 결함을 지나 전달된다. 그러나 파이프에 비축대칭 불연속 부분이 존재할 때는 T(0,1) 모드는 F(1,2), F(1,3) 모드로 모드변환 될 수 있다. 이러한 모드변환의 발생 가능성은 입사되는 모드와 모드변환 된 모드의 입자운동의 유사성에 의해 좌우된다. 그림 9.3(a), (b), (c)에 45㎑에서의 F(1,2), F(1,3), F(2,2) 모드의 모드형상을 나타내었다. 그림에서 알 수 있듯이 F(1,2), F(2,2) 모드는 접선방향 변위성분이 우세하게 나타나므로 T(0,1) 모드가 이 모드들로 변환될 가능성이 높다. 그림 9.4(a), (b)에는 100㎑에서 이 두 모드의 모드형상을 나타내었는데 주파수가 증가할수록 비틀림 거동이 훨씬 더 우세하게 나타나는 것을 알 수 있다. 모드 F(1,3)의 경우 45㎑에서 접선방향, 종방향 변위가

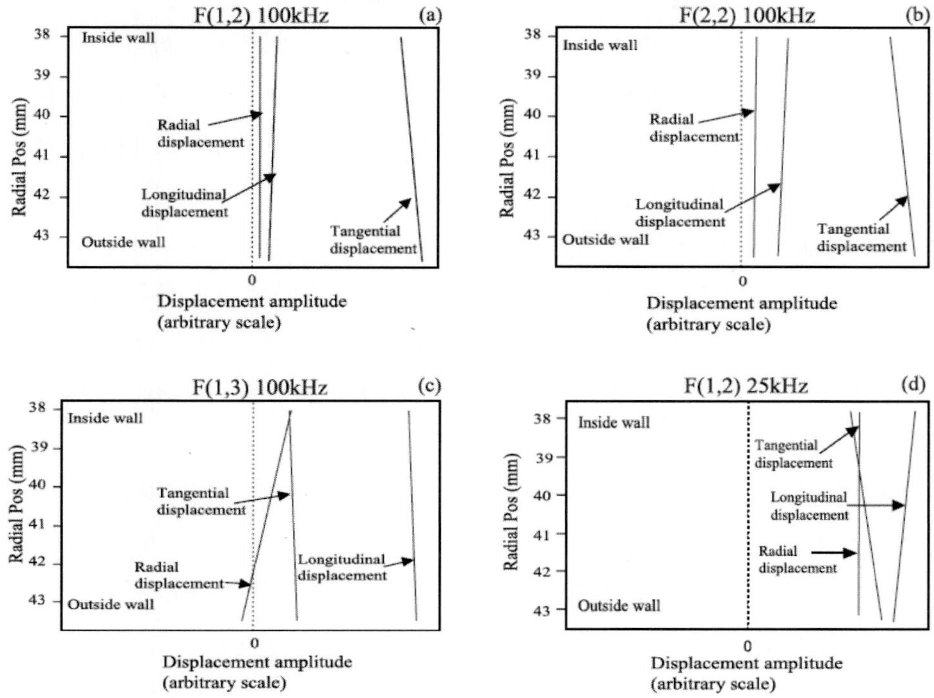

그림 9.4 주파수 100㎑와 25㎑에서 직경 8cm 파이프의 모드형상

모두 크게 나타나므로 이 모드는 이 주파수에서 비틀림 거동과 팽창 거동을 동시에 나타낸다는 것을 알 수 있다. 이 모드의 경우 주파수가 증가할수록 비틀림 거동은 점차 약해진다(그림 9.4(c)의 100㎑에서의 F(1,3) 모드의 모드형상 참조). 또한 저주파수에서 모드형상의 특성을 이해하는 것도 중요하다. 그림 9.4(d)에는 25㎑에서의 F(1,2) 모드의 모드형상을 나타내었다. 그림에서 알 수 있듯이 이 주파수에서는 종방향 변위와 접선방향 변위가 동일한 크기를 갖는다는 것을 확인할 수 있다.

9.2 실험장치

크기가 다른 여러 종류의 노치에 대한 T(0,1) 모드의 반사 민감도를 결정하기 위해 직경 8cm 파이프를 이용하여 실험을 수행한다. 실험에 사용된 파이프는 길이가 3.1m 이고, 지름이 3.2mm인 홈 가공 드릴을 이용하여 끝단 A에서 2.3m 떨어진 곳에 노치를 생성할 수 있다. 파이프는 수평으로 설치하였고 원주방향으로 균일하게 분포된 8개의 볼트를 이용하여 끝단 B에서 고정한다. 또 파이프의 중간 부분에 강철 지지대를 설치하여 파이프를 지지한다. 지지대는 초음파 신호에 미치는 영향이 미미한 것으로 확인되었다. 끝단 B에서의 반사 신호도 측정되지 않기 때문에 체결에 의한 영향도 무시할 수 있다. 드릴은 파이프의 반경을 따라 정렬하였기 때문에 원주방향으로 절단된 노치의 크기는 파이프를 대칭축에 대해 회전하여 조절할 수 있다.

건식 결합형(dry coupled) 신호변환기 16개를 링 형태로 연결한 두 개의 링을 끝단 A에서 0.9m 떨어진 곳에 장착하고 노치를 가공하는 동안에도 계속 놓아두었기 때문에 신호변환기를 제거하지 않고도 모든 실험을 하나의 파이프에서 수행할 수 있다. 두 개의 링을 사용함으로써 반사된 신호의 전파방향(링의 위치에서 왼쪽 또는 오른쪽)을 구별할 수 있다. 접선방향 변위를 가진하기 위해 등간격으로 배열된 압전형 신호변환기를 이용하여 비틀림 모드만을 생성할 수 있다. 축방향으로 대칭인 모드만을 생성하기 위해서는 링을 구성하는 신호변환기의 수가 *n*보다 커야 하는데 이때 *n*은 차단주파수가 가진 신호의 대역폭 내에 존재하는 최대 차수의 휨모드 F(*n*,1)을 만족하는 차수이다.

영국의 GUL(Guided Ultrasonics Ltd)사에서 개발한 Wave-maker 16 장비를 이용하여 40~70㎑의 주파수를 갖는, Hanning 윈도우를 씌운 6 사이클 톤버스트를 생성할 수 있다. 동일한 장비를 이용하여 반사된 신호도 수신할 수 있다. 기준이 되는 신호를 측정하기 위해 노치가 가공되기 전, 파이프의 끝단 A에서 반사된 신호를 측정하여 저장한다. 이러한 과정을 통해 노치 가공에 의해 유발된 진동이 신호변환기 링의 접촉 특성을 변화시키지 않는다는 사실을 확인할 수 있다. 실험은 4 종류의 결함을 갖는 파이프에 대해 수행하는데 각 파이프에 가공된 노치는 다음과 같다. 즉 (a) 축방향 길이가 3.5mm이고 원주방향 길이가 변하는 두께관통 노치 (b) 축방향 길이가 3.5mm이고 노치의 깊이가 변하는, 원주방향으로 완전하게 절단된 노치 (c) 축방향 길이가 3.5mm이고 노치의 깊이가 변하는, 원주방향으로 25% 절단된 노치 (d) 노치의 깊이가 전체 두께의 20%이고 축방향 길이가 변하는, 원주방향으로 완전하게 절단된 노치에 대해 실험을 수행한다.

9.3 유한요소 모델

유도파와 결함 사이의 상호작용을 연구하기 위해 유한요소법이 널리 사용되고 있다. 일반적으로 유도파와 불연속 결함과의 상호작용을 수치적으로 해석하기 위해서는 3차원 솔리드 모델(3-D 모델)이 요구된다. 그러나 3-D 모델을 이용하면 계산시간 및 비용이

그림 9.5 실험 장치

크게 소요되기 때문에 가능하면 좀 더 단순한 모델을 이용하는 것이 유리하다. 몇몇 경우에 특별한 3-D 모델을 두 개의 2-D 모델의 조합으로 대체할 수 있다. 파이프의 유한요소법에 사용될 수 있는 세 가지 모델은 다음과 같다.

1. 멤브레인(membrane); 이 모델은 기본적으로 3차원 해석을 위한 모델로써 파이프의 벽면을 멤브레인 요소로 모델링 한다. 결함은 모델링 하려는 파이프의 원주방향 요소들 중 일부분을 제거하여 나타낼 수 있다. 이때 원주방향 요소를 제거하면 벽면의 전체 깊이가 모두 제거된다. 결함의 축방향 길이는 변화시킬 수 있다.
2. 축대칭(axisymmetric); 이 모델은 2차원 해석을 위한 모델이다. 결함은 벽면 두께의 일부분을 제거하여 나타낼 수 있지만 축방향으로 대칭이기 때문에 전체 원주방향의 두께가 모두 제거된다. 결함의 축방향 크기는 변할 수 있다.
3. 3차원(three-dimensional); 이전의 연구 결과로부터 결함에 의한 L(0,3) 모드의 반사계수는 결함의 원주방향 크기에 비례한다는 사실을 확인할 수 있다. 따라서 주어진 깊이와 원주방향 크기를 갖는 결함의 반사특성을 축대칭 해석을 통해 예측할 수 있다. 즉 주어진 깊이를 갖는 축대칭 결함의 반사계수를 구하여 이를 결함의 원주방향 크기로 정규화 하면 원하는 반사특성을 구할 수 있다. 비틀림파 T(0,1) 모드가 입사되었을 때 3차원 모델을 이용하여 예측 결과의 타당성을 입증하고자 하는데 이때 두 개의 서로 다른 형태의 2차원 모델의 결과를 조합하여 이용하고자 한다.

각각의 경우 파이프의 길이를 모델링 하고 노치를 축방향으로 끝단에서 일정 정도 떨어진 곳에 위치시킨다. 입력 신호는 미리 구성한 시변(time-varying) 변위를 파이프의 한 끝단에 가진하여 인가할 수 있다. 대역폭이 적은 신호를 사용하고 이때 입력 신호는 Gauss 윈도우를 씌운 10 사이클 톤버스트 신호를 이용한다. 끝단의 가진 위치와 노치 사이의 한 지점에서 접선방향 변위를 측정한다. 따라서 노치로 전파되는 입사파와 반사되어 되돌아오는 신호를 모두 검출할 수 있다. 반사비는 반사된 모드의 진폭을 입사 모드의 진폭으로 나누어 계산한다.

축대칭 모델과 3-D 모델에서는 정확한 모드형상과 일치하는 미리 구성된 변위를 파이프 끝단에 가진한다. 두께에 따른 변위 분포는 Disperse를 이용하여 계산할 수 있다. 멤브레인 모델의 경우 전체 원주방향에 대해 미리 계산한 변위를 가진하여 비틀림파를 인가한다. 따라서 이 모델을 이용할 경우 두께에 따른 변위 분포를 계산할 수 없다. 크랙(길이가 0인 노치)은 인접 요소들의 연결을 끊는 방법에 의해 모델링 하고 노치는 단순히 요소를 제거하여 모델링한다.

9.3.1 멤브레인 모델(두께관통, 원주방향 일부 절단)

멤브레인 모델을 구성하기 위해 멤브레인 요소를 사용하여 파이프의 격자를 구성한다. 이러한 형태의 요소는 2차원 사각형으로 표시되고 평면 내에 놓여있는 응력을 모델링한다. 즉 두 개의 서로 직교하는 평면내 응력과 하나의 평면내 전단응력이 이에 해당된다. 멤브레인 요소는 평면응력 조건을 가정하기 때문에 평면내 응력이 가해질 때 평판의 두께가 변하는 현상을 묘사할 수 있다. 비록 이 요소는 형태나 거동에 있어 2차원 요소이지만 3차원 모델에도 사용될 수 있는데 그 이유는 3차원 공간상에서 임의의 방향을 가질 수 있기 때문이다. 3차원 모델에서 멤브레인 요소의 절점은 세 좌표 방향으로 변위 자유도를 갖고 임의의 좌표 방향으로 질량을 갖는다.

멤브레인 요소를 사용하여 파이프 결함을 탐지할 수 있는 방법의 타당성을 입증하기 위해 고려하는 모든 모드의 모드형상을 살펴보자. 그림 9.2~9.4에서 살펴본 바와 같이 모든 모드(특히 고주파수에서)에 대해 파이프 벽면은 팽창 또는 비틀림 거동을 나타낸다. 따라서 관심 모드는 멤브레인 요소를 이용하여 모델링 할 수 있다. 이때 각 요소는 파이프 벽면의 중심에 위치한다. 파이프 벽면에 국부적인 굽힘이 있거나 두께방향으로 부분적으로 관통된 노치의 모드는 멤브레인 요소를 이용하여 모델링 할 수 없다.

이전의 L(0,2) 모드에 대한 연구와 마찬가지로 파이프의 원주방향 길이의 절반을 모델링 한다. 단 여기서는 하나의 평면을 반대칭(anti-symmetry)으로 가정한다. 파이프의 한 쪽 끝단에서 파동을 가진하고 파이프 중간 부분에 결함이 존재할 때 가진점과 결함의 중간 지점에서 신호를 모니터링 한다. 동일한 크기를 갖는 선형(4절점) 사변형 멤브레인 요소를 이용하여 격자를 구성한다. 길이가 3.6m이고 직경이 60cm인 파이프의 경우 길이방향으로 900개, 원주방향으로 40개의 요소를 사용한다. 결과적으로 각 요소의 축방향 크기는 4mm이고 원주방향 크기는 24mm이다. 동일한 길이를 갖고 직경이 8cm인 파이프도 동일한 개수의 요소로 모델링한다. 따라서 이 경우 각 요소의 축방향 크기는 4mm로 동일하지만 원주방향 크기는 3mm로 감소하게 된다. 수렴조건을 조사한 결과 이 정도 크기의 격자를 사용하면 신뢰할 만한 결과를 얻을 수 있음을 확인하였다. 길이가 0인 노치는 단순히 인접 요소들의 연결을 끊는 방법으로 모델링할 수 있다. 따라서 노치의 각 측면에 있는 요소들은 동일한 위치에서 절점을 갖지만 연결되어 있지는 않게 된다. 길이가 0이 아닌 노치는 모델로부터 요소를 제거하여 모델링하기 때문에 노치의 형상은 사각형이 된다. 노치는 반대칭 평면 중 하나와 인접하도록 하였으므로 구조적인 모델은 파이프와 노치의 절반을 묘사하게 된다. 그리고 노치의 중심은 반대칭 평면에 놓이게 된다.

축방향으로 대칭인 모드(원주방향 차수가 0인 모드)를 가진하기 위해 파이프 끝단에 있는 모든 절점에 동일한 접선방향 변위를 인가한다. 다중 모드가 반사되어 돌아올 때 차수 0인 모드를 추출하기 위해 측정점의 원주방향 상에 존재하는 모든 절점에서의 접선방향 변위를 단순히 더한다. 차수가 1인 모드의 경우 절점에서의 변위를 더하기 전에 각 신호에 $\theta/2\pi$의 위상지연을 더한다. 여기서 θ는 노치의 중심에서 측정한 각변위(angular distance)이다. 따라서 각각의 형태의 모드 크기를 추출하기 위해서는 독립적인 계산과정을 수행해야 한다. 이론적으로 3개의 차수 0 모드(L(0,1), L(0,2), T(0,1))와 3개의 차수 1 모드(F(1,1), F91,2), F(1,3))가 존재한다. 그러나 L(0,1)과 L(0,2)는 종방향 모드이기 때문에 가진되지 않고, F(1,1) 모드는 두께관통 굽힘 거동을 나타내기 때문에 멤브레인 모델에서는 전파되지 않는다. 따라서 대부분의 경우 위에서 기술한 방법에 의해 나머지 T(0,1), F(1,2), F(1,3) 모드를 독립적으로 규명할 수 있다. 어떤 주파수에서 F(1,2)와 F(1,3) 모드는 매우 유사한 군속도를 가지므로 두 모드를 시간영역에서 분리할 수 없는 경우도 있을 수 있다. 측정된 신호는 다소 좁은 대역폭을 가지므로 가공하지 않은 시간신호를 직접 이용하여 계산을 수행할 수도 있다. 그러나 좀 더 정확한 결과를 얻기 위해 주파수영역에서 계산을 수행할 필요가 있다.

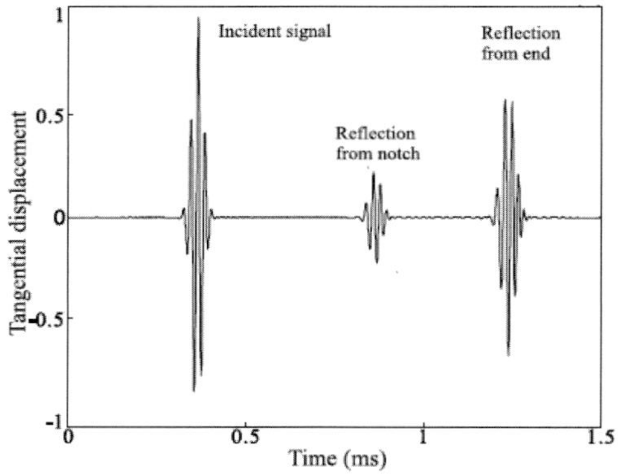

(a) 차수 0 모드

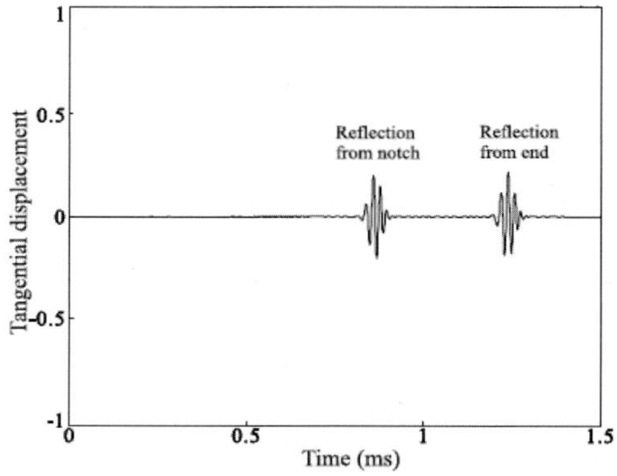

(b) 차수 1 모드

그림 9.6 멤브레인 모델을 이용한 직경 60cm 파이프의 T(0,1) 반사 신호

시뮬레이션으로부터 구한 시간신호를 그림 9.6(a), (b)에 나타내었다. 그림에 나타낸 신호들은 60cm 파이프에 대한 것으로 노치는 원주 길이의 25%까지 확장되었고 50㎑에서 T(0,1) 모드를 입사한 결과이다. 그림에 나타난 차이는 계산 과정의 오차 때문이다. 그림 9.6(a)는 차수 0 모드를 추출하여 나타낸 신호이다. 입사신호가 노치를 향해 전파되고 T(0,1) 모드만이 반사되는 것을 알 수 있다. 그림 9.6(b)는 동일한 신호를 이용하여 차수 1 모드를 추출하여 나타낸 경우이다. F(1,2) 모드가 반사되는 것을 확인할 수 있다. 그림에는 입사 모드가 생략되어 있는데 그 이유는 입사 모드의 차수는 0이고 따라서 차수 1 모드를 추출할 때 검출되지 않기 때문이다.

9.3.2 축대칭 모델(원주방향 완전 절단, 두께방향 부분 관통)

축대칭 요소는 축방향으로 대칭인 반경-축방향 2차원 영역을 묘사한다. 따라서 파이프 모델에 적용할 경우 파이프의 축을 포함하는 평면에 놓인 두께관통 단면을 나타낸다. 이 모델을 이용하여 세 개의 평면내 응력(반경, 축방향 법선응력과 반경-축방향 전단응력)과 원주방향 응력을 해석할 수 있다. 따라서 요소의 반경방향 변위는 정확히 원주방향 응력과 연성된다. 모델링하고자 하는 어떤 구조적 형상도 축방향으로 대칭이어야 한다. 따라서 파이프 두께방향으로 부분적으로 절단된 노치를 모델링할 수 있지만(멤브레인 모델의 경우 두께관통 노치만 모델링 가능), 노치는 전체 원주방향으로 완전히 절단되었다고 가정한다. 모델의 구조가 축대칭이므로 서로 다른 원주방향 차수를 갖는 모드들 사이의 모드변환은 발생하지 않고, 가진 모드와 동일한 차수를 갖는 모드만이 전파될 수 있다. 지금 고려하는 모델의 경우 T(0,1) 비틀림 모드만이 축대칭 노치에서 반사될 수 있는데 이는 작동 주파수범위 내에 존재하는 유일한 모드가 비틀림 모드이기 때문이다.

파이프 축을 따라 배치되어 있는 가진점, 측정점, 노치의 위치는 앞에서 고려한 멤브레인 모델과 유사하다. 요소는 동일한 크기의 선형(4절점) 사변형 축대칭 요소를 사용한다. 두께는 60cm 파이프의 경우 20mm, 8cm 파이프의 경우 5.5mm로 설정한다. 길이가 2.4m인 60cm 파이프를 모델링하기 위해 길이방향으로 1,000개, 두께방향으로 10개의 요소를 사용한다. 따라서 각 요소는 길이가 2.4mm, 두께가 2mm 이다. 길이가 2.4m인 8cm 파이프를 모델링하기 위해 길이방향으로 2,000개, 두께방향으로 10개의 요소를 사용하므로 각 요소의 크기는 길이가 1.2mm, 두께가 0.55mm 이다. 수렴조건을 조사한 결과 격자의 크기가 만족할 만한 수준임을 확인하였다. 고주파수에서의 반사계수를 얻기 위해 중심주파수 150㎑와 240㎑에서, 직경 8cm 파이프에 두께의 80%만큼 절단된 노치가 놓여있는 경우 두 개의 유한요소 모델을 이용하여 해석을 수행한다. 가진 신호의 가장 작은 파장 내에 최소 8개의 요소가 포함되어야 한다는 경험상의 법칙에 따라 240㎑에 대한 해석을 수행할 때는 격자를 좀 더 조밀하게 구성할 필요가 있다. 각각의 유한요소 모델에 대해 입사 신호 스펙트럼에 대한 반사 신호 스펙트럼의 비를 구하고, 서로 다른 중심주파수(40㎑, 100㎑, 150㎑, 240㎑)를 갖는 4개의 유한요소 모델을 이용하여 대역폭이 156～270㎑ 사이의 주파수에 대한 결과를 구한다. 그 이상의 고주파수는 고려하지 않는데 그 이유는 그 이상의 주파수는 두 번째 비틀림 모드인 T(0,2) 모드가 존재하기 때문이다(직경 8cm 파이프의 경우 T(0,2) 모드의 차단주파수는 300㎑ 이다).

축대칭 노치의 반사계수에 미치는 축방향 길이의 영향도 조사하고자 한다. 이를 위해 노치가 두께의 20% 만큼 절단되고 축방향 길이가 서로 다른 몇 개의 유한요소 모델을 이용한다. 노치는 격자를 구성하는 요소들을 단순히 제거하여 생성할 수 있다. 노치의 축방향 길이가 충분히 클 경우 노치 시작 부분에서의 반사와 노치 끝 부분에서의 반사는 서로 분리되어 나타난다.

9.3.3 3-D 모델(원주방향 부분 절단, 두께방향 부분 절단)

파이프를 완전한 3차원으로 모델링하기 위해 8절점 "벽돌(brick)" 요소를 사용한다. 벽돌 요소는 입방(cuboid) 형태를 가지며 구조물의 전체 체적을 구분하여 나타내기 위해 사용된다. 이 요소는 원주방향과 두께관통 방향으로 제한된 크기를 갖는 노치를 모델링 할 수 있는 장점이 있다. 그러나 3차원 모델을 구성하기 위해 필요한 요소의 수가 많아지기 때문에 계산에 소요되는 비용 및 시간이 크게 증가하는 단점이 있다. 여기에서는 원주방향과 두께방향으로 부분 절단된 노치를 갖는 파이프를 모델링 하고자 한다. 이러한 해석의 목적은 멤브레인과 축대칭 모델을 조합하여 구한 반사계수와 3차원 모델을 이용하여 구한 반사계수를 서로 비교하기 위한 것이다. 이는 부분 절단 노치에 의한 반사계수를 멤브레인과 축대칭 모델을 조합한 결과로부터 추론할 수 있다는 가정을 확인하기 위한 것이다.

하나의 평면이 축대칭 평면이라는 가정 하에 길이 2.4m인 8cm 파이프의 원주방향 길이의 절반을 모델링한다. 파이프의 축을 따라 배치되어 있는 가진점, 측정점, 노치의 위치는 앞에서 고려한 멤브레인 모델과 유사하다. 파이프는 길이방향으로 600개, 원주방향으로 40개, 5.5mm인 두께방향으로 3개의 요소를 사용하여 모델링한다. 주파수 100㎑에서 T(0,1) 모드를 가진하고 측정한다. 즉, 파이프 끝단에 정밀 모드형상과 동일한 변위를 인가하여 가진한다. 측정점에서 전체 원주방향을 따라 존재하는 모든 절점에서 원주방향 변위를 더하여 T(0,1) 모드를 측정할 수 있다.

원주, 두께방향으로 모두 제한된 크기를 갖는 노치 문제를 해석하기 전에 축방향으로 대칭인 부분 두께관통 노치와 두께를 관통하면서 원주방향으로 부분 절단된 노치를 3-D 모델로 해석하고 그 결과를 2-D 결과와 비교해 보자. 해석 결과, 3-D 모델에 의한 결과는 2-D 모델과 비교적 잘 일치하고 이로부터 모델의 타당성을 검증할 수 있다.

또 주파수 100㎑인 T(0,1) 모드를 가진하여 두께방향으로 부분 절단(33%), 원주방향으로 부분 절단(25%)된 노치를 해석하고자 한다. 노치의 축방향 길이는 파장(λ=32.6mm)의 180%로 설정하였으므로 결함은 두께가 1.8mm인 정방형(60mm×60mm) 형상을 갖는다.

9.4 반사와 모드변환에 영향을 미치는 인자

본 절에서는 수치해석 결과를 제시하고자 한다. 즉 파이프의 크기, 가진주파수, 노치의 원주방향 크기, 노치의 깊이 그리고 노치의 축방향 길이가 미치는 영향을 따로따로 조사하고자 한다. 본 절은 세 개의 하부 절로 구성되어 있는데 각 하부 절에는 세 개의 서로 다른 유한요소 모델에 의한 결과를 기술하고자 한다.

9.4.1 축방향 길이가 0인 두께관통 노치(멤브레인 모델)

멤브레인 모델의 결과를 이용하여 서로 다른 주파수에서 결함의 원주방향 길이가 비틀림파의 후방산란(back scattering)에 미치는 영향을 조사한다. 먼저 8cm 파이프에 대한 시뮬레이션 결과를 제시하고 60cm 파이프에 대한 결과와 비교, 검토하고자 한다.

비틀림 모드를 이용하여 8cm 파이프에 대한 검사를 수행할 때 대개 상대적으로 낮은 주파수(45~65㎑)에서 시험이 수행된다. 먼저 상대적으로 단순한 경우인 고주파수(100㎑)에 대한 결과를 제시하고 다음에 실제 시험에서 사용되는 주파수에 초점을 맞추고자 한다. 주파수 100㎑에서 8cm 파이프에 T(0,1) 모드를 가진하였을 때의 반사계수를 그림 9.7에 나타내었다.

비틀림 모드 T(0,1)의 반사계수는 노치의 원주방향 크기에 근사적으로 비례하고 F(1,2) 반사계수는 원주방향 크기가 원주의 50%일 때 최댓값을 가지며 F(2,2)는 원주방향 크기가 25%일 때 최대, 50%일 때 최솟값을 갖는다. 이 경우에 대한 결과는 주파수 70㎑에서 수행한 8cm 파이프의 L(0,2) 반사계수와 매우 유사하다. 이 주파수에서 F(1,3) 모드는 거의 나타나지 않는 것을 확인할 수 있다.

그림 9.7에 나타낸 결과에서 주파수 100㎑에서 원주방향 길이에 대한 T(0,1) 반사계수의 변화는 전체적인 선형 비례 경향에서 약간 벗어난 경향을 보이는데 이는 수치적인 문제에 기이한 것으로 판단된다. 이론적으로는 좀 더 조밀한 격자를 사용하면 이러한 오차

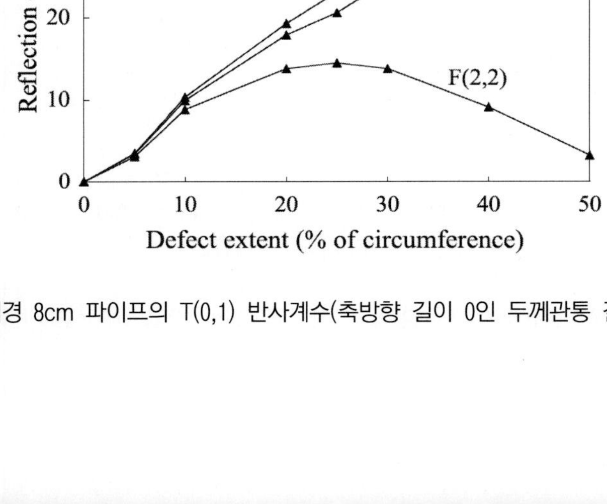

그림 9.7 직경 8cm 파이프의 T(0,1) 반사계수(축방향 길이 0인 두께관통 결함, 100㎑)

를 줄일 수 있지만 현재 사용되고 있는 사용가능한 격자 크기의 한계에 접근해있기 때문에 이에 대한 시도는 고려하지 않았다. 어떤 경우에도 절대적인 기준에서 보았을 때 산란의 양은 작기 때문에 실제 적용 시 중요하지 않은 것으로 판단된다.

저주파수에서 8cm 파이프에 대한 시뮬레이션 결과를 해석하는 것은 고주파수의 경우보다 좀 더 복잡한데 그 이유는 관련된 모드의 모드형상이 변하기 때문이다. 중간 주파

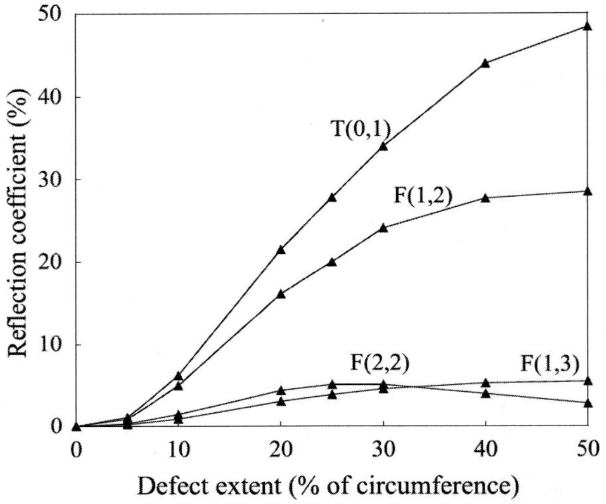

그림 9.8 직경 8cm 파이프의 T(0,1) 반사계수(축방향 길이 0인 두께관통 결함, 45kHz)

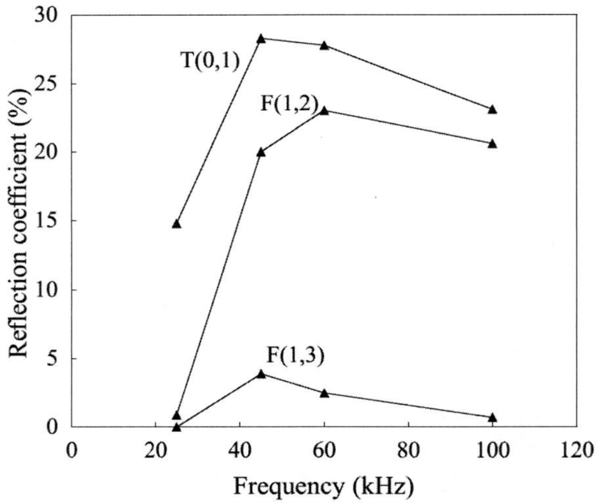

그림 9.9 원주방향 25% 결함을 갖는 직경 8cm 파이프의 T(0,1) 반사계수

수범위(30~70㎑)에서 F(1,3) 모드가 다른 모드들과 더불어 반사 신호에 나타난다. 이는 그림 9.3(b)에 나타낸 바와 같이 이 주파수범위에서 그 모드의 모드형상 내에 원주방향 운동이 주요하게 나타나기 때문이다. 반면에 좀 더 높은 주파수에서 이 모드의 변위성분은 낮게 나타난다(그림 9.4(c) 참조). 그림 9.8에 45㎑에서의 결과를 표시하였다. 노치의 모든 원주방향 길이에 대해 F(1,3) 모드의 반사계수는 F(1,2) 보다 20% 정도 높게 나타난다. 그림 9.9에는 노치의 원주방향 크기가 전체 원주의 25%일 때 주파수범위 25~100㎑에 대한 T(0,1), F(1,2), F(1,3) 모드의 반사계수를 제시하였다. 모드형상으로부터 예측할 수 있듯이 F(1,3) 모드와 F(1,2) 모드의 반사계수 비는 고주파수에서 작아지는 것을 확인할 수 있다. 저주파수(25㎑)에서 T(0,1) 반사계수는 작다. 또한 그림 9.9의 결과로부터 저주파수에서 F(1,2) 모드의 반사계수는 고주파수의 다른 결과와 비교할 때 매우 작은 것을 알 수 있다. 이는 저주파수에서의 F(1,2) 모드의 모드형상에 기인한 것으로 해석될 수 있다. 그림 9.4(d)로부터 25㎑에서 F(1,2) 모드는 종방향 변위가 접선방향 변위보다 크게 나타나기 때문에 이 모드는 저주파수에서 비틀림 거동이 주요하게 나타나지 않는다는 것을 알 수 있다.

직경 60cm 파이프에 대한 해석결과로부터 주파수 100㎑에서 나타난 8cm 파이프의 일반적인 반사계수 거동이 그대로 재현되는 것을 확인할 수 있다(그림 9.10 참조). 단 60cm 파이프의 경우 F(1,3) 모드는 유한요소 해석결과에 나타나지 않는다.

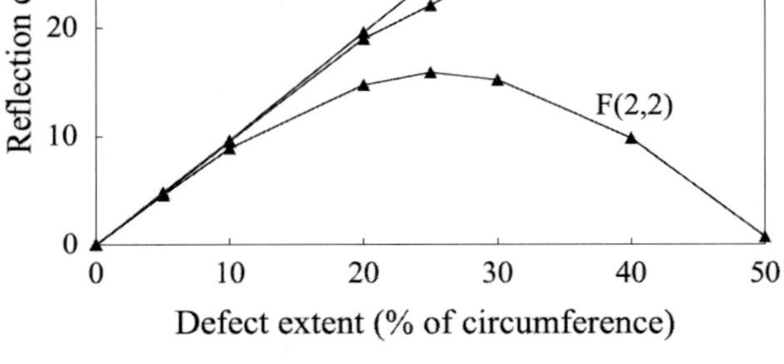

그림 9.10 직경 60cm 파이프의 T(0,1) 반사계수(축방향 길이 0인 두께관통 결함, 50㎑)

9.4.2 두께방향 부분절단 축대칭 결함(축대칭 모델)

축대칭 유한요소 모델에 대한 결과를 그림 9.11에서 9.13에 나타내었다. 결함이 대칭이므로 축대칭 모드(T)와 휨 모드(F) 사이의 모드변환은 일어나지 않는다. 그림 9.11에는 8cm, 60cm 파이프 모두에 대해 여러 가지 가진 주파수에서 T(0,1) 모드의 반사계수가 노치 깊이에 따라 변하는 경향을 나타내었다. 하나의 주파수에서 하나의 파이프 규격만을 고려하면 반사계수는 노치 깊이에 따라 비선형으로 증가하는 것을 확인할 수 있다. 곡선의 형태는 L(0,2) 모드를 이용하여 70㎑에서 8cm 파이프의 반사계수를 예측하였을 때와 유사하다. 서로 다른 가진 주파수에서 하나의 파이프 규격만을 고려하면 주파수가 감소함에 따라 곡선은 점점 더 아래로 볼록한(concave) 형태를 갖게 되고 노치 깊이가 얕을 때의 반사계수는 두드러지게 감소하는 것을 알 수 있다. 따라서 시험주파수가 낮아지면 결함 깊이가 얕아질수록 결함을 검출하기가 어렵게 된다.

또한 주파수-두께의 곱이 유사하면 반사계수도 비슷해지는 것을 발견할 수 있다. 특히 주파수 40㎑에서 두께 5.5mm(주파수-두께 곱이 220㎑-mm)인 8cm 파이프의 반사계수는 주파수 10㎑에서 두께 20mm(주파수-두께 곱이 200㎑-mm)인 60cm 파이프의 반사계수와 유사하다. 주파수-두께의 곱이 큰 경우에도 비슷한 현상이 관찰된다. 즉 160㎑에서 8cm 파이프(880㎑-mm)의 반사계수는 50㎑에서 60cm 파이프(1000㎑-mm)의 반사계수와 유사하다. 그림 9.12에 비틀림 모드 T(0,1)이 가진될 때 여러 가지 노치 깊이에 대한 8cm 파이프의 반사계수를 제시하였다. 모든 노치 깊이에 대해 주파수가 커질수록 반사계수가 증가하는 것

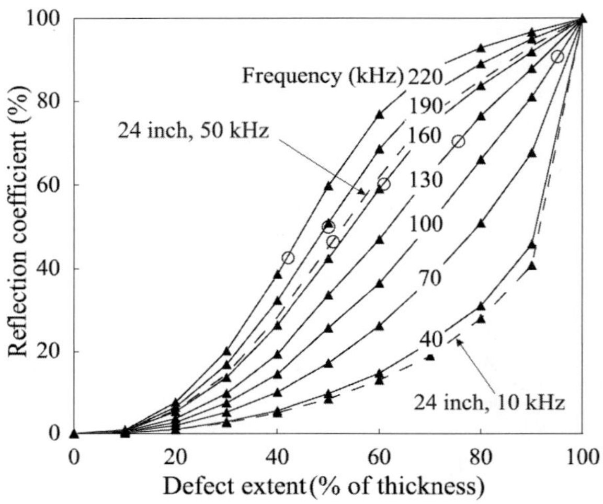

그림 9.11 직경 8cm(실선), 60cm(점선) 파이프의 T(0,1) 반사계수(축대칭 결함, 50㎑)

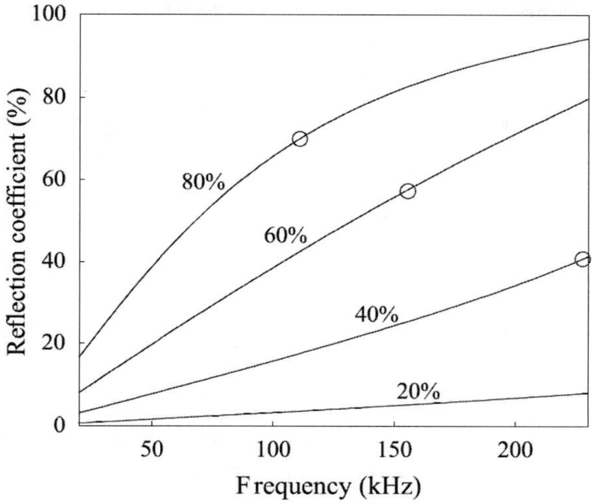

그림 9.12 축대칭 결함을 갖는 직경 8cm 파이프의 노치 깊이에 따른 T(0,1) 반사계수

을 볼 수 있다. 노치 깊이가 전체 두께의 80%일 때 주파수가 증가함에 따라 반사계수 변화의 비율이 감소한다.

직경 8cm파이프에서 결함의 축방향 길이가 변할 때 T(0,1) 모드의 반사계수 변화를 그림 9.13에 나타내었다. 축방향 길이가 파장의 1/4일 때 반사계수는 최대가 되고 파장의 1/2일 때 최소가 된다. 이는 평판의 S0 모드와 비슷한 양상이다.

9.4.3 3-D 모델

삼차원 해석에 대한 결과를 표 9.1에 나타내었다. 2차원 축대칭 모델을 이용한 예측결과와 3-D 해석결과가 매우 잘 일치하는 것을 확인할 수 있다. 즉 깊이가 파이프 두께의 33%인 축대칭 결함의 경우 2-D 축대칭 모델을 이용한 반사계수가 23.5%이고 3-D 모델을 이용한 경우 23.7% 이다. 멤브레인 모델을 이용한 경우도 3-D 모델과 결과가 잘 일치하는데 예를 들어 원주방향으로 25% 절단된 두께관통 결함의 경우 두 모델을 이용한 반사계수는 21.1%로 동일하였다.

마지막으로 표 9.1에 원주방향으로 25%, 두께방향으로 33% 절단되고 축방향 길이가 파장의 180%인 노치에 대한 3-D 해석결과를 제시하였다. 이 경우 3-D 해석에 의한 반사계수는 5.0%로 예측되었다. 동일한 노치에 대한 축대칭 모델과 멤브레인 모델의 반사계수를 곱한 결과는 5.2%이므로 두 결과가 매우 잘 일치함을 알 수 있고, 이로부터 축대

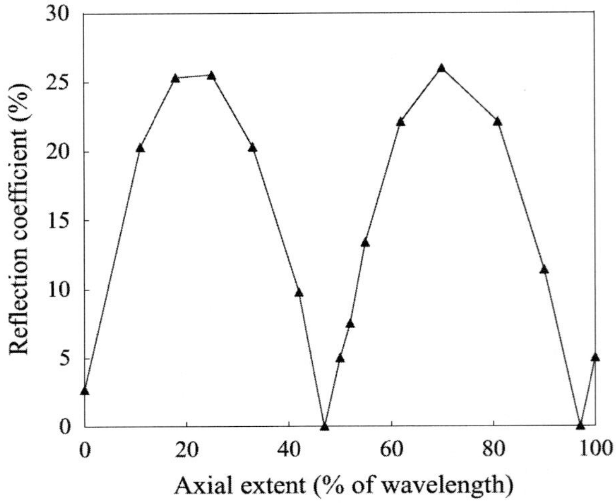

그림 9.13 축대칭, 20% 깊이의 결함을 갖는 직경 8cm 파이프의 T(0,1) 반사계수(100KHz)

표 9.1 직경 8cm 파이프의 반사비율 비교(100KHz)

axial extent(% of λ(32.6mm))	180		
circumferential extent(%)	100	25	25
through-wall extent(%)	33	100	33
Reflection ratio(%): Axisymmetric model(2-D)	23.5		
Reflection ratio(%): Membrane model(2-D)		21.1	
Reflection ratio(%): 3-D model	23.7	21.1	5.2
Reflection ratio predicted by combining 2-D analyses			5.0

칭 모델과 멤브레인 모델을 결합하면 3-D 모델에 대한 결과를 충분히 예측할 수 있음을 알 수 있다.

9.5 수치해석 모델에 대한 실험적 검증

일련의 실험을 통해 유한요소 모델에 의한 해석결과를 검증하고자 한다. 앞에서 행한 유한요소 해석결과로부터 노치의 반사계수에 미치는 축방향 길이의 영향이 매우 크다는 사실을 확인하였으므로, 유한요소 모델을 이용하여 실험에 사용되는 파이프를 해석할 때 실제 실험에 사용된 노치의 축방향 크기를 정확하게 묘사하는 노치를 도입할 필요가 있다. 두께방향과 원주방향으로 부분 절단된 결함은 2-D 축대칭 모델과 멤브레인 모델을 조합하여 모델링한다.

그림 9.14에는 축방향 길이가 3.5mm인 노치의 두께방향 깊이가 변할 때, 주파수 55㎑에서 유한요소와 실험에 의해 구한 반사계수를 나타내었다. 또한 축방향 길이가 0인 크

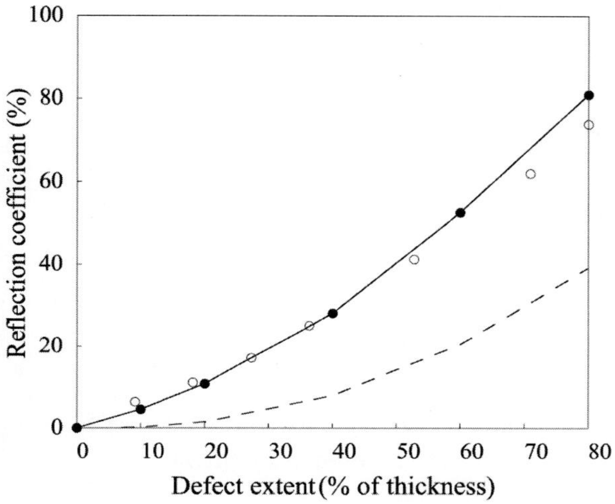

그림 9.14 축대칭, 깊이 3.5mm의 결함을 갖는 직경 8cm 파이프의 T(0,1) 반사계수(55㎑)
(●: 유한요소 결과, ○: 실험결과)

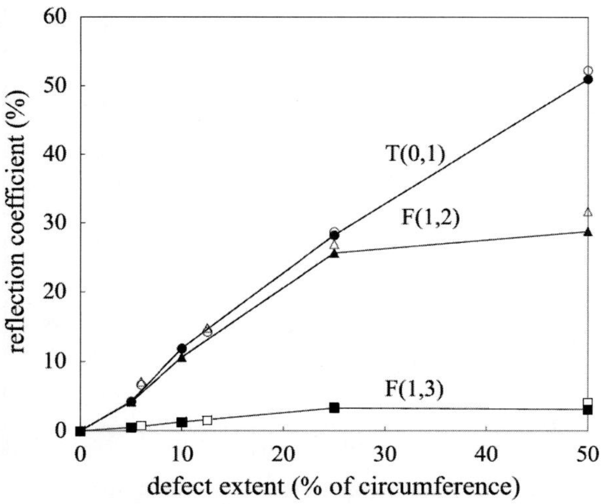

그림 9.15 두께관통, 축방향 길이 3.5mm의 결함을 갖는 직경 8cm 파이프의 T(0,1) 반사계수(55㎑) (●, ▲, ■: 유한요소 결과, ○, △, □: 실험결과)

랙에 대한 예측결과도 나타내었다. 노치에 대한 반사계수가 크랙에 대한 반사계수보다 높게 나타나고, 곡선이 아래로 볼록한 정도도 크랙의 경우 감소되어 나타난다.

그림 9.15에는 55㎑에서 T(0,1) 모드로 가진하였을 때, 축방향 길이가 3.5mm이고 원주

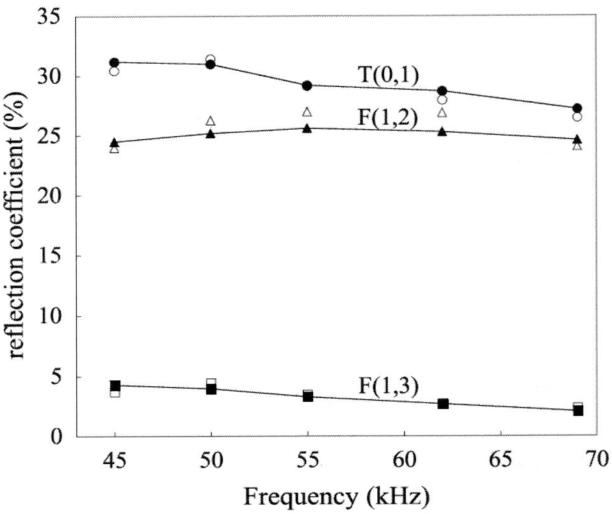

그림 9.16 두께관통, 축방향 3.5mm, 원주방향 25%의 결함을 갖는 직경 8cm 파이프의 T(0,1) 반사계수 (●, ▲, ■: 유한요소 결과, ○, △, □: 실험결과)

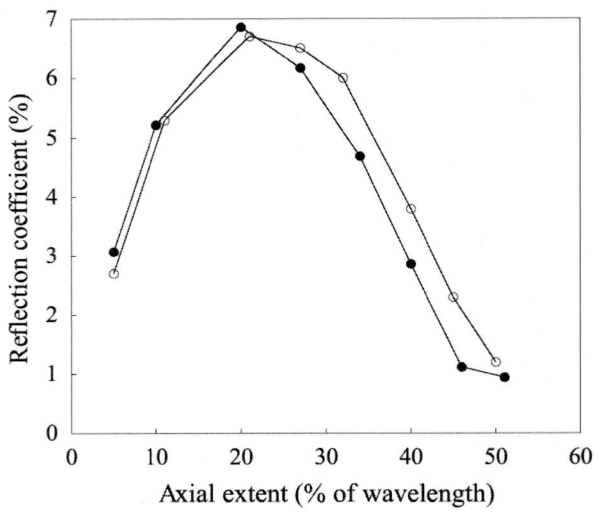

그림 9.17 두께방향 20%, 원주방향 25%의 결함을 갖는 직경 8cm 파이프의 T(0,1) 반사계수(55㎑) (●: 유한요소 결과, ○: 실험결과)

방향 크기가 변하는 두께관통 노치에 대한 실험과 유한요소 해석결과를 비교하여 나타내었다. 실험과 유한요소 모델의 결과가 잘 일치하는 것을 다시 한 번 확인할 수 있다.

그림 9.16에는 원주방향으로 25% 절단되고 축방향 길이가 3mm인 두께관통 노치에 대해 반사계수가 주파수에 따라 변하는 경향을 제시하였다. 실험과 수치해석 모두 주파수가 50㎑에서 70㎑로 증가하면 T(0,1) 모드의 반사계수는 감소함을 확인할 수 있다. 이 경우에도 실험과 수치해석 결과는 매우 잘 일치한다.

그림 9.17은 노치의 축방향 길이가 변할 때의 반사계수 거동을 나타낸다. 그림은 가진 중심주파수가 55㎑일 때 두께방향으로 20%, 원주방향으로 25% 절단된 노치에 대한 결과이다. 실험결과와 유한요소법에 의한 결과는 전체적으로 잘 일치하는데, 특히 축방향 길이가 파장의 1/4일 때 최대, 파장의 1/2일 때 최소가 되는 경향은 매우 유사하다.

9.6 검토

고체 내에 존재하는 결함은 탄성파를 산란시키는 역할을 하므로 결함이 초음파 운동의 입사파에 미치는 영향을 해석하여 결함을 탐지하고 그 크기를 검출할 수 있다. 탄성 산란에 대한 해는 고주파수에서는 Kirchoff 근사법이나 기하학적 회절(geometric diffraction) 이론을 이용하여, 저주파수에서는 Rayleigh 근사법을 이용하여 완전한 이론식 형태로 구할 수 있다. 그러나 중간 주파수범위에서 이러한 방법들은 더 이상 유용하지 않는데 그 이유는 입사 펄스의 파장이 결함의 특성 크기(characteristic dimension)와 같은 차수를 갖기 때문이다. 따라서 유한요소법이나 경계요소법, 유한차분법과 같은 수치해석 방법이 더 선호되고 있다. 무한 매질 내에 존재하는 크랙에 의한 입체파의 산란은 많은 연구자들에 의해 연구되었다.

평판에서 Lamb파가 크랙이나 노치와 상호작용하는 현상은 최근 많은 관심을 받고 있는 주제 중의 하나였다. 또한 등방성 파이프의 크랙이나 노치에 의한 탄성 유도파 산란에 대해서도 많은 연구가 이루어져 왔다. 유도파의 산란은 입체파의 산란보다 해석하기가 훨씬 어려운데 그 이유는 더 많은 수의 모드를 고려해야 하고 모드형상이 더 복잡하기 때문이다. 유도관(waveguide)을 전파하는 단일 모드가 결함을 만나게 되면 입사 모드와 모든 전파, 비전파 모드가 상호작용을 일으키게 된다. 파동을 검출하는 센서가 결함과 충분히 멀리 떨어진 곳에 위치하면 전파가능 모드만이 검출이 가능한 진폭을 갖는다. 실제로 단지 몇 개의 전파가능 모드만이 상당한 크기의 산란에너지를 가지므로 이러한 모드만을 고려하면 문제를 더욱 간단하게 만들 수 있다.

9.6.1 크랙에 대한 비틀림 모드의 민감도 해석

초음파의 파장에 대한 산란체의 상대 크기에 따라 세 가지 산란방식이 존재한다는 것은 잘 알려진 사실이다. 산란방식을 정의하고 구별하는데 자주 사용되는 파라미터는 ka로, 여기서 a는 결함의 특성 크기(characteristic dimension)이고 k는 파동수로 다음과 같이 정의된다.

$$k = \frac{2\pi f}{V} \tag{9.1}$$

여기서 f는 주파수, V는 위상속도이다. 입체파에서 자주 사용되는 이러한 접근법은 Lamb파의 산란에도 사용되어 왔다. 본 절에서는 저, 고주파수에서의 산란 방식에 대한 개념을 이용하여 앞으로 얻게 될 결과의 전체적인 경향을 설명하고자 한다.

원통형 구조물에서 전파하는 비틀림 모드 T(0,1)의 경우 속도는 주파수에 대해 일정하므로 파동수는 주파수에 따라 선형으로 증가하게 된다. 파라미터 ka〈0.1 이면 산란 문제는 저주파수 또는 준정적 접근법을 이용하여 근사화 할 수 있다. 또 ka〉1 이면 고주파수 접근법을 이용할 수 있다(그러나 ka=1은 서로 다른 산란 방식의 경계가 되므로 여기에 포함시킬 수 없다). 두께방향으로 부분 절단되고 축대칭인 결함의 특성 길이는 결함의 깊이가 되지만, 원주방향으로 부분 절단된 두께관통 결함의 특성 길이는 원주방향 길이가 된다. 그림

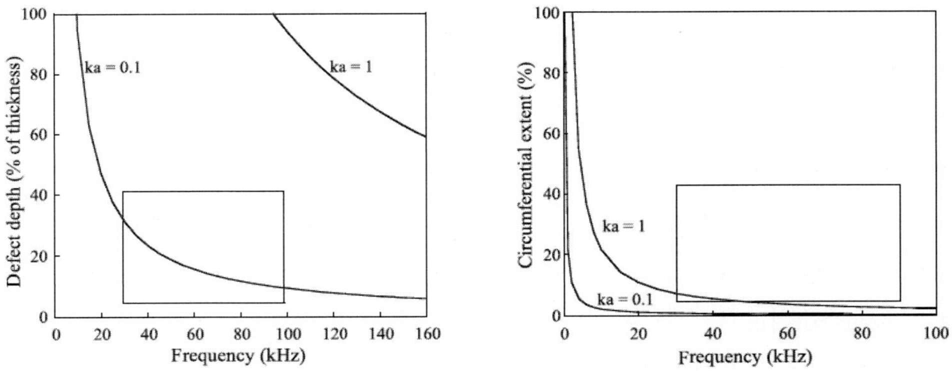

그림 9.18 축대칭 결함을 갖는 직경 8cm 파이프의 산란방식 (a) 깊이 5.5mm (b) 두께관통

9.18(a), (b)에 두께가 5.5mm인 8cm 파이프의 축대칭, 두께관통 노치에 대한 산란방식을 나타내었다. 두 그림에서 실제 시험을 수행할 때 중요하게 고려해야 할 사각형 영역을 강조하여 나타내었다. 축대칭 크랙의 경우 저-중주파수 영역의 접근방식을, 두께관통 결함의 경우 중-고주파수 접근방식을 사용해야함을 확인할 수 있다.

9.6.1.1 두께관통 크랙

두께관통, 원주방향 부분 절단 결함과 두께방향 부분절단, 축대칭 결함의 반사특성을 분리하여 해석하는 이유는 두 종류의 결함이 구조상 차이가 있고 산란의 방식이 다르기 때문이다. 직경 60cm 파이프에 주파수 10㎑와 50㎑에서 T(0,1)을 입사하였을 때 노치의 원주방향 길이 변화에 따른 반사계수를 그림 9.19에 제시하였다. 원주방향 길이는 파이프 전체 원주(1980mm)에 대한 백분율로 나타내었다. 두 주파수에서 T(0,1) 반사계수는 매우 유사하고 원주방향 크기에 대해 선형으로 비례하여 증가하는 경향을 보인다. 이는 원주방향 크기가 클 때(ka가 클 때) 더욱 그러하다. 저주파수(10㎑)에서 결함의 크기가 작을 때(원주의 5%) 약간 낮은 반사계수가 나타나는데 이는 8cm 파이프에서도 동일한 현상을 보인다.

먼저 두께관통 크랙을 이용하여 시험주파수가 반사계수에 미치는 영향을 살펴보고 다음에 결함의 크기가 얼마나 중요한 파라미터인지 설명하고자 한다. Lowe 등[44]은 L(0,2) 반사계수가 결함의 원주방향 크기에 따라 대략 선형적으로 변한다는 사실을 발견하였다. 또한 열린 크랙형상(opening crack profile)이라는 단순한 가정을 이용하여 반사계수를 추정할 수 있는 지에 대해서도 조사하였다. 크랙 표면을 따라 분포하는 유한요소 절점의 열림 변위형상은, 입사주파수 70㎑의 L(0,2) 모드의 경우 거의 일정하다. 확실히 크랙 열림 변위(Crack, Opening Displacement, COD)가 결함을 따라 일정하면 축대칭 모드의 반사계수는 원주에 대한 비율로 표시되는 크랙의 크기와 동일하다. 이로부터 반사계수는 노치의 원주방향 크기에 선형으로 비례한다는 사실을 유추할 수 있다.

Lowe 등이 설명한 바와 같이 입사파의 파장이 크랙의 원주방향 크기보다 두드러지게 작을 때(즉 ka〉1일 때) COD는 크랙 표면을 따라 거의 일정하다. 그러한 조건에서 크랙 표면은 입사파를 반사하는 자유 표면의 거동 양상을 보인다. 그러나 ka가 감소하면 COD를 더 이상 일정하다고 가정할 수 없다. 주파수에 따른 COD의 변화를 살펴보기 위해 Lowe는 평판에 크랙이 존재할 때 S0 모드를 입사하였다. 해석결과로부터 COD는 주파수에 따라 변하며 고주파수 COD와 준정적 COD 사이에 천이구간이 존재한다는 사실도 확인하였다. 이상의 결과로부터 상대적으로 높은 주파수($ka > 1$)에서만 COD를 크랙 표면을 따른 일정 변위로 근사화 할 수 있음을 알 수 있다.

주파수 45㎑에서의 8cm 파이프와 주파수 10㎑에서의 60cm 파이프에 원주방향으로 5%의 결함이 존재하는 경우, ka는 1보다 작으므로 반사계수는 선형 근사 값에 비해 작다는 것을 알 수 있다. 저주파수에서 결함의 원주방향 길이가 작을 때의 결과도 비슷한 논리로 설명할 수 있다. 크랙이 시작하고 끝나는 경계점에서 COD는 0이다. 따라서 크랙이 경계점과 가까워지는 영역에서 COD는 0에서 유한한 값으로 변한다. 원주방향 크기 측면에서 보았을 때 결함이 충분히 클 경우 COD는 일정하다고 생각할 수 있고 반사계수를 선형으로 가정하는 것도 유용하다고 할 수 있다. 그러나 결함이 상대적으로 작으면 경계의 영향이 지배적으로 나타난다. 이 경우 COD는 더 이상 일정하다고 생각할 수 없고 반사계수도 선형으로 근사화 하기가 어렵다.

또 다른 주제로 모드변환에 대해 고려해 보기로 하자. 기존의 연구에 따르면 원주방향 크랙에 의한 각 모드의 모드변환 강도는 크랙 열림 형상이 그 모드의 응력과 일치하는 정도에 의해 추정할 수 있다. 먼저 관심주파수에 존재하는, 주어진 원주방향 차수를 갖는 모드들 중 단지 하나의 모드만이 입사모드와 유사한 응력형상을 갖는 경우를 고려해 보자. 이 경우 크랙이 발생한 위치에서의 원주방향 변위에 대한 공간 푸리에변환(spatial Fourier decomposition)을 이용하여 이 모드와 변환된 모드에 대한 반사계수를 계산할 수 있다. 즉 공간 푸리에변환에 의해 모드변환 된 파동의 가진 강도를 평가할 수 있다. 이 방법을 8cm 파이프에 T(0,1) 모드가 100㎑에서 입사될 때의 F(1,2) 모드에 적용할 수 있다. 주어진 원주방향 차수를 갖는 하나 이상의 모드가 입사 모드의 응력형상과 유사한 모드형상을 갖는 경우에는 단순한 공간 푸리에변환 기법을 적용할 수 없다. 공간 푸리에변환 기법을 이용하고 두 개의 존재 가능한 모드 중 하나의 모드만이 모드변환과 관련이 있다고 가정하면 결함의 원주방향 크기가 50%일 경우 반사계수는 0이 될 것이다. 그러나 실제로 본 장에서 고려한 모든 모델의 경우 이 값은 0이 아니다(그림 9.7, 9.8, 9.10에서 원주방향 크기가 50%일 때 F(2,2)의 반사계수 참조). 이는 같은 차수를 갖는 두 개 이상의 모드가 모드변환과 관련이 있기 때문이다.

9.6.1.2 축대칭 크랙

축대칭 크랙의 경우 관심 있는 산란방식은 그림 9.18(b)에 보인 저-중주파수에서 나타난다. 그림 9.12에 일련의 크랙 깊이에 대한 반사계수의 크기 변화를 주파수에 따라 도시하였다. 그림에서 ka=1인 점들은 작은 원으로 표시하였다. 그림에서 ka=1인 값에 접근하기 전까지 주파수에 대한 반사계수 곡선은 대략 선형임을 알 수 있다. 또한 ka=1에서 반사계수는 대략적으로 결함의 깊이(백분율로 표시된 깊이)와 동일하다는 사실도 발견할 수 있다. 중간 주파수에서 고주파수 산란영역으로 옮겨가면 산란 거동이 약간 변하는 것을 알 수 있다. 반사계수 곡선은 고주파수에서 기울기가 덜 급해지는데 이는 반사계수가 고주파수에서 점근 값에 해당하는 값으로 접근하기 때문이다. 이러한 거동은 평판에 크랙이 존재할 때도 나타나는 현상이다. 그러나 여기에서 고려하는 경우에는 고주파수에서의 반사계수를 유도하기 위해 시험주파수를 높일 수 없는데 그 이유는 또 다른 비틀림 모드(T(0,2))가 300㎑에서 나타나기 때문이다.

그림 9.19에 여러 가지 주파수에서 축대칭 크랙에 대한 T(0,1) 모드의 반사계수를 결함 깊이에 따라 나타내었다. 고주파수 산란영역에 도달하였을 때의 값을 작은 원으로 표시하였다. 파라미터 ka=1 근방에서 곡선의 모양이 볼록한 모양에서 오목한 모양으로 변한다. 이는 산란방식이 바뀌기 때문이다. 그러나 반사계수는 ka에 의해서만 변하지 않는다.

그림 9.11에 파이프 규격이 같고 ka도 같지만 깊이가 다른 두 결함에 대한 반사계수를 나타내었다. 그림에서 알 수 있듯이 저주파수에서 깊이가 깊은 결함의 반사계수가 고주파수에서 깊이가 얕은 결함보다 크다. 예를 들어 40㎑에서 80% 깊이 결함에 대한 반사계

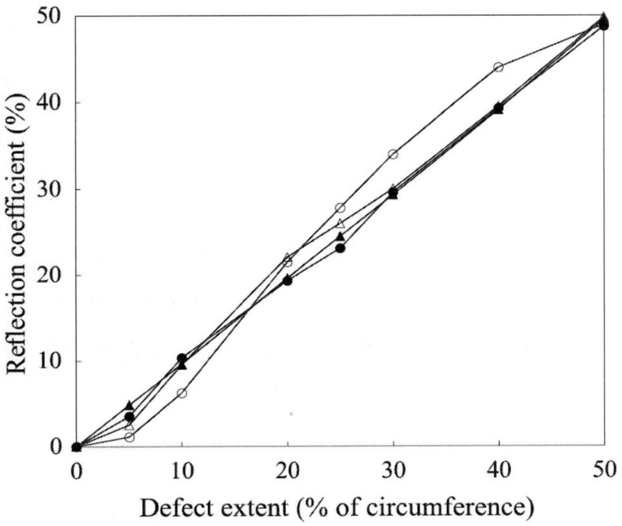

그림 9.19 두께관통 결함을 갖는 파이프의 T(0,1) 반사계수 (△:직경 60cm, 10㎑, ▲:직경 60cm, 50㎑, ○:직경 8cm, 45㎑, ●:직경 8cm, 45㎑)

수는 31%인 반면 160㎑에서 20% 깊이 결함에 대한 반사계수는 5.3% 이다. 이는 시스템의 구조 때문일 가능성이 크고 응력분포도 결함의 깊이에 따라 매우 다르게 나타난다. 반사계수는 결함의 깊이가 얕을 때(예를 들면 10% 이하) ka에 의해서만 좌우될 것이다. 그러나 유한요소의 격자 크기를 더 이상 조밀하게 설정할 수 없기 때문에 확인해 볼 수는 없다.

9.6.2 축방향 크기의 영향

그림 9.13에 주파수 100㎑에서 20%의 깊이와 다양한 축방향 크기를 갖는 일련의 축대칭 노치에 대한 반사계수를 나타내었다. 그림 9.20에는 노치의 형상을 도식적으로 나타내었다. 노치의 형태 중 가장 간단한 경우는 노치의 축방향 크기가 충분히 커 노치의 시작 부분에서의 첫 번째 반사와 노치의 끝 부분에서의 두 번째 반사를 시간적으로 분리할 수 있는 경우이다. 두께의 20%가 제거된 노치에서의 반사계수를 주파수에 따라 나타낸 결과는 그림 9.21에 제시되어 있다. 그림의 결과는 반사 신호의 FFT를 입사신호의 FFT로 단순히 나눈 값이다. 반사계수가 주파수와 거의 무관함을 쉽게 알 수 있다. 결함이 대칭이기 때문에 모드변환도 발생하지 않는다. 또한 T(0,1) 모드는 비분산성을 갖기 때문에 파이프 벽의 두께 변화에 의한 속도의 변화도 발생하지 않는다. 접선방향 변위가 두께를 따라 거의 일정하고 파이프의 반경이 두께보다 훨씬 클 경우 파이프의 계단 형태 노치에 대한 반사계수는 평판의 계단 형태 노치에 대한 값으로 근사화 할 수 있다.

평판에 SH0 모드가 입사될 경우 총 반사계수는 다음과 같이 주어진다.

$$R_{TOT} = R_{A1} + R_{A2} + \cdots + R_{Aj} \tag{9.2}$$

총 반사계수는 L이 파장의 1/4, 즉 $\lambda/4$일 때 최대이고 L이 $\lambda/2$일 때 최소가 된다. 반사계수의 최댓값은 동일한 깊이의 계단 형태 노치의 반사계수의 약 2배가 된다. 그림 9.13의 유한요소 예측결과와 그림 9.17의 실험결과로부터 최댓값은 약 $\lambda/4$에서, 최솟값은 약 $\lambda/2$에서 나타남을 확인할 수 있다.

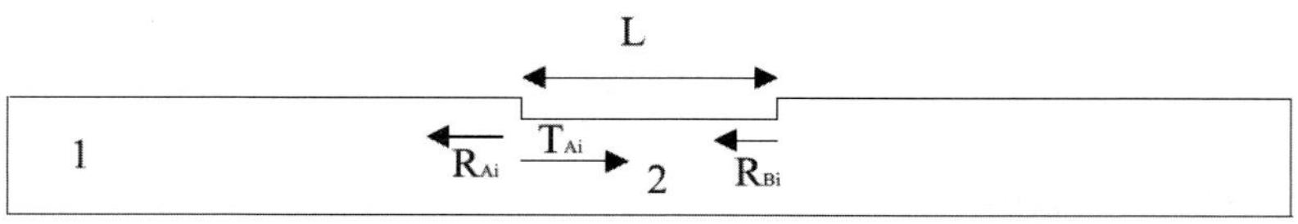

그림 9.20 노치형상

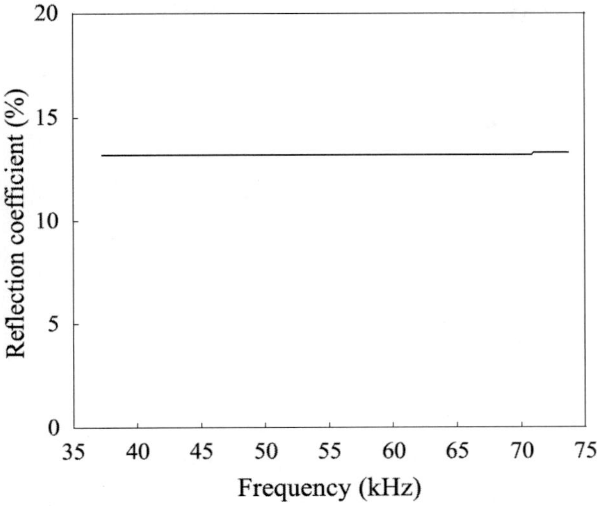

그림 9.21 직경 8cm 파이프에 계단 형태 결함이 있을 때의 T(0,1) 반사계수

실제로 반사계수의 최대, 최소는 결함의 축방향 길이가 파장의 25%, 50%일 때 나타나지는 않는다. 이는 두 개의 서로 다른 두께 천이구간에서의 위상지연이 0이나 π가 아니기 때문이다. 결함의 길이가 파장의 1/4일 때 반사가 크게 나타나는 현상은 실제 시험에서는 나타나기 힘든데 그 이유는 실제의 결함은 각이 진 사각형 형상을 갖지 않기 때문이다. 그럼에도 불구하고 실제 시험에서도 최대, 최소는 나타나기 때문에 적어도 하나 이상의 주파수에서 시험을 수행할 필요는 있다.

부록 A 유용한 관계식의 정리

A.1 Lambda, rho, mu 사이의 관계

탄성(손실이 없는) 재료의 경우 입체 종파의 속도 C_L은 다음과 같이 Lamé상수 λ와 μ 또는 영계수 E와 포와송비 ν을 사용하여 표현할 수 있다.

$$C_L = \left(\frac{\lambda + 2\mu}{\rho}\right)^{1/2} = \left[\frac{E(1-\nu)}{\rho(1+\nu)(1-2\nu)}\right]^{1/2} \tag{A.1}$$

또 입체 전단파의 속도 C_S도 다음과 같이 기술할 수 있다.

$$C_S = \left(\frac{\mu}{\rho}\right)^{1/2} \tag{A.2}$$

영계수 E와 포와송비 ν는 다음과 같이 Lamé상수 λ와 μ의 조합으로 표현할 수 있다.

$$E = \mu\left(\frac{3\lambda + 2\mu}{\lambda + \mu}\right) = \rho C_S^2\left(\frac{3C_L^2 - 4C_S^2}{C_L^2 - C_S^2}\right) \tag{A.3}$$

$$\nu = \frac{\lambda}{2(\lambda + \mu)} = \left(\frac{1}{2}\right)\left(\frac{C_L^2 - 2C_S^2}{C_L^2 - C_S^2}\right) \tag{A.4}$$

$$BulkMod = \lambda + 2/3\mu \tag{A.5}$$

A.2 파동속도

파동수와 파동속도 사이의 기본적인 관계식과 몇 가지 파동속도에 대한 수식은 다음과 같다.

$$Wavelength = \frac{2\pi}{|\boldsymbol{k}|} \tag{A.6}$$

$$Phase\ \ speed = C = \frac{\omega}{|\boldsymbol{k}|} \tag{A.7}$$

$$C_{circular-bar} = \sqrt{E/\rho} \tag{A.8}$$

$$C_{S0_{\omega=0}} = \sqrt{\frac{E}{(1-\nu^2)\rho}} \tag{A.9}$$

$$C_{Rayleigh} \approx C_S\left(\frac{0.87+1.12\nu}{1+\nu}\right) \tag{A.10}$$

입사각, 층에서의 균일 입체파(L=종파, S=전단파)의 전달과 반사는 파동수, 주파수, 위상속도와 다음과 같은 관계를 갖는다.

$$\frac{|\boldsymbol{k}|}{\omega} = \frac{1}{C_{ph}} = \frac{\sin(\theta_L)}{C_L} = \frac{\sin(\theta_S)}{C_S} \tag{A.11}$$

Rayleigh파의 위상속도($C_{Rayleigh}$)는 다음 다항식의 근을 찾아 결정할 수 있다.

$$T^3 - 8T^2 + (24-16R)T - 16(1-R) = 0 \tag{A.12}$$

여기서 $T = (C_{rayleigh}/C_s)^2$, $R = (C_s/C_L)^2$ 이다.

A.3 탄성 등방성 재료의 구성 및 조화 관계식

응력과 변형률 사이의 관계식은 다음과 같다.

$$\begin{Bmatrix} \sigma_{xx} \\ \sigma_{yy} \\ \sigma_{zz} \\ \sigma_{xy} \\ \sigma_{yz} \\ \sigma_{xz} \end{Bmatrix} = \begin{bmatrix} \lambda+2\mu & \lambda & \lambda & & & \\ \lambda & \lambda+2\mu & \lambda & & & \\ \lambda & \lambda & \lambda+2\mu & & & \\ & & & \mu & & \\ & & & & \mu & \\ & & & & & \mu \end{bmatrix} \begin{Bmatrix} \epsilon_{xx} \\ \epsilon_{yy} \\ \epsilon_{zz} \\ \epsilon_{xy} \\ \epsilon_{yz} \\ \epsilon_{xz} \end{Bmatrix} \tag{A.13}$$

직교좌표계의 경우 변형률과 변위 사이의 관계식은 다음과 같고

$$\begin{aligned} \epsilon_{11} &= \frac{\partial u_1}{\partial x_1} & \epsilon_{22} &= \frac{\partial u_2}{\partial x_2} & \epsilon_{33} &= \frac{\partial u_3}{\partial x_3} \\ \epsilon_{12} &= \frac{\partial u_1}{\partial x_2} + \frac{\partial u_2}{\partial x_1} & \epsilon_{23} &= \frac{\partial u_2}{\partial x_3} + \frac{\partial u_3}{\partial x_2} & \epsilon_{13} &= \frac{\partial u_1}{\partial x_3} + \frac{\partial u_3}{\partial x_1} \end{aligned} \tag{A.14}$$

원통좌표계의 경우는 다음과 같다.

$$\epsilon_{rr} = \frac{\partial u_r}{\partial r} \qquad \epsilon_{\theta\theta} = \frac{1}{r}\frac{\partial u_\theta}{\partial \theta} + \frac{u_r}{r} \qquad \epsilon_{zz} = \frac{\partial u_z}{\partial z}$$

$$\epsilon_{rz} = \frac{1}{2}\left(\frac{\partial u_r}{\partial z} + \frac{\partial u_z}{\partial r}\right)$$

$$\epsilon_{r\theta} = \frac{1}{2}\left[r\frac{\partial}{\partial r}\left(\frac{\partial u_\theta}{r}\right) + \frac{1}{r}\frac{\partial u_r}{\partial \theta}\right]$$

$$\epsilon_{\theta z} = \frac{1}{2}\left(\frac{\partial u_\theta}{\partial z} + \frac{1}{r}\frac{\partial u_z}{\partial \theta}\right) \tag{A.15}$$

A.4 등방성 재료의 속도상수와 감쇠상수 사이의 관계

$$C_L = \left[\frac{\lambda + 2\mu - i(\lambda' + 2\mu')}{\rho}\right]^{1/2} C_S = \left[\frac{\mu - i(\mu')}{\rho}\right]^{1/2} \tag{A.16}$$

재료감쇠 파라미터((') 표시된 변수)가 0이면 상수 C_L과 C_S는 실수이고 각각 종파와 전단파의 입체파 속도와 정확하게 일치한다. 그러나 감쇠가 존재하면 이 상수들은 복소수가 되고 위상속도, 감쇠와 다음과 같은 관계를 갖는다.

$$C_L \text{ 또는 } C_S = \frac{\omega}{|\boldsymbol{k}_{re}| + i|\boldsymbol{k}_{im}|} = \frac{C_{ph}}{1 + |\boldsymbol{k}_{im}|/|\boldsymbol{k}_{re}|} = \frac{C_{ph}}{1 + i\alpha/(2\pi)} \tag{A.17}$$

여기서 C_{ph}는 파동의 위상속도(항상 실수)이고 α는 감쇠이다. 감쇠의 차원은 neper/wavelength인데 이는 단위 크기의 파장이 1파장만큼 진행하면 그 크기가 $e^{-\alpha}$로 감소한다는 것을 의미한다.

이로부터 다음과 같은 관계식을 유도할 수 있다.

$$C_{ph,L} = C_{L(re)} - \alpha_L \frac{C_{L(im)}}{2\pi} \qquad C_{ph,S} = C_{S(re)} - \alpha_S \frac{C_{S(im)}}{2\pi}$$

$$\alpha_L = -2\pi\frac{C_{L(im)}}{C_{L(re)}} \qquad \alpha_S = -2\pi\frac{C_{S(im)}}{C_{S(re)}} \tag{A.18}$$

그리고

$$\mu = \frac{\rho(C_{ph,S})^2(4\pi^2)(4\pi^2-\alpha_S^2)}{(\alpha_S^2+4\pi^2)^2} \qquad \mu' = \frac{\rho(C_{ph,S})^2(4\pi^2)(4\alpha_S\pi)}{(\alpha_S^2+4\pi^2)^2}$$

$$\lambda = \frac{\rho(C_{ph,L})^2(4\pi^2)(4\pi^2-\alpha_L^2)}{(\alpha_L^2+4\pi^2)^2} - 2\mu \qquad \lambda' = \frac{\rho(C_{ph,L})^2(4\pi^2)(4\alpha_L\pi)}{(\alpha_L^2+4\pi^2)^2} - 2\mu' \tag{A.19}$$

A.5 정방성 재료의 공학상수와 C_{ij}

정방성(orthotropic) 재료의 강성은 C_{ij} 행렬을 이용하여 정의할 수 있다. 행렬 C_{ij}는 응력벡터 σ와 변형률벡터 ϵ 사이의 관계를 규명하는 행렬로 다음과 같이 표현된다.

$$\begin{Bmatrix} \sigma_{xx} \\ \sigma_{yy} \\ \sigma_{zz} \\ \sigma_{xy} \\ \sigma_{yz} \\ \sigma_{xz} \end{Bmatrix} = \begin{bmatrix} C_{11} & C_{12} & C_{13} & 0 & 0 & 0 \\ C_{21} & C_{22} & C_{23} & 0 & 0 & 0 \\ C_{31} & C_{32} & C_{33} & 0 & 0 & 0 \\ 0 & 0 & 0 & C_{44} & 0 & 0 \\ 0 & 0 & 0 & 0 & C_{55} & 0 \\ 0 & 0 & 0 & 0 & 0 & C_{66} \end{bmatrix} \begin{Bmatrix} \epsilon_{xx} \\ \epsilon_{yy} \\ \epsilon_{zz} \\ \epsilon_{xy} \\ \epsilon_{yz} \\ \epsilon_{xz} \end{Bmatrix} \tag{A.20}$$

정방성 재료에 대한 C_{ij} 행렬은 항상 대칭이므로

$$C_{12} = C_{21}; \qquad C_{13} = C_{31}; \qquad C_{23} = C_{32} \tag{A.21}$$

이고 따라서 정방성 재료에 대한 C_{ij} 행렬은 9개의 독립상수를 갖는다.

횡방향으로 등방성인 재료는 5개의 독립상수를 가지며 이는 정방성 재료의 특수한 경우에 해당된다. x축에 대해 대칭성을 갖는 횡방향으로 등방성인 재료의 C_{ij} 행렬은 다음과 같다.

$$\begin{Bmatrix} \sigma_{xx} \\ \sigma_{yy} \\ \sigma_{zz} \\ \sigma_{xy} \\ \sigma_{yz} \\ \sigma_{xz} \end{Bmatrix} = \begin{bmatrix} C_{11} & C_{12} & = C_{12} & 0 & 0 & 0 \\ = C_{12} & C_{22} & C_{23} & 0 & 0 & 0 \\ = C_{12} & = C_{23} & = C_{22} & 0 & 0 & 0 \\ 0 & 0 & 0 & = \frac{1}{2}(C_{22} - C_{23}) & 0 & 0 \\ 0 & 0 & 0 & 0 & C_{55} & 0 \\ 0 & 0 & 0 & 0 & 0 & = C_{55} \end{bmatrix} \begin{Bmatrix} \epsilon_{xx} \\ \epsilon_{yy} \\ \epsilon_{zz} \\ \epsilon_{xy} \\ \epsilon_{yz} \\ \epsilon_{xz} \end{Bmatrix} \tag{A.22}$$

입방체(cubic) 재료는 3개의 독립상수를 가지며 역시 정방성 재료의 특수한 경우이다. 이에 대한 C_{ij} 행렬은 다음과 같다.

$$\begin{Bmatrix} \sigma_{xx} \\ \sigma_{yy} \\ \sigma_{zz} \\ \sigma_{xy} \\ \sigma_{yz} \\ \sigma_{xz} \end{Bmatrix} = \begin{bmatrix} C_{11} & C_{12} & = C_{12} & 0 & 0 & 0 \\ = C_{12} & = C_{11} & = C_{12} & 0 & 0 & 0 \\ = C_{12} & = C_{12} & = C_{11} & 0 & 0 & 0 \\ 0 & 0 & 0 & C_{44} & 0 & 0 \\ 0 & 0 & 0 & 0 & = C_{44} & 0 \\ 0 & 0 & 0 & 0 & 0 & = C_{44} \end{bmatrix} \begin{Bmatrix} \epsilon_{xx} \\ \epsilon_{yy} \\ \epsilon_{zz} \\ \epsilon_{xy} \\ \epsilon_{yz} \\ \epsilon_{xz} \end{Bmatrix} \tag{A.23}$$

마지막으로 등방성 재료는 2개의 독립상수를 가지며 정방성 재료의 가장 간단한 예가 된다. 따라서 C_{ij} 행렬은 다음과 같이 간단하게 쓸 수 있다.

$$\begin{Bmatrix} \sigma_{xx} \\ \sigma_{yy} \\ \sigma_{zz} \\ \sigma_{xy} \\ \sigma_{yz} \\ \sigma_{xz} \end{Bmatrix} = \begin{bmatrix} C_{11} & C_{12} & = C_{12} & 0 & 0 & 0 \\ = C_{12} & = C_{11} & = C_{12} & 0 & 0 & 0 \\ = C_{12} & = C_{12} & = C_{11} & 0 & 0 & 0 \\ 0 & 0 & 0 & = \frac{1}{2}(C_{11} - C_{12}) & 0 & 0 \\ 0 & 0 & 0 & 0 & = C_{44} & 0 \\ 0 & 0 & 0 & 0 & 0 & = C_{44} \end{bmatrix} \begin{Bmatrix} \epsilon_{xx} \\ \epsilon_{yy} \\ \epsilon_{zz} \\ \epsilon_{xy} \\ \epsilon_{yz} \\ \epsilon_{xz} \end{Bmatrix} \tag{A.24}$$

강성에 대한 정보를 표현하는 다른 방법은 유연성 행렬(flexibility matrix)에 의해 재료의 특성을 정의하는 공학상수를 이용하는 방법이다. 계수는 영계수 E_{ii}와 전단계수(shear modulus) G_{ii} 그리고 포와송비 ν_{ii}로 구성된다. 정방성 재료의 공학상수 행렬은 다음과 같다.

$$\begin{Bmatrix} \epsilon_{xx} \\ \epsilon_{yy} \\ \epsilon_{zz} \\ \epsilon_{yz} \\ \epsilon_{zx} \\ \epsilon_{xy} \end{Bmatrix} = \begin{bmatrix} 1/E_{11} & -\nu_{21}/E_{22} & -\nu_{31}/E_{33} & 0 & 0 & 0 \\ -\nu_{12}/E_{11} & 1/E_{22} & -\nu_{32}/E_{33} & 0 & 0 & 0 \\ -\nu_{13}/E_{11} & -\nu_{23}/E_{22} & 1/E_{33} & 0 & 0 & 0 \\ 0 & 0 & 0 & 1/G_{23} & 0 & 0 \\ 0 & 0 & 0 & 0 & 1/G_{13} & 0 \\ 0 & 0 & 0 & 0 & 0 & 1/G_{12} \end{bmatrix} \begin{Bmatrix} \sigma_{xx} \\ \sigma_{yy} \\ \sigma_{zz} \\ \sigma_{yz} \\ \sigma_{zx} \\ \sigma_{xy} \end{Bmatrix} \tag{A.25}$$

대칭성에 의해 행렬은 9개의 독립계수만을 갖게 되므로 다음과 같은 관계식을 얻을 수 있다.

$$\frac{\nu_{12}}{E_{11}} = \frac{\nu_{21}}{E_{22}}; \qquad \frac{\nu_{13}}{E_{11}} = \frac{\nu_{31}}{E_{33}}; \qquad \frac{\nu_{23}}{E_{22}} = \frac{\nu_{32}}{E_{33}} \tag{A.26}$$

정방성 재료에 대한 9개의 공학상수(E_{ii}, G_{ii}, ν_{ii})는 C_{ij} 상수와 다음과 같은 관계를 갖는다.

$$E_{11}=\frac{A}{C_{23}^2-C_{22}C_{33}} \qquad E_{22}=\frac{A}{C_{13}^2-C_{11}C_{33}} \qquad E_{33}=\frac{A}{C_{12}^2-C_{11}C_{22}}$$
$$G_{23}=C_{44}; \qquad G_{31}=C_{55}; \qquad G_{12}=C_{66}$$
$$\nu_{12}=\frac{C_{13}C_{23}-C_{12}C_{33}}{C_{23}^2-C_{22}C_{33}} \qquad \nu_{13}=\frac{C_{12}C_{23}-C_{13}C_{22}}{C_{23}^2-C_{22}C_{33}} \qquad \nu_{23}=\frac{C_{12}C_{13}-C_{11}C_{23}}{C_{13}^2-C_{11}C_{33}} \tag{A.27}$$

여기서 A는 다음과 같이 정의된다.

$$A=C_{11}C_{23}^2+C_{22}C_{13}^2+C_{33}C_{12}^2-C_{11}C_{22}C_{33}-2C_{12}C_{13}C_{23} \tag{A.28}$$

이 관계식을 역으로 계산하면 C_{ij} 상수를 공학상수로 표현할 수 있다.

$$C_{11}=\frac{1-\nu_{23}\nu_{32}}{E_{22}E_{33}B} \qquad C_{22}=\frac{1-\nu_{13}\nu_{31}}{E_{11}E_{33}B} \qquad C_{33}=\frac{1-\nu_{12}\nu_{21}}{E_{11}E_{22}B}$$
$$C_{44}=G_{23} \qquad C_{55}=G_{31} \qquad C_{66}=G_{12}$$
$$C_{12}=C_{21}=\frac{\nu_{21}+\nu_{31}\nu_{23}}{E_{22}E_{33}B} \quad C_{13}=C_{31}=\frac{\nu_{31}+\nu_{21}\nu_{32}}{E_{22}E_{33}B} \quad C_{23}=C_{32}=\frac{\nu_{32}+\nu_{12}\nu_{31}}{E_{11}E_{33}B} \tag{A.29}$$

여기서 B는 다음과 같이 정의된다.

$$B=\frac{1-\nu_{12}\nu_{21}-\nu_{23}\nu_{32}-\nu_{31}\nu_{13}-2\nu_{21}\nu_{32}\nu_{13}}{E_{11}E_{22}E_{33}} \tag{A.30}$$

A.6 복소수 C_{ij} 상수를 갖는 재료 파동의 감쇠

이방성 재료의 감쇠를 표현하기 위해 Disperse가 사용하는 모델은 등방성 재료와 똑같다. 즉 기본 파라미터(각 C_{ij} 계수의 허수부)를 이용하여 단위파장 당 일정한 손실로 표현되는 입체파동의 감쇠를 정의한다.

이방성 재료의 대칭축(예를 들면 n방향)을 따라 이동하는 입체파의 감쇠는 전파방향과 평행하고 다음과 같이 주어진다.($C_{nn(re)} \gg C_{nn(im)}$인 경우에 대해) 여기서 감쇠의 차원은 neper/

wavelength 이다.

$$\alpha_n = -\pi \frac{C_{nn(im)}}{C_{nn(re)}} \tag{A.31}$$

위 식은 특정 주파수 f(Hz)에서 neper/m 단위를 이용하여 다음과 같이 쓸 수 있다.

$$\alpha_{n,N_p/m} = -\frac{C_{nn(im)}\pi f}{C_{nn(re)}\sqrt{C_{nn(re)}/\rho}} \tag{A.32}$$

Disperse에서는 등방성 재료의 정보(C_L, C_S, ρ)를 손실을 갖는 정방성 C_{ij}행렬로 변환하기 위해 다음의 관계식을 이용한다. 이 관계식은 근사식이고 감쇠가 적을 경우에만 성립하는 식이다.

$$\begin{aligned} C_{11(re)} &= \rho C_{phase,L}^2 \\ C_{55(re)} &= \rho C_{phase,S}^2 \\ C_{13(re)} &= C_{11(re)} - 2C_{55(re)} \\ C_{11(im)} &= Im\left(\frac{C_{phase,L}}{1+i\alpha_L/2\pi}\right)^2 \rho \\ C_{55(im)} &= Im\left(\frac{C_{phase,S}}{1+i\alpha_S/2\pi}\right)^2 \rho \\ C_{13(im)} &= C_{11(im)} - 2C_{55(im)} \end{aligned} \tag{A.33}$$

C_{ij}상수에서 등방성 상수로 변환하는 것도 C_{ij}상수가 등방성 재료를 정의할 수 있을 때만 가능한 과정이다. 그러나 그렇지 않을 경우에도 등방성 재료에 대한 초기값을 추정하는데 이 과정을 유용하게 사용할 수 있다. C_{ij} 재료가 등방성인지에 상관없이 Disperse는 단 두 개의 복소수 계수 $*C_{11}$과 $*C_{55}$ 그리고 밀도만을 이용한다. 위상속도는

$$\begin{aligned} C_{phase,L} &= (Re(*C_{11})/\rho)^{1/2} \\ C_{phase,S} &= (Re(*C_{55})/\rho)^{1/2} \end{aligned} \tag{A.34}$$

로 계산할 수 있고 여기서 *는 복소수를 나타낸다. 예를 들면 $*C_{11} = C_{11(re)} + iC_{11(im)}$ 이다.

복소수 속도는

$$*C_L = ((*C_{11})/\rho)^{1/2}$$
$$*C_S = ((*C_{55})/\rho)^{1/2} \tag{A.35}$$

이고 이 식을 이용하여 감쇠상수를 계산할 수 있다.

$$\alpha_L = 2\pi \frac{C_{phase,L}}{*C_L}$$
$$\alpha_S = 2\pi \frac{C_{phase,S}}{*C_S} \tag{A.36}$$

A.7 Bessel함수의 재발생 관계

$$\frac{\partial}{\partial r}(J_n(hr)) = \frac{h}{2}(J_{n-1}(hr) - J_{n+1}(hr))\frac{\partial^2}{\partial r^2}(J_n(hr)) \tag{A.37}$$
$$= \frac{h^2}{4}(J_{n-2}(hr) - 2J_n(hr) + J_{n+2}(hr))$$

그리고

$$J_{n+1}(hr) = \frac{2n}{hr}J_n(hr) - J_{n-1}(hr) \tag{A.38}$$

이다. 따라서 다음과 같이 정의할 수 있고

$$J_{n-2}(hr) = \frac{2(n-1)}{hr}J_{n-1}(hr) - J_n(hr) \tag{A.39}$$

역으로 다음의 관계를 갖는다.

$$J_{n+2}(hr) = \frac{2(n+1)}{hr}J_{n+1}(hr) - J_n(hr) \tag{A.40}$$

따라서 적절한 식을 대입하면

$$\frac{\partial}{\partial r}(J_n(hr)) = \frac{n}{r}J_n(hr) - hJ_{n+1}(hr) = \frac{-n}{r}(J_n(hr)) + hJ_{n-1}(hr) \tag{A.41}$$

이고 또

$$\frac{\partial^2}{\partial r^2}(J_n(hr)) = \left[\frac{n(n-1)}{r^2} - h^2\right]J_n(hr) + \frac{h}{r}J_{n+1}(hr) \tag{A.42}$$

임을 알 수 있다.

A.8 원통좌표계의 연산

벡터 미분은 다음과 같이 정의된다.

$$\nabla\Phi = \hat{r}\frac{\partial\Phi}{\partial r} + \hat{\theta}\frac{1}{r}\frac{\partial\Phi}{\partial\theta} + \hat{z}\frac{\partial\Phi}{\partial z} \tag{A.43}$$

$$\nabla\cdot\boldsymbol{H} = \frac{1}{r}\frac{\partial}{\partial r}(rH_r) + \frac{1}{r}\frac{\partial H_\theta}{\partial\theta} + \frac{\partial H_z}{\partial z} \tag{A.44}$$

$$\nabla\times\boldsymbol{H} = \hat{r}\left(\frac{1}{r}\frac{\partial H_z}{\partial\theta} - \frac{\partial H_\theta}{\partial z}\right) + \hat{\theta}\left(\frac{\partial H_r}{\partial z} - \frac{\partial H_z}{\partial r}\right) + \hat{z}\left(\frac{1}{r}\frac{\partial(rH_\theta)}{\partial r} - \frac{1}{r}\frac{\partial H_r}{\partial\theta}\right) \tag{A.45}$$

$$\nabla^2\Phi = \frac{1}{r}\frac{\partial}{\partial r}\left(r\frac{\partial\Phi}{\partial r}\right) + \frac{1}{r^2}\frac{\partial\Phi^2}{\partial\theta^2} + \frac{\partial\Phi^2}{\partial z^2} \tag{A.46}$$

$$\begin{aligned}\nabla^2\boldsymbol{H} &= \nabla(\nabla\cdot\boldsymbol{H}) - \nabla\times\nabla\times\boldsymbol{H}\\ &= \hat{r}\left(\frac{\partial^2 H_r}{\partial r^2} + \frac{1}{r}\frac{\partial H_r}{\partial r} + \frac{1}{r^2}\frac{\partial^2 H_r}{\partial\theta^2} + \frac{\partial^2 H_r}{\partial z^2} - \frac{2}{r^2}\frac{\partial H_\theta}{\partial\theta} - \frac{1}{r^2}H_r\right)\\ &\quad + \hat{\theta}\left(\frac{\partial^2 H_\theta}{\partial r^2} + \frac{1}{r}\frac{\partial H_\theta}{\partial r} + \frac{1}{r^2}\frac{\partial^2 H_\theta}{\partial\theta^2} + \frac{\partial^2 H_\theta}{\partial z^2} + \frac{2}{r^2}\frac{\partial H_r}{\partial\theta} - \frac{1}{r^2}H_\theta\right)\\ &\quad + \hat{z}\left(\frac{\partial^2 H_z}{\partial r^2} + \frac{1}{r}\frac{\partial H_z}{\partial r} + \frac{1}{r^2}\frac{\partial^2 H_z}{\partial\theta^2} + \frac{\partial^2 H_z}{\partial z^2}\right)\end{aligned} \tag{A.47}$$

부록 B 재료 특성

표 B.1 등방성 고체 재료

재 료	밀도(kg/m³)	v_l(m/s)	v_s(m/s)	$\alpha(np/\lambda)$
금속				
aluminum	2700	6320	3130	0.0003
Bismuth	9800	2180	1100	–
Brass	8400	4400	2200	–
Cadmium	8600	2780	1500	–
Cast iron	6900 to 7300	3500 to 5800	2200 to 3200	–
Constantan	8800	5240	2640	–
Copper	8900	4700	2260	–
Gold	19300	3240	1200	–
Iron(steel)	7700	5960	3260	0.003
Lead	11400	2160	700	–
Magnesium	1700	5770	3050	–
Manganin	8400	4660	2350	–
Nickel	8800	5630	2960	–
Platinum	21400	3960	1670	–
Silver	10500	3600	1590	–
Tin	7300	3320	1670	–
Titanium	4460	6060	3230	–
Tungsten	19100	5460	2620	–
Zinc	7100	4170	2410	–
비금속				
Aluminum Oxide	3600 to 3950	9000 to 11000	5500 to 6500	–
Bone, tibia	1900	4000	1970	0.64
Concrete	2200	3900 to 4700	2300	0.2
Epoxy Resin	1100 to 1250	2400 to 2900	1100	0.03
Fat	920	1450	–	0.008
Glass, flint	3600	4260	2560	–
Glass, crown	2500	5660	3420	–
Ice	900	3980	1990	–
Paraffin Wax	830	2200	–	–
MDPE	950	2300	950	0.03
Neoprene	–	1690	–	0.15
Perspex	1180	2730	1430	0.06
Polyamide	1100	2200	1100	0.007
Polystyrene	1060	2350	1150	0.02
Porcelain	2400	5600 to 6200	3500 to 3700	–
Quartz Glass	2600	5570	3520	–
Rock	2500	2500 to 4400	1500 to 2500	–
Rubber, soft	900	1480	–	0.6
Rubber vulcan.	1200	2300	–	–
Skin	1110	1730	–	0.023
Teeth(enamel)	2900 to 3000	4500 to 6250	–	0.2
Teflon	2200	1350	550	0.12

표 B.2 유체 재료

재 료	온도(℃)	밀도(kg/㎥)	v_l(m/s)	동점성(Ns/㎡)	동점도(㎡/s)
Air	0	1.293	331	17.1×10^{-6}	13.2×10^{-6}
Air	20	1.205	344	18.1×10^{-6}	15.0×10^{-6}
Air	40	1.128	355	19.0×10^{-6}	16.8×10^{-6}
Air	100	0.946	388	21.8×10^{-6}	23.1×10^{-6}
Benzene	20	881	1117	0.65×10^{-3}	0.74×10^{-6}
Castor oil	20	971	1474	0.8	0.82×10^{-3}
Castor oil	40	-	-	0.2	-
Crude oil	20	860	-	8×10^{-3}	9.3×10^{-6}
Diesel oil	-	800	1250	-	-
Ethyl alcohol	20	790	1238	1.2×10^{-3}	1.52×10^{-6}
Glycerine	20	1258	1860	1.49	1.18×10^{-3}
Kerosene	20	822	1319	1.5×10^{-3}	1.82×10^{-6}
Mercury	20	13550	1391	1.56×10^{-3}	0.12×10^{-6}
Methylene iodide	-	3230	980	-	-
Motor car oil	-	870	1740	-	-
SAE 10W oil	0	-	-	0.4	-
SAE 10W oil	20	922	-	0.1	0.11
SAE 10W oil	60	-	-	0.017	-
SAE 10W oil	100	-	-	0.005	-
SAE 30 oil	20	-	-	0.4	-
Water	0	999.8	1421	1.78×10^{-3}	1.78×10^{-6}
Water	20	998.2	1478	1.00×10^{-3}	1.00×10^{-6}
Water	50	988.0	1522	0.54×10^{-3}	0.55×10^{-6}
Water	100	958.4	1470	0.28×10^{-3}	0.29×10^{-6}

표 B.3 이방성 재료

재 료	ρ kg/㎥	E_{11} (GPa)	E_{22} (GPa)	E_{33} (GPa)	G_{12} (GPa)	G_{13} (GPa)	G_{23} (GPa)	ν_{12}	ν_{13}	ν_{23}
Unidirectional Carbon Fibre/Epoxy-high strength	1600	172	11.6	11.6	7.8	7.8	3.9	0.36	-	0.48
Unidirectional Carbon Fibre/Epoxy-high strength	1600	287	7.8	7.8	6.7	6.7	2.5	0.30	-	0.55
Unidirectional Glass Fibre/Epoxy-in plane prop.	-	47.0	16.4	-	-	-	-	0.28	-	-
Oak	600	4.7	1.1	1.4	0.92	0.89	0.3	0.75	0.8	0.24

참고문헌

1. F. Abramovici, Diagnostic diagrams and transfer functions for oceanic wave-guide, *Bulletin of the Seismological Society of America*, 58: 427-456, 1968.

2. J.D. Achenbach, *Wave Propagation in Elastic Solids*, North-Holland, New York, 1984.

3. L. Adler, M.D. Billy and G. Quentin, Evaluation of friction-welded alumininum- steel bonds using dispersive guided modes of a layered substrate, *Journal of Physics D; Applied Physics*, 68, 1990.

4. L. Alsop, The leaky-mode period equation- a plane-wave approach, *Bulletin of the Seismological Society of America*, 6: 1989-1998, 1970.

5. B.A. Auld, *Acoustic Fields and Waves in Solids*, v.2, Krieger Publishing Co. Malabar, Florida, 1990.

6. M.J. Berliner and R. Solecki, Wave propagation in fluid loaded, transversely isotropic cylinders, part i. analytical formulation, *J. Acoust. Soc. Amer.*, 99: 1841-1847, 1996.

7. M.J. Berliner and R. Solecki, Wave propagation in fluid loaded, transversely isotropic cylinders, part ii. numerical results, *J. Acoust. Soc. Amer.*, 99: 1848-1853, 1996.

8. A. Bernard, M. Deschamps and M.J.S. Lowe, Energy velocity and group velocity for guided waves propagating within an absorbing or non- absorbing plate in vacuum, *Review of Progress in Quantitative Nondestructive Evaluation,* v.18, pp. 183-190, Plenum Press, New York, 1999.

9. A. Bernard, M. Deschamps and M.J.S. Lowe, Comparison between the dispersion curves calculated in complex frequency and the minima of the reflection coefficients for an embedded layer, *J. Acoust. Soc. Amer.*, 107: 793-800, 2000.

10. L.M. Brekhovskikh, *Waves in layered media*, Academic Press, New York, 1980.

11. L.M. Brekhovskikh and V. Goncharov, *Mechanics of continua and wave dynamics*, Springer-Verlag, 1985.

12. M. Castaings and B. Hosten, Delta operator technique to improve the thomson- haskell

method stability for propagation in multi-layered anisotropic absorbing plates, *J. Acoust. Soc. Amer.*, 95: 1931-1941, 1994.

13. P. Cervenka and P. Challande, A new efficient algorithm to compute the exact reflection and transmission factors for plane waves in layered absorbing media(liquids and solids), *J. Acoust. Soc. Amer.*, 89: 1579-1589, 1991.

14. C.W. Chan and P. Cawley, Lamb waves in highly attenuative plastic plates, *J. Acoust. Soc. Amer.*, 104(2): 874-881, 1998.

15. D.E. Chimenti, A.H. Nayfeh, Ultrasonic reflection and guided wave peopagation in biaxially laminated composite plates, *J. Acoust. Soc. Amer.*, 87: 1409-1415, 1990.

16. D.E. Chimenti, A.H. Nayfeh and D. Butler, Leaky Rayleigh waves on a layered halfspace, *Journal of Applied Physics,* 53: 170-176, 1982.

17. C. Chree, The equations on an isotropic elastic solid in polar and cylindrical coordinates, their solutions, an application, *Trans. Cambridge Philos. Soc.*, 14: 250-369, 1989.

18. M.D. Cochran, A.F. Woeber and J.C. Bremaecker, Body waves as normal and leaking modes, *Reviews of Geophysics and Space Physics*, 8: 321-357, 1970.

19. A.M. Dainty, Leaking modes in crust with a surface layer, *Bulletin of the Seismological Society of America*, 61: 93-107, 1971.

20. R.M. Davies, A critical study of the hopkinson pressure bar, *Phil. Trans. Roy. Soc. London A*, 240: 375-457, 1948.

21. M. Deschamps and B.E. Hosten, The effects of viscoelasticity on the reflection and transmission of ultrasonic waves by an orthotropic plate, *J. Acoust. Soc. Amer.*, 91: 1-29, 1992.

22. W.M. Ewing, W.S. Jardetzky and F. Press, *Elastic waves in layered media*, McGraw- Hill, 1957.

23. G.W. Franell and E.L. Adler, Elastic wave propagation in thin layers, *Physical Acoustics-principles and methods*, 35-127, 1972.

24. D.C. Gazis, Three-dimensional investigation of the propagation of waves in hollow circular cylinders, ii. numerical results, *J. Acoust. Soc. Amer.*, 31(5): 573-578, 1959.

25. D.C. Gazis, Three-dimensional investigation of the propagation of waves in hollow circular cylinders, *J. Acoust. Soc. Amer.*, 31: 568-578, 1959.

26. F. Gilbert, Propagation of transient leaking mode in a stratified elastic waveguide, *Reviews of Geophysics*, 2: 123-153, 1964.

27. K.F. Graff, Wave Motion in Elastic Solids, Dover Publications inc., New York, 1991.

28. N. Guo and P. Cawley, The interaction of Lamb waves with delaminations in composite laminates, *J. Acoust. Soc. Amer.*, 94: 2240-2246, 1993.

29. N.A. Haskell, The dispersion of surface waves on multi-layered media, *Bulletin of the Seismological Society of America*, 43: 17-34, 1953.

30. B. Hosten, Bulk heterogeneous plane wave propagation through viscoelastic plates and stratified media with large values of frequency domain, *Ultrasonics*, 29: 445-450, 1991.

31. B. Hosten and M. Castings, Transfer matrix of multi-layered absorbing and anisotropic media, measurements and simulations of ultrasonic wave propagation through composite materials, *J. Acoust. Soc. Amer.*, 94: 1488-1495, 1993.

32. G.E. Hudson, Dispersion of elastic waves in solid circular cylinders, *Phys. Rev.*, 63: 46-51, 1943.

33. L. Knopoff, A matrix method for elastic wave problems, *Bulletin of the Seismological Society of America*, 54: 431-438, 1964.

34. H. Kolsky, *Stress waves in solids*, Dover Publications, New York, 1963.

35. E. Kreyszig, *Advanced Engineering Mathematics*, John Wiley & Sons, 1993.

36. R. Kumar, Flexural vibrations of fluid-filled circular cylindrical shells, *Acustica*, 24: 137-146, 1971.

37. R. Kumar, Dispersion of axially symmetric waves in empty and fluid-filled circular cylindrical shells, *Acustica*, 27: 317-329, 1972.

38. H. Lamb, On waves in an elastic plate, In *Conference of the Royal Society*, 114-128, 1917.

39. S. Laster, J. Foreman and F. Linville, Theoretical investigation of modal seismo- grams for a layer over a half-space, *Geophysics*, 571-596, 1965.

40. O.I. Lobkis and D.E. Chimenti, Elastic guided waves in plates with surface roughness, I. model calculation, *J. Acoust. Soc. Amer.*, 102: 143-149, 1997.

41. O.I. Lobkis and D.E. Chimenti, Elastic guided waves in plates with surface roughness, II.

experiments, *J. Acoust. Soc. Amer.*, 102: 150-159, 1997.

42. A.E.H. Love, *Some problems of geodynamics*, Cambridge University, London, 1911.

43. M. Lowe, Matrix techniques for modeling ultrasonic waves in multi-layered media, *IEEE Trans. Ultrasonics, Ferroelectrics and Freq. control*, 42: 525-542, 1995.

44. M. Lowe and P. Cawley, The detection of a brittle layer at the bondline in diffusion bonded titanium, *Review of Progress in Quantitative Nondestructive Evaluation,* pp. 1653-1659, Plenum Press, New York, 1993.

45. M.J.S. Lowe, *Plate waves for the NDT of diffusion bonded titanium*, PhD Thesis, University of London, 1993.

46. M.J.S. Lowe and P. Cawley, The application of plate wave techniques for the inspection of adhesive and diffusion bonded joints, *J. Non-destructive Evaluation*, 13: 185-199, 1994.

47. Malvern, *Introduction to the mechanics of a continuous medium*, Prentice-Hall, 1969.

48. D.F. McCammon and S.T. McDaniel, The influence of the physical properties of ice on reflectivity, *J. Acoust. Soc. Amer.*, 77: 499-507, 1985.

49. T.R. Meeker and A.H. Meitzler, Guided wave propagation in elongated cylinders and plates, *Physical Acoustics, principles and methods,* v. 1A, 111-167, 1972.

50. I. Mirsky, Wave propagation in transversely isotropic circular cylinders part I: Theory, *J. Acoust. Soc. Amer.*, 37: 1016-1021, 1965.

51. P.M. Morse and H. Feshbach, *Methods of Theoretical Physics*, McGraw-Hill, 1953.

52. P.B. Nagy and A.H. Nayfeh, Viscosity-induced attenuation of longitudinal guided waves in fluid-loaded rods, *J. Acoust. Soc. Amer.*, 100: 1501-1508, 1996.

53. P.B. Nagy, Longitudinal guided wave propagation in a transversely isotropic rod immersed in fluid, *J. Acoust. Soc. Amer.*, 98: 454-457, 1995.

54. P.B. Nagy and L. Adler, Non-destructive evaluation of adhesive joints by guided waves, *J. Applied Physics*, 66: 4658-4663, 1989.

55. A.H. Nayfeh, *Wave propagation in layered anisotropic media with application to composites*, Elsevier, 1995.

56. A.H. Nayfeh and D.E. Chimenti, Ultrasonic leaky waves in the presence of a thin layer,

J. Applied Physics, 52: 4985-4994, 1981.

57. M. Onoe, H.D. McNiven and R.D. Mindlin, Dispersion of axially symmetric waves in elastic solids, *J. Applied Mechanics*, 29: 729-734, 1962.

58. Y.H. Pao, The dispersion of flexural waves in an elastic, circular cylinder-part 2, *J. Applied Mechanics*, 29: 61-64, 1962.

59. Y.H. Pao and R.D. Mindlin, Dispersion of flexural waves in an elastic, circular cylinder, *J. Applied Mechanics*, 27: 513-520, 1960.

60. B.N. Pavlakovic, M.J.S. Lowe, A general purpose approach to calculating the longitudinal and flexural modes of multi-layered, embedded, transversely isotropic cylinders, *Review of Progress in Quantitative Nondestructive Evaluation,* v. 18, pp. 239-246, Plenum Press, New York, 1999.

61. B.N. Pavlakovic, M.J.S. Lowe, D.N. Alleyene and P. Cawley, Disperse: A general purpose program for creating dispersion curves, *Review of Progress in Quantitative Nondestructive Evaluation,* v. 16, pp. 185-192, Plenum Press, New York, 1997.

62. C. Pecorari and P. Kelly, The quasi-static approximation for cracked interfaces in layered systems, *Review of Progress in Quantitative Nondestructive Evaluation,* v. 18, Plenum Press, New York, 1999.

63. W.J. Percival and E.A. Birt, A study of lamb wave propagation in carbon-fiber composites, *Insight*, 39: 728-735, 1997.

64. R.A. Phinney, Leaking modes in the crystal waveguide, *Journal of Geophysical Research*, 66: 1445-1469, 1961.

65. R.A. Phinney, Propagation of leaking interface waves, *Bulletin of the Seismological Society of America*, 51: 527-555, 1961.

66. T.P. Pialucha, *The reflection coefficients from interface layers in NDT of adhesive joints*, OhD thesis, University of London, 1992.

67. W.L. Pilant, Complex roots of the Stoneley wave equation, *Bulletin of the Seismological Society of America*, 62: 285-299, 1972.

68. A. Pilarski, Ultrasonic evaluation of the adhesion degree in layered joints, *Material Evaluation*, 43: 765-770, 1985.

69. A. Pilarski, J.L. Rose, J. Ditri, D. Jiao and K. Rajana, Lamb wave mode selection for

increased sensitivity to interfacial weakness of adhesive bonds, *Review of Progress in Quantitative Nondestructive Evaluation*, Plenum Press, New York, 1992.

70. J. Pochhammer, Uber die fort pflanzungsgeschwindigkeiten kleiner schwingungen in einem unbergrenzten isotropen kreiscylinder, *J. fur reine und angewandte Math.*, 81: 324-336, 1876.

71. O. Poncelet and M. Deschamps, Lamb waves generated by complex harmonic inhomogeneous plane waves, *J. Acoust. Soc. Amer.*, 100: 1471-1478, 1996.

72. M.J. Randall, Fast programs for half-space problems, *Bulletin of the Seismological Society of America*, 57: 1299-1315, 1967.

73. J.W.S. Rayleigh, *The Theory of Sound*, Dover Publications, New York, 1945.

74. J.H. Rosenbaum, The long-time response of a layered elastic medium to explosive sound, *J. Geophysical Research*, 65: 1577-1613, 1960.

75. A. Safaai-Jazi, C.K. jen and G.W. Farnell, Cutoff conditions in an acoustic fiber with infinitely thick cladding, *IEEE Trans. Ultrasonics, Ferroelectrics and Freq. control*, 33: 69-73, 1986.

76. H. Schmidt and F.B. Jensen, Efficient numerical solution technique for wave propagation in horizontally stratified environments, *Computers and Maths with Application*, 11: 699-715, 1985.

77. H. Schmidt and F.B. Jensen, A full wave solution for propagation in multi-layered viscoelastic media with application to Gaussian beam reflection at liquid-solid interfaces, *J. Acoust. Soc. Amer.*, 77: 813-825, 1985.

78. H. Schmidt and G. Tango, Efficient global matrix approach to the computation of synthetic seismograms, *Geophysics J. Royal Astronomical Society*, 84: 331-359, 1986.

79. M. Schoenberg, Elastic wave behaviour across linear slip interfaces, *J. Acoust. Soc. Amer.*, 68: 1516-1521, 1980.

80. J.G. Scholte, The range of existence of Rayleigh and Stoneley waves, *Geophysics*, 5: 120-126, 1947.

81. F. Schwab and L. Knopff, Surface-wave dispersion computations, *Bulletin of the Seismological Society of America*, 60: 321-344, 1970.

82. F. Schwab and L. Knopff, Surface waves on multi-layered anelastic media, *Bulletin of the*

Seismological Society of America, 61: 893-912, 1971.

83. F. Schwab and L. Knopff, Fast surface wave and free mode computations. In *Methods in Computational Physics*, v.11, Academic Press, 1972.

84. R.A. Serway, *Physics for Scientists and Engineers with Modern Physics*, v.3, chap. 41, Saunders, Philadelphia, 1990.

85. M.G. Silk and K.F. Bainton, The propagation in metal tubing of ultrasonic wave modes equivalent to lamb waves, *Ultrasonics*, pp. 11-19, 1979.

86. J.A. Simmons, E. Drescher-Krasicka and H.N.G. Wadley, Leaky axisymmetric modes in infinite clad rods, *J. Acoust. Soc. Amer.*, 92: 1061-1090, 1992.

87. C. Simon, H. Kaczmar다 and D. Royer, Elastic wave propagation along arbitrary direction in free orthotropic plates, application of composite materials, In *4-th French Congress of Acoustics*, Marseille, France, 1997.

88. R. Stoneley, Elastic waves at the surface of separation of two solids, In *Conference of the Royal Society*, 416-428, 1924.

89. W.T. Thomson, Transmission of elastic waves through a stratified solid medium, *J. Applied Physics*, 21: 89-93, 1950.

90. R.N. Thurston, Elastic waves in rods and clad rods, *J. Acoust. Soc. Amer.*, 64: 1-37, 1978.

91. M. Viens, Y. Tshukahara, C.K. Jen and J.D.N. Cheeke, Leaky torsional modes in infinite clad rods, *J. Acoust. Soc. Amer.*, 95: 701-707, 1994.

92. I.A. Viktorov, *Rayleigh and Lamb waves*, Plenum Press, New York, 1970.

93. T.H. Watson, A real frequency complex wave-number analysis of leaking modes, *Bulletin of the Seismological Society of America*, 62: 369-384, 1972.

94. P.D. Wilkox, M.J.S. Lowe and P. Cawley, Long range lamb wave inspection: the effect of dispersion and modal selectivity, *Review of Progress in Quantitative Nondestructive Evaluation,* v. 18, pp. 151-158, Plenum Press, New York, 1999.

95. P.C. Xu and A.K. Mal, Calculation of the inplane green's functions for a layered vis-coelastic solid, *Bulletin of the Seismological Society of America*, 77: 1823-1837, 1987.

96. 박경조, 박원효, 유도파를 이용한 비파괴검사, 엔오리온, 2006.

97. J.L. Rose, *Ultrasonic waves in Solid Media*, Cambridge University Press, 1999.

98. 박경조, 박원효, Disperse를 이용한 파동전파 해석, 디자인나라, 2007.

99. D. Alleyne, M. Lowe and P. Cawley, The inspection of chemical plant pipework using lamb waves: defect sensitivity and field experience, In D.O. Thompson and D.E. Chimenti, *Review of Progress in Quantitative NDE*, v. 15, pp. 1859～1966, Plenum Press, New York, 1996.

박경조

1963년 전남 보성 출생
1986년 서울대학교 기계공학과 졸업
1988년 한국과학기술원 기계공학과 석사
1993년 한국과학기술원 기계공학과 박사
현재 전남대학교 기계자동차공학부 교수
주요저서 : 회전기계 부품설계 및 동적해석
유도파를 이용한 비파괴검사
Disperse를 이용한 파동전파 해석
평판과 파이프의 유도파 비파괴검사

유도 초음파를 활용한 배관검사

인쇄 | 2011년 10월 20일
발행 | 2011년 10월 30일

저자 | 박경조
발행 | 김윤수
발행처 | 전남대학교출판부

등록 | 1981. 5. 21. 제53호
주소 | 500-757 광주광역시 북구 용봉로 77
전화 | (062) 530-0571~3
팩스 | (062) 530-0579
홈페이지 | http://altair.chonnam.ac.kr/~cnup

값 15,000원

ISBN 978-89-7598-947-6 (93540)

이 도서의 국립중앙도서관 출판시도서목록(CIP)은 e-CIP홈페이지(http://www.nl.go.kr/ecip)와 국가자료공동목록시스템(http://www.nl.go.kr/kolisnet)에서 이용하실 수 있습니다.
(CIP제어번호 : 2011004481)